JN134671

体験的中小企業論

Theory of
small and medium
enterprises to learn
by experience

中小建設業の実相と
より高みを求めた一ゼネコンの軌跡と展望から

原田 國夫 著

同友館

はしがき

「縁は異なもの」である。拙著『体験的中小企業論』を書き始めるにあたり，およそ40年前の昭和52年10月，内野建設株式会社（当時は株式会社内野工務店）に入社した経緯を振り返っている。今日でこそ個人情報保護のもとで不本意に個人に関する情報が流出することに企業は神経をとがらせているが，当時ははるかに人権意識が緩かった。しかし，そうしたことが想定外の人生を歩ませるきっかけとなったのだから滑稽である。

その年の秋，私は某信用金庫の中途募集に応募した。事情があって大学を出てからしばらく寄り道していたが，そろそろ正職に就くことを真剣に考えていた。そんな矢先，新聞の求人広告欄に求人広告を見たのである。

試験当日，私は受験しなかった。自分の性分から銀行マンは向いていないと結論づけたからである。ところがそれから数日して内野工務店の総務課長から突然自宅へ電話があった。「当社の社長がぜひ一度お会いしたいと申しています。ついては○月○日○時に当社までお越しいただきたのですが‥‥」。私の履歴書をどんな経由で内野工務店の総務課が入手したかは知るべくもなかったし，別段詮索することもなくすぐに快諾した。

当時，私は葛飾区小菅に住んでおり，内野工務店の所在地は練馬区栄町である。面接は旧社屋の2階で行われた。若干47歳の現会長（当時社長）は見るからにエネルギッシュで言葉の端々に勢いがあった。面接は淡々と進んだように見えたが，会長が受けた印象は履歴書から想像したものとは違ったようだ。

当時，内野工務店は中小建設企業としてその仕事ぶりを認められ，施工能力も年々上向き，給与所得者向け中高層共同住宅の建築では一定の評価を得ていた。その背景には住宅金融公庫（現，住宅金融支援機構）からの融資のほか，某信用金庫を含め複数の市中銀行から容易に融資が受けられるまでに成長していたからである。

私の履歴書が内野工務店にたどり着いた理由は意外なものであった。

会長が某信用金庫の理事長室を訪ねたのは，中途採用試験の当日であった。理事長の机の上には，応募者からの履歴書が無造作に積まれていた。それに会長が関心を示されたのである。当時，成長段階にあるとはいっても中小建設企業が大卒者をそう簡単に採用できる時代ではなかった。聞けば，履歴書の山は不合格者か辞退者のものだという。そこで会長は履歴書を隈なく手に取り，その中からめぼしいと思われる履歴書を一枚取り上げた。それが私の履歴書だった。「これを私に貸してもらえないか」と理事長に伺いをたてると，理事長はすぐに快諾されたという。

個人情報が書かれた履歴書を貸してくれと頼む方も頼む方なら，快諾する理事長も理事長である。が，当時はこの程度に人権意識は薄かったと言えるし，周りもそれを許す風土があったように思う。

ところが会っては見たものの，思い描いていた人物とは違っていた。2時間程の面接の最後に提案された採用条件はこうである。「君が今住んでいる所は遠い。当社は残業時間も多く，毎日のこととなると続かない。会社の近くに当社が建てたマンションがあるがそこに1ヵ月以内に引っ越ししてくるなら採用しよう」。

通常こうした条件は「不能条件」に近く無理難題である。不採用の言い分であるから私が辞退すれば一件落着で終わったはずである。ところが私にとってこの条件は「無条件」に等しかった。既に子供を抱えての生活があったし，「相手の“引き”が強い場合にはその引きに従う」が持論であった。「わかりました。引っ越しします。どちらへ引っ越しすればよろしいですか」「ええ？ 奥さんと相談しなくていいのか」「はい，大丈夫です」。

人生は，多かれ少なかれ不条理な事柄の連続である。これをある者は，「不思議な縁」といい，またある者は「宿命」とか「深い過去からの因縁」と呼ぶかもしれない。

入社日が決まり，給与も決まり引っ越し先のマンションも決まった。会社から車で10分ほどの距離にある。現在の有楽町線小竹向原駅と隣接する場所に建つ5階建てマンション（現在は取り壊されて残っていない）の402号室が新しい生活の本拠地となった。部屋は2DK 44㎡で，決して広くはないが親子3人には十分な広さで，そのうえ，築年数も浅いとあってこざっぱりとして住みやすそうなマンションであった。引っ越しは当時江戸川に住んでいた兄が2トン車を出してくれたのでそれに家財道具一式載せて引っ越した。

昭和52年10月3日，入社初日。総務課長を訪ねると，私の所属先はまだ決まっていなかった。そもそも「招かれざる客」であったからその存在すら忘れられていたきらいがある。しばらくして営業部長が社長室へ呼ばれ私を迎えに来られた。しかし，営業部長も，私が特に求められた人材ではなかったのであるから，その配属に苦慮している様子がすぐに分かった。当時営業部には営業課のほかに渉外課という部門があり，渉外課には年配の男性社員が2名いた。誰もが敬遠していた部門である。社長の意向を忠実に汲んだ配置となればまさに私の所属先にぴったりの部門である。しばらくすると営業部長の頭によいアイデアが浮かんだようで，ニヤッと笑って「原田君，あっち（渉外課）へ行けや」・・・・。私の配属先が決まった瞬間である。

渉外課の主な仕事は，当社が建築を進めるうえで建築予定地に隣接する近隣住民に建築計画を説明しその承諾を得ることである。昭和50年代に入ると世情ではとみに「環境権」なる権利が意識されるようになった（環境権そのものを認めた判決はないものの，一般的には「健康で快適な環境の回復・保全を求める権利」と定義されるが，具体的には日照権，静穏権，眺望権などをさす。憲法第13条（幸福追求権）や第25条（生存権）が根拠の一つである）。そのため建設会社にとっては建築のための規制が従来にも増して厳しくなり計画通りの建築が難しくなっていた。

例えば，それまで静かな環境の中に突然マンションの建築が計画されたとする。すると一般的には近隣住民にはなんらかの生活障害が発生する。日照阻害，風害，眺望が遮られプライバシーが侵害される，工事期間中の騒音や振動，学童の通学時間帯の安全確保，工事車両の運行，壁へのクラックの発生，雨漏りや雪害など，個体毎に問題は千差万別である。同時に複数のことを処理する能力が求められるため，皆が嫌がる仕事であった。

そんな仕事であったから，中途採用者の私への関心は薄く，毫も期待されるものではなかった。嫌になって辞めたければ辞めればいいし，そのまま続ける意志があればそれもよしであった。

ところが，人間関係の絡み合い縺れ合いを私はあまり性分として気に掛ける方ではなかった。来る日も来る日も近隣住民に配付して説明する建築計画案を鼻歌まじりで青焼きしていた（今でこそあっと言う間に必要枚数をコピーできるが，当時は1枚1枚青焼き機械でコピーしていた）。周囲にはよほど能天気にみえたか陽気な人間とみえたであろう････。その性分が奏功してか近隣説明会などの場にあってもあまり深刻に悩んだ記憶がない。

そのころから代々続いた農家の中に将来の相続対策の一つとしマンション建築を計画する人が増えていた。当時の練馬区条例によれば建築確認申請を行うには一定の近隣住民から定数の承諾を得ることが絶対条件であった。建築主（施主）からすれば，近隣の了解のもとで円満に建築できることが理想であるし，会社からすれば，近隣紛争のない状態で予定納期内に建物を竣工し引渡すことが建築主の信頼を高めることにつながる。渉外課の社員に求められる力量は，できるだけ早期に近隣住民から一定数の承諾を得ることであった。その役割を果たすことで会社も完工予測が立てやすくなるからである。

相続対策の一環としてマンション経営が世の関心を抱くようになると，受注件数も増え渉外要員の補充が必要となった。そんなときに新たに渉外課に配属されてきたのが，私とまったく生年月日が同じO.I君であった。

生年月日が同じ人間はそう身近にいるものではない。あっという間に仲良くなり，よきライバルとなって，求められた仕事を確実にこなしていくことになった。しかも，決して全力投球するのではなく，「俺たちは会社からすれば落ち穂拾いの落ち穂だな」と半ば自嘲しながら，能力をひけらかしていた。まさに「招かれざる客」の振る舞いだったと思うと恥ずかしいかぎりの昔日のシーンである。

さて，中小企業の存立形態は似て非なるもので，近似しているがそれぞれに多様性を持った存在である。私が入社するに至った経緯一つ取り上げてみても，通常職務権限が明確に規定されている企業では，規模の大小にかかわらず常識的には考えられないことである。したがって一般的特性を見出し「中小企業とはこういうものだ」と断言できるものではないし，この『体験的中小企業論』も，あくまでも私が体験した中小企業観であり，普遍的な内容を意味するものではない。

本書は，全4章から成る。

第1章は，「建設産業のしくみと中小建設企業」として，第1節「建設産業の特徴」では，建設産業が，業種や業態が多種多様で相互の関係性が複雑な統合産業であること，規模別格差が大きく，おびただしい数の許可業者ならびに就業者からなるわが国の基幹産業であること，その他，典型的な受注産業，重層下請産業としての特徴を考察する。

第2節「中小建設企業とは」では，改めて中小企業の概念と定義を確認し，大手建設企業と中堅・中小建設企業の違い，元請企業と下請企業の違い，区分の必要性について考察する。さらに中小建設企業の経済的社会的役割について，その歴史的な系譜を踏まえながら考察する。いずれも建設産業に長年身を置きながら，その全体像や個々の内容を把握していなかった私自身の反省を込めて，これらを理解するために簡潔に整理したものである。

第2章は，「中小建設企業が抱える諸問題」として，第1節「構造上の諸問題」では，重層下請制による管理の脆弱性と一品受注生産，屋外生産，労働集約型産業という建設産業の特性がもたらす懸念される事項について考察する。

建設産業における重層下請構造は，かつて問題視された中小企業における「二重構造問題」と同質なものなのかそれとも異質な独特なものなのか，その発生要因や施工管理に及ぼす影響について考察する。また，建設産業の特性が施工品質のばらつき，契約工期延長，労働災害発生，近隣問題発生等のリスクを内在している点について考察する。

第2節「企業の持続性に関わる諸問題」では，円滑な事業承継の実現を図るためにはどうすべきか事業承継の現状と課題を明らかにする。また，建設就業者の高齢化と人材不足の現状から，人材確保と育成をどう図るべきか，とりわけ，女性技術社員活用には容易に実現できない障害要因がありその対策はどうあるべきか，また外国人労働者の活用については由々しき問題点を内包していることを，最後に設備投資の実施状況を概観する。

第3章は，「わが社の経営戦略―わが社の歩みと展望」として，創業から今日に至る過程を4期に分け，創業社長（現会長）の経営者としての決断と経営戦略をたどる。それは，本書の主論でもあり，社史的様相から“一代で中堅ゼネコンを築いた男のロマン”を敬意を込めて披歴するものである。

第1節「創業期―1960年代」では，頼れるものといえば唯一自身の人望と仕事へのひたむきな情熱という，経営資源のきわめて乏しい中，金融機関を揺り動かし，それが後に顧客とのネットワークづくりにつながる様子を会長の回顧録を交えながら紹介する。

第2節「成長前期―1970年代」では，人材の確保に腐心した様子と，選択した戦略が時流に乗り，事業が順調に拡大していく様子を紹介する。

第3節「成長後期―1980年代～バブル期」では，わが社がそれまでになくヒト，モノ，カネ，情報に積極的に投資した背景を考察する。なかでも品質保証にかける創業者の執念には鬼気迫るものがあり，零細建設企業から中小建設企業を経て中堅建設企業（いわゆる中堅ゼネコン）へ脱皮するために導入したTQC（全社的品質管理活動）について，エピソードを混じえながら紹介する。

1985年（昭和60年），活動の成果はデミング賞実施賞中小企業賞（中小建設企業では最初の受賞）として結実する。この栄誉ある受賞は建設業界では大手ゼネコンを含めて4番目であり，競合する他の中小建設企業との差別化に成功し競争優位性を確実にしたことを紹介する。

第4節「成熟期―1995年以降～現在」では，CIの導入やISO9001の取得，リニューアル部の創設による業容の拡大，目前に迫る事業承継の問題についてその効果的施策を模索しながら，退職金制度や従業員持株制度の廃止など，時流に逆行しそうな戦略をとった経緯，並びに相続人等に対する株式の売渡請求制度を導入された経緯を紹介する。

第5節「経審データから見えるわが社の現状と展望」では，経営に関する主要指標の分析から見えてくるわが社の位置づけと評価を確認し，そこから将来予測を行う。

第4章は，「永続的な発展に向けて」として，第1節「期待される後継者像」では，経営者の中でも特に先代から事業承継した後継者（事業承継者）を中心として実相を（体験的に）見たときに，どのような自覚が必要で，求められる資質と役割，そして，後継者として取り組むべきことがらはなにかについて考察する。したがって，一般的にいわれている成功条件や持続的成長の条件を単に羅列するのではなく，あくまでも「体験的」に，私自身の体験を通して感じたことを中心に述べている。

「後継者としての自覚」では，昨今問われている経営モラルをはじめ企業の社会的責任と役割の自覚など，「求められる資質と役割」では，未来志向の経営とリーダーシップについて，そして，「取り組むべきことがら」については，先代経営者から引き続き踏襲すべきことがら，強化すべきことがら，及び変革すべきことがら，いわゆる「不易流行」について考える。

さらに，昨今，生産性向上に向けた取り組みとしてi-Constructionの導入や働き方改革が叫ばれているが，その（残業時間の規制，週休2日制など）可能性について考察する。

第2節「補論—老舗に学ぶ長寿同族企業の特徴」は，首都大学東京大学院博士前期課程で取り組んだテーマ「建設業における高業績同族企業の研究」から，その経営特性（定量，定性）を挙げたものである。対象の建設企業は，今日ではいずれも大手・準大手ゼネコンとして大きく成長を遂げているが，その成長要因を知ること，同族企業のもつ特性を知ることは中小建設企業が永続的な発展を図る上で参考になるものと考え取り上げた。

以上が拙著全4章の内容であるが，執筆にあたり，多くの先達の著書や論文を参考にさせていただいた。なかでも中小企業論の本質に触れた清成忠男『中小企業読本』（東洋経済新報社，1980年），清成忠男・田中利見・港徹雄『中小企業論』（有斐閣，1996年），松井敏邇『中小企業論［増補版］』（晃洋書房，2009年），高田亮爾ほか編著『現代中小企業論［増補版］』（同友館，2011年），組織デザインでは桑田耕太郎・田尾雅夫『組織論』（有斐閣，1998年），事業承継では大野正道『企業承継法の理論Ⅰ～Ⅲ』（第一法規，2011年）は大いに参考になった。また，長門昇・㈱建設経営サービス『よくわかる建設業界』（日本実業出版社，2006年）や近年の日本中小企業学会論集などアップツーデートな内容も読ませていただいた。

中小建設企業に勤務すること40余年，その間，紆余曲折を経ながらも成長し続ける一中小建設企業の姿を目の当たりしてきた。最大の要因は，経営者の才覚に依拠するが，それに応える社員，下請企業その他関係者の運命共同体的な協力の成せる業であると実感した。

経営者にとって企業の永続的発展は,“人生の最終ステージにおける大事業”である。本書が中小建設企業がより成長し続けるためのヒントになれば望外の喜びである。

最後に,大野正道筑波大学名誉教授には,「長年内野建設にいたのだから,貴重な体験をぜひまとめてみてはどうか」と勧めを受けていた。最初はなかなか気乗りせずにいたが,「生きた証」として残しておくことの意義を悟り「神の声」と受け止め,取り組むことにした。一社員から見た経営者像であり社史の趣であるが,今,完成するにあたり本当によかったと心から感謝する次第である。また,内野建設内野三郎会長には,社員としてその期待に添えなかったが,内野建設との関わりを自分なりにまとめることで,世に内野三郎という名経営者がいたこと,内野建設という建設会社があることを知らしめることで多少なりとも恩返しができたのではないかと思っている。さらに,同友館出版部の佐藤文彦氏には,本書の刊行に当たり示されたご好意とご協力に対してお礼を申し上げたい。

そして,40数年にわたり,私の生き方に理解を示し,陰に陽に支えてくれた妻,貞代に改めて感謝の意を表する。

平成30年晩秋
伊豆・宇佐美にて
原田　國夫

⊙目次⊙

第1章 建設産業のしくみと中小建設企業

建設産業のしくみは複雑である。一口に建設産業といっても業種・業態は十数種類に分かれる。さらに小分類，細分類に分けると職種だけでも数十種類に及ぶ。資本金別では資本金10億円以上の大手建設企業から個人経営にいたるまで上限と下限の開きは大きい。存続年数では100年以上の長寿企業は珍しくなく，清水建設は214年，松井建設に至っては427年の長い歴史を有する。建設業許可業者数は平成28年度末（2016）が約46万業者で，ピーク時の平成11年度末（1999）の約23％減，建設就業者数は平成28年度末が約495万人で，ピーク時の平成9年度末（1997年）の約27％減と，いずれも減少傾向にあるが依然として巨大な労働人口を抱えている。建設投資額は，平成29年度末には約55兆円の見通しで，平成4年度末（1992）ピーク時（約84兆円）に比べると約35％減少している。一時の盛況さは薄れたものの，国の基幹産業として，国民の生活を支える重要な産業であることに変わりはない。

また，建設産業は，受注生産市場の保守性や相互依存的な重層下請構造からなる建設業界の特異性から経営基盤は必ずしも盤石ではなく，国策や景気の動向に左右されやすい特性をもっている。とりわけ中小建設企業の置かれている経営環境は厳しく，多くの経営者はこの経営環境を乗り越えるため日々の努力を惜しまず，新しい経営管理方法や新技術の開発など企業体質の強化に取り組んでいる。

第1節では，建設産業の主な特徴と業界構造を全体的に俯瞰する。

第2節では，中小企業の概念と定義および区分の必要性を確認する。そして，大手建設企業と中小建設企業の違い，元請企業・下請企業と建設産業の業態・機能区分との関連について整理する。最後に中小建設企業の役割について，とりわけ他産業の中小企業とは異なる経済的社会的役割について考察する。

なお，文中，建設産業を「建設業」「建設業界」，総合建設工事業を「ゼネコン」，大手建設企業を「大手ゼネコン」，準大手・中堅・中小建設企業を「準大手・中堅・中小ゼネコン」，建設企業を「建設会社」，「建設業者」，元請企業を「元請」，「元請業者」，下請企業を「下請」，「下請業者」，「協力企業」，「協力業者」等々，その時々の文脈から異なった呼称をしているが，基本的には同義であることをあらかじめお断りしておきたい。

第1節　建設産業の特徴

1. 多種多様な業種業態の統合産業

建設産業の第1の特徴は，おびただしい数の建設業者と就業者から成り立ち，その業種業態は図表1-1「建設産業組織体系図」のとおり多種多様である。まず，業種別では土木建築工事業，土木工事業，建築工事業，職別工事業，設備工事業に5区分される。業態別では，土木建築を一括で請け負う総合工事業，大工工事，型枠工事や鉄筋加工組立工事など，建築物の一部を専門に請け負う専門工事業および木造住宅を中心に請け負う木造建築工事業に区分され，さらに発注者から直接工事を請け負う元請企業と元請企業を介して間接的に工事を請け負う下請企業から成り立っている。このように業種業態が複雑に錯綜する背景には，建設産業は受注産業であり，発注者が求める生産対象が千差万別であることがあげられる。建築物には二つと同じものはなく，発注者の多種多様な要求事項に応えるためには設計者はじめ多くの関連業者の協力なくしてその実現は不可能である。まさに統合産業と言われる所以である。

図表1-1　建設産業組織体系図

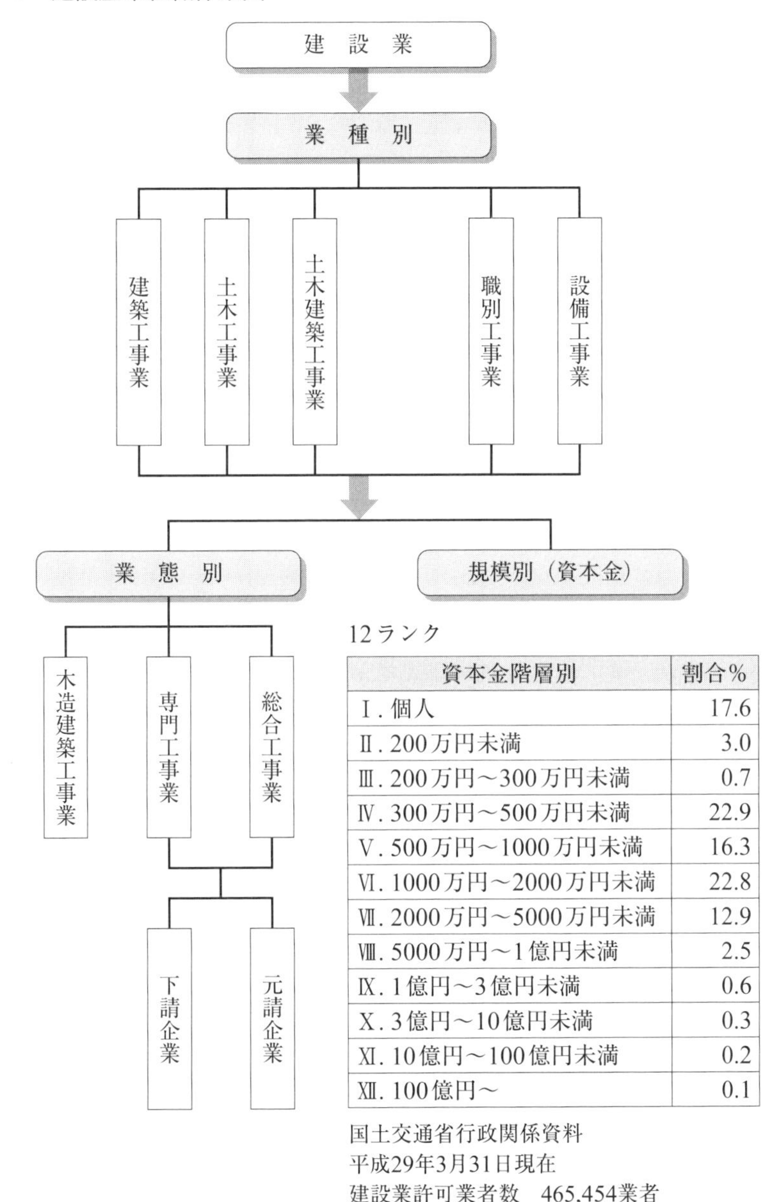

資本金階層別	割合%
Ⅰ. 個人	17.6
Ⅱ. 200万円未満	3.0
Ⅲ. 200万円～300万円未満	0.7
Ⅳ. 300万円～500万円未満	22.9
Ⅴ. 500万円～1000万円未満	16.3
Ⅵ. 1000万円～2000万円未満	22.8
Ⅶ. 2000万円～5000万円未満	12.9
Ⅷ. 5000万円～1億円未満	2.5
Ⅸ. 1億円～3億円未満	0.6
Ⅹ. 3億円～10億円未満	0.3
Ⅺ. 10億円～100億円未満	0.2
Ⅻ. 100億円～	0.1

国土交通省行政関係資料
平成29年3月31日現在
建設業許可業者数　465,454業者

業種業態に関する公的分類には通商産業省の定めるものと国土交通省が定めるものの2つの分類がある。図表1-2は通商産業省の日本標準産業分類による建設業の業種分類表である。これによれば，中分類を総合建設業，職別工事業，設備工事業に3区分し，小分類をそれぞれ6分類，9分類，5分類の合計20分類に区分し，さらに細分類をそれぞれ8分類，26分類，15分類の合計49分類に区分している。

一方，国土交通省の分類は，従来，2つの一式工事（土木一式工事と建築一式工事）と26の専門工事の28に分類されていた。しかし，時代に合わない面も多く，「建設業法等の一部を改正する法律」（平成26年）では新たに解体工事業が追加され29分類となった。これは建物の維持更新時代の到来に伴い，解体工事等の施工実態に変化が生じたという建設業界の状況が反映されたものである。

いずれの業種分類が実態に即しているかであるが，私見では，国土交通省の分類の方が通商産業省の小分類を補完する括りもあり，現場になじんだ分類に近いように思う。

建設業界では関連する複数の建設業許可を取得している企業が多く，規模が大きくなるにつれてその数は増える傾向にある。土木，建築，とび・土工が人気の3業種である。これらのうち当社は，建築，土木，舗装，とび・土工，大工など15業種について許可を取得している。通商産業省の分類では，中分類：06-小分類：064-細分類0641に該当する。

2. 規模別格差の大きい産業

建設産業の第2の特徴は，大手・準大手企業，中堅企業，中小企業，零細企業などに区分されるように企業規模の上限と下限には大きな開きがみられることである。さらに元請企業，下請企業，孫請企業と重層化しているためにその様相は複雑で多岐にわたっている。

以下では，規模別格差が顕著にみられる資本金と完工高について現況を

図表1-2　日本標準産業分類による建設業の業種分類

大分類	中分類		小分類		細分類	
E建設業	06	総合建設業	061	一般土木建築工事業	0611	一般土木建築工事業
			062	土木工事業（舗装工事業を除く）	0621	土木工事業
					0622	造園工事業
					0623	しゅんせつ工事業
			063	舗装工事業	0631	舗装工事業
			064	建築工事業（木造建築工事業を除く）	0641	建築工事業（木造建築工事業を除く）
			065	木造建築工事業	0651	木造建築工事業
			066	建築リフォーム工事業	0661	建築リフォーム工事業
	07	職別工事業（設備工事業を除く）	071	大工工事業	0711	大工工事業（型枠大工工事業を除く）
					0712	型枠大工工事業
			072	とび・土工・コンクリート工事業	0721	とび工事業
					0722	土工・コンクリート工事業
					0723	特殊コンクリート工事業
			073	鉄骨・鉄筋工事業	0731	鉄骨工事業
					0732	鉄筋工事業
			074	石工・れんが・タイル・ブロック工事業	0741	石工工事業
					0742	れんが工事業
					0743	タイル工事業
					0744	コンクリートブロック工事業
			075	左官工事業	0751	左官工事業
			076	板金・金物工事業	0761	金属製屋根工事業
					0762	板金工事業
					0763	建築金物工事業
			077	塗装工事業	0771	塗装工事業（道路標示・区画線工事業を除く）
					0772	道路標示・区画線工事業
			078	床・内装工事業	0781	床工事業
					0782	内装工事業
			079	その他の職別工事業	0791	ガラス工事業
					0792	金属製建具工事業
					0793	木製建具工事業
					0794	屋根工事業（金属製屋根工事業を除く）
					0795	防水工事業
					0796	はつり・解体工事業
					0799	他に分類されない職別工事業
	08	設備工事業	081	電気工事業	0811	一般電気工事業
					0812	電気配線工事業
			082	電気通信・信号装置工事業	0821	電気通信工事業（有線テレビジョン放送設備設置工事業を除く）
					0822	有線テレビジョン放送設備設置工事業
					0823	信号装置工事業
			083	管工事業（さく井工事業を除く）	0831	一般管工事業
					0832	冷暖房設備工事業
					0833	給排水・衛生設備工事業
					0839	その他の管工事業
			084	機械器具設置工事業	0841	機械器具設置工事業（昇降設備工事業を除く）
					0842	昇降設備工事業
			089	その他の設備工事業	0891	築炉工事業
					0892	熱絶縁工事業
					0893	道路標識設置工事業
					0894	さく井工事業

みることにする

(1) 資本金

以下は，国土交通省土地・建設産業局建設業課がまとめた「建設業許可業者数調査の結果について―建設業許可業者の現況（平成29年3月末現在)」によるものである。

資本金階層別建設業者数は図表1-3のとおりである。

図表1-3　資本金階層別建設業者数

資本金階層の別	許可業者数	構成比	累積構成比
1. 個人	81,898	17.6%	17.6%
2. 200万円未満の法人	14,143	3.0%	20.6%
3. 200万円以上300万円未満の法人	3,451	0.7%	21.4%
4. 300万円以上500万円未満の法人	106,818	22.9%	44.3%
5. 500万円以上1,000万円未満の法人	75,862	16.3%	60.6%
6. 1,000万円以上2,000万円未満の法人	106,134	22.8%	83.4%
7. 2,000万円以上5,000万円未満の法人	60,119	12.9%	96.3%
8. 5,000万円以上1億円未満の法人	11,605	2.5%	98.8%
9. 1億円以上3億円未満の法人	2,813	0.6%	99.4%
10. 3億円以上10億円未満の法人	1,320	0.3%	99.7%
11. 10億円以上100億円未満の法人	944	0.2%	99.9%
12. 100億円以上の法人	347	0.1%	100.0%

建設業許可業者数を12の資本金階層別にみると「300万円以上500万円未満の法人」が22.9%と最も多く，続いて「1,000万円以上2,000万円未満の法人」22.8%，「個人」17.6%の順になっている。また，建設業許可業者総数465,454業者のうち，個人および3億円未満の法人数は462,843業者で全体の99.4%を占めていることがわかる。これは，中小企業基本法第2条第1項の規定に基づく「中小企業者」にほぼ相当するもの

である[1]。

中小企業基本法に定める基準とは異なり，仮に個人および1億円未満の法人を「中小企業者」とした場合でも，その全体に占める割合は98.8％と変わりなく，建設業界はわずか1％を占有するにすぎない大手・準大手建設企業・中堅建設企業者とその他中小建設企業者間に大きな隔たりがあることがわかる。

ここで当社の位置を確認すると，資本金は4億8,800万円で従業員数が100余名であるから，資本金の基準からは「中小企業者」には該当しないが，従業員数の基準からは「中小企業者」に該当する。実際，ある時は「中堅ゼネコン」と言われ，またある時は「中小建設会社」と言われるのをみると，両者の要素を併せ持つ境界線上の建設企業ということになろう。

参考までに，いわゆるスーパー・ゼネコン5社の資本金は以下のとおりである（高い順）。

大成建設株式会社1,227億円余，鹿島建設株式会社814億円余，清水建設株式会社743億円余，株式会社大林組577億円余，株式会社竹中工務店500億円である。

(2) 完工高

各建設企業の規模・業績を推し量る指標の一つに完工高（完成工事高）がある。資本金の多寡が静的指標であるならば完工高は動的指標である。財政状況や建設投資額に影響されやすく流動的だからである。今，平成32年（2020）の東京オリンピック・パラリンピク（以下，単に「東京オリンピック」という）を2年後に控え，建設業全体が好況であるといわれているが，一方で東京オリンピック後の建設市場の縮小を懸念する声があ

1　中小企業基本法第2条第1項は，資本金の額が3億円以下の会社並びに常時雇用する従業員数が300人以下の会社（いずれかを満たすこと）および個人を「中小企業者」としている。

る。また，かつてリーマンショックで経験したように急激に景気が悪化したり公共投資不要論などが出てきたりすると完工高は直接的，間接的に影響を受ける。

日刊建設通信新聞社発行の『建設人ハンドブック2018年版』の「ゼネコン100社決算業績」（144頁以下）は，2016年度（2016年4月～2017年3月）の業績を単体の完成工事高順にランク付けしているが，それによれば，大手・準大手ゼネコンクラス26社の完工高が際立って高いことがわかる。大手ゼネコン（スーパー・ゼネコン）大林組の1兆2,858億円を筆頭に，以下，清水建設，大成建設，鹿島建設，竹中工務店と続き，100位のみらい建設工業が308億円である。トップと100位の間には1兆2,550億円の隔たりがある。さらに，大手ゼネコンと準大手ゼネコンの間の格差も著しい。第5位の竹中工務店が9,124億円で，第6位の五洋建設が4,673億円であるから，順位が1つ違うだけで1.95倍の開きがある。この偏在は異常ともいえる結果である。したがって101位以下の建設企業（建設業許可業者総数465,454業者の99.97％）の完工高がいかに小さいものか容易に想像できよう。

100社のランキングを階層別にまとめると図表1-4のとおりである。

同様に，日刊建設通信新聞社が年2回，「建設通信新聞」紙上に「建設業・設備工事業ランキング」（平成30年3月23日発行）を掲載している。それによれば，建設業の収録数349社，このうち完成工事高100億円以上が221社である。内野建設株式会社（以下：当社）は辛うじて100億円のラインを超える103億6,700万円で，215位にランクされている。この数字だけをみれば中小建設企業というよりは中堅建設企業である。349位の完成工事高は5億400万円であるから，トップとの開きが離れ過ぎて，比較対象として適切かどうか疑わしいぐらいである。さらに新聞によれば，「完工高は，51位～100位層のみ増加し，全体は1.3％減少した。受注高は21位～50位層を除く階層で増加し，全体で2.4％増となった。営業損益，経常損益，当期損益は，合計がいずれも2桁の伸びを示し，工事粗利益率

図表1-4　完成工事高ランキング

完成工事高	該当社数	備考
1. 1兆円以上	4	第1位　大林組　1兆2,858億円 第2位　清水建設　1兆2,450億円 第3位　大成建設　1兆1,152億円 第4位　鹿島建設　1兆1,320億円
2. 4,000億円以上1兆円未満	2	第5位　竹中工務店　9,124億円 第6位　五洋建設　4,673億円
3. 3,000億円以上4,000億円未満	6	長谷川コーポレーションほか
4. 2,000億円以上3,000億円未満	5	西松建設ほか
5. 1,500億円以上2,000億円未満	4	奥村組ほか
6. 1,000億円以上1,500億円未満	9	前田道路ほか
7. 900億円以上1,000億円未満	3	大豊建設ほか
8. 800億円以上900億円未満	12	西武建設ほか
9. 700億円以上800億円未満	6	JFEシビルほか
10. 600億円以上700億円未満	9	大成ロテックほか
11. 500億円以上600億円未満	8	不動テトラ
12. 400億円以上500億円未満	13	世紀東急工業
13. 400億円未満	19	森本組ほか
合計	100	

『建設人ハンドブック2018年版』の「ゼネコン100社決算業績」から著者作成

は全階層で増加するなど引き続き採算性の改善が鮮明となっている」とある。

以上のことから建設産業は延々と広がる裾野産業である。そして大手建設企業と中小建設企業との間には歴然とした格差があり，さらに同じ階層内にも大きな格差を有する産業であることがわかる。

3. 多数の建設業許可業者と就業者からなる産業

建設産業の第3の特徴は，建設業許可を取得している業者の数とそこで就業する人数の多さである。ただし，国土交通省の調査によれば近年，建設業許可業者数，就業者数ともに減少傾向にあり，建設産業への魅力が他産業に比べて相対的に低くなっているのではないか危惧される。

(1) 建設業許可業者数

国土交通省の建設業許可業者数調査によれば，平成29年3月末時点で，465,454業者で，ピーク時の平成11年度（1999）末の600,980業者からは22.6%減少している。新規許可業者数は20,222業者で前年に比べ5.6%増であるが，廃業等業者数は22,403業者（廃業者10,032業者，許可の更新をせずに失効した業者は12,371業者）であり前年比で，2,039業者減少している。過去10年間をみると，183,417業者が新規に許可を取得する一方で242,232業者が廃業等を選択している。その減少数は58,815業者に及ぶ[2]。

このように建設業許可業者数は年々減少傾向にあるが，要因の一つに経営者の高齢化が考えられる。中小企業全体における休廃業・解散企業の経営者の年齢は，足元の平成28年（2016）では60歳以上の企業の割合が82.4%となっており過去最高となった。10年前と比較すると70歳以上の構成比が上昇し，80歳以上の経営者も14%となっている。中小企業全体の経営者年齢についてもここ10年間で59歳以下の割合が低下し，ボリュームゾーンも60～69歳へと移動している[3]。

経営者年齢の上昇は，当社ならびに関連協力企業においても近年とみに

2　建設企業における開業・廃業の動向については，厚生労働省「雇用保険事業年報」によれば，開業率は，およそ8.0%で，最も高い宿泊業，飲食業（9.7%）に次ぐ高い水準にある。一方，廃業率は，およそ3.8%で，全業種との比較では建設企業は開業率が高く廃業率が低い業種に相当する。
建設業において開業率が高い理由は，許可要件の一つである「財産的基礎」が，一般建設業で500万円と低額で，会社設立時に必要とする資金調達がしやすいこと，新規参入に必要な技術・技能は一定の経験によって満たすことができること等があげられる。特に労務提供を主とする場合には必ずしも高学歴や高い専門性が求められないことも開業の容易性につながっていると推測する。

3　㈱東京商工リサーチ「2016年「休廃業・解散企業」動向調査」『中小企業白書 2017年版』32頁。

みられる現象で70歳代の経営者は珍しくない。特に創業経営者にその傾向が強い。引退を希望しながら後継者に恵まれずやむなく続投している場合もあれば，後継者がいても信頼して後をまかせることができない例もみられる。一般的には，健康な団塊世代が，いまなお現役であることに固執する結果，経営者年齢層を押し上げているようにも見える。

なお，平成28年6月，第29番目の工事業として解体工事業が新設された。全体の3%にあたる13,798業者が取得しているが，既に複数の業種の許可を取得している建設業者が追加的に取得したことも想定されるため，解体工事業の新設は，結果として建設業許可業者総数の増加にはつながっていないと推測される。

そして，建設業においては2〜3年おきに新規許可業者数と廃業等業者数が入れ替わるという現象がみられる。図表1-5は，平成10年度から28年度までを表しているが，これは平成6年度に許可の有効期間（更新期限）が3年から5年に延長したことに起因する。当社の場合は5年毎に更新しており，直近では平成29年11月に特定建設業の許可を国土交通大臣から受けている。当社が「許可を受けた建設業」は15業種に及ぶ。

図表1-5　新規業者数と廃業等業者数の推移

年度	10	11	12	13	14	15	16	17	18	19	20	21	22	23	24	25	26	27	28
新規業者数	↗	↗				↗	↗				↗	↗				↗	↗		
廃業等業者数			↗	↗	↗			↗	↗	↗			↗	↗	↗			↗	↗

↗：増加

(2) 就業者数

総務省の労働力調査[4]によると，平成28年の建設業の就労者数は495万

4　総務省の調査は「年」，国土交通省の調査は「年度」で基本的に区切っているため，

人，ピーク時の平成9年（2007）の685万人から190万人（約28％）減となっている。その内，建設技能労働者数は332万人で，同じくピーク時の平成9年の646万人から132万人（約28％）減少している。建設業就業者数の減少は建設投資の減少（ピーク時の平成4年（2002）の75.2兆円から平成28年は52.5兆円と約37.5％減）とほぼ同じ傾向にあるが，平成22年（2010）以降はほぼ横ばいとなっている。

年齢別にみると，55歳以上の割合は33.9％，29歳以下は11.4％で，全産業のそれが29.3％，16.4％であるのと比べると高齢化が著しい。

当社の従業員（社員）を年齢別にみれば55歳以上の割合は41.3％，29歳以下は17.2％である。これを建設業就業者の割合と比較すると55歳以上で7.4％高くより高齢化が進んでいることがわかる。29歳以下の若年層率が高いとはいえ，その数は10余名で，決して若い従業員が多い企業とはいえない。

各建設企業は，今，高齢化による就業者の不足対策に真剣に取り組んでいる。定年延長制度の導入もその一つである。当社も実質65歳定年を採用している。しかし，それは弥縫策であって，早晩，熟練技術・技能者の大量離職は避けられない。

高齢化の要因の一つに新規学卒者の入職希望者が減少していることがあげられる。平成28年の入職者数は3.9万人であったがこれはピーク時の平成9年（2007）の7.1万人に比べると3.2万人（約45％）減となっている[5]。

建設産業は，かつていわゆる典型的な3K職場として敬遠された。3Kとは，その労働環境や作業内容が「きつい（Kitsui）」「汚い（Kitanai）」「危険（Kiken）」であることを意味し，現業系，技能系の職種に付けられた俗称である。今日ではそうしたネガティブな俗称は必ずしもあてはまら

差異が生じる。

5　総務省「労働力調査」，文部科学省「学校基本調査」，「2017建設業ハンドブック」日本建設業連合会18，19頁。

ないが，若年層に建設業の魅力を理解してもらうにはこのイメージを払拭する必要がある。若年層が敬遠する労働環境をできるだけ改善し，若年層がわが国の将来を担う重要な人材であることを伝え，建設産業に引き寄せられるような施策が今求められている。

幸い当社の場合，新規学卒者の採用はこの数年コンスタントに成功している。しかし，3年後の歩留まりをみると決して高いとはいえない。よりよい条件を求め，あるいは異業種に活路を見出して退職する者もいる。また，中途採用においても必要とする力量を備えた技術者・技能者を確保することはかなり困難であり，担当者の苦戦が続いている。

実際，建設業就業者数が減少するとどのような現象が起こるか当社の例でみてみよう。

当社の主力建築物は中高層共同住宅（主に賃貸マンション）であるが，難易度が中位の賃貸マンションの場合は比較的少ない人数で施工管理ができる。しかし，仕様が複雑な分譲マンションの施工となると，配属人員も1～2名増やさないと対応できなくなる。大手デベロッパーが発注者の場合は要求事項も多くそれに対応するにはそれ相応の技術者が求められる。そのため安易な受注約束はできない。相手に迷惑をかけるだけでなく当社の信用に傷つくからである。その結果，やむなく受注を調整し着工時期を遅らすという苦渋の決断をすることもある。建設需要を横目に人手不足は現在および将来の懸念材料である。

建設産業は工期ならびに竣工引渡日に厳しい。開店時期（暦日和）を選び開店計画を立てている場合，約束どおりに引渡しができないと発注者に多大な損害を与えることになる。また，春の入学時や異動時期を見込んでマンション経営に乗り出した発注者の場合には，その時期までに引渡しを受けないと入居者を逃してしまい，以後長期にわたり空室をつくることになる。返済計画が狂えば事業が成り立たなくなり，発注者の人生設計を狂わすことになる。建設企業の責任は重大である。

4. 典型的な受注産業

建設産業の第4の特徴は，典型的な受注産業である。すなわち，建設産業は基本的には特定の顧客の注文に応じて生産を始める受注生産方式を特徴とする。この方式を取る業種には建設業の他にも船舶，航空機，鉄道車両などのメーカーや，広告業，印刷業など多種にわたる。

一例として，大型クルーズ客船をみてみよう。洋上で快適に過ごすために様々な工夫が凝らされている。華やかなショウやパーティーが繰り広げられるラウンジ，シアター，フィットネスクラブ，プール，サロン，医務室，ショッピングモールなど小さい街全体が体現されるほどの機能と設備，安全性を備えた世界に1つしかない製品である。受注生産方式による製品の最たるものであろう。同様に，建設産業においても国際会議場，国立劇場，博物館，図書館はじめ公共施設の中には個性的なフォルムと機能美を誇示した世界で1つしかないものが多く存在する。

建設産業は，一品生産のため需要の個性が強く，製品の品質や価格による競争が成立しにくい産業である。例えば，当社が主に手掛ける中高層共同住宅（主に賃貸マンション）についてみても施工する建築物の規模や形態，用途，建築場所などの立地条件，敷地面積の広狭，工種，工法など，どれ一つとっても同じものはない。皆個性的で設計図には発注者（建築主）・設計者の多様な要求事項が詰まっている。このため，物件ごとに詳細な施工計画を立てることが求められる。施工中も発注者のニーズが反映されているか定期的に確認しながら進行するため，施工担当者はひと時も気が抜けない。

建設産業と製造業の生産システムの違いの一つは，建設産業では，建築物それ自体は動かせないため，施工に使用される建設機械や資機材等は容易に移動ができ撤去できることが絶対条件である。この制約が作業の自動化やロボットの活用などを困難にし，技術革新を遅らせ，低生産性の原因になっていると指摘する意見もある。これに対し，製造業の生産方式は，通常，工場などの恒久的生産施設で一定の生産工程にしたがって製品を製造する見込生産方式[6]である。そこが建設産業と大きく異なる点である。

ただ，建設産業であっても大手ハウジングメーカーなどが住宅用部材を需要予測に基づいて自社工場で生産するのは，見込生産方式に近く，全体のシェアからみれば小さいものの，両者の区別がなくなってきているように思われる（第4章第1節（5）「生産性向上に向けた取り組み」にヒントを与えるものである）。

5. 相互依存的な重層下請産業

建設産業の第5の特徴は，生産形態が，複数の建設企業の協働の下で遂行される相互依存的な重層下請産業である。

建設企業の主たる目的は，発注者との間で取り交わした工事請負契約に基づき「ある仕事を完成すること」（民法第632条）である。すなわち工事を完成させることが主たる目的であるから，原則として施工管理方法や施工手段は問われない。建設工事は多種多様な建設材料を多くの専門工事業者が組み立てるもので，彼らの協力なくして目的の完成は困難である。そのため本来の仕事の請負人（元請）がさらに第三者に請負（下請）させるのが実態である。工事の規模が大きく下請けだけでは手に負えない場合など，状況においてはさらに二次（孫請），三次と重層的に下請けが展開されることも起こりえる。

建設工事の請負関係は，以上のように「発注者」⇒「元請」⇒「下請」（⇒「二次下請」）と重層的に展開されるが，下請は元請の協力企業の一員であることが多い。当社の例をみると，安全協力会という組織があってそ

6　受注生産方式の対極にあるのが見込生産方式である。見込生産方式とは，製品に対する市場の需要予測や販売計画に基づいて製品を生産する方式である。製造業の多くはこの方式で，主な業種には家電製品，パソコン等の電子機器，食料品，衣料品などのメーカーのほか，新聞業，出版業が該当する。

の会員であることが下請負契約締結の条件になっている（もっとも近年は専門工事業者の取り合いから入会資格を緩めたり，例外的に入会を待たずに仕事を発注することもある）。

元請と下請の業務分担は，元請が工事全般を管理し，下請が各専門工事を分担するのが通常であるが，なかには元請が下請に対して工事を一括下請させる，いわゆる「丸投げ」をする場合がある。丸投げは，公共工事以外の民間工事においては発注者が文書で承諾した場合は例外的に認められているが，原則として法律によって禁じられている。信義則（民法第1条2項）に反し発注者との間の信頼関係を損ねる行為だからである。

元請と下請の関係は，原則として主従の関係ではなく支配被支配の関係でもない。一つの目的を完成させるための協働関係であり相互依存の関係である。ただ，現実には元請の主宰する協力会に入会しないと仕事が回ってこないなど，受注の安定を図るには元請の要求する条件は飲まざるを得ない脆弱さがある。そしてこの関係性は「下請」⇔「二次下請」の間においても同様に生じているのである。

なお，建設業界における二重構造[7]の発生の主たる要因等については第2章「中小建設企業が抱える諸問題」の中でより詳しく考察したいと思う。

6. 幅広い発注者からなる産業

建設産業の第6の特徴は，発注者が広範にわたることである。特に他産業に比べ需要者として公共主体の比重がきわめて大きい。国土交通省「建設投資見通し」によれば平成29年度のわが国の建設投資の総額は54兆9,600億円である。これは国内総生産（GDP）546兆円の約10％にあたる。「このうち，政府投資は22兆2,300億円（前年度比5.4％増），民間投資が

7　建設業界における二重構造は，通常，日本の中小企業の問題点として取りあげられる大企業と中小企業の間の諸格差の問題，中小企業を一律に前近代的，低生産性部門と捉える問題とは同義ではないと考えている。

図表1-6　政府の建設投資区分

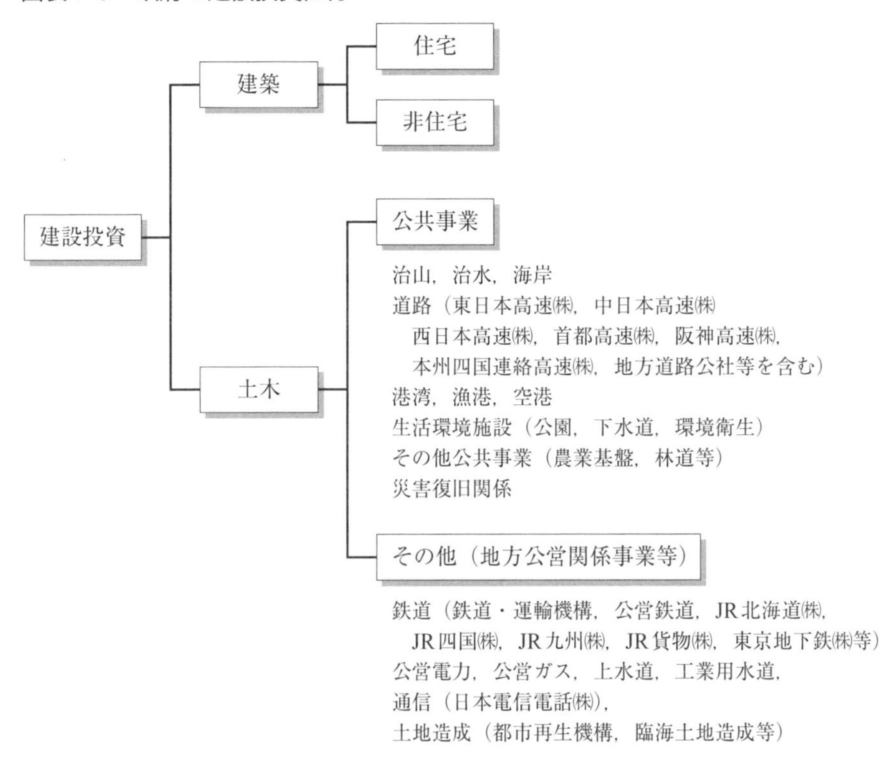

出所：「平成29年度建設投資見通し」より（一部省略）
平成29年6月 国土交通省 総合政策局 建設経済統計調査室

32兆7,300億円（前年度比4.3％増）となる見通しである。これを建築・土木別にみると，建築投資が30兆2,200億円（前年度比3.5％増），土木投資が24兆7,400億円（前年度比6.3％増）となる見通しである」。

建設投資は平成4年度末（2002）の84兆円をピークに減少基調にあるが，その内訳に大きな変化は見られない。平成29年度の建設投資を発注者別にみると，政府（官公庁），民間別では概ね40対60，建築，土木別では55対45である。また，民間投資の大半は建築工事で住宅建築と非住宅建築が折半している[8]。これに対して政府投資の大半は土木工事である。

図表1-6は政府の建設投資区分を示したものである。

建設工事の発注者を政府と民間に大別すると，概ね以下のとおりとなる。その内容は，個人から企業，国，地方公共団体，各種団体に至るまできわめて広範囲である。

〈政　府〉

・国および国の機関

国（各府省庁），公団・事業団等（日本原子力研究開発機構等），独立行政法人（都市再生機構等），その他（東日本高速㈱，中日本高速㈱，首都高速㈱等）

・地方公共団体

都道府県，市区町村，地方公営企業（地方住宅供給公社等）

〈民　間〉

・製造業（日本標準産業分類から）

食料品，繊維，パルプ・紙，印刷，化学，石油製品，鉄鋼，金属製品，その他

・非製造業（日本標準産業分類から）

農業，林業，鉱業，建設，電気・ガス，情報通信，運輸，郵便，卸売，小売，金融，保険，教育，医療，福祉，複合サービス，その他

7. 多種多様な建築物を造り出す産業

建設産業の第7の特徴は，多種多様な建築物を造り出すことである。私

8　住宅建築と非住宅建築の割合は，例えば平成17年度と比較すると，当時は約67%が住宅建築で占めていた。その後住宅需要は次第に減少している。平成17年に制定された品確法との関係は不明である。

たちの周りには数多くの建築物が存在する。その種類や用途は千差万別で，思いつくままに列挙しても数え切れないほどである。建築基準法施行規則（別紙様式）に定める「建築物の主要用途区分一覧」には，私たちが日常接する機会の多い建築物が規定されている。図表1-7は，建築用途区分による分類の例示である。

図表1-7　建築用途区分による分類（例）

用途の区分	具　体　例
事務所等	事務所，官公署，地方公共団体の支庁，郵便局，銀行
ホテル等	ホテル，旅館
病院等	病院，保健所，診療所，老人ホーム
商業店舗等	百貨店，マーケット，ホームセンター，本屋
学校等	幼稚園，小学校，中学校，高等学校，大学，各種学校
飲食店等	レストラン，飲食店，食堂，喫茶店，キャバレー
集会所等	公会堂，公民館
体育館等	体育館，水泳場，スケート場，ボーリング場，アスレチック場
図書館等	図書館，博物館，美術館
映画館等	映画館，劇場，演芸場
神社等	神社，寺院，教会
工場等	工場，畜舎，倉庫，卸売市場，車庫
住宅	戸建住宅，共同住宅，寮，寄宿舎

建築基準法施行規則（別紙様式）に定める「建築物の主要用途区分一覧」から抜粋（著者作成）

なお，土木工事においても，建築物の用途区分による分類同様，工種別に細かく分類されている（例，「治山・治水」：河川改修・ダム建設・海岸堤防・地すべり等。「道路」：舗装・道路開設等。「港湾・空港」：浚渫・防波堤・護岸・空港建設。「鉄道・軌道」：鉄橋架設・地下鉄，新幹線等。「電気・ガス」：発電所・架電・電線共同溝等）。しかし，本論の主体は建築工事であることから詳細は省略する。

発注者は，前述のとおり，個人から企業，国，地方自治体，各種団体に至るまで広範にわたり，そこから発注される建築物はすべて建設産業の生産対象である。したがって，超高層ビルはもとより犬小屋に至るまで建設産業の領域は無限に広い（もちろん，現時点で深海や宇宙空間に建築物を施工するなどは現実的ではないが，いずれ将来的に可能になればそれらもまた生産対象物となる。当社においては昭和50年代まで，創業者・現会長の強い意志で「マンションから犬小屋まで」をスローガンに掲げて営業活動を行っていた）。

なかでも住宅としての建築物は，国民生活にもっとも関わりあるものであるが，求められる用途は時代とともに微妙に変化してきている。すなわち，原初においては，外部からの侵入やその他の危険から身を守り，安全，安心に暮らすこと，プライバシーを保護することができれば満足できたものが，次第にその要求水準が高まっていくということである。

日本の住宅を例にとっても，近年までほとんど木造の平屋か2階建で畳のある部屋が中心の住宅であった。しかし，第二次世界大戦以降，とりわけ高度経済成長期以降は，国民の生活スタイルも変わり，工法の開発も手伝ってより快適な住宅を求めるようになった。和室住宅が減り洋風の住宅が目立つようになり，造りも木造から鉄筋コンクリート造へと変化し，中高層共同住宅（当社が主力とする中高層賃貸マンション等）が増えてきた。

このように，発注者の要求事項は多種多様となり，建設企業はそれに応えられる高い力量を備えた建築技術者・技能者を継続的に育成していくことが求められている。

8. その他

〈現地屋外生産〉

通常，製造業における生産活動が恒久的施設内で行われるのと違い，建設産業は基本的には屋外作業である。そのため，天気（風，雨，降雪等）や季節による影響を受けやすく，危険の伴う生産活動である。また，工期を守ることが厳しく求められる産業で，工期内に引き渡しができない場合には多方面に影響を及ぼす。工程管理は作業所管理の中でも作業所責任者に課せられた重要な役割である。天候等に左右されずに計画どおりに施工するためにもAI（人工知能）や作業ロボットなどの実用が待たれるところである。

〈労働災害の多い産業〉

屋外生産は，天候等に左右されることから，往々にして工期が遅れる要因となる。工期の遅れを取り戻そうとすると必然的に残業時間は増え疲労は蓄積していく。建設産業に労働災害が多いのはこのような労働環境が慢性的疲労となって引き起こしていることも一因である。

労働災害が多発すると経営事項審査における減点措置や公共工事の指名競争入札における指名停止など不利な措置を受けることになる。また，建設作業には，騒音，振動，臭気，交通阻害などの公害が付きもので，近隣住民への事前説明が十分されていないと近隣の理解が得られず，調停・訴訟など紛争に発展する可能性がある。各建設企業は低音の建設機械を使用し，作業時間の厳守などこれら公害が近隣に及ばないよう努めているが，クレームを絶滅することは至難である[9]。

当社の例をみると，「安全」は毎年度必ず社長年度方針にあげられる。平成30年度は「『安全は全てに優先する』という基本認識のもと，KY活動を実践し災害を絶滅する」である。毎月安全パトロールが協力企業と合同で行われ，さらに取締役建築部長が主宰の安全衛生委員会を毎月開催し問題点を解決し，災害予防に努めている。

---

9 厚生労働省労働基準局安全衛生安全課の「平成28年労働災害発生状況」によれば，死亡者数は，長期的には減少傾向にあり，平成27年に初めて1,000人を下回り，2年連続で過去最少となった。しかし，平成28年の死亡者数は928人で前年比4.5%減であるが，建設業は294人で全体の31.7%と断トツの高さである。業界では安全教育の徹底，安全施設の点検整備に努めているが，災害絶滅は永遠の課題である。

〈JV工事〉

次に，中小建設企業が身の丈を超えて大型物件を受注しようとすれば，単体では手に負えない。そこで考案されたのが共同企業体で工事を請け負うJV制度である。

JV（joint venture）とは，一つの工事を施工する際に複数の企業が共同で工事を受注し施工する組織体のことで，中堅・中小建設企業にあってはJVに参加することによって技術力の研鑽につながるメリットがある。わが国では，大規模かつ高難度の工事の安定的施工の確保，ならびに優良な中堅・中小建設企業の振興を図ることを目的に昭和26年当時の建設省において制度化され普及した[10]。

本来JVは，一企業だけでは資金力や技術力が不十分でリスクが大きすぎる場合を想定したものであるが，今日では，必ずしも大規模とはいえない中高層共同住宅工事などでも普通にみられるようになった。大手建設企業と組ませて入札させることで地元の建設企業の育成を図るのがねらいの一つである。

JVはその目的によって「特定建設工事共同企業体（特定JV)」と「経常建設共同企業体（経常JV)」に分けられる。特定JVとは，大規模工事や高難度の工事など特定の建設工事の施工を目的に工事ごとに結成される企業体である。近年の建築物は様々な要素が複合して設計されることが多く，大手建設企業といえども自社のみですべての専門分野をカバーすることがむずかしくなっている。そこで各分野に秀でた企業同士が共同することで円滑かつ速やかに施工ができるように結成される企業体である。一方，経常JVとは，複数の規模の小さい建設企業が継続的に共同関係を確保して単体では受注できない規模の大きな工事を受注・施工することを目的に結成される企業体である。

10　わが国では昭和25年に沖縄の米軍基地工事で米国のモリソン・クヌドセン社と日本の鹿島，竹中，大林の結成が最初である。

なお，平成23年には「地域維持型建設共同企業体（地域維持型JV)」の制度が新設された。これは地域の維持管理に不可欠な事業（例えば，除雪など）につき，地域の建設企業が継続的な協業関係を確保することにより，その実施体制を安定確保するために結成される共同企業体である。

当社もかつては大手建設企業とJVを組んで区役所や大学病院など大規模建築物の施工に関わったことがあるが，最近ではほとんど例をみなくなった。技術力の向上や施工管理方法の改善など大手建設企業から学ぶものは多いが，コストや利益面での調整など煩雑かつ複雑なこともあり，遠のいているのが現状である。

〈経営事項審査〉

さらに，公共工事を発注者から直接請け負うとする建設業者（建設業法第3条1項の許可を受けた者）は「経営事項審査」を必ず受けなければならない。公共工事の各発注機関は，競争入札に参加しようとする建設業者について資格審査を行うこととされており，欠格要件に該当しないかどうかを審査したうえで，客観的事項と主観的事項の審査結果を点数化し，順位付け，格付けを行うことになっている。

このうち客観的事項の審査が経営事項審査であり，審査は「経営状況(決算書から収益性，流動性，安定性，健全性など)」，と「経営規模（完成工事高，自己資本など)」，「技術力（業種別・資格等級別技術職員数など)」，「その他の審査項目（社会性等：雇用保険加入の有無など)」について数値化し評価する。こうして算出された結果は，資格審査において客観点数として利用される。

なお，「経営状況の分析」については，国土交通大臣が登録した経営状況分析機関（例：一般財団法人 建設業情報管理センター等）が行っている。

経営事項審査の結果通知書（「経営規模等評価結果通知書/総合評定値通知書」）は，公共工事の発注者のみならず，広く個人，企業にも経営状況の把握に利用されているため，申請する各建設業者は自社の信用力に大きく影響があることに留意が必要である。

当社においても有効期限が近づく申請時期になると，営業事務方は，有資格建築技術者数（建築士，施工管理技士など）の増減，完成工事高の増減，労働災害の有無などに神経を尖らしている。大事なことは，企業の強みが発揮できる審査項目を見定め，それを重点に評点をあげるよう改善することである。結果通知に一喜一憂せずに中期的展望の中で目標値を定めて一つ一つクリアしていくことである。

なお，当社の経営事項審査の結果については，第3章第5節「経審データから見えるわが社の現状と展望」で詳述する。

第2節　中小建設企業とは

第2節では，中小建設企業とはなにか，その定義，地位と役割について考える。第1節「建設産業の特徴」で述べたように，建設産業は規模別格差の大きい産業である。

今，都内の旧国立競技場の跡地では，平成32年（2020）開催予定の東京オリンピックのメイン会場となる新国立競技場の工事が本格的に進められている。今年（2018）中には特徴的な大屋根の工事，木に包まれた内部空間の内装仕上げが行われ，平成31年11月には新しいスポーツの聖地として生まれ変わろうとしている。

このほか，近年，巨大プロジェクト[11]が東京はじめ地方都市に至るまで

11　昨年7月，東京建設業協会のご好意で，東急建設株式会社と株式会社大林組がJVで取り組んでいる「渋谷駅南街区プロジェクト」を見学する機会に恵まれた。「この計画は，公民のパートナーシップの下に，渋谷駅の機能更新と再編，駅前広場や道路など公共施設を再編・拡充及び駅ビルの再開発を一体的に行うことにより，限られた空間に多様な機能を集積し，安全で快適な都市空間を創出するものである」（配付されたパンフレットより）。35階建，高さ約180m，高層部はハイグレードオフィス，中層部

次々に出現している。しかし，大多数の人々は，その施工主体が大手建設企業であることは知っていても，それを実際に支えているのが，何十社にも及ぶ中堅・中小建設企業であることにまで思いは至らない。中堅・中小建設企業の協力こそ，そのプロジェクトの命であることに気づいていない。

1. 中小企業とは

(1) 中小企業の概念と定義および区分の必要性

「中小建設企業」の概念は，大手建設企業との比較の中での相対的概念である。詳しくは（2），（3）で触れるとして，最初に中小企業の一般的概念と定義を概観し，なぜ中小企業を区分する必要があるのかについて考える。

仮に，すべての企業が同一の条件で起業したとする。しかし，やがて時間の流れとともに，業績をあげ成長する企業群とそうでない企業群が生まれる。その要因は個々の企業で異なり，経営者のとった経営戦略が顧客のニーズによく順応して拡大する企業もあれば，反対に時の政策に対応しきれず躓き後退する企業も生まれよう。そして，二つの企業群は独自の問題と課題を抱えながら進化の途を模索していく。競争社会においては勝者があって敗者があるのは必然であるから，勝者を仮に大手企業群とすればそれ以外の企業群は中小企業群という分類に収まることになる。しかし，企業群を構成する個体は固定的でないから，二つの企業群間は流動的で常に相互に移動があり，それは短期間の場合もあれば中長期間に入れ替わる場合も生じる。

は約180室のホテル，低層部は飲食店を中心にした商業施設。『世界に開かれた生活文化の発信拠点』にふさわしい建築物と感じた。

独自の存在として中小企業を把握することにおいては各国とも共通しているが，中小企業の範囲をどこまでにするかということになると，それぞれの国，時代，産業によって異なり，世界的に共通した基準はない。しかし，傾向としては，各企業の有する資本金，従業員数，売上高など量的基準を以て形式的に区分する方法がとられている場合が多い。ただ，現実にはこうした形式的，量的基準だけでは企業の実態・実力を把握できないため質的基準も必要であるとする見解がある。例えば，企業の独立性があること（建設企業であればいわゆるケイレツに属さないなど），地域における信頼性が厚いこと，市場を支配していないこと，主要取引金融機関が信用金庫であること，所有と経営が分離していないこと等々である。

中小企業が大企業との相対的概念であるとすれば，その定義，範囲はおのずから経済的発展の各段階で定期的な見直しが必要となる。独自の存在としての中小企業が力を蓄え，国の経済への影響力が高まればそれに相応しい基準が必要となるからである。

現在わが国においては，「中小企業基本法」（平成11年改正）第2条に「中小企業」の定義がされている。この法律は昭和38年（1963）に制定されている。昭和39年開催の東京オリンピックや東海道新幹線開通の前年である。わが国が高度経済成長期を迎える時期に，中小企業群に対する何らかの対応が求められ，各種の中小企業施策の浸透・運用を効果的に進めるために「中小企業」を定義づける必要があったのではないかと推測する[12]。

12　工業のみならず，商業，サービス業を含めて「中小企業」という表現が，使われ始めたのは第2次世界大戦中であるが，一般化されるのは大戦後である。大企業が登場するまでは圧倒的に多くの企業が小規模であり，呼び方も伝統的な「手工業」というものから「小工業」，「小商業」という表現が一般的であった。大企業が本格的に登場するような時期になると，総じて規模の大きい企業が増加し「中企業」が登場する。さらに大企業の規模が大きくなると，大企業と中小企業の間に断層が生じたり，両者の間隙を埋める「中堅企業」の存在が意識されるようになる。そして，前者の場合に，大企業に対する「中小企業」というとらえ方が生じた。清成・田中・港『中小企業論』6頁（有斐閣，1996年）。

その後，昭和48年（1973）10月に至るまで改正されずにきたが，期せずして昭和48年10月は第4次中東戦争が勃発し，第1次オイルショックが始まった時期と重なる。この時期はその前からすでにニクソン・ショックによる円高不況により日本の消費は一層低迷し，大型公共事業が凍結縮小された時期である。中小建設企業においても影響が甚大であったと聞く。

そして平成11年に全面改正[13]されるのであるが，昭和48年以降20数年間，見直しされずにきたため，その間の物価上昇率を勘案せざるを得ず，資本金基準を中心に引き上げたものである。

第2条に定める中小企業の定義は次のとおりである。

(1) 製造業，建設業，運輸業その他の業種では，資本の額又は出資の総額が3億円以下の会社並びに常時使用する従業員の数が300人以下の会社及び個人企業，(2) 卸売業では，同1億円以下の会社並びに同100人以下の会社及び個人企業，(3) 小売業では，同5,000万円以下の会社並びに同50人以下の会社及び個人企業，(4) サービス業では，同5,000万円以下の会社並びに同100人以下の会社及び個人企業である。

また，「小規模企業」とは，製造業その他では，従業員20人以下の企業を指し，商業・サービス業では従業員5人以下の企業としている。

このように，わが国における中小企業の定義，範囲は資本金と従業員数を基準にして区分されている。

ただし，上記に掲げた中小企業の定義は，中小企業政策における基本的な政策対象の範囲を定めた「原則」であり，法律や制度によって「中小企業」として扱われている範囲が異なる例外がある。例えば，中小企業関連立法において，政令によりゴム製品製造業（一部を除く）は，資本金3億円以下または従業員900人以下，旅館業は，資本金5,000万円以下または

13　改正は当該法律のとどまらず，中小企業に関する施策を個別に規定している中小企業金融公庫法，経営革新支援法等個別立法における中小企業の定義・範囲を一括して改定している。

従業員200人以下，法人税法における中小企業軽減税率の適用範囲は，資本金1億円以下の企業である。

この基準に当社をあてはめてみる。当社は資本金が4億8,800万円で従業員（社員）の数は100人前後である。建設業は「製造業その他」に該当するから資本金3億円超の基準からは中小企業には含まれないが，従業員の数は300人以下であるから中小企業ということになる。それでは，結局当社は中小企業なのかそれとも中小企業でないのか，その位置づけに対する社員の認識と社外の認識に若干ズレがあるが，いわゆる「中堅建設企業」に分類されそうである。通例，大手建設企業でもなく，準大手建設企業でもない，さりとて，町の工務店から連想する中小建設企業や零細建設企業でもない。準大手建設企業と中小建設企業の中間に位置する建設企業ということである。しかし，その基準はあいまいである。抽象的な印象で表現するならば，中堅建設企業は，中小建設企業の色合いから準大手建設企業の色合いに移行する過程にあり，グラデーションのなかにある。ある特定点は見方によって，ある時は準大手建設企業に近づき，またある時は中小建設企業に見える，そんな位置づけである。社外の認識とは異なり，社員が当社を指して「中堅ゼネコン」ということを聞いたことがない。「当社のような中小ゼネコン」という認識である。

なお，これについては後述の「(2) 大手建設企業と中小建設企業」で改めて区分を試みることにする。

次に，中小企業を大企業と区分する必要性について考える。

中小企業を独自の存在として把握することにおいては各国共通している。ただ，その範囲をどのように画するかは，それぞれの事情により異なる。欧米主要国における中小企業の割合も99%台と高く，わが国と似た傾向にある。このことは，これらの国々においてもその範囲の捉え方がほぼ共通していることを示すものといえよう。

現在わが国における企業数は，総務省の「平成21年，平成26年経済センサス基礎調査」等（2017年版中小企業白書）によれば，平成26年

(2014）が382万者で，そのうち1.1万者が大企業で380.9万者が中小企業である。白書はさらに中小企業を小規模企業と「中規模企業」(中小企業基本法上の中小企業のうち，同法上の小規模企業に当てはまらない企業）に分類している。その数は，前者が325万者，後者が56万者である。これらを平成21年（2009）と比較すると全企業数が421万者で，この5年間に39万者減少している。企業規模別では小規模企業が41万者減少し，中規模企業が2万者増加し，大企業が約800者減少しているが，中小企業の存在が際立って大きいことに変わりはない。

われわれは“中小企業は大企業に比較して劣位にある”という先入観も手伝って「中小企業は大企業に対する相対概念である」と認識し，中小企業の特徴を「大企業に対する異質性」を以て強調しがちであるが，圧倒的に多数を占める存在の大きさをみると，むしろ，それぞれに「異なった役割を担った対等な立場」と捉える方が，正鵠を射るものではないかと考えている。

しかし，こうした考え方が理想的であったとしても，現実の産業社会は，大企業から個人の零細経営に至るまで様々な規模の企業・経営体から成り立っていて，その内容には大きな隔たりがある。そして，常に上下企業間あるいは同一企業間で熾烈な競争が繰り広げられている。業績を向上させ規模を拡大する企業がある一方で，業績が伸び悩み，あるいは業界から脱落していく企業もある。これは競争社会の宿命である。

したがって，上述の382万者の企業の実態を一つのモノサシで計り，必要な法制を作り，施策を講ずることは至難であり合理的とはいえない。それぞれの実態に即した法制であり施策があって，はじめてそれぞれが担う役割が果たせるというものである。

中小企業は，大企業と異なる経営特質を有する。中小企業なるがゆえに異なる問題をかかえているが，逆に大企業にはない強みがあり中小企業であればこそ実現できることがある。単に，経済的・経営的な側面だけでなく政治的にも社会的にもその存在意義を最大限に活かすには，大企業と区分してアプローチすることが重要である。

(2) 大手建設企業と中小建設企業

大手建設企業と中小建設企業はいかなる指標によって区分されるか。以下の考察は，建設業の中から職別工事業，設備工事業を除く「建築工事業」等を前提にして進める[14]。

わが国おいては，中小企業を区分する指標として，資本金および従業員数を組み合わせた量的な指標を採用している（中小企業基本法第2条）。量的な指標にはこれ以外にも売上高，資産額，市場占有率などが考えられるが，指標の一つに「資本金」を採用した理由は，資本維持の原則から資本金に相当する財産を会社は維持しなければならないし，いったん定まった資本金の額は任意に変更できない資本不変の原則があるから，企業の規模を計る指標として相応しいと判断したからであろう。またもう一つの指標である「従業員数」は，人数の多少は規模の大きさを判断するうえで最もわかりやすいと判断したからであろう。とにかく，量的な指標の利点は客観的でわかりやすい点である。

建設業（製造業その他）では，資本金3億円以下又は従業員数300人以下の企業が中小建設企業ということになる。これに対して「大企業」については，法律で定義されているわけではなく，「中小企業」の反対解釈として「大企業」とみなすのが一般的である。その論法でいくと「大手建設企業」とは，資本金の額又は出資の総額が3億円を超え，かつ（and）常時使用する従業員の数が300人を超える企業ということなる。

これを図表1-1の規模別（資本金）に照らし合わせてみると，3億円を超える大手建設企業はわずか0.6%に過ぎず，残りの99.4%が中小建設企業に該当することになる。

14　建設業は，業種別に土木建築工事業，土木工事業，建築工事業，職別工事業および設備工事業に分類される。当社はこのうちの「建築工事業」にあたる。私の体験もこの業種に限定されるからである。

ところで，建設業界においては，通常，売上高あるいは完成工事高により区分することが多い。これらの量的な指標による区分の方が，資本金による区分よりも規模の大きさをイメージでき，馴染みやすいからであろう。呼称も総合工事業を「ゼネコン」と称し，「大手建設企業」を「スーパーゼネコン」，「大手ゼネコン」，「準大手ゼネコン」，「中堅ゼネコン」という具合に呼んでいる。いずれも厳格な定義はなく大凡の基準で区分されている。図表1-8は，売上高による区分である。

図表1-8　売上高による建設企業区分・俗称

区分・俗称	基準	例 （年度によるばらつきあり）
スーパーゼネコン	単独で売上高が9,000億円を超えるゼネコン	大林組，清水建設，大成建設，鹿島建設，竹中工務店
大手・準大手ゼネコン	単独の売上高が3,000億円以上のゼネコン	長谷川コーポレーション，戸田建設，フジタ，安藤ハザマ，前田建設，三井住友建設，西松建設ほか
中堅ゼネコン	単独の売上高が1,500億円以上のゼネコン ＊1,000億円以上とする説もある	浅沼組，奥村組，熊谷組，鴻池組，東急建設，飛島建設ほか
その他の主要ゼネコン	単独の売上高が300億円以上のゼネコン ＊ランキングで100位ぐらいまのゼネコン	西武建設，松井建設，若築建設，高松建設，株木建設ほか
その他の優良ゼネコン	単独の売上高が30億円以上のゼネコン ＊ランキングで300位ぐらいまでのゼネコン	当社（内野建設）ほか
中小ゼネコン	単独の売上高が10億円以上のゼネコン	
その他	単独の売上高が10億円未満のゼネコン	

『建設人ハンドブック2018年版』の「ゼネコン100社決算業績」から著者作成

このように，大手建設企業と中小建設企業の区分は，同じく量的な指標であっても用いる指標によって異なってくる。受け手の印象やあるいは知名度によって勝手に分類されている場合も見受けられる。

これに対して，質的な指標に基づいて区分する方法もある。例えば，所有と経営が分離しているか，独立性があるか，支配性があるか，同族経営か否かなどである。この基準によれば大企業の子会社は，量的には中小規模でも，中小企業とはみなされない場合も生じる。また，量的な指標と質的な指標を組み合わせて区分する方法もある。

株式市場への上場の有無も一つの目安となるが，仮にその基準に従えば，東証1部の「建設」には100数社が上場され，うちゼネコンは30数社である。それが大手建設企業であり，その他が中小建設企業となる。概ね的を得ているが実際の認識とは必ずしも一致していないようにも思える。

その他，建設エリアが全国展開している建設企業かそれとも隣接している県程度で，ほとんど近郊であるような地域密着型の建設企業かによって区分している場合もある。

さらに，建設産業では，会社名に「工務店」という名称をつける建設企業も多い。多くが地元密着型で小規模であることから中小建設企業に分類するのが一般的である。しかし，竹中工務店のように，スーパーゼネコンもあり，区分基準としては不正確である。それに企業の規模が違うだけで，複数の専門工事業者をマネジメントし，工事全体を管理することによって，総合的な工事を請け負う工務店も数多く存在する。

(3) 元請企業・下請企業と中小建設企業

建設企業を規模別に区分すると前述（2）のとおりになるが，これとは別に，元請企業（「元請」）と下請企業（「下請」）という区分も通常使われる。元請とは，発注者から直接建設工事を請け負う事業形態であり，発注者から直接建設工事を請け負った建設企業（業者）そのものを元請と呼ぶこともある。米国ではgeneral contracterと呼ばれることから略して「ゼネコン」ともいわれる。これに対して，下請とは，元請企業（建築工事請負契約の主契約者）からさらにその建設工事の一部を請け負う事業形態，あるいは建設企業（業者）そのものを下請と呼ぶこともある。米国ではsubcontracterと呼ばれることから略して「サブコン」ともいわれる。

元請企業と下請企業の区分は，必ずしも規模の大きさと対応しないが，規模の大きい建設企業は比較的元請企業になることが多く，規模が小さくなるにつれて下請企業になる傾向がある。なぜなら建設産業は，総合組立産業すなわちアッセンブリ産業であるため，ある程度以上の規模の工事になると，発注者は信頼できる規模の大きな建設企業に依頼する傾向があるからである。元請企業に規模の大きな建設企業が多いのはこのためである。

また，元請企業と下請企業のすみ分けは，双方に利点があり相互依存の関係でもある。

すなわち，元請企業にとっては，低賃金低コストで生産を可能にし，景気変動時には緩衝材（下請企業）となり，資本設備の固定化を回避でき資本を節約できる利点がある。一方，下請企業にとっては，資金・技術の支援を受けることができるうえに，不況期にも仕事がまったくなくなることはなく，技術者・技能者を手離すことなく，企業経営を持続できる利点がある。

図表1-9は，建設産業の業態・機能と元請・下請の関係を示したイメージ図である。

その関係は概ね次のとおりである。

通常，元請企業は，建築工事において主にマネジメント機能を分担し，下請企業は主に生産・技能機能を受け持つ。そして，最終的に元請企業がアッセンブリする。ただ，近年この従来のビジネスモデルにも変化が見られるようになった。

ここで当社の位置づけをみてみよう。会社創業時から成長期の前半には下請建設企業として大手建設企業のいわゆる「ケイレツ」（組織だって並んでいる一連の序列をいう。しかし，近年は下請建設企業の中にもあえてケイレツに属さず，状況を見定めて元請建設企業を選択するなど，流動的になりつつある。）の下で，仕事を分けてもらっていたが，成長期の中盤からは完全に独立し，どのケイレツに属することなく元請建設企業として経営を続けてきた。現会長の強い独立心が「小さくても一国一城の主」の

図表1-9　建設産業の業態・機能区分と元請・下請の関係

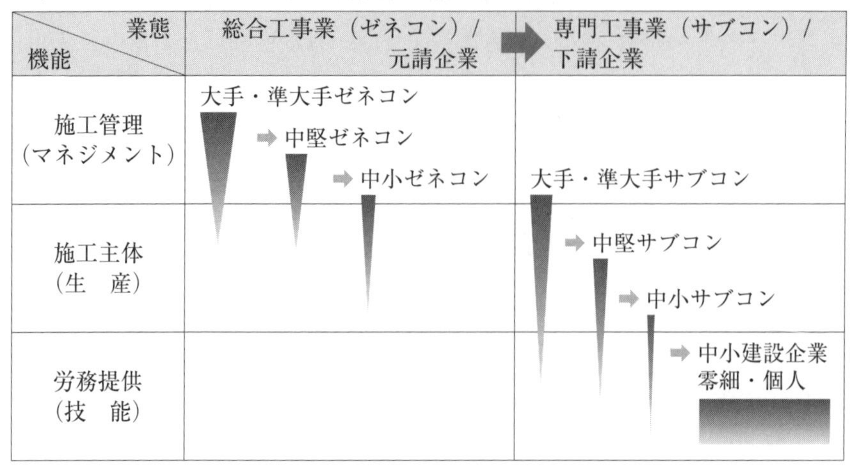

本来，元請と下請の関係は，支配・従属の関係ではなく，建築工事の目的を達成するための協同関係であり，相互依存関係である。

道を選択したのである。“技術の裏づけと資金・情報ネットワークが構築されていた強みの選択であった”，と聞く。

2. 中小建設企業の役割

わが国の建設業者数は，資本金が3億円未満の業者数は平成28年度（2016年度）462,843業者で全体の99.4%を占めている（図表1-3）。これは，中小企業基本法第2条1項の規定に基づく「中小企業者：資本金3億円以下」にほぼ相当するから，全産業の比率99.7%と同様に圧倒的に中小建設企業の割合が高いことがわかる。

規模別従業者数では，総務省「労働力調査」によれば，平成28年の全産業別就業者数6,465万人うち，建設業就業者数は495万人で産業全体に占める割合は7.7%である。

これらのことは，中小建設企業の量的重要性が非常に高いことを示すものである。
以下，こうした地位，存在意義を有する中小建設企業が果たしてきた（いる）その経済的役割及び社会的役割について考察する。

(1) 社会資本の整備と維持管理

第1に，社会資本の整備と維持管理があげられる。道路，港湾，下水道，公園，通信，郵便，空港，河川や海岸の堤防，ダムなど国民経済全体の基礎となる施設，構造物を建設・整備していくことが建設業の役割である。社会資本の整備は，国民経済の発展にとっても，また，国民福祉の向上にとっても欠かすことのできないものであり，その担い手としての建設企業の使命は重大である。
ただ，一口に社会資本の整備といってもその規模や施工の困難性は千差万別で，通常大型プロジェクトは大手ゼネコン，準大手・中堅ゼネコンが元請企業となり，中小建設企業はこれらゼネコンのケイレツとしてあるいは下請企業として間接的にかかわることが多い。一方，規模のそれほど大きくない施設や構造物については，中小建設企業が直接請負契約の当事者としてかかわる場合が多い。なかでも，地域の人々が暮らしていく上で必要不可欠な施設や構造物は，その地域のことを知り尽くしている地元の中小建設企業が担うのが相応しいと考える。なぜなら地方ほど建設業の存在感は大きく「建設業は地域を支えている地域密着産業である」と自負している中小建設企業が多いと推測するからである。
また，中小建設企業には地域の社会インフラを維持管理する役割がある。社会資本の整備は，造って終わりではなく，造った物が本来の機能を保ちながら，50年先，100年先にも耐えうるものでなければならない。そのためには適切な維持管理が求められる。この役割は経済的役割というよりはむしろ中小建設企業の社会的役割といえる。実際，多くの自治体は，耐用年数を迎えた公共の建物や施設，橋梁，トンネル等を抱えている。しかし，財政状況が悪化しているためにそれらの改修工事やメンテナンス工事が計画どおりに行われていないのが実情である。放置すれば大きな事故を引き起こしかねない。事故を起こしてからでは遅く，万一，死傷者が出れば多大な損害賠償を強いられ，ますます自治体の財政を圧迫しかねない。多くの自治体は，インフラの維持管理をどのように行っていくべきか苦慮している[15]。

(2) 住環境の整備と向上

第2に，住環境の整備と向上がある。住環境の整備の中でも人々の関心は，まずは「住宅」の確保であろう。「衣食住」のうち「住」への欲求は，外部からの不法な侵入や自然災害から身を守るための本能的な安全欲求といえる。その住宅を建てることは，建設産業にとって，もっとも原初的な役割といえよう[16]。

住環境の整備と向上とは，住宅を基点にして街が形成されていく過程で，人々が暮らしやすく便利な環境を整えていくことであり，さらに，そこに住む人々がより豊かで快適な生活ができるよう生活の質を高めることである。それを支えるのが建設産業であり，とりわけ地域に密着した中小建設企業の役割は大きい。この役割は固定的なものではなく時代の要請や

15　国土交通省が行った社会資本の維持管理・更新に関するアンケート調査で，地方自治体の3割が今後点検の実施が困難であると回答していることがわかった。職員数の減少や技術力・予算不足を理由に法定の頻度での点検実施が難しいと考える自治体が多い。インフラの点検は，道路（橋梁，トンネル）で5年に1度の実施が義務付けるなど，施設ごとに一定の頻度での定期点検を求めている。調査結果では今後とも実施できると回答した自治体が59%，今後の実施に不安を抱えている自治体が27%と回答している（日刊建通新聞 平成30年3月30日号）。

16　日本の建築の歴史は，縄文時代の竪穴式住居が始まるといわれている。元来，住宅は個人あるいは集落の民衆が共同で造ってきたのであろう。建設産業が「業」として形をなすのは意外と歴史が浅く現在の大手，準大手ゼネコンの創業は，幕末から明治時代に遡る。職種は大工，とび，土工，石工と様々である。例えば，清水建設は文化元年（1804年）江戸で大工を創業，鹿島建設は天保11年（1840年）江戸で大工を創業，大成建設は明治6年（1873年）商会を創立し，明治20年，日本初の法人有限責任日本土木会社を設立している。

人々の暮らし向きの変化に合わせて変容していく。

先の大戦では，東京はじめ地方の主要都市の多くは焦土と化し壊滅的な打撃を受けた。死傷者の数は数百万人に及び，あらゆる産業は生産能力を失い，都市や町は機能不全に陥った。多くの国民は，家屋を焼かれ住む家もなく路頭に迷う生活を余儀なくされた。

荒廃した国土からの復興は，建設産業に課された急務であり国民も復興のための努力を惜しまなかった。短期間に国家の経済ならびに国民の生活を立て直し，高度経済成長へと導いたことは世界の歴史の中でも類を見ない奇跡と言われた。昭和35年（1960）「もはや戦後ではない」は，この間の事情を的確に言い当てていて，世情でもよく聞いたフレーズである。

(3) 就業・雇用機会の提供と維持

第3に，就業・雇用機会の提供と維持がある。この役割は中小建設企業に限られたものではなく，押しなべて他産業の中小企業にもあてはまる。「特に第二次世界大戦後の日本経済復興期における就業・雇用機会の提供，そして近年の低経済成長期における労働力需給緩和期の就業・雇用機会の提供，雇用吸収という役割は大きく評価される」[17]。

建設産業における就業者数は，近年建設投資の減少に伴い，ピーク時の平成9年（1997）の685万人から平成28年（2016）には495万人（全産業の7.7%）まで減少している。（平成22年（2010）以降はほぼ横ばいである）。このうち建設企業に雇用されている就業者については正確な数は把握できないが，建設業許可業者数が46.5万者であることから少なくとも400万人ほどは，何らかの形で「雇用」されているとみることができる。建設産業が「雇用の受け皿」と言われる所以であろう。しかし，そこで働く就業者の雇用形態は，必ずしも正規就業者に限らず，企業規模が小さいほど非正規に雇用される者，短期契約で雇用される者，季節限定で雇

17　髙田亮爾編著『現代中小企業論［増補版］』15頁（同友館，2011年）。

用される者，アルバイト等々が多く，労働条件面でも正規就業者に比較して相対的に低いのが実態である。この格差は，都市部の中小建設企業の就業者と地方の中小建設企業で働く就業者の労働条件においても同様な傾向にある。

それゆえに一時的にせよ公共事業が増加することは地方の人々に就業・雇用の機会を提供することを意味し，多少なりとも都市部の就業者の労働条件に近づける平準化効果が期待できる点で好ましいことといえよう。

かつて，バブル崩壊により景気が低迷する中で，建設分野だけが公共事業によって活況を呈したことがある。そのためよりよい労働条件を求めて農林業や製造業からの転職者が増加するという現象が起こった。これはバブル崩壊により民間の建設投資が減少し地方経済の落ち込みが問題となったために，そのてこ入れや雇用確保のために地方への公共投資を増やしたことによるものであった。ピーク時の就業者数685万人はこうした政策も一因して，全産業就業者数の10.4％の比率を占めたほどである。地方へ行けば行くほど中小建設企業が「雇用の受け皿」であることの意味は重大である。

このように，地方の中小建設企業には地域の社会資本の整備を通じて，地域産業を活性化する重要な役割があるが，それを可能にしているのは，これら多種多様な形で雇用されている就業者の存在である。

しかし，今，「雇用の受け皿」としての建設企業の役割は終焉を迎えつつある，と指摘する声がある。その背景には，「箱もの行政」により不要で過剰な社会資本を造ることの無駄遣いが指摘されてきたことがあげられる。いたずらに公共投資を増やして雇用を確保するのではなく，地方あるいは地域の人々が中心となって必要とする社会資本と不要な社会資本を峻別し，そこから地域の雇用創出策を考えようというのである。

本来，雇用は，長期間にわたって継続維持できるのが理想である。それは中小建設企業だけではなくあらゆる業種の中小企業に求められる役割である。地域の商工会議所や商工会，産業連合会，中小企業団体中央会などは，これまでに多くの施策を試み，アイデアを豊富に蓄積しているはずである。それらが一緒になって“地域の特性を活かした街おこし”により富が循環する仕組みを作ることが雇用の創出に結びつくのではないかと考える。

(4) 災害時の応急対応と防災・減災

第4に，災害時の応急対応と防災・減災がある。建設産業には，前述の(1) から (3) までの経済的役割のほかに，災害時の応急対応や災害を未然に防止するための防災あるいは災害による被害をできるだけ減らすための減災という社会的役割がある。

わが国は世界でも有数の自然災害発生国である。地震による建物の崩壊や津波による浸水被害，台風による強風や大雨による建物の倒壊や浸水，河川の洪水や氾濫，高潮による浸水，土砂崩れ，降積雪やなだれ，その他，発生頻度は小さいものの火山噴火など，毎年のように大規模な災害が発生している。

平成23年（2011）3月に発生した東日本大震災は，強い地震と大津波により2万人を超える死傷者と多数の家屋の流出・倒壊の被害をもたらした。さらに，福島第一原子力発電所の事故は（自然災害に起因する事故としては），かつて日本人が経験したことのない規模の放射能汚染をもたらした。その影響は広範囲に及び多くの住民が避難生活を余儀なくされた。その後，除染活動は始まったものの計画どおりには進まず，汚染地域全域が除染されるまでにはまだかなりの日数がかかりそうである。

除染が終わり，帰還が許された住民の中には，すみやかに帰還する人がいる一方で，7年の避難生活のうちに新地の生活に慣れ親しみ，新しい交友関係も生まれたことを理由に帰還しない人，子供の教育を理由に留まる人，帰還して生活を復興させるだけの体力，気力をなくした人，皆それぞれに人生の選択は異なり，一度壊れた日常生活は元の状態に戻らないのが現実である。

自然災害の発生は現在の科学を以てしても防ぎようのない事象である。できることは，人知を以て災害に遭遇した際に如何にして被害を最小限にくい止めるかである。昔から，国を治める者の最大の難事業は治山治水であるといわれた。植林，新田開発，河川に土塁を築き，あるいは流れの向きを変える等，為政者にとっては己の力量を示して政治への求心力を高め，権力を維持するためのパフォーマンスの機会でもあった。

さて，本題に戻ると，わが国の災害対応は，原則として被災した地方自治体（長）が中心となって支援体制にあたっている。災害の規模が大きく消防や警察だけでは対応できないと判断した場合には知事の要請をうけて自衛隊も支援に入る。そして，これらの行政部門だけでなく，被災地の自治防災組織（消防団，町内会，青年団等）やボランティア組織も支援に加わる。

しかし，通常，被災地で被害者の救助にあたり災害復旧にあたる民間組織といえば，支援物資の輸送にあたる運輸業，災害時の生活必需品を供給する製造業等であるが，なかでも地域の中小建設企業の役割[18]は大きく，人命救助や復旧・復興に欠かせない存在である。建設重機をはじめあらゆる資機材を投入して，緊急車両の通路を確保する，倒壊した家屋や橋梁を撤去する，倒壊した家屋の下敷きになっている人を救助する等，その活動は多岐にわたる。また，建設業団体のなかには地元の自治体と防災協定を締結して，災害発生時の救援や復旧に関する取り決めをしている事例もある。現に，当社が加入する東京建設業協会は東京都との間に，災害時における道路や港湾などの損壊の応急復旧等を円滑に推進するために協力協定を締結している。当社もその一員として，災害時には所有するトラックを供給する約束を取り交わしている。

また，地域の中小建設企業には，地域特有の役割がある。例えば，積雪

18　災害時には，すべての建設企業が同じ役割を担うのではなく，大手・中堅の建設企業には，例えば，大震災により被災した新幹線や大規模港湾はじめ重要なインフラの復旧等，規模に相応しい役割が求められる，と考える。

地帯の除雪作業がある。かつて，道路の除雪や屋根の雪下ろしは住民が自力で行っていたが，近年，特に高齢化が進んだ地域ではそれができなくなっている。除雪が滞ると交通は遮断され，物資の輸送が途絶えて，たちまち，人々の生活に影響を及ぼす。積雪地帯の自治体にとっては，新たに生まれた社会問題であり頭痛の種になっている。

(5) その他

その他，建設産業には今日的役割も期待されている。例えば，社団法人日本建設業連合会のHPには，「環境の保全と創造」が役割の一つとしてあげてある。「豊かなくらしを未来につなげていくために，美しい地球や新しい環境を創造していく，これも建設業の役割です」。そして，1）地球温暖化対策（都市部のヒートアイランド現象の抑制と断熱性の向上のために建物の屋上や壁面に植栽を施す緑化），2）自然エネルギーの活用（限りあるエネルギー資源の代替えとして自然の力を利用した新たなエネルギーの活用：風力発電，太陽光発電，バイオマス発電），3）生態系の保全（生態系をまもり，人々と共生していくための技術の開発），4）ゼロエミッション（建設現場で出るゴミを細かく分別しこれまでリサイクルが困難であった物も特殊な施設で資材などにリサイクルし，廃棄物を限りなくゼロに近づける挑戦）について説明している。

ただ，これらの役割を中小建設企業が直接担うには，必要な設備投資のための資金力が求められるなど，実現の道のりはかなり険しいというのが実感である。

第2章 中小建設企業が抱える諸問題

第1節　構造上の諸問題

中小建設企業を経営管理面からみると，一般的につぎの諸点で他産業の中小企業と異なる問題点を抱えている。これが建設産業の近代化あるいは合理化を遅らせる要因であると指摘されている。しかし，これらの諸問題は，中小建設企業に限定された問題というよりも業界全体の問題でもある。建設産業の特徴については，第1章で既述したが，ここでは，圧倒的多数を占める中小建設企業の視点から，以下の諸問題を再度考察したいと思う。

1. 重層下請制による管理の脆弱性

建設工事は，多種多様な建設材料を多くの専門工事業者，設備工事業者と協力して複合的に組み立てる（アッセンブリ）もので，合理的な施工管理と適切な施工があいまって遂行される。わが国のこのアッセンブリ能力は世界に類を見ないほどに完成度が高いといわれる。いかなる環境や条件の下でも一旦，工事請負契約が締結されると，決められた工期内に要求された品質と価格で竣工に導くのが通常である[19]。これを可能にしているの

19　特に，「設計施工」で工事を請負う場合は，「施工」だけよりは一層QCDSM（品質，原価，工期，安全，モラール）が求められることから，企業の威力を最大限に発揮できるよう必死になる。例えば，施工場所が幹線道路に面している場合には交通量

が，工事全般を管理する元請企業であり，各専門工事，設備工事を担う下請企業である。したがって，本来，元請企業と下請企業は，仕事を「与える」，「与えられる」という主従関係ではなく，同等にして相互協働関係にあるといえる。しかし，現実には下請企業が経営を継続していくためには元請企業から間断なく仕事を「与えられる」ことが重要であり，それゆえ日頃からこの関係性の構築を重視する。

他方，元請企業は，発注者から受けた建築物を期待どおり竣工し引き渡すことが目的であるから，工事期間中の施工管理の質の良否が問われる。しかし，下請企業の行う末端作業までいちいち管理することは不可能であるから，計画どおりに事が展開されるとは限らず，時には管理（品質管理，原価管理，工程管理を含む施工管理全般にわたり）の脆弱性が露呈する場合も生じうる。それを回避するためには，下請企業と日頃から信頼関係を密にしておくことが大事になる。

(1) 重層下請制の成立

重層下請制については，第1章第1節5.「相互依存的な重層下請産業」の中で触れたが，ここではより詳しく考察したいと思う。

複数の人間から構成される社会には「利害関係」が構造的に成立する。その利害関係は様々な角度から観察し把握することができるが，それを支配—従属の関係から把握したものが「支配関係」であり，その構造が支配関係の構造，すなわち「支配構造」である。

人間社会においては，支配関係と並んで特徴的な利害関係は「闘争関係」である。それ自体は対等者間の関係であり，支配—従属という支配関係とは異なる，そして，闘争の当事者の力が同等である限り闘争関係は継続するが，そうでなければこの関係は終結し，新たな支配関係が成立す

の比較的少なくなる夜間以外は所轄警察署から道路使用許可を得ることができない場合がある。必然的に作業は深夜におよぶことも度々である。

る。人間社会の歴史は，このような支配関係（安定関係）と闘争関係（不安定関係）の構造的な交替の過程であると見ることができる[20]。

支配関係の中では，従属企業が労働者から抽出した剰余価値の一部あるいは大部分が支配企業によって収奪される形で利益が還元されていく。そして，この抽出―収奪の関係は最底層の企業体まで延々と続いていく。重層下請制は，この抽出―収奪関係を如実に表現している。重層性は労務型職種ほど段階が長く，個人経営者や一人親方（労働者を全く雇用しない）に至るまで展開する。その企業体数はおびただしい。特に，建設産業においては，大工，鳶，土工，鉄筋，左官などの業種にこの傾向が強い。

建設産業において下請制はある意味で必然的である。なぜなら，建設企業の目的は発注者と取り交わした建設工事を完成されることであり，その工事は規模が大きくなればなるほど一建設企業資本では完成させることが物理的には不可能だからである。複数の専門工事業者等，下請企業の協力なくしてその実現は不可能だからである。

また，建設産業における下請制は，元請建設資本による下請建設資本の利用形態である。そこでは元請建設資本は独占利潤の極大化を志向して，下請企業からの収奪独占を強化する。資本主義社会においては資本家と労働者の関係に似て，資本で勝る者が多くの利益を手中にする。そして，下請企業を完全な配下におくか，専属化するか，あるいは，浮動的下請として切り離すかは元請建設資本の要求によって決まる。このように元請建設資本は，下請企業を都合よく利用することで，低賃金による低コスト生産を可能にし，景気変動の緩衝材，資本設備の固定化回避ないし資本節約という利点を享受するのである[21]。

20　西山忠範『脱資本主義分析』2頁（文眞堂，1983年）。

21　欧米にも外形の類似したSubcontract systemとよばれる一種の下請制はあるが，その範囲は日本ほど広範かつ段階的でなく，支配・従属の関係というよりは専門工場の利用という色彩が強いといわれる。

(2) 重層下請制の発生要因

重層下請制の発生要因としては以下の要因が考えられる。

第1は，継続的かつ安定した受注の獲得である。

元請契約の場合は特命受注よりも入札受注が行われるのが一般的であるが，下請契約の場合には特命受注が一般的である。下請企業の規模で発注者から直接仕事を受注する特命受注は一般的には不可能であるから受注を継続的に安定して獲得するためには特定の元請企業との間に信頼関係を構築しておくことがきわめて重要である。

元請企業の立場からも，発注者との契約内容を履行するためには，専門工事業者や設備工事業者などの下請企業にしっかりした仕事をしてもらう方が得策である。

なかでも，特命受注は，意中の下請企業の技術力，施工能力，組織力，信用状況，手持ち工事の繁閑の程度など，工事の品質や工期に関する要素を十分に把握しているため予定価格内で発注できるという利点がある。

第2は，職種の多様性である。

第1章で述べたように，建設産業は大工，型枠，とび，土工，鉄筋業等多くの業態・業種（図表1-2）の技術者，技能者の協力なくして成り立たない産業である。下請企業が全職種を揃えて元請企業に提供することは不可能であるし，元請企業にしても，自前で全職種を備えることは効率的でない。結果，下請企業はそれぞれの特徴（専門業種）を活かして複数の得意先（元請）と協働関係（下請制）を保つことでバランスをとることになる。

下請企業の弱い立場を解消するために，これまでも職種の統合化，隣接業種（例えば，型枠業，鉄筋業，とび・土工業）の協業化の促進，協業体J・Vの結成などが提唱されてきたが，一人親方に象徴されるように，それぞれは他の専門業種からの干渉を嫌い，単体で元請企業の指示に従って仕事を請負う傾向が強く，この気風も重層下請制の補強要因となっている。

第3は，労働力の低生産性である。

下請企業の労働生産性は一般的には限定的である。労働力の生産性を向上させるためには，設計の規格標準化，施工技術の高度化・専門化，施工の機械化，資材の規格化，新工法の開発，コンピューターによる工事情報や積算，原価管理などの情報処理の開発が元請企業と下請企業が共有して利用しあえる関係が望ましい。しかし，現実には，元請企業に偏っており下請企業までその恩恵に預かっていない。

また，現場における労働生産性は作業所代理人の管理能力に負うところが大きい。優れた作業所代理人の指揮下で現場作業が行われるならば，工事の進捗状況に応じて専門工事業者が入る時期が計画され，前工程（A専門業種）から後工程（B専門業種）に無理なく業務が引き継がれていく。そのうえ施工管理上の留意点が日々確実に伝達されるため，ムリ，ムダ，ムラの少ない作業が展開されていく。したがって，下請企業が自力で生産性の向上を企図するよりは，元請企業を通じて労働の質的向上を図る方が，OJT（現場）教育が計画的に施され，技術・技能の研鑽が可能になり，未熟練工による作業リスクも最小限に抑えることができるなどメリットが大きい。

第4は，低賃金への依存である。

元請企業の立場からは，下請企業の労働力をいかに低価格で利用し自己の利益を最大化できるかがキーポイントとなる。一方，下請企業には継続的受注の確保から低賃金を甘受せざるを得ない事情がある。しかし，「低賃金への依存」は，単純な機械的労働のような労務提供に対しては現在もなお期待できるものの，そうでない労働力の提供，特に施工技術・技能の高低によって賃金が支払われる職能給制の下では「低賃金への依存」は期待できなくなっている。

第5は，現場の移動性である。

下請企業は通常，元請企業が指定した特定の建築現場において請け負った工種の工事を担当する。したがって，建築物の規模や種類によって期間の長短はあるが，着工から竣工にいたる全期間そこに留まることはなく，工程に沿って自らの担当工種が終了すれば，そこで下請負契約も終了する。そして，次の特定建築現場（下請契約が結ばれていれば）に移動する，ということが繰り返されていく。

元請企業からすれば，専門工種を担う労働力を確保することが目的であるから，必要に応じて複数の不特定建築現場を移動して工事をしてくれることが望ましい。これが，製造業の場合には自社の工場内で（定着して）労働力を提供し，出来上がった製品（部品）を納期内に元請企業に納品するのと異なる点である。

この現場の移動性は，経営的に負担（建築現場が企業の所在地から遠隔地にある場合には，通勤に要する時間や交通費など経費がかかるほかに，一時的にせよ宿泊施設を設けるなど福利厚生施設が必要な場合もある。その他，遠距離通勤による肉体的・精神的疲労，疾病，労働災害の発生なども考えられる）伴うことから，元請企業とすればその負担を回避したい。一方，下請企業にとっては負担と不安を伴うが避けて通れない弱さがある。なぜなら，下請契約は，物件ごとに見積書を提出して元請企業がそれに応諾して発注書を出して初めて成立する。そのため，前現場での仕事の内容が粗末で，要求された品質基準を満たしていなかったり，決められた工期に完成しなかったりすると，場合によっては次の仕事がもらえないことも起こりうる。反対に，両者の関係が良好であれば，通常はその移動の調整を本社部門（例えば，建築部長）が統括管理しているので，負担の軽減につながるし仕事も空きなく受けることができる。下請企業にとっては，経営の安定につながり，元請企業にとっては下請企業の労働力を継続的に確保できる利点がある。

当社の例では，かつては地方から出てきた下請企業を確保するために利便性のよい都心部に宿舎を提供した時期もあったが，今日では下請企業が固定化してきたことや極端に遠隔地の建築現場がないことからこうした施設の提供は見られなくなった。

第6は，固定資金負担の回避である。

人件費をいかに抑制するかは企業経営者の腕のみせどころであり，企業としては，できるだけ無駄な固定費は避けたい。元請企業が下請企業の労働力に依存するのも建設工事には繁閑の波があり，施工時期の平準化がむずかしい以上，自社で直接雇用する社員を増やすよりは，臨機に対応できる下請企業の労働力を活用する方が人件費を抑えることができ経営効率を高めることができるからである。

通常，固定費は自己資本額でまかなうのが原則で，経営指標の一つである固定比率[22]は100％前後が望ましいとされる。しかし，建設業界の自己資本比率は平均30数％である[23]。資本蓄積の意志があれば，自己資本の充実の手法はいろいろ存在するが，目先の運転資金にも事欠く中小建設企業にとっては，容易なことではない。

当社の例をとれば，平成29年3月決算時における固定比率は40.25％と，きわめて安全性が高いことがわかる。また，自己資本比率でも89.9％ときわめて高く，他の建設企業と比較しても突出している。

第7は，労務政策上からの逃避である。

中堅以上の元請企業では労使紛争により建設工事が中断したということ

22　固定比率とは，財務分析の安全性分析の指標で，企業の長期的な支払能力を分析される際に用いる経営指標の一つであり，固定比率（％）＝固定資産÷自己資本×100の計算式で表す。固定比率が100％以下であれば，固定資産より自己資本の方が大きいということで，企業が長期的に保有する固定資産を自己資本でカバーできており，経営は安全な水準にあると考えられている。日本企業の平均固定比率は160％前後といわれている。

23　「週刊東洋経済2018/2/17号」は，全国建設会社増益ランキングを東京商工リサーチの企業データベースを基に作成している。対象は日本標準産業分類の総合建設業と職別工事業で，2016年10月～2017年9月に決算を迎えた売上高50億円以上かつ営業利益3億円以上（単体の業績）の上場，未上場企業329社である。この調査による平均自己資本比率は37.4％，中央値は34.5％で，当社の89.9％を筆頭に最小は4.4％とその開きは大きい。スーパーゼネコン4社といえども自己資本比率だけでは33％台から24％台までばらつきがある。

はあまり耳にしない。その理由は，概ね労使紛争が生じないように労務管理体制ができあがっていることや，平均賃金が比較的高く，賃金の不払いが発生していないこと，そもそも労働組合の結成を嫌う風潮があり，労働条件闘争に至ることなく会社側の意向を善意に受け止める傾向があるからと推測する。他方，下請企業では，規模が小さくなるにつれて賃金の未払いや支払い遅延があることはときどき見聞する。

元請企業としては，下請建設企業への支払いさえしっかりすれば，下請企業間（下請⇔二次下請）の賃金の不払いなどは直接責任を負う問題ではないと考える傾向がある[24]。したがって労務政策上，緩衝材となる下請企業の存在は大きい。

ただ，今日では，元請企業が下請企業の行為にまったく無責任な立場を貫き通すことは許されない状況に世論は形成されつつある。

賃金不払いの救済策としては，親事業者が下請事業者に代金をきちんと支払うよう定めた法律「下請代金支払遅延等防止法」（昭和31年6月1日法律第120号，平成21年6月10日法律第51号改正）があり，社会保険の加入については，「社会保険の加入に関する下請指導ガイドライン」（平成24年7月4日策定，平成27年4月1日改訂）が定められている。

(3) 重層下請制が施工管理に及ぼす負の作用

重層下請構造は，元請企業にとっては労務管理面など人間に関わる煩わしい問題を回避できるなど比較的都合のよい制度である。しかし，従来から施工体制が複雑化することに伴う施工管理や品質保証に及ぼす負の作用

24　今から30年以上前，当社の建築現場に，当社の下請企業がその下請企業（2次下請）に下請代金を支払っていないという理由で，2次下請の依頼を受けて，いわゆる山谷争議団が急遽，元請企業の当社へ未払金の支払いを求めて押しかけてきたことがある。わずか数名からなる争議団であったが，その追及の仕方は，組織的で役割分担が決められていて穏やかにして敏捷で，決して言質を与えることなく慎重であった。当社側の応答をカセットテープで録音し，さらに書記役が速記で，一字一句漏らさず書き留めていたのを覚えている。

も指摘されていた。

元請企業の立場から懸念される点として，施工品質計画どおりの建築物を竣工できるかどうかということがある。通常特定の下請企業との間には継続的に下請契約が締結されるという暗黙の了解がある。下請企業が提供する労働力には必要とされる技術・技能が伴っていると信頼されているからである。この信頼関係は取引年数に応じて醸成されるもので長ければ長いほど相互の信頼関係は深まっていく。

この阿吽の呼吸は，施工管理上の問題点を素早く発見し，重大ミスを未然に回避するなど，ベテランの職長になればなるほど，この気づき（指摘）は貴重である。特に現場代理人と職長が個人的にも長い年月，一緒に仕事をしてきたような場合は，それぞれの「クセ」を知り尽くしているので，わずかの違いも見逃さない正確さがある。

他方，こうした機転が効かない場合には，施工管理の脆弱さが露見することがある。例えば，万が一下請企業が何らかの過失を犯して発注者に損害が生じた場合，直接的な原因が元請企業になかったとしても，元請企業の過失と同視されることが多く，損害賠償責任などその責を免れることはできない。後に下請企業に対して求償権の行使が認められたとしても，発注者からの信頼は失墜し大きな損失を被ることになる。

このように問題が発生して急遽是正処置を施しても取返しが効かない場合もあるので，取引期間が短い場合には，日頃から，両者のコミュニケーションはとても重要になる。

かつては，「品質は工程で造り込め」と，品質管理専門の先生方から口酸っぱく指導されたものである。工程の打ち合わせは，元請企業の現場代理人と下請企業の職長にとって絶対に欠かすことのできないコミュニケーションの場であり，それは品質，原価，安全その他もろもろの確認事項および留意点が詰まった認識共有の場である。

ここで，施工管理の脆弱性を補うために当社が採用している一例を，新規業者を採用する場合の例で見てみよう。

新規取引予定会社（下請企業）の能力評価は，当社の建築部購買課が，新規取引予定会社が提出した書類（会社概要書，工事経歴書，建設業許可票（写），確定決算報告書等）に基づき，「協力会社能力評価基準」，「協力会社能力評価表」により評価する。そして，評価が70点以上の場合は選定・採用となるが，70点未満の場合は不採用となる。ただ，紹介者，作業所代理人，購買課工種担当者が協議して例外的に「該当する現場作業所のみ」に限定して採用を可能にしている。しかし，この段階で当社の「協力会社リスト」には掲載されることはなく，掲載されるためには継続的・定期的に行われる実績評価の結果を待たなければならない。

施工の実績評価は，現場作業所が3ヶ月に1回の頻度で「協力会社実績評価表」により評価し，それを参考にして購買課が3ヶ月ごとの実績購買課修正点および年間実績購買課修正点を集計する。そして，3ヶ月の実績評価点が70点未満の場合は現場作業所が，75点未満の場合は購買課が指導育成を行う。

さらに年間実績購買課修正点（6ヶ月以上の集計）が70点未満の場合は，作業継続は不可となり，年間実績購買課修正点（6ヶ月以上の集計）が70点以上でかつ能力評価点が70点以上を得た会社のみが原則として当社の下請企業として認められ，「協力会社リスト」に登録されるのである。

実績評価は，既に「協力会社リスト」に登録されている取引協力会社に対しても継続的に行われ，それらの結果は品質記録として維持・管理されていく。その場合でも，一定の評価点に達しなかった場合は，「協力会社リスト」から削除されるため，下請企業としては緊張感をもって現場作業にあたることになる。

2. 一品受注生産・屋外生産・労働集約型生産による懸念事項

建設産業の近代化・合理化（生産性向上）を阻害している要因の一つに，一品受注生産，屋外生産，労働集約型生産という生産方式がある。

ほとんどの建築物は固有の土地に一品受注生産方式で建築され，一つのプロジェクトが終了すると次のプロジェクトに建築現場を移動していく。しかもほとんどが屋外作業であるため様々な地理的，地形的条件，天気や季節の影響を受けやすく常に災害の危険に晒されている。また，機械化や自動化その他の技術開発の遅れや導入が困難なことから労働集約型となるためプロジェクトごとに労働者を確保しなければならない。そのため，通常，全天候型の恒久施設（工場内）でライン生産方式やセル生産方式[25]，さらには自動化・ロボット化が進んでいる製造業と比べ生産能率の差は歴然としている。以下，これらの生産方式が中小建設企業に及ぼす影響，懸念される事項について説明する。

なお，国土交通省はこれら建設現場の宿命ともいえる問題を解消あるいは軽減し，生産性向上を図るためにi-Constructionの導入を目指しているが，これについては第4章第1節3.（5）1）で後述する。

(1) 施工品質のばらつきのおそれ

施工品質は，建設企業にとって最も重要な生命線である。元請企業の適切なマネジメントの下で，下請企業がその持てる力を十分に発揮して担当工種を終わらせ，次の工種へつないでいく。「後工程はお客様」[26]の心で仕

25　ライン生産方式とは，ある期間において単一の製品を大量に製造するための方法。製品の組み立て工程，作業員の配置をライン化させ，ベルトコンベヤーなどにより流れてくる機械に部品の取り付けや小加工を行う作業である。製品別に設備が専有化されるので，設備稼働率を考慮すると生産量の多い製品に向く生産方式である。これに対してセル生産方式とは，一人または少数の作業者チームで製品の組み立て工程を完成（または検査）まで行う。ライン生産方式などの従来の生産方式に比較して，作業者一人が受け持つ範囲が広いのが特徴で，製品別に設備がある程度専有化されるので，中量の生産量で類似工程をもつ製品に向く生産方式である（Wikipediaほかより）。

26　品質管理を学ぶなかで，指導講師の先生から口が酸っぱくなるくらいに指摘された言葉である。自分の担当した仕事の後には必ず別の人が担当する仕事が待っている。その後工程を担当する人が仕事をしやすいように配慮して仕事をすることが大事である。後工程を担当する人を「お客様」と思って仕事することの重要性を説いたものである。

事に取り組む姿勢，この積み上げが結果として，発注者を満足させることにつながっていく。

かつて，製造業においては「安かろう悪かろう」の時代があったし，建設産業においても「安普請」という言葉が横行した時代があった。絶対的な物不足の時代にあっては苦渋の選択の面も否めないが，時代は変わった。

発注者が求める品質は，必ずしも最高の物とは限らない。提示された予算の中でいかに最適な物を造るかが問われる。建設企業は発注者の要求事項を設計図書から汲み取り施工図に描いて実物を組み立てていくのであるが，作業所代理人のマネジメント，建築技術に関する知識，経験の有無など本人の固有の能力・力量により，また下請企業の職長はじめ多くの労働者の保有する技能のレベルによって，必ず巧拙が生じる。すなわち，同じ設計図，同じ材料を用いてもそれに関わる人の能力によって施工品質は異なる。

施工品質の許容範囲は，各建設企業によって幅がある。施工基準が法定で決まっている場合はその基準を満たすことは当然であるが，通常，各建設企業はそれよりも若干高めに設定した独自の社内基準をもって合否を判定し，一定水準の施工品質を確実にしている。

当社の例をみると，施工品質は，建築部が主体となって行う中間検査と竣工検査でいずれも100点満点で85点以上取ることが求められている。平成29年度の11作業所の中間検査，竣工検査の平均評価点は各85.95点と86.40点でいずれも目標値を達成する結果であった。中間検査では定例会議（発注者，設計者を交えた）等での活発な質疑応答，発注者要求事項の確認や変更事項を確実に施工計画に反映させたことが高い評価点に結びついているし，竣工評価点が高いのは，中間検査で不具合の指摘がされた点について，修復・是正処置が施されているからである。とりわけ「仕上施工」評価では各作業所間に差異がないのも共通している。ただ，低評価作業所に共通しているのは個人的特性に関わるところがあり，数名の作業所代理人に限ってはいずれのプロジェクトにおいても同様の傾向がみられた。

こうした評価を経てなお竣工検査評価点が85点に満たないときにはどのように対処するのであろうか。当社では，その原因を取り除かないかぎり発注者への引き渡しはしない。目標未達の作業所代理人への要因の聞き取りが行われ，必要な場合は再教育が行われるし，次期配置の可否についても見直しがされる。また，下請企業の職長，経営者からも同様に聞き取りを行い，場合によっては協力会社リストからの登録削除も辞さない姿勢で臨んでいる。処置は一見厳しいように見えるが前述したように，施工品質は建設企業にとっては発注者への唯一の信頼の証明であり企業の命運を左右する重要なファクターだからである。

以下，検査評価の仕方について簡単に触れる。評価の仕方は中間検査および竣工検査，それぞれに書式化され「建築部中間評価表」，「建築部竣工評価表」に基づいて，記載された項目ごとに主任検査員，検査員が作業所代理人，担当者立ち会いの下で評価が下されていく。

中間検査評価は，全体を「運営管理」，「躯体品質管理」，「設備」に大区分し，さらに中区分9，小区分48からなる。小区分は項目ごと5段階評価し，重要な細目については倍率を2倍として，最後に全体調整して100点満点評価している。

「運営管理」は，

①「施工品質計画書」(例：施工品質計画書の策定・整備)

②「日常管理」(例：不具合や不適合に対する処置，対策，再発防止)

「躯体品質管理」は，

①「杭工事」(例：杭施工精度：杭芯ズレ，レベルの程度)

②「耐圧盤地業」(例：支持地盤（土質・ボーリングデータ）の確認（承諾）等)

③「鉄筋工事」(例：配筋施工精度（配筋検査指摘件数等）の質，写真・

指示書）

④「鉄骨工事」（例：アンカーボルト，建方精度の程度····日常管理シート等）

⑤「コンクリート工事」（例：コンクリート打設の管理（スランプ，打設時間等））

⑥「ALC工事」（例：施工計画，パネル割，サッシ納まり，外装計画の策定）

「設備」は，

①「電気・衛生」（例：施工の質（使用材料・排水管勾配，配線の区分，支持等）

以上から構成されている。

竣工検査評価は，中間検査に比べれば検査員の責任は重大である。発注者の引渡しの当否は検査員の評価如何にかかっているからである。したがって，評価内容はおのずから厳しいものとなる。

評価は以下の内容に分類して行われる（A，B等はさらに数項目に細分されている）。

1. 施工管理の評価（施工全般を通しての管理状態の評価）

　A　発注者の要求事項を施工に造りこんでいるか

　B　施工管理（PDCA）は，実行され品質の造りこみはなされているか

　C　検査・試験は，計画通り実施され記録は整備されているか

　D　作業所完了検査はよく成され駄目・未済は無いか

2. 建物全体の出来映え評価

　Ⅰ. 外装

　A　外壁・一般共用・屋上・PS・ピット

　B　玄関ホール・アプローチ

　Ⅱ. 内装

A　一般部分内装

B　施主宅

Ⅲ. 外構

A　塀・舗装

B　植栽

Ⅳ. 設備

A　電気

B　機械

以上の評価は別に定める竣工検査評価点計算式により行われ，主任検査員は検査結果をまとめ，検査日から1週間以内に作業所代理人の確認印を受領して，建築部へ提出する。

(2) 契約工期延長のおそれ

工期の延長原因にはいくつかの原因が考えられる。一品受注生産である建築物は，生涯に何度も経験するものでないため，発注者の思い入れのあるプロジェクトである。設計者と事前に綿密に相談して用途，間取り，材料等を決めたはずなのに当初の思いが断ち切れずに施工中に設計変更が行われる場合がある。また，設計施工の場合はそうでもないが設計と施工が分離している場合は，設計者の意向が汲み取れずに変更を余儀なくされる場合もある。杭工事や躯体工事で監理者からの不具合が指摘されて手戻りが発生して遅延する場合もある。屋外作業が中心の建設現場は季節や天候に左右されることが多く，コンクリート打設予定日に大雨となればやむなく延期する場合もある。台風により足場や仮囲い等が倒壊し加えて死傷事故に至れば一定期間工事中止（行政処置）を強いられることも起こりうる。その他，同じような物件では工程も同じように進捗するため，同業種の労務者（例えば，仕上げ業者の不足）の取り合いとなって調整が難航する場合もある。それは企業内でも他企業間でも起こりうる。

民間工事の場合，通常，工事請負契約書は，民間（旧四会）連合が定める契約書用紙「工事請負契約書」に工事請負契約約款（平成29年12月改正版），契約見積内訳書ならびに設計図面が編綴されている。建設工事の工期は，「工事請負契約書」に着手年月日，完成年月日，引渡日（例えば，完成の日から31日以内）が明記され，「その他」契約書に定めのない事項及び変更については，発注者と受注者は協議の上，解決するものとなっている。

契約工期内に建築物が完成せず引渡しが遅延した場合は，発注者に多大な迷惑をかけるばかりでなく，損害を与えるおそれもあるため各建設企業は契約工期内完成に神経をとがらしている。

当社の平成29年度の場合をみると，全作業所の共通目標は「契約工期の厳守」であるが，さらにサブ目標値として「上棟工程短縮日数」3日以上，「工事完成計画工期」5日以上を掲げている。平成29年度の実績は全ての作業所において契約工期を100％達成したが，サブ目標は概ね半数の作業所が達成している。工程ごとの工程差異では躯体工程では3日遅れの作業所がある一方で約2週間短縮している作業所がある。仕上工程でも3日遅れの作業所がある一方で約1週間短縮している作業所もある。

(3) 労働災害発生のおそれ

労働災害は時と場所を選ばない。わずか30cmの高さの脚立から足をすべらせ思わぬ大怪我をすることもある。また，労働災害はベテランと新人の分け隔がない。ベテランゆえに「慣れ」からくるちょっとした気の緩みが大きな災害を招く場合もあれば，安全な場所だと過信して安全用具を着用せずに命を落とすこともある。まさに労働災害の原因は千差万別である。

建設産業に労働災害が多い背景には，仮設的施設による屋外作業が主であることがあげられる。そのため天候や季節の影響を受けやすい。また，決められた工期に余裕がなくそれを守ろうとすると作業所代理人はじめ下請企業の現場職長にいたるまで，“安全第一”を無視して工程優先で仕事を押し進めていく。さらに，建設産業は施工時期に偏りが激しくその平準化がむずかしい産業であるうえに労働集約型産業である。慢性的人手不足に加え，時期によっては人手の取り合いが行われる。なかには未熟練で安全教育を十分に受けていない労働者をも入場させて頭数をそろえる場合も生じる。

このように，労働災害と言えば真っ先に建設産業があげられる。建設労働には災害はつきものである。そうしたイメージをもたれること自体が不名誉なことであるが，ここで，建設業における労働災害の発生状況の変化を過去のデータからみてみよう。

戦後の昭和28年（1953）から平成28年（2016）までのデータを概観すると，昭和30年代半ばから昭和40年代後半が最悪のピークで死亡者数が毎年約2,500人を数えている。この時期はわが国の高度経済成長期と符合しており，東京タワー，東海道新幹線，東京オリンピック関連施設や幹線道路などの社会インフラ整備が全国的に進展した時期である。一方，建設企業側や建設労働者には今ほど安全意識は高くなく，安全用具の装着も不徹底で，行政指導も十分に力を発揮できなかった時代である。それに安全よりも儲けることが優先となれば，建設投資額が増加すれば施工能力，資力，信用に問題のある建設業者が輩出して，粗雑粗漏工事，各種の労働災害，公衆災害等が増加することは容易に想像がつくことであった[27]。

その後，昭和48年（1973）頃（オイルショックによる経済の停滞を経験）から年を追うごとに減少してきている。さらに平成に入ってからの傾

27　昭和46年建設業法が改正されている。その提案理由に「近年におけるわが国の経済の発展と国民生活の向上に伴い，建設投資は国民総生産の約2割に達し，これを担当する建設業界も，登録者数約14万，従業者数約350万人を数えるに至り，今や建設業はわが国における重要産業の一つに成長しました。（中略）しかるに建設業界の現状を見ると，施工能力，資力，信用に問題のある建設業者が輩出して，粗雑粗漏工事，各種の労働災害，公衆災害等を発生させるとともに，公正な競争が阻害され，業者の倒産の著しい増加を招いており（中略）いかにして経営を近代化し，施工の合理化を達成するかは今日の建設業界が緊急に解決しなければならない問題である‥‥」。このように当時の建設業界の窮状を示す一例として労働災害の発生をあげている。

向をみても平成元年（1989）の1,017人から平成28年（2016）には294人となり，約29%まで減少している。

また，手元の建設業労働災害防止協会（以下，「建災防」）の資料によれば，業種別に占める建設業の死亡者数（平成29年1月～11月）は，前年同期に比較すると13人増加して265人となり，全産業に占める割合は33.8%（前年33.1%）となっている。また，死亡災害種類別では，墜落・転落災害は114人で全体に占める割合は43.0%（前年48.0%）と高い比率を占めている。建設業における三大災害と言われる墜落・転落災害，建設機械・クレーン等災害，および倒壊・崩落災害は165人で，全体の62.3%（前年65.3%）を占め，なかでも墜落・転落災害のうち「足場」からの墜落・落下が28人（24.6%）と一番多く，次が「屋根・屋上」からが12人（10.5%）と続いている。

以上のように，建設業における労働災害の発生件数は確実に減少してきている。にもかかわらず全産業に占める労働災害の相対的割合は相変わらず高い。ここで，労働災害防止のために，厚生労働省，建災防および建設企業（当社）の取り組みについて概観する。

厚生労働省は，平成30年度（2018）から平成34年度（2022）までの5ヵ年を計画期間とする第13次労働災害防止計画を策定し公表した。第1次の計画が策定された昭和33年（1958）以降，わが国の安全衛生水準は大きく向上したものの，労働力人口の高齢化等もあり，この数年は労働災害の減少率は鈍化してきていること，さらには，近年，社会問題となっているメンタルヘルス不調への対策強化も必要となった状況を踏まえて，労働災害を減らし，安心で健康に働くことのできる職場の実現に向けて，国や事業者等が目指す目標や重点的に取り組むべき事項を定めたものである。対象は建設業のみならず全産業にわたることはいうまでもない。計画の実施は所轄の労働基準監督署の主導のもとで行われる。

計画では，5年間で労働災害による死亡者数を15%以上，休業4日以上の死傷者数を5%以上減少させることを目標としている。建設業は製造業および林業とともに重点業種として位置づけられ死亡災害の目標達成に向けた特段の取り組みが求められている。また，近年社会問題となっているメンタルヘルス対策，化学物質管理等に関連した目標も掲げられている。

重点事項の安全対策では，建設業における墜落・転落災害の死亡災害に占める割合が依然として4割以上占めていることを踏まえ，その防止対策の充実強化を求めている。例えば，高所作業時における墜落防止用保護具については，原則としてフルハーネス型とし，また，労働衛生対策ではメンタルヘルス対策として医師による面談指導の実施やストレスチェックの集団分析結果を活用した職場環境改善等の取り組みを推進している。

一方，建災防は，国の第13次労働災害防止計画にならい，平成30年度を初年度とし平成34年度を最終年度とする「第8次建設業労働災害防止5ヵ年計画」（以下，「第8次計画」）を策定している。詳しくは建災防のHPに掲載されているが，「重篤度の高い労働災害を減少させるための重点対策の実施」と「安全衛生教育の徹底」についてみてみよう。

最初に「重篤度の高い労働災害を減少させるための重点対策の実施」では，(1) 三大災害撲滅のための共通対策としては，作業計画時等におけるリスクアセスメントの確実な実施，リスクアセスメントの実施結果より危険な作業の廃止や変更及びより安全な作業方法への変更，危険予知活動のマンネリ化の防止など9項目を，(2) 墜落・転落災害防止対策としては，各種足場では，「手すり先行工法に関するガイドライン」を考慮した対策の実施，低層住宅工事等では「足場先行工法に関するガイドライン」に基づく対策の実施，高所作業時における原則としてフルハーネス型の使用の3項目を，(3) 建設機械・クレーン等による災害防止対策としては，センサー機能による危険感知システムや転倒時における運転者の防護装置（ROPS）の採用等4項目を，(4) 斜面崩壊災害防止対策としは，小規模掘削工事での「土止め先行工法に関するガイドライン」に基づく対策の実施等2項目をあげている。

また，「安全衛生教育の実施」では，建設業における労働災害による死亡者の約半数が，新規入場から1週間以内であることから「雇い入れ時教育」，「送り出し教育」，「新規入場者教育」の確実な実施と充実を図る等4項目があげられている。

その他，近年，社会問題となっているメンタルヘルス対策も避けて通れない重要事項になっている。

以上，建災防の活動は多様で，それへの期待も大きい。特に東京における建設業は，老朽化した社会インフラの改修・更新に伴う工事，平成32年（2020）東京オリンピック開催に伴う関連工事など，工事量の増加は喜ばしい反面，労働災害の増加が懸念されるなか，技術者・技能者の慢性的不足，建設労働者の高齢化，若年労働者の建設業離れなど，依然として多くの課題を抱えている。

次に，当社の労働災害防止への取り組みについて紹介する。当社は，前述の建災防東京支部の会員であり，一般社団法人 池袋労働基準協会（以下，「基準協会」）の会員でもある。

基準協会は，豊島，板橋，練馬三区の企業，事業場，建設工事等の有期事業場が会員となり，厚生労働省，東京労働局，池袋労働基準監督署の指導の下に労働基準法はじめ労働関係法令の普及定着と労働条件の改善，安全衛生管理の向上を図るため，説明会，講演会，各種研修会，会員相互の交流を深めるための諸行事を積極的に行っている団体である。平成29年2月には法人設立40周年記念式典を都内ホテルで盛大に開催している。私自身，当協会の事業部会理事の末席を汚しているが，諸活動の活性度は会長のリーダーシップと事務局の使命感に大きく依存していると都度実感している。基準協会は全業種が対象であるから建設業に限定されていないが，定期的に行われる所轄労働基準署長，公共職業安定所長との交流は最新の労働，雇用情勢を知るうえで有益である。

さて，社内の安全管理体制はどうか。平成27年正月社長年頭挨拶において旧来の安全衛生委員会の抜本的改編の指示が出され，それに沿って同年4月取締役建築部長を委員長とする新安全衛生委員会が発足した。安全衛生委員会は作業所の代理人はじめ若手の技術社員，本社管理部門からは原価管理課，営業部，総務課から選任された20余名で構成され，安全に関するすべての問題を取り上げ，原則として社長の決裁を待たずに自裁できる体制である。基本的には毎月第3水曜日午後3時半から午後5時まで本社大会議室において開催される。

議題は，労働災害防止対策や労働行政の動きのみならず，仮設シートの見栄え，製氷機の設置など幅広く取り上げられる。もちろん不運にして労働災害が発生した場合は事故の詳しい内容が報告され事故の要因と問題点が話合われ，再発防止策を打ち出す。また，必ず月度の作業所安全パトロールの結果が安全課から報告される。不安全な作業方法や箇所があれば，作業所代理人に対してどのような指摘・指導を行ったかをプロジェクターを使ってわかりやすく説明する。

当社の安全パトロールは協力企業（下請企業）と合同して原則として毎月第2火曜日に通常3班に分かれて行われる。年初に新年度の「安全協力会合同安全パトロール編成表」が組まれ，それに従って計画的に行われる。その他年末等には特別パトロールを実施して災害防止の徹底を図っている。また，年に1，2回であるが競業他社との合同パトロールも行われ，安全管理に関する情報交換が行われる。さらに全社的安全衛生推進大会は例年9月中旬に所轄の労働基準監督署から監督官をお招きし，安全講話に耳を傾ける。

当社の安全管理への意識付けは毎年度社長方針に示される。平成30年度は「『安全は全てに優先する』という基本認識のもと，KY活動を実践し災害を絶滅する」である。下線部は今年度新たに改正した箇所である。昨年度，軽微な事故とはいえ3件発生したことを重く受け止め，トップによるマネジメントレビューの結果を反映させたものである。目標値は強度率0.1以下，度数率2.0以下である[28]。これとは別に安全課では「リスクア

28　強度率とは1,000延労働時間当たりの労働損失日数で災害の重さの程度を表す。算

セスメント活動を更に推進し協力会社自主管理の徹底」を重点実施項目に掲げ事故防止に努めている。目標値は評価点80点以上であるが，平成29年度は80.20点で辛うじて目標を達成している。

なお，各建設企業は，当社に限らず“安全第一”をきわめて重要視して，安全課など専門の部門を設けて，安全教育の徹底，安全施設の点検整備に多大な精力を傾けている[29]。

また，近年は新たに労働安全衛生マネジメントシステムに基づく予防的，継続的活動を展開し，その成果をあげてきている。

(4) 労働力を確保できないおそれ

建設生産は同一の企業体で行われることはなく，技術，設計・監理は元請企業が行い，施工のほとんどは中小建設企業である下請企業によって行われる。元請側が直接労働者を雇用することはなく下請企業が雇用している。建設産業は労働集約型産業であることから，建設需要が高まれば必然多くの建設技能者が必要となるが，近年，その技能労働者等の不足が顕著で各方面への影響が懸念されている。

以下，技能労働者等の不足を裏付けるデータをみてみよう。

まず，技能労働者の不足率の推移であるが，国土交通省「建設労働需給調査」，「建設投資見通し」によれば，技能労働者（型わく工（土木・建築），左官，とび工，鉄筋工（土木・建築））6職種の不足率は平成20年（2008）から平成22年（2010）まではマイナス（過剰）の状況が続いていたが，平成23年（2011）以降，建設投資の増加を背景にプラス（不足）に転じている。平成27年（2015）は建設投資の増加が一服したことから

式は延労働損失日数÷延実労働時間数×1,000である。度数率とは，100万延実労働時間当たりの労働災害による死傷者数で，災害発生の頻度を表す。算式は労働災害による死傷者数÷延実労働時間数×1,000,000である。

29　労働災害多発企業には公共工事の指名競争入札における指名停止措置や経営事項審査における減点措置など不利となる罰則規定が適用される。このため公共工事の比率の大きい建設企業では労働災害が発生しないよう，より一層努力が図られている。

不足率は緩和し，平成28年（2016）も横ばいであった。

次に，大手建設企業の従業者数の推移であるが，国土交通省「建設業活動実態調査」によれば，1990年代半ばから従業者の減少が始まり，平成24年（2012）に初めて10万人を割り込んだ（9万9,600人）。これは平成9年（1997）の17万8,400人と比較すると44.1％の減少である。その後は増加に転じ平成28年には全体で10万7,700人まで回復し，なかでも技術職従業者が大きく増加している。また，女性従業者の比率は全体で10％強，技術職は4％台でいずれも増加傾向にある。平成9年の1.7％と比較すると平成28年は4.5％であり，21年の間に約2.65倍に増加したことがわかる。

また，新規学卒者の入職状況であるが，総務省「労働力調査」，文部科学省「学校基本調査」によれば，建設業への入職者数は平成9年の7万1,000人から平成21年（2009）には約6割減の2万9,000人まで落ち込み，その後平成27年（2015）には4万1,000人まで回復したが，平成28年には再び減少に転じている。

推測するに学生は世情に敏感である。残業時間が多くプライベートな時間を持てないような企業は敬遠されがちである。例えば，昨年平成32年東京オリンピックの主会場となる新国立競技場の建設工事に従事していた現場監督の男性（当時23歳）が自殺するという事故があった。後にわかったことは新人なのに，通常の2倍以上の仕事を任され，月の残業は193時間にも及び，身も心も限界に来ていたことが同僚の証言で明らかになった。こうしたことは学生の進路に大きく影響してくると思われる。

今年4月24日付，日本経済新聞の朝刊第二部に来年卒業予定の大学生，大学院生を対象に就職希望企業調査を実施した4万3,000人から集計した結果が掲載されていた。文系総合では航空，旅行などが上位にあり，理系総合では食品が大きくランクアップしていた。メディアへの露出頻度が多く，知名度が高い企業を希望する学生，院生が多いようである。土木・建築系をみると圧倒的に「建設・住宅・インテリア」が多い。1位積水ハウス，3位大和ハウス工業，第5位旭化成ホームズとあり，上位にゼネコンの名前は見当たらない。明らかにゼネコンを忌避しているとしか思えない結果であった。

新規学卒者の建設業への入職者数の減少は，就業者の高齢化率を押し上げる要因にもなっている。なかには，せっかく希望のゼネコンに入職しても3年以内に企業の将来性に見切りをつけて離職する学生も後を絶たない。当社においても同様である。施工管理の厳しさに耐えられない者，建設関連の別業種あるいは非製造業へ進路変更する者など，理由は様々である。その本音を聞けば，「外に出て汗水をかかないで済むきれいな仕事」が格好良くあこがれだという。今日，「石の上にも3年」は根拠のない，企業側の都合のいい慰留策としか受け止められていない。今後もこの傾向は続くと思われることから現場を張る作業所代理人の高齢化は確実に進行していくことになろう。

(5) 近隣問題発生のおそれ

発注者・事業者（請負建設企業）は，建築物を建築するにあたっては，周辺に及ぼす影響に十分配慮するとともに良好な近隣関係を損なわないように努めなければならない。特に，設計・施工の場合は，この配慮の有無が後に施工品質の良否に大きく影響してくる。

建築工事には近隣問題は付きものである。発注者が日頃から近隣関係を大事にしてきたつもりでいても，いざ，目の前に大きな建築物が建つとなると，良好なはずの近隣関係が急激に悪化する場合がある。たとえそれが親戚縁者であっても，否，親戚縁者であるがゆえに初期の対応を読み違えると，近隣紛争となって問題は泥沼化することがある。

近隣関係で問題がこじれると，その解決のために双方ともに多くの時間と労力を費やすことになる。大きく設計変更を迫られたことで，嫌気がさした発注者が計画を断念することもあれば，所期の目的が達成されなくなったことで，発注者と請負建設企業との間の信頼関係が崩れ契約不履行の問題にまで発展することさえあり得る。

このように建設プロジェクトを成功に導くには近隣住民の理解と協力なくして不可能である。したがって，発注者ならびに設計者・施工会社（元請企業ほか下請企業も含め）は，企画・設計の段階から工事期間中並びに完成引き渡しに至るまで，近隣住民に対して最大限の配慮と細心の注意をもって臨まなければならない。

以下は，私自身，最初の配属先が渉外課といって，近隣問題を扱うセクションだったので，その体験も含めて所論を述べたいと思う。

当社の主力は，中高層の共同住宅の建築施工である。私が渉外課に所属していた昭和50年代初めはほとんどが賃貸マンションで今日のように大手デベロッパーが土地を取得してその上に分譲マンションを建築することはなかった。発注者（建築主）も，ほとんどが先代から受け継いだ土地の所有者（地域の地主）で，相続対策として住宅金融公庫から低利の融資を受けて建設することが多かった。規模は3階建てから6階建てが多く，10階を超えるような大型物件はきわめて少なかった。広い敷地の中での建築計画であるから隣接地の所有者に及ぼす影響も限られており，近隣紛争に発展するケースはまれであった。大方は「まあ，○○さんには日頃からお世話になっている，長いつきあいでもあるから工事期間中，事故のないよう安全に注意してくれればいいですよ」と理解を示し協力してくれた。

ところが50年代も半ばになる頃から，周辺住民の構成に変化が見られるようになった。伝来の土地の所有者ではなく，その土地に住宅を構えるサラリーマン層が増えた。このことで近隣関係は，それまでとは様相ががらりと変わった。一言でいえば，国民が権利意識をもって明確に「ノー」と言える時代に変化したように思えた。

当社のある練馬区には中高層建築物の建築に係る条例がある。正式には「練馬区中高層建築物等の建築に係る紛争の予防と調整に関する条例」といい，私たちは「中高層条例」と呼んでいた。この条例が制定されたのは昭和53年10月6日（私が入社したのが昭和52年10月3日であるから入社後ちょうど1年後のことである）で，その後幾度かの改正を重ね，最近では，今年（平成30年）3月9日に改正されている。このことからも，昭和50年代前半頃から次第に近隣関係もそれ以前とは異なった様相を呈してきたことがわかるであろう。条例の制定によって，建築主・事業主側にはそれまで以上に近隣への配慮が求められるようになったし，これに呼応して，近隣住民側からは日照権，風害，眺望権等に対する要望が厳しく出されるようになった。その結果，建築計画に簡単に理解を示すことは少なくなり，数回にわたっての説明会がもたれことが普通になった。そして，そこでも了解に至らない場合には，紛争調整として練馬区の「あっせん」に持ち込まれるケースが次第に増えていった。なかには「あっせん」案を不服としてさらに「調停」に至るケースもあった。

当時の条例では，中高層建築物等の敷地境界線から，その高さに等しい水平距離の範囲内に居住する者の3分の2の了解を得ると建築確認申請書を提出することができた。そのため，発注者・建設会社等事業者が中高層マンションを建築計画する場合の初期の最大の関心事は，この3分の2の了解をできるだけ早くに得ることであった[30]。この仕事はだれもが敬遠する仕事であった。私の仕事はまさに皆が嫌がる仕事であった。

近隣関係が一旦こじれると収拾はかなり困難になる。事業者側はどうしても法律上許容される容積率いっぱいに建築計画を立てる。敷地境界線ぎりぎりまで建物を寄せようとする。発注者の経営収支が成り立つように企画提案する。一方，ようやく念願のマイホームを手に入れたサラリーマン

30　現条例では，居住者の3分の2以上の了解という要件はなくなり，代わりに説明の方法が細かく規定されている。例えば，住民説明は直接説明を原則とすること，説明会開催の要望にはできる限り応えること，説明会を行うときは開催の5日前までに日時や場所を掲示や案内文配布等で周知すること，説明用図書として，挨拶文，付近案内図，配置図，立面図4面を必ず配布することなどである。そして，説明会等による説明を行った後に住民説明報告書を提出することになっている。これらは3分の2の要件が削除された分，事業者側に一見負担が減ったようにみえるが，むしろ，逆である。より住民には計画内容を十分理解してもらうよう誠意をもって対処してくださいということを意味している。

にとっては，ある日突然住環境が変わることへの反対感情が沸き上がる。日照を奪われ，風害に悩み，景色が変わる。家の中が丸見えになってプライバシーが侵害される。長期の住宅ローンだけが残るなど，工事期間中よりも完成後の住環境の悪化への怒りと家庭経済に及ぼす失望感への苛立ちがあった。

私は，この体験により人間に関わる多くのこと（陰湿な相克関係と巧妙なかけひき）を若くして学ぶことになった。それはまた私自身，要領というか狡猾というか，道徳的には首をかしげたくなるような好ましくない手法・手段を身に着けた時期でもあった。

この仕事は，相対立する当事者間の利益の調整をいかに図るかであるが，それはきれいごとであって，当事者には本性をむき出しにして主張を通す闘いの場であった。

「紛争の最良の解決方法は双方がハーモナイゼーションを求める意識である」，「発注者・事業者は“面として”の地域全体の住環境の整備を志向しており，その実現のためには“点として”の個の要求事項はある程度制約されてもやむを得ない。法律の許容範囲は個の受忍限度を示している」と仮に言ったとしたら，確実に双方から袋叩きにあい吊し上げられたであろう。実際「どちらの立場で話していますか」と尋ねられたことがある。

建築物は一品受注生産であるゆえに，発注者は最初に企画提案された案にこだわる傾向がある（それは，最初に提案された案ほど，発注者を魅了し，イメージが固定化するからであろうと推理する）。そのゆえ，初期の段階では，近隣住民からのわずかな変更の要求にも拒否の態度を貫き通し，耳を貸さないことが多かった。「法律上問題ない建築物を建てるのになぜ近隣住民の要求を飲まなければならないのか」という心理であり，憤りである。

一方，近隣住民は，権利があるからと言って，無制限な行使は許せないと考える。双方の主張はしばらく平行線をたどることになる。やがて，紛争の長期化を嫌う建設企業やあるいは設計者から発注者に向けて譲歩案が出される。その結果多くの場合は，近隣住民の要望を一部取り入れる形で設計変更がなされる（例えば，階高を6階から5階に変更する，ベランダ側に目隠しをする，玄関の入り口の向きを変えるなど）。あるいは本意ではないが些少の迷惑料（例えば，冬至の日の日影時間の長さに応じて1時間あたり5万円とか）という形で金銭的解決の提案がされる。その繰り返しと粘り強い交渉によりようやく問題は収拾していく。

建設企業にとって，近隣関係がこじれることは，経営的にも人的関係においてもなに一つ良いことがない。解決に時間を要すると，予定していた着工時期に着工できなくなり，業績が低下する。発注者からの信頼は失われる。地域の信頼がなくなれば地場の建設企業としては生きていけなくなる。建築主の中には，近隣問題に嫌気がさして，建築計画自体を取りやめる者もあらわれる。良好だったはずの近隣関係は最悪の事態を迎え，それまであった互い助け合いの精神は消え憎悪だけが残る。「建設会社からこんな提案がなければこうにはならなかった」と恨まれる。一度亀裂が生じた地域コミュニティーの回復は容易ではない。

一方，社内に目を転じれば，渉外課の仕事が評価されるか否かは，渉外課が，いかに周辺住民から3分の2の了解を早期に取り付けることができるかにかかっていた。当時の条例は，建築計画の了解の対象者は「居住者」であったため，居住者が木造のアパートに単身で住んでいる場合も，個人所有の一軒家に住んでいる場合も同様に「1」とカウントされた。そのため，近隣住民にそうした独身者（建築計画は他人事で自分の関心事ではないと考える傾向の若年者，特に学生等）がいると好都合であった。

また，説明方法は，個別説明により了解を得る方が効率的であるため，留守がちな居住者には，時間に関係なく「夜討ち朝駆け」で，帰宅時間をねらったものである。説明会に持ち込まれる前に短期決戦で勝負するのが原則であった。説明会が開催されると1度の説明会で，「わかりました」という結論には至らない。必ず，持ち帰り案件が生まれ次回の開催を約束させられる。近隣住民の中には必ずと言っていいほどリーダー格が誕生する。多くのリーダーは初期の段階で先鋭的になり，仲間内で主導権を発揮しようとする。また，科学的根拠を欲しがる。近隣住民の側には建築の専門家も参加している場合があるのでいい加減な返事はできない。足りない資料は新たに作成しなければならない。したがって，最初から科学的データに裏付けられた客観的事実に基づいた説明をし，説得することが大事である。冬期の一日の平均日照時間，日陰の範囲と程度（何時から何時まで日影になる），方位，隣家までの距離，居室の面積など，正確さが要求される。数値の間違いは説得性に欠け，データの不足は信頼性を損なう。

また，時の法制，とくに直近の法制度の見直し，改正点には十分留意しておく必要がある。このように，初期段階の誤りは致命的であるから，企画・設計者は時の法制をしっかり押さえ，かつ，作図に間違いがないよう十分な準備をもって臨まなければならない。

説明会において，近隣住民側が求める一つに，発注者自身の出席と挨拶（お願い）がある。発注者が法人の場合は特に問題ないが，個人の場合は，判断が分かれる。近隣住民側からすれば，迷惑をかけるのだから，発注者自らが出席して住民に説明しお願いするのが筋であろう，それを怠り，事業者任せでは虫が良すぎるというものである。発注者の中には人前に出るのが苦手な人もいる。また，建設企業の側から「建て主には一切ご負担はおかけしません。建て主が出て質問に答えるとそれを約束したことになるので，場合によっては計画変更を余儀なくされることになりますので出ないでほしい」とお断りする場合もある。ただ，体験的には，個別訪問の際には建て主も同行して挨拶をしておいた方が説明会では，「出席の有無」の是非を相手方に問われることもないので良策である。

同様に，説明会では，建設企業のトップの出席を要求する場合が多い。特に建築物の規模が大きく，周辺への影響も大きいとなおさらである。しかし，これも前述のように，住民側の質問に何らかの回答をすれば，その内容を約束したことになるので，後にそれを打ち消すことは非常に困難になる。トップは社員の提案にはかたくなに拒否しても近隣住民から同じ要望が出されると「ころりと」方針を翻す場合もあるので余計に説明会への出席は禁物である。

通常，建設企業が小規模の場合はトップが直接出ざるをえないが，多少なりとも大きくなると，必ず専門の部署があるので，その部署にまかせておく方が相手に無用な言質を取られることなく，所期の計画を達成できるので安心である。

近隣問題は，誠実な対応がなによりも大事であるが，説明の仕方，言葉使い，禁句，相手をこちら側のペースに引き込むためのノウハウなど，折衝の仕方は物件ごと，近隣住民の生活レベル，問題意識，地域の特性など，千差万別である。これを最初の物件説明の時に瞬時に見抜かなければならない。まさに人間学の実践教育の場である。

さて，新しいリーダーシップのもとで交渉が始まると，団体が交渉相手となり，個々の住民との折衝は基本的にはできなくなる。参加者の中には了解してよいと内心思っていても勝手な意思表示ができなくなる。集団交渉が原則であるからそれを秘密裏に接近して了解を得たりすると団体との交渉は一層難航する。個の住民も集団から孤立することにもなりかねないので，それだけは回避しなければならない。建設企業は地域のコミュニティーを破壊することまで望んでいないからである。

しかし，強かったはずの結束が必ずしも長期間持続するとは限らない。説明会が回数を重ねるうちに参加する住民の数が徐々に減っていく。初めの勢いが消えていく。特に思っていた以上に被害が大きくないとわかった住民には発注者の建設計画が妥当であるとして，なんでもかんでも反対する集団の行動に異を唱える者さえ現れる。その上，反対し続けることは労力と時間を費やし忍耐あるいは経済的負担を伴うものであることに気づく（自分たちはいわゆる「活動家」ではないと）。なにより参加者一人ひとりは，固有の問題や要望を抱えており同質ではない。そしていつの間にか住民間が四分五裂して自然解散する例を数多く体験した。

ここまでは，主に中高層建築物の確認申請を出すまでの近隣交渉にあたっての体験を記述した。建築計画の説明の過程で気づくことは，交渉の前半は，その建築物が建つことによる周辺環境への影響，さらに言えば自分の所有する土地や建物への影響（被害の程度）がどうであるかに集中する。ところが時間が経つにつれて，施工中の工事の進め方に焦点が移っていく。この段階までくると，概ね，建築計画に目途が立ってくる。渉外担当者としては，少し安堵する瞬間である。

次に，施工期間中，建設請負企業が近隣住民側と取り交わす工事協定書について若干説明をする。この工事協定書の取り交わしも近隣住民が権利意識をもって発注者・事業者側と折衝するようになった昭和50年代の中頃から一般的になったように思う。それまでは「安全に気をつけて，できるだけ皆様に迷惑がかからないよう工事を進めてまいります」と言えば，「安全に気をつけて工事をしてください」と，これぐらいの大雑把さ，曖昧さの中で事は進められていたし，大方はそれで十分であった。しかし，その後，こうした説明は不誠実であると指摘されることが多く，いつの間にか工事協定書を締結して作業を進めることが当たり前になった。

工事協定書の内容は，建設業が屋外生産であること，労働集約型生産であることを如実に表している。

建設工事中に懸念される公害としては，騒音，振動，落下物，家屋等への損傷，塵埃，臭気，交通阻害，電波障害，風紀等への影響があげられる。これらの大半は，屋外生産あるいは労働集約型生産により発生するものである。近年，建設機械および工法の改善により技術全般の進歩が著しく，建設企業も極力近隣には迷惑にならないよう努力しているが，まったくゼロにすることは不可能である。

私が渉外担当をしていた昭和50年代半ば，杭工事は打込み杭（打撃）工法が主流であった。この工法は既製杭の頭部をハンマーによって打撃し，杭を所定の深さまで貫入させる工法である。杭工事が始まると広範囲にわたって「カーン，カーン」と大騒音をまき散らしていた。この地響きを伴う騒音は，戦後わが国経済の復興を象徴する音としてある意味で心地良く，社会も受け入れていたものと思うが，流石に昭和50年代に入ると近隣騒音として苦情が寄せられるようになっていた。その後，杭打ち機械・工法の改善もあって，次第に場所打ち杭工法としてアースドリル工法が採用されるようになった。この工法は，ドリリングバケットを回転させ，掘削・排土する工法で，打込み杭（打撃）工法に比べ，低音で，騒音の範囲も限定的であったが，コストが高いのが難点であった。そのため，この工法を採用するにはそれなりに資金力のある建設企業か，さもなければ利益を圧縮してこの工法を採用せざるをえなかった。

「当社の杭工事は，極力皆さまにご迷惑がかからないように騒音の小さいアースドリル工法を使用しております」，これが説明の際の「セールストーク」の一つであった。しかし，実際工事が始まるとこの低音性の杭打ち工法でも近隣住民には耐えられないほどの騒音をまき散らした。「話が違うじゃないか」とか，夜仕事をもって日中休まれている方からは「睡眠できない」と，激しい声で苦情を寄せられたものである。

さて，説明会では，工事協定書について渉外担当者とその工事を担当する予定の作業所代理人（現場監督）の出席のもと，最初に工事概要を説明し，続いて作業時間や休日，工事車両の進入など施工方法について詳しく説明する。最後に質疑応答の時間をとり，必要に応じて修正を加えて了解に至る。

以下，標準的な工事協定書について主な条項だけをみてみよう（記載の例）。

〈作業時間及び休日〉

① 本工事の作業時間は，原則として午前8時から午後6時30分までとする。ただし，作業開始前の準備作業及び作業終了後の清掃作業時間，内部仕上げ等の軽作業及び緊急の場合は上記時間についてこの限りでない。

② 本工事の休日は日曜日とする。
③ 以下の作業については，作業休止日または時間外に作業を行う場合がある。
　・騒音・振動の少ない建物内部仕上げ工事等
　・コンクリート打設工事（準備・片付け・左官工事を含む）
　・緊急時の防災工事
　・諸官庁の指導による作業日時の指定のある作業（夜間の大型建設機械の搬出入等）
　・その他工事の進行上やむを得ない場合
④ やむを得ない事由及び騒音振動の少ない作業を日曜日に行う場合には，事前に看板等により近隣住民へ周知することとする。

このような表現であるため，例外事項の適用を広く解釈することが可能であった。建設企業にとってはまことに都合よく表現されていた。この表現はなにも当社のオリジナルなものではなく，市販されている事例集や他社の協定書をも参考にしているので，当時はどこのゼネコンも似たり寄ったりであったと推測する。したがって，例外適用として時間外及び休日作業をするのは日常茶飯であったと，記憶している。

こうした表現であっても，直接口頭で説明を受けると，納得してしまうものである。もちろんそれまでの交渉の過程で相互の信頼関係が形成されてきていることが前提であるが。それに，予定された作業所代理人の人柄も大きく影響したものである。

実際工事が始まって最初の頃は，「玉虫色」と化し原則と例外が逆転したことに対し，近隣から協定内容と異なるとクレームが入ることがあるが，工事も後半になると，早く工事を終えて元の平穏な生活に戻りたいという心理が働くのであろうか，それとも一種の諦めからか，クレームは減少していく。

今，働き方改革の波は建設産業にも求められてきているが，土曜日を休日にすることさえ，隔週土曜日，あるいは月2日できればいい方であるから，当分の間は，こうした例外適用は続くものと思う。

〈騒音・振動対策〉

① 関連法規を遵守する[31]とともに騒音・振動の発生を極力低くするため使用機械及び工法の選定に配慮すること。ただし，特に著しく騒音・振動が出る作業については事前に連絡する。

② 敷地境界に近接して掘削工事を行う場合は，山留め対策を十分に行い安全の確保に努める。

これら騒音や振動の発生する作業も規制数値はあっても，多くの現場で数値をリアルタイムに標示する機器（今日では大手建設企業の現場でデジタル標示しているのを見ることはあるが，稀である）はなく，数値を気にして作業が中断することはほとんどなかった。

結局は作業所代理人の主観的判断（経験と勘）に頼って作業は進められた。ただ，著しく騒音・振動が出る作業は，杭打ち工事など初期の段階に集中するため，近隣住民側も次第に騒音・振動に慣れていくのであるが，建築物の建設工事は，発注者にも近隣住民にも辛抱を強いる事業であると感じたものである。

〈家屋等の損傷対策〉

① 本工事の施工に起因して，万一周辺の家屋等に被害を与えた場合には，誠意をもって対応について協議の上，解決すること。

⇒これだけの表現で済む場合もあるが大半は以下の文言を付け加えて，

---

31 騒音規制法，振動規制法には，特定建設作業に係る規制基準値が作業時間，1日あたりの作業時間，作業期間，作業日など規制の種別により細かく規制されている。例えば，昭和50年代当初は第一種低層住宅専用地域の建設が多かったが，そこでの規制基準値は騒音85デシベル，振動75デシベルである。

事後に損傷の有無について無用な争いのないように配慮したものである。

・工事着工前に近隣住民のうち家屋調査の希望者と協議し調査する範囲を決定する。

・工事着工前に家屋等を所有者立会いの上調査（写真撮影等）する。

工事着工前の写真撮影等を奨励しても，調査を希望しなかった者が，工事が始まってから「壁にクラックが生じた」といって，クレームを寄せられることがあった。事後的には，それが工事に起因したものかどうか双方の見解がわかれる。その時点で写真撮影をして，以後の損傷状態を確認するという解決策を提案したこともあるが，双方にしこりを残したまま工事は進んでいく。

〈電波障害対策〉

① 本件建築物に起因して電波障害が発生した場合，共同受信施設の設置等により障害の除去を行う。

⇒一見単純でわかりやすいが，これがあいまいで，原因が特定できないとして紛糾することがしばしばあった。当社では，建築物が5階建て以上の場合は，事前に電波障害が発生する可能性のある範囲を予測するために専門業者に依頼して調査を行う。したがって，その予測範囲にある近隣住民からの苦情には，速やかに仮設のアンテナを建てるなど対策を講ずる。しかし，ときには同時並行して他社の建築中の建築物に起因すると思われる場合がある。中には建築物の後方ではなく前方の近隣住民から苦情を寄せられることがある。通常，前方の住宅への障害は考えられないので意見がわかれる。前方斜めの方角に別の高い建築物がある場合に電波が複雑に反射して最終的に当社の施工中の建築物に反射して電波障害が発生したというのが相手方の言い分である。こうなると専門業者も原因者の特定ができない。最終責任を保留したまま，仮設のアンテナを立て，工事を進めていく。恒久対策（迷惑料も含め，工事完成後まで尾を引くことがある）に時間を要することになる。

今日では，インターネットの普及により，スポーツ実況やその他国民的イベントの進行状況を即座に把握することが可能であるが，当時はそうした手立てがなかったために，その時間帯と電波障害が重なるとえらい剣幕でお叱りを受けたものである。

〈工事関係車両対策〉

① 工事関係車両の出入りには，出入り口付近に適宜交通誘導員を配置し，歩行者，一般車両の安全を優先する。

② 道路汚染防止のため，現場周囲の清掃に努める。

これも比較的見晴らしがよく交通安全な場所での工事の場合はよいが，都心ではそうした場所は少なく，特に通学路に面している場合や，新興住宅地で子供の多い地域では，子供の飛び出しなどが予想されるため，以下の条項を追加するのが通常であった。

・大型車の出入りに関しては，交通誘導員を配置して交通整理をし，事故発生を未然に防止するとともに前面道路は最徐行運転するよう関係者に指示する。

・特に園児，学童，生徒の登下校時においては，交通安全対策に万全の措置をとる。

・重機等の搬入に伴い前面道路を通行止めにする場合は，7日前までに連絡する。

・工事関係車両及び作業員の通勤用車両は原則として周辺道路に駐車させない。ただし，資材の積み下ろし等やむを得ない場合については，作業終了後速やかに移動させる。なお，車両によるエンジン騒音についても十分注意を払う。

前述のように建設業は労働集約型生産が特徴である。工事の進行に応じて，いろいろな業種の専門工事業者や設備工事業者が多数日替わりで入場してくる。現場の作業所代理人でさえ全員の顔を覚えているわけではなくその把握はむずかしい。各下請企業が出してくる職人の名簿で入場員数を把握できる程度である。その人となりは，各下請けの顔なじみの職長を信じる以外に方法はない。

まして，近隣住民の立場からすれば，素性の知らない多くの職人が出入りするのであるから，なにかトラブルが発生してからでは遅く，建設企業側へ求める要求も細かくなる。

〈工事現場及び周辺の危害・被害防止〉

① 工事現場内に喫煙指定場所を設け，作業員はこの指定場所以外で喫煙してはならない。また，空き缶，ゴミも工事現場内の決められた場所に捨てるものとする。

② 作業所員の会話（今日では携帯電話の会話・音量も含まれよう），大声，言動には注意する。

③ 防火，防犯，衛生等のトラブルを起こさぬよう万全の予防策を講ずる。

④ 工事により，長期間に渡り大勢の工事関係者の出入りがある場合，これにより近隣の環境風俗を乱さないように特に注意する。

⑤ 工事現場内において，拡声器による作業員の呼び出しやラジオ等による騒音については近隣住民の迷惑にならないよう十分注意する。

⑥ 危険防止のため，必要により外部足場シート・養生網・仮囲い等を設置し近隣住民及び第三者に対する危険防止に努める。

⑦ 工事現場周辺の道路に建築資材等を放置せず，清潔に留意し，適時に現場周辺の清掃を行う。

建設プロジェクトの成功は近隣住民の理解と協力なくして達成できない。万一，近隣住民や第三者に危害が及ぶことがあると，建設企業ならびに現場代理人はその監督責任を問われる。そして，長年積み上げてきた企業の信用も一夜にして失墜を免れない。それゆえ，風紀の乱れや作業員とのトラブルの発生には，労働災害の発生とは別に，神経を尖らしていた。私が渉外担当の頃には，外国人労働者はほとんど見ることはなかったが，一時東南アジアからの労務者が目立った時期がある。言葉と習慣の壁は新たな近隣問題となってその対応に苦慮したという話を聞かされた。

以上は，施工中の留意点であるが，近隣住民の気がかりは，工事期間中もさることながら，建築物が完成した後に，そこに（中高層共同住宅，いわゆる分譲マンションや賃貸マンション）どんな人たちが住むようになるのか，店舗付き商業ビルの場合はどんな商売をする人が入るのか，そこで生活する人たちとの人間関係である。それまでの住環境が住む人の層によってがらりと変わる可能性があるからである。ワンルームマンションなどでは，独身者が多く入居してくることから風紀の乱れを心配される近隣住民も多い。そこで，工事協定書の中には，将来の約束を発注者との間で取り交わす事例も出てきた。

〈環境保全〉

発注者は，環境保全のため，下記事項を厳守するよう管理規約又は使用細則に記載して，建物所有者・占有者に周知徹底する。

① 区分所有者は共同生活環境が侵害される恐れがある者及び暴力団構成員，これに準ずる者又は暴力団関係者等に譲渡又は貸与しないこと。
② テレビ，ラジオ，ステレオ，各種楽器等の音量を著しくあげないこと。
③ 騒音，振動又は電波等により近隣居住者に迷惑をかけないこと。
④ バルコニー等及び窓から物を投げ捨てないこと。
⑤ バルコニー等に，落下や飛散のおそれのあるものを放置しないこと。
⑥ 周辺道路上に違法駐車及び自転車等を放置しないこと。
⑦ 住戸を消費者金融業，特殊政治団体，風俗営業，深夜営業及び危険物・汚物・悪臭を発する物品等の販売・保管の用途に供しないこと。

⑧ 公序良俗に反する行為及び他の居住者及び近隣居住者に迷惑，危害を及ぼす行為をしないこと。

以上，こうしたことに合意が得られないと着工はむずかしい。しかし，人間というものは，“身勝手で自己中心的で欲深い存在である”ことを随所に体験した。中には，自分たちの住まいを将来建て替えする場合には，新しく居住して来る人たちに異議を述べないことをちゃっかり記載させる工事協定書も現れた。理由は単純明快で「資産価値が下がるから」であった。

これまで多くの紙幅を割いて近隣交渉における留意点等について記述してきた。当社の会長（当時社長）は，近隣交渉の極意を“近隣住民は明日の建築主である”と説いた。

近隣住民の中には，将来自ら中高層建築物の建設を計画している者がいるかもしれない。にもかかわらず，近隣住民を「マンション建設により被害を蒙る者」とか「マンション建設に反対する者」と一方的に決めつけてかかると，説明にも丁寧さや誠実さが失われ粗雑になるが，潜在的顧客だと思えば，自社の商品・サービスを売り込む最高の機会・場所に変わるという発想である。

実際，近隣住民の中から，私たち渉外課の説明会に参加して，「この会社なら安心して仕事を任せられる」と決心され，当社に発注した建築主がいた。仕事にはどの仕事にも喜怒哀楽が付きものであるが，日々の行動が意外なところで評価されてそれが企業の業績につながるという一例である。担当者からすればまことに喜ばしいかぎりである。

第2節　企業の持続性に関わる諸問題

第1節は，中小建設企業が抱える問題のなかで建設産業の構造に起因する問題を中心に取り上げた。第2節では，中小建設企業の持続性の観点から，今直面している問題について取り上げたいと思う。

1. 円滑な事業承継の実現

(1) 中小企業における事業承継の意義

企業はゴーイング・コンサーン（going concern：継続企業，継続事業）であり，限りなく継続する存在であると理論上は観念されている[32]。これは，現実には，企業の清算や破産による解散はあるものの，会計理論上は，企業実体は無限に継続するという前提に由来する。企業経営者の多くも認識に強弱はあるものの，自身の経営する企業が，子々孫々に引き継がれ，永続的に成長し続けるという強い思いの下で経営にあたっている。しかし，今，経営者の思いとは異なり，後継者難に直面する経営者が増加している。

かつて，親の家業は子が継ぎ，子もまたそれが当たり前だと思っていた。伝統芸などは一子相伝ともいわれ，子でなければ継ぐことさえできなかった。だが，現代の後継者（若者）は基本的に自分の自由意思で生きていると思っているし，継承するか否かも，自己の意思を優先して最終決断する傾向にある。事業承継の難しさがここにある。

企業の永続性を測る尺度に「企業30年説」がある。客観的証拠に裏打ちされているわけではないが，企業が30年存続できれば，次の30年も継

32　会計理論上，事業年度（会計期間）の公準との関連でとらえられる概念である。

続する可能性が高いという説である。最初の30年間は「資産（知的，人的，財的）を創造する世代」[33]であり，その間に資産の創造が図られれば，次世代につながっていくというのであるが，この尺度も，環境の変化が著しい現代においては，次世代につながる確たる保証にはならない。また，最初の30年は乗り越えることができたとしても，「3代目問題」は世界共通の悩みでもある。中国の諺に「3代目は先祖の水田に戻って野良仕事」というのがある。このように，企業が永続的に発展を遂げ，次世代に承継されていくことは，これほどに至難の業である。それは，100年以上にわたる巨大長寿企業の場合においても例外ではない。

例えば，米国コダック社の破綻はその一例である[34]。1880年創業の同社は，写真分野の先駆者であり，130年余の実績を誇る長寿企業である。この間，世界に配信し続けた画像・映像は，20世紀の歴史的記録の集大成であり，文化的遺産である。しかし，21世紀に入ると，デジタル進化の大波は，写真撮影からフィルムを駆逐した。世界で8割の市場占有率を誇った企業でも，源泉となるフィルムが消滅しては存在理由を失う。こうしてレーゾン・デートル（存在理由）を失なった企業は，いかに過去に輝かしい実績と栄光を持てども，呆気なく破綻に追い込まれたのである。

こうして見ると，いまは堅固な土台に載っているかに見える巨大企業でも，未来永劫，盤石であり続けることがいかに難しいかがわかる。経営基盤の脆弱な中小企業にあってはなおさらである。

そもそも事業承継はなぜ必要か。何故，多くの経営者は企業の永続性に

33　ジェームズ・E・ヒューズJr（山田加奈=東あきら共訳）『FAMILY WEALTH』35頁（文園社，2007年）。

34　平成24年2月19日，米映像大手イーストマン・コダックはニューヨーク州の米連邦破産裁判所に連邦破産法第11条の適用を申請した，と発表した。同社は1880年代に創業。写真フィルムで米国を中心に圧倒的なシェアをもっていたが，戦後は富士フィルムなど日本勢にシェアを奪われた。さらに，皮肉なことにコダックの技術者が1970年代に開発したデジタルカメラが普及するにつれ，フィルムの需要が急減。事業転換の遅れが響き，業績が低迷していた。

こだわるのであろうか。先行研究を踏まえながら考察してみたいと思う。

企業の永続性は，多くの中小企業経営者にとって，強い希望であり，ときには人生そのものであるかもしれない。一方，少数ではあるが環境の変化に対応できず，永続性にこだわらない経営者も漸増しつつある。後継者不足を理由に廃業を選択したり，後継者がいても，その後継者自身が，事業承継に乗り気を示さない事例も多く報告されている。そして，事業承継の形態にも大きな変化が生じている。親族内承継から親族外承継への変化はその表れである。欧米において日常的に行われているM&A[35]の増加も，親族内承継へのこだわりを捨てる背景となっているのかもしれない。しかし，そうした風潮が生まれてきている一方で，なお，親族への承継にこだわる経営者が多いのも事実である。

私は，企業経営者，とりわけ中小企業の経営者が，その永続性（主に親族内承継）にこだわる理由は大きく分けて3つあると考えている。

第1の理由は，きわめて個人的な理由によるもので，経営者個人とその家族の幸福追求である。自己の生活の安定を図り，少しでもよりよい生活を送るためである。会社経営の継続は，自身と家族の生活保障のためであり，引退後の生活基盤の確立を意味する。反面，経営の放棄あるいは中断は，生活基盤の消滅を意味する。

人間の欲求を段階に分けて説いたものにマズローの欲求段階説が有名である。この説は人間の欲求は低次から高次の順に5段階に分けることができ，最終的には「自己実現の欲求」に至るという説である[36]。この欲求段

35　一般にM&Aの目的は，事業分野の拡大による経営多角化，規模拡大による経営合理化，自企業不足分野の補強などである（『基本経営学用語辞典〔四訂版〕』23頁（同文館，2006年）。が，企業の永続性も付加されるものと考える。調査会社レフコによれば，2017年のM&Aの数は前年比15％増の3050件と過去最多となった。6年連続の増加で先進的な技術の取り込み事業再編の動きが目立った（平成30年1月5日「毎日新聞」）。

36　人間の欲求についての研究に，有名なマズローの欲求階層説がある。アメリカの

階説に照らすと，第1の理由は，生理的欲求あるいは安全欲求の段階にあてはまると思われる。経営者が創業者である場合には，大半は，規模も小さく，いつ廃業に追い込まれるかわからない不安定な状況の中で事業が営まれていく。そこでは，規模の拡大よりも一日も早く事業が軌道に乗り，生活が成り立つことが最大の目標となるからである。

第2の理由は，会社従業員を中心とした家団の幸福追求である。非公開会社たる中小企業の多くは，経営者および親戚縁者など少数の株主と，会社の生産に携わる少数の従業員からなる。そこでは，経営者は，これらの者とその家族を丸抱えにして，いわば運命共同体としての幸せの実現を図ろうとする。なぜなら，これらの者は，企業がさらなる成長を続けていくうえで，経営者の意思をもっとも忠実に汲んでくれる存在だからである。「日本企業の目的は，（中略）『利潤の追求』ではなく，共同体（船）としての『組織の維持』であり，利潤の追求はむしろ，組織の維持のために必要な『手段』であると見るべきである」[37]。経営者の下に集まるこれらの者は，経営者にとっては，「家」の構成員であり家族である。これらの者の人生が幸福であるためには，企業の永続が欠かせない。企業の永続は，家団の繁栄を可能にし，家族の幸福を意味する。

第2の理由は，先のマズローの欲求段階説にあてはめると第3段目の社会的欲求あるいは第4段目の尊敬欲求であろう。なぜなら，会社の規模が

心理学者アブラハム・マズロー（Abraham Harold Maslow）は，人間の欲求を低次から高次の順で分類し，5段階のピラミッド型の欲求を階層によって示した。階層化された欲求とは，生理的欲求・安全欲求・所属欲求（社会的欲求）・尊敬欲求・自己実現欲求である。自己実現欲求は，自分自身の持っている能力・可能性を最大限に引き出し，創造的活動をしたい，目標を達成したい，自己成長したい欲求であり，社会的に成功を収めた人が，社会的貢献活動をすることは，この階層に入る。ただ，私見では，3番目と4番目の階層があいまいであるし，近年は，集団には属したくないが自己の存在価値を認めて欲しいという，いわば，我儘な人間も増える傾向にあることから，今日，そのまま当てはまるとは限らないように思う。また，自己実現欲求の上層に「執念」という「人間の本性をむき出しにした階層」があるのではないかとも思っている。

37　西山忠範『日本は資本主義ではない』12頁（三笠書房，1981年）。

大きくなり，社会的存在として認知されるようになると，経営者には，従業員ならびにその家族，さらには取引先や顧客など多くのステークホルダーに対しより大きな責任を有するようになる。社会への貢献，収益の還元は，世間からも尊敬と称賛を浴びるようになり，この状態（心理的満足感）が末永く続くことを欲するようになる。企業の永続と発展がこの欲求を可能にしてくれるからである。

第3理由は，欲求段階説の最上位の段階にある自己実現の欲求のためである。社会的にも認知されるようになると，なにかの形で，自身の功績を世に残したいと思うようになる。自身が生きたことの証を世に示し，それが永久に記録されることを願うようになる。

寄付行為，基金の設立，スポーツや事業のスポンサー，若者の人材育成，開発途上国への技術援助，医療支援，難民救済，平和活動等，その内容は多岐にわたる。叙勲制度は，栄誉ある地位を占めたいと思う人間のこの欲求を満足させる最たる褒章制度と言えよう。これらの経営者の思いは，企業が永続してこそ実現できるのである。

以上，第1から第3の理由を実現しようとすれば，その前提として，世の中が平和で自由な紛争のない民主的な世界であることが望ましい。そして，働く意欲のある者が働く場所を与えられ，雇用が創出維持されている世界である。経営者の永続性へのこだわりは，意識的であれ，無意識的であれ，社会的安定と民主主義国家の形成・維持の実現に貢献していると言えよう。

以上が，経営者が事業承継にこだわる理由の私見であるが，これは，いわば，経営者個人としての立場からの事業承継の必要性である。これに対して，農民や中小商工業者を中心とする中産階層が事業承継に果たす役割，換言すれば，自由で民主的な市民社会の形成・維持の必要性から事業承継の重要性を唱えたのが，ドイツの経済思想家，ヴィルヘルム・レプケである[38]。以下はその大要である。(大半は，大野正道『企業承継法の理論Ｉ』に依る)。

健全でかつ安定的な中間階層の存在は，自由な市民の拠り所である。ドイツにおいて，農地相続や企業承継について特別の法分野が確立している社会的背景には，農民や中小商工業者を社会の中核と考えるレプケの思想が深く影響している。

ドイツでは，第一次大戦後，ワイマール共和国が成立（1919年）し，主として農民や中小商工業者を支持基盤とする中間政党がワイマール連合を組織していたが，アドルフ・ヒットラーが率いるナチス（国家社会主義ドイツ労働党：右翼全体主義政党）の台頭により終焉を迎えた（1933年)。そのナチスの抬頭を許した背景には，中産階層の中心である農民や中小商工業者が，左右両極の政治勢力と極度のハイパー・インフレーション[39]の

38　ヴィルヘルム・レプケ（Wilhelm Röpke）は，1899年ハノーヴァー近くのシュヴァルムシュテット村（Schwarmstedt）で医者の子として生まれた。生家はプロテスタント信仰の厚い古くからの名家であった。レプケの経済ヒューマニズムの思想を一貫して流れるのはキリスト教の人間学と社会論である。レプケは最初ゲッテインゲン大学で法律を学んだが，後にマールブルク大学で経済学に転向している。レプケの運命を狂わせたのはナチスの台頭である。ナチスの本性を共産主義と同根の全体主義であると見抜いたため，大学を追われる身となった。レプケの中核をなす思想は，農民的・職人的カルチャーの再生であり，市場整合的干渉や市場警察としての国家の役割であった。レプケの著した三書，『現代の社会危機』(Gesellschaftskrisis der Gegenwart, 1942)，『人間の国』(Civitas Humana, 1944 喜多村浩訳では「ヒューマニズムの経済学」）および『国際秩序（Internationale Ordnung, 1945）を貫くのは反独占・反資本主義・反集産主義・反全体主義のスタンスであり，「自由主義のルネサンス」にかける凄まじいばかりの執念である（福田敏浩「社会的市場経済の理論的源流」『彦根論叢 第325号』5頁)。

39　ハイパー・インフレーションとは，急激にインフレが進むことである。通常なら，1年間のインフレ率は1～3％程度であるが，ハイパー・インフレーションになるとこのインフレ率が100％，200％となる。わが国においても戦後経験している。アルゼンチンでは，1988年から1989年にかけて物の価値が1年間で50倍にもなり，国民は貧窮した。ドイツにおいて，中産階層はこのハイパー・インフレーションの直撃を受けたのである。お金は紙くず同然となるのであるから，たとえ，金持ちといえども無産者同然である。疲弊した中産階層が，両極にある政権のいずれかに人生を賭したのを，あながち不条理である，と，責めることは酷かもしれない。

発生によって没落を余儀なくされたことが大きく影響している。

従来，農民や中小商工業者たる中間階層は，財産所有と職業が家族という社会的な基本単位に結合し，自由で民主的な社会の担い手としての役割を果たしていたのであるが，その没落は，ナチズムの台頭を許し，ドイツという国を，戦争の惨禍に陥れたのである。

レプケの思想が，ドイツ社会の精神的支柱となったのは，健全な中間階層の育成が，自由で民主的国家の根幹をなすものであることを，ナチズムの悪夢から覚醒し，改めて復興をめざそうとする大衆の意識と共鳴したからである。

レプケの見解は，財産所有と職業の結合（家族という基幹となる基本単位と結合）を，社会的安定のために最も重視して，その担い手である中産階層を断固擁護したことである。この「基幹家族」が，機能するかぎり，「群集化」[40]と「プロレタリア化」[41]の進行は止まり，こうした家族が広範に誕生し存続することによって，職業と家族の財産は代々受け継がれ，社会構造は安定し永続きする強固なものになるというものである。

ここでの家族が所有する財産は，決して大きなものである必要はないし，健全な社会において，この階層は，主として農民，手工業者，中小商工業者，あるいは自由業の人々から成っているとされる。

古来からの戒めてとして，「恒産なくして恒心なし」という孟子の言葉がある。安定した財産と職業を具備した中産階層の存在の重要性を簡潔に言い表したものである[42]。

40　群衆化とは，自由と秩序が同時に実現するためには，社会の階層秩序が確固としなければならないのに，その社会のピラミッドが崩され，個人が一つ一つのアトム（原子）になり下がっている現象をいう（大野正道『入門企業承継の法務と税務』26頁）。

41　プロレタリア化とは，本来，社会は「基幹家族」を中核にして，国家の恣意的傾向に対抗する力を有し，これが適切に作動することにより，自由で民主的な社会が維持されるのであるが，職業や財産を喪失して対抗力が作動できなくなったことで，国家の扶助を期待するだけの存在に転落することをいう（大野正道・前掲書26頁）。

42　西洋においても同じような格言がある。孟子に遡ることの紀元前4世紀，ギリシャの哲学者アリストテレスは，『政治学』の中で，「ほどほどに所有している人間には分以上のことから，中小企業は，財産の所有と職業を代々，受け継いでゆく「基幹家族」であり，その行為が，事業承継（企業の永続性）を可能にする。事業承継が連綿と続くことにより，一層，中小企業が栄える。そして，自由で民主的な国家は，これらの健全でかつ安定した中小企業によって支えられ維持されるという循環関係に立つ。

人間は究極には自由で民主的な国家の形成を希求する。恐怖と殺戮が横行する不安定な国家を求めはしない。とりわけ，数において多数を占める中小企業の存在は，それがいかなる業種であれ中産階層の主要構成員であり，人間社会が究極に求める自由かつ民主主義国家の基幹である。ゆえに，事業承継の円滑化は，単に個別の企業の利害を越えて社会全体の観点から推進し擁護する必要が生じるのである。

(2) 中小企業における事業承継[43]の現状と課題

中小企業白書2017年版によれば，わが国の中小企業の数は，2014年（平成26）には381万社でわが国企業数の99.7%を占め，中小企業の従業者数は3,361万人でわが国の雇用の約7割を占めている。建設産業の現状については第1章で記述したとおりであるが，建設許可業者数および建設就業者数ともに年々減少傾向にある。減少要因を特定することは困難であるが，要因の一つとして事業承継が円滑に行われていないことが考えられる。

別がある。だが，金持ちすぎたり，美しすぎたり，力がありすぎたり，生まれがよすぎたり，また，反対に貧乏すぎたり，失意の底にある人間に分別を求めるのは難しい」と述べている（山本光雄訳）。

43 大野正道『企業承継法の理論Ⅰ』40頁（第一法規，2011年）は，「事業承継」より（「企業承継」（Unternehmensnachfolge）が適切であるとする。確かに「企業そのものを丸ごと承継すること」が主題であって，「事業承継」には企業の部分を指すイメージがある。ドイツの権威者の一人であるHeinrich Sudhoffも，主著の題名に「企業承継」を用いており，既に確立した用語であるが，その意味する内容は「事業承継」（Betriebsnachfolge）と差異がないと指摘する。

そこで，以下，わが国の中小企業[44]における事業承継の現状と課題を概観する。

事業承継の現状については，中小企業白書2011年版によれば，近年は，景気後退の影響もあり，事業引継ぎ総件数，非上場企業間事業引継ぎ件数ともに減少している（148頁）。中小企業が事業を譲り渡す目的も「適当な後継者が見つからない」が約7割と最も多く，次に「雇用を維持するためには事業の引継ぎが望ましい」が続く（149頁）。また，自分の代で廃業を考えている経営者は，財務状況の如何にかかわらず，「事業を引き継ぐ適当な人がいない」とするのが約3割を占めている。会社の財務内容が，「資産超過」と回答した企業においても，3割の企業が同様の回答をしている（149頁）。事業引継ぎの課題としては，「事業の引継ぎ先を見つけるのが難しい」と回答する企業が圧倒的に多く，企業間のマッチングが最大の課題となっている。また，「現在の経営者個人が提供している保証や担保の解除が難しい」と財務上の課題に悩む企業も15%と多い。こうした中小企業の事業引継ぎの現状や課題等を踏まえて，政府は，これまで親族間の事業引継ぎを中心に支援してきたが，今後は，親族外であっても，中小企業の経営資源を確実に引き継いでいくため，「産業活力の再生及び産業活動の革新に関する特別措置法」の一部を改正する法律（「産業活力再生特別措置法」）により，事業引継ぎを含む事業継続に係る相談を行うことのできる支援体制を2011年に立ちあげた。しかし，こうした取組は緒についたばかりであり，今後の運営に期待が寄せられている（151頁）。

ところで，企業の平均寿命はどれぐらいなのであろうか。理論上永久に存続することがありうるとしても，現実には有限である。ここに，創業年

44 中小企業の定義については，第1章第2節1.で前述したが，これらの定義（中小企業基本法に定める定義を尊重しつつも）にこだわると感覚的に実態に沿わない場合もあるので，あるときは証券取引所に上場されている企業との対比で，あるときは，個人経営に近い小規模または零細なものまで含めている。したがってその範囲は半ば感覚的である。

数に関わるいくつかのデータがある。創業年数が長いほど事業承継が連綿と行われてきた証であるが，それでも世に長寿企業といわれる企業の輩出率はせいぜい数パーセントである。事業承継が円滑に行わることの難しさが伝わってくる。

帝国データバンク横浜支店の調査結果（産経新聞平成25年10月3日朝刊）によれば，神奈川県内の創業100年以上の長寿企業は724社で全国10位だが，輩出率は1.03％と47都道府県中46位だという。同支店では，「県内は企業数が多く，新陳代謝が激しい」ことが輩出率の低い原因だと分析している。輩出率の低さは，千葉県が1.29％で39位，東京都が1.21％で41位，埼玉県が1.19％で42位である。企業数が多く企業間競争の激しい首都圏に集中していることからこの分析は首肯できる。

業種別に見ると建設会社（25社）が最も多い。創業時期別にみると「明治時代以降」が674社で，全体の93.1％を占め，江戸時代の創業は46社で6.4％となっている。

建設会社については，中小企業ではないがわが国の主要ゼネコン40社を同族企業か非同族企業かに分け，その創業年数を調べた拙者修士論文「建設業における高業績同族企業の研究」（以下「建設業における研究」という）がある[45]。それによれば，「‥‥100年を超える企業数は20社で，実

45　建設業における主たるゼネコン40社を同族企業と非同族企業に分け，その経営データを比較すると，①同族企業は，1株あたりの純資産額，自己資本比率，自己資本利益率および有利子負債月商倍率において有意性があった（T検定）。このことから同族企業は，非同族企業に比べて安定性重視の財務戦略を選択し堅実経営をしている，②高業績同族企業と低業績同族企業と比較すると，前者は，a）成長志向よりもむしろ利益志向の経営を行っている，b）急進的な改革よりもむしろ既存の資産を有効に活用している（主成分分析による成文プロット分類），③高業績同族企業は，経営者の永続性への強固な意志とリーダーシップの下で，長期的視点に立ったバランス経営を地道に行っている，という特徴を有する（2008年）。

注意点は，この研究は，対象会社をわが国における主要ゼネコン40社を選び，それらを同族企業と非同族企業に分け，「同族企業」という経営特性が業績との間に有意性があるか否かを見たものである。したがって，その中に出てくる経営者のキャリア特性等のデータがそのままあてはまるものではない。しかし，「同族企業」という経営特

に対象企業40社のうち50%という高率である。ただし，20社の内訳をみると同族企業が9社，非同族企業が11社とわずかであるが非同族企業が上回っている。これは清水建設，飛島建設，間（ハザマ）などかつて同族企業に分類されていた企業で，今日同族色が消えた企業として非同族企業に分類したことによる。中でも140年を超える企業はほとんど同族企業である。松井建設に至っては約400年の歴史があり，鹿島建設が167年，非同族企業では清水建設の203年がある。一方，創業61年から70年の区分に相当するのは7社であるが，すべて非同族企業である。うち5社は戦中戦後に創業した企業である。いずれにしても対象企業においては，100年超の長寿企業が多いことがわかる」。今日では大手ゼネコンと称されているが，創業当初は同族でスタートしているものがほとんどである。それが，段々と同族色が薄まり非同族企業となっているのがこれら主要ゼネコンの特徴である。これに対して，中小建設企業の場合は，国策的に会社を設立したような場合は別段，通常は，創業時も現在も同族企業であることが多い。このデータは同族性ということで中小建設企業にも共通する点があり，永続性の傾向を見るうえで参考になる（詳細は第4章第2節「補論—老舗に学ぶ長寿同族企業の特徴」）。

日本経済大学の後藤俊夫教授は，日本の老舗企業研究の中で，創業100年を超える長寿企業は，ほぼ例外なく同族企業で，それらの企業に共通する強みを6つ挙げている（『日経ベンチャー』2007）。その中の一つは，永続への強い執念である。つまり，「先祖代々の事業を自分の代で終わらせるわけにはいかない」という一族の生活とプライドを背負った事業存続への「執念」である。危機が迫れば背水の覚悟で陣頭に立つ。それが社内に強い求心力を生み出す。二つは，凡人をして非凡なことをなさしめるための長期にわたる事業承継計画が策定され，かつ実行されている企業であ

性から中小企業に通じるもの（高齢者経営者が多いこと，就任年齢が比較的若いこと，在任期間が長いことなど）も多く，参考に資すると考える。

る。一般的に社長の在任期間は長く，長期的視点に立った承継戦略が実践されていることがその秘訣である，という。しかし，「言うは易し行うは難し」である。

また，ジェームズ・C・コリンズ/ジェリー・I･ポラスの『ビジョナリー・カンパニー』によれば，長期経営に成功した同族経営企業の経営者に共通する属性の一つに，本質的ミッションの達成に継続的かつ情熱的に取り組んできたことが挙げられる。彼らは，会社の健全な存続に力を傾け，経営資源を注意深く守るスチュワードシップを果たし，「継続性(Continuty)」は，自分たちの夢を実現するためのものであると思考する[46]。そして，この経営姿勢と両輪をなすのが，「財務の健全性」である。企業をゴーイングコンサーンとして，半永久的に導くための磐石な財務体質の形成は，一朝一夕になるものではなく，緻密に計画された経営理念・経営方針の上において，はじめて可能となる，と唱える。

事業承継に関わる主たる問題を大別すると，経営者の高齢化や後継者の不在に起因する人的問題と株式の集中や分散など経営権に関わる問題及び相続財産の分配・移転に関わる財産権の問題に分けられる。これらの問題は，通常複合して存在し，その対処を誠実かつ公平に行わないと，親族間紛争に発展しかねず，一歩間違えると収拾がつかなくなることから神経質な問題でもある。

この種の問題は，かつては（主に戦前において）家の問題であり表沙汰になることは，その家の「恥」であった。そのため隠然と解決を見ていた。しかし，今日では単に個人的な問題に留まらず，より広く社会的な問題にまで発展するようになった。その背景には，戦後の均分相続による個人の権利意識の向上のほかに，企業の存続・中断・廃業が，地域経済の活

46　ダニー・ミラー＝イザベル・ル・ブレトンミラー（斉藤裕一訳）『同族経営はなぜ強いか』56頁（ランダムハウス講談社，2005年）。

性化や雇用の創出・維持・喪失など経済的・社会的問題の側面を併せ持つことが以前にも増して強調されるようになったからである。

以下，中小企業経営者が抱える事業承継に関わる個々の問題点と課題について詳しく見ることにする。

1）経営者の高齢化と後継者の選定状況

現在，事業承継に悩む経営者層には，戦後の復興が緒についた昭和30年代から高度経済成長期を迎える昭和40年代に創業した者が多い。わが国の経済成長とともにわが国を先進国に導いた功労者たちである。年齢的には70代から80代である。しかし，創業時，青・壮年経営者として活躍した彼らが，当初から企業の永続的な成長発展を企図して30年，40年先を見越して行動したとはとても思えない。万一，事業承継（後継者の育成）が，将来直面する大きな課題になると認識していたとしても，若さゆえに楽観的に受け止め，まるで他人事のように受け流したにちがいない。なぜなら，数十年先の不確実な未来よりもわが国がかつて経験したことのない繁栄がもたらす目の前の利益を享受できる好機を逃すことこそ将来に禍根を残すと考えても不思議なことではないからである。

しかし，昭和の時代が過ぎ平成の世を迎えると，経済成長率も緩やかに下降し，これまで同様の成長・繁栄が期待できなくなってきた。中小企業の位置づけや社会における役割も変容した。既に創業者からバトンタッチを受けた中小企業の中には，早くも二代目経営者の交代時期を迎えている企業も多い。特に，団塊世代が70歳代を迎える平成32年（2020）頃には大量の引退が予想される。それまで楽観的に見逃していた事業承継問題は，喫緊に決断を迫られる現実の問題と化してきた[47]。

47　団塊世代が70歳代を迎えることから，労働力の減少や技術・技能の断絶が懸念された「2017年問題」も，具体的な解決策を見出せないまま今日に至っている。中小企業庁「中小企業の事業承継に関する集中実施期間について（事業承継5ヶ年計画）」によると，2015年～2020年までに約30.6万人の中小企業経営者が新たに70歳に達し，

帝国データバンク『2017年全国社長分析』によれば，社長交代率はわずか4%未満で推移しており，このままのペースでは経営者の超高齢化がさらに進んで，ますます多くの企業が存続の危機にさらされることが容易に推測可能であると警鐘を鳴らしている。平成8年（1996）の社長平均年齢は55.6歳，社長交代率は4.16%，平成18年（2006）は57.9歳，4.25%，平成28年（2016）は59.3歳，3.97%である。社長平均年齢ではこの20年間で3.7歳上昇している。

中小企業経営者の平均年齢は，企業の規模が小さいほど高くなる傾向がある。少し古くなるが，中小企業白書2006年版によれば，1994年以降，資本金1億円以上の企業の代表者の平均年齢が59歳でほぼ横ばいで推移しているのに対し，資本金5,000万円未満の企業では，年齢56歳から58歳半ばと上昇し続けている。また，このことは，5000万円未満の中小企業で特に高齢化が進んでおり，全体の平均年齢を押し上げたと推測される。

資本金の差異により異なる傾向が出ている理由は不明であるが，小規模企業ほど後継者に適した人材を確保することがむずかしく，高齢のまま現経営者が続投しているという構図が浮かびあがる。

事業承継が進まない理由は様々であるが，最大の問題は「後継者不在」で，多くの経営者が引退しようにも引退できない現実がある。同じく帝国データバンク「後継者問題に関する企業の実態調査」(2017年11月）によれば，後継者不在の企業は全体の3分の2を占めており，社長年齢別では60歳代が53%，70歳代が42%，80歳代が34%になっている。後継者の育成期間が5〜10年を考えると80歳代以上が3分の1の企業が後継者不在であることは非常に深刻な数値である。

当社の場合，社長交代は平成24年（2012）に行われた。当時社長（現会長）の年齢は81歳である。既に後継者は決まっていたのであるが，そ

約6.3万人が75歳に達するというデータが示されている。

れでもいつ交代すべきかその数年前から苦慮していたことを側にいて見てきた。後継者が決まっていても，その時期をいつにするか経営者は悩むのである。それだけ事業承継問題は複雑である。業績が上がっている時期は続投を決意し，業績が下がっている時期は躊躇する。その心理状態は本人以外にはわからない。

ここで改めて経営者の高齢化はなぜ問題なのか考えてみたい。70～80歳代の経営者の中には，ますます壮健にして革新的で，「まだまだ若い者には任せられない」と言って，生涯会社経営を希望する者もいる（中小建設企業では，企業の盛衰は経営者の能力，手腕に負うところが大きく，自らが熟練技能者として高齢になっても現場で働くことも珍しくない）。交代・引退は事業の縮小あるいは廃業を意味することが多いからである。

また，私自身，いくつかの団体の役員をしているが，そこでは60歳代はまだまだ発言力が弱く，多くは70～80歳代の高齢者が先頭に立って運営している。したがって高齢者が経営を続投することをすべて否定するわけではない。

しかし，一般的には，中小企業庁の「事業承継5ヶ年計画」が「経営者の年齢が上がるほど，投資意欲の低下やリスク回避性向が高まる。経営者が交代した企業や若年の経営者の方が利益率や売上高を向上させており計画的な事業承継は成長の観点からも重要である」と，分析しているように企業の成長には事業承継が重要と考えるのが正鵠であろう。

一人の経営者が何歳まで経営のトップに君臨すべきかについては，個々の特有の事情から正解はないものの，承継の適齢期は，適度な間隔を持って次世代に引き継がれるのが理想であろう。

次に，後継者の選定状況を見ると，以下のとおりである。

中小企業経営者の大多数は，事業を「確かな人材」に確実に継承したいと考える。事業承継の準備を進めるきっかけは，それぞれに特有の事情を有するが，経営者自身が高齢を自覚してようやく準備を始める者が多いであろう。しかし，経営者が高齢に至って事業承継の準備を進めた企業の業績（パフォーマンス）は，承継後相対的に低くなり，他方，高齢になる前から計画的に事業承継に取り組んできた企業は，承継後のパフォーマンスへの影響も少なく，その後の成長にも良い影響を与えている，という調査結果がある[48]。その要因は不明であるが，一つには，十分に後継者教育を受ける間もなく，企業を承継した者は，総合的力量において前経営者に及ばないということが考えられる。したがって，この承継後のパフォーマンスの低下を防ぐには，高齢化をきっかけとして事業承継の準備を進めるのではなく，高齢になる前の元気なうちから，承継の適齢期を踏まえて事業承継を意識する（意識させる）ことが重要である[49]。

中小企業にとって次世代への承継が円滑に行われるどうかは，企業の発展の可能性を予見するうえで大きな分岐点となる。最も理想的なことは，企業の成長発展期（通常は経営者が元気でいる間）に後継者を育成し，指名しておくことであるが，企業の成長発展期を後継者の育成過程と捉える経営者は少ない。なぜなら，後継者の決定は，最終ステージの問題であると捉える経営者が多く，従業員はじめ多くの関係者にとっても，成長発展の只中で事業承継を具体化することは，業績低下など将来への不安や，現経営者に対するタブー（退陣を迫るような）として忌み嫌う風潮があるからである。

後継者の選定は，経営者の個人的事情だけでなく，企業を取り巻く経営環境や企業の財務状態にも影響を与える。ある調査では，「企業の業績が良好で将来性も明るければ，後継者が決定している中小企業の割合が高

48　橘木俊詔・安田武彦編『企業の一生の経済学』「第5章 事業承継とその後のパフォーマンス」165頁（ナカニシヤ出版，2006年）。

49　東京商工リサーチ「企業経営の継続に関するアンケート調査」（2016年11月）によれば，事業を引き継いだ際に問題になったこととして，準備期間不足や社内に右腕になる人材がいないことを挙げる中小企業が多い。承継には時間がかかることから，計画的に引き継ぎに向けた社内体制の整備や後継者育成を進めることが円滑な事業承継の実現には重要である（中小企業白書2017年版，254頁）。

い」ことが報告されている。負の要素が少なければ（相対的に正の要素が多ければ）後継に傾くのは至極当然のことと言える。また，近年の傾向として，経営者の子であるから家業を承継しなければならないという意識が低くなっていることも指摘されている。

商工総合研究所「中小企業における事業承継」(2009年）によれば，現経営者と先代経営者との関係でみると，承継時期が新しくなるほど，子（子息，子女）の比率が低下しており，もはや子であるという理由だけで，後継者となることを期待できる時代ではなくなっていると報告している。価値観や生き方が多様化し，例え，黒字であっても子が事業をすんなり引き継ぐとは限らず，事業への興味，魅力などを子が感じることが重要となっているようである。そして，東京商工リサーチ「企業経営の継続に関するアンケート調査」(2016年11月）によれば，意外にも事業承継にあたり，親が後継者候補となる子に対して経営を譲る意思を明確に伝えていないし，両者の間で事業承継に関わる対話が十分にされていないことが指摘されている。

かつては家業を継ぐのが長男の義務[50]であったためその思想の延長線上で，親は子がいずれ継いでくれるものと思い込んでいたし，子も当然に親の跡を継ぐものと意識していた。しかし，この以心伝心のコミュニケーションは実際には十分に機能していなかったというのである。

経営が順調な場合はいざ知らず，経営が順調にいっていない場合には，承継を明言できずにズルズルと時日が経過し機会を失ってしまう。また，子の将来を親の都合により制約せずその自由な意思を尊重しようと思えば遠慮が生まれる。つまり，学校卒業後の進路を本人の自由な意思に任せ

50　日本政策金融公庫総合研究所「中小企業の事業承継に関するアンケート結果」(2009年12月）によれば，決定企業について現経営者からみた後継者との関係をみると，小企業，中企業ともに「長男」を挙げる割合は67％前後と高水準であることがわかる。この割合を意外と多いと読むか，それとも少ないと読むかは見解の分かれるところである。

る，家業と異なる業種の選択を認める，修業という名目で同業他社に就職させるなど，子の意思を尊重すれば遠慮が生まれる。結果は，家業を継ぐよりも現在を選ぶ，あるいは数年経つと同業他社の組織文化に染まり一層復帰が困難になる。親は，こうして子が自社に戻る意思がないことが明らかになった時点で，初めて事業承継問題を「わが事」として，現実の問題として捉え始めるのではないだろうか。

近年，事業承継の形態も大きく変わってきた。それまでの子を中心とした親族内承継が，経営者の高齢化と少子化に伴い，適切な後継者を親族内から選定することができない状況となり，その回避策として親族外承継を選択する経営者も漸増している。親族内承継にこだわれば廃業に追い込まれる瀬戸際での選択と言えそうである。実際，多くの企業が，経営者の高齢化や後継者不足で廃業に追い込まれている。中規模法人では親族外承継が33.4%，その内訳は「親族以外の役員」が57.9%，「親族以外の従業員」が33.9%という調査結果がある[51]。

親が苦労の末に築き上げた有形無形の財産が，後継者が途絶したために消え行くのは寂しい。多くの経営者が子息を中心にした親族内承継にこだわる理由は千差万別である。

一般的には，社内外の関係者に後継者として正統性が認知されやすいこと，経営者としての教育を早期から計画的に行うことができること，自社株式，保証債務など経営者の資産・負債と事業を一体で引き継ぐことができること，が挙げられる。より内的欲求面から言えば，せっかく築き上げた財産を他人ではなく自分の子に受け継がせたいため，引退後の自身及び家族の生活保障のため，自分が生きてきた証として体現できる唯一の存在が子息であるため，長寿企業となって世間にその名を知らしめたい（名誉）ため，子々孫々の繁栄のためである。そして本能的に血のつながりを

51　中小企業白書2017年版，236頁。

求め，それもより血の濃い子息に継がせたいという本能的欲求。それはまさに親の偽らざる心情でもあり，それが適えば経営者冥利と言えるからであろう。

ただ，親族内に適切な後継者がいない場合に，有能な後継者を内外から選ぶということは経営者の心情と別に企業の永続的発展のためには賢明な方法である。少子化が後継者不足を招き廃業の一因となっているとすれば，親族外を含めて適切な後継者を確保することは，中小企業存続のために不可欠といえよう。近年，日本においてもM&Aや事業売却マッチング支援が親族外承継の有効なツールとして関心をもたれ，その件数も年々増加傾向にある。

最近では，国の支援制度の活用により，事業承継を図ろうとする動きも増えてきた。その一つに東京商工会議所に開設された「東京都事業引継ぎ支援センター」がある。事業引継ぎセンターは，産業活力再生特別措置法に基づき，経済産業省の事業として2011年10月に東商に開設された支援機関である。同支援センターは，後継者難に悩む中小企業に対して，M&Aの実務に精通した中立的な立場の専門スタッフが無料・秘密保持厳守でアドバイスを行っている。「同センターには，民間のM&A支援会社では対応が難しいような小規模の企業からの相談も多く寄せられている。年商3億円以下の規模の会社が，会社の譲渡を検討している相談企業の半数を占め，M&Aは決して大企業だけの話ではない。」（東商新聞平成24年9月10日）。また帝国データバンクが発表した「後継者問題に関する企業の実態調査」（2017年11月）では，国内中小企業の約3分の2に「後継者がいない」ことが報告されており，今後も子息等の親族に事業を承継せず，従業員への承継やM&Aなど親族外への承継を検討する中小企業が増えることが予想される。

最後に中小企業庁・事業承継ガイドライン検討委員会が，『事業承継ガイドライン～中小企業の円滑な事業承継のための手引き～』（2006年）20頁以下で，親族内承継と親族外承継の特徴を簡単にまとめているので紹介する。

それによれば，親族内承継は子息・子女が典型的であるが，近年ではその比率が低下し，甥や娘婿が継ぐ場合や，将来の子息等への承継の中継ぎとして配偶者が一時的に後継者となる場合も見られる。

親族内承継のメリットは，①一般的に，他の方法と比べて，内外の関係者から心情的に受け入れられやすい，②後継者を早期に決定し，後継者教育等のための長期の準備期間を確保することが可能である，③相続等により財産や株式を後継者に移転できるため，他の方法と比べて，所有と経営の分離を回避できる可能性が高い。デメリットは，①親族内に，経営の資質と意欲を併せ持つ後継者候補がいるとは限らない，②相続人が複数いる場合に後継者の決定・経営権の集中が困難である。

一方，従業員や外部など親族外承継のメリットは，①親族内に後継者に適任な者がいない場合でも，会社の内外から広く候補者を求めることができる，②特に社内で長期間勤務している従業員に承継する場合は，経営の一体性を保ちやすい。デメリットは，①親族内承継の場合以上に，後継候補者が経営への強い意志を有していることが重要となるが，適任者がいないおそれがある，②後継候補者に自社株式取得の資金力が無い場合が多い，③個人債務保証や担保提供の引き継ぎ等の問題が挙げられる。

さらに最近では，未上場中小企業が関連するM&Aの件数は増加傾向にあり，事業承継の方法の一つとして浸透してきている。メリットは，①身近に後継者に適任な者がいない場合でも，広く候補者を外部に求めることができる，②現経営者が会社売却の利益を獲得できる。デメリットとしては，①希望の条件（従業員の雇用の維持，売却価格等）を満たす買い手を見つけることが困難，②経営の一体性を保つことが困難，等が挙げられている。

以上，親族内承継が年々減少傾向にあるものの，一般的には，依然として親族内承継にこだわる経営者は多い。後継者の能力・資質への懸念が多少あるとしても，清濁併せ呑んで，なお親族への承継を優先するのは，限りなき経営者の子の幸せを願う親心の表れと言えるであろう。

後継者の決定方法も様々である。創業経営者が単独でなかば強引に後継者を指名する方法，経営者が後継者と話し合いのうえで決定する方法，親族内会議を開いて合議により決定する方法，株主総会や取締役会で審議して決定する方法，主要な取引先や金融機関と協議をして決定する方法などである。そして，事業承継の形態（親族内承継あるいは親族外承継など）と相俟って，後継者選びはさらに複雑さを増していく。ある者は，「代表取締役社長」の席を譲ると同時に，自身の持株も譲り，自らは会長職などに退き補佐役に徹する。また，ある者は，遺言によって後継者を指名して予め被相続人の意思を表明する，などである。結果，経営権が家族あるいは親族へ営々と引き継がれる場合もあれば，同族企業から脱皮して非親族企業に生まれ変わる企業もある。また，創業者企業が経営規模を拡大する過程で専門経営者に経営を委ねる場合もあれば，頑なに世襲にこだわったために衰退の過程をたどる同族企業もある。まさに，次世代へつながる事業承継の様相は，人の誕生から死に至る道程に似て千差万別である。現経営者がその企業をどの方向に導こうとしているのかによってまったく異なった様相を呈するのである。

中小企業においては一般に，会社の所有と経営は分離しておらず，経営者に株式の過半が集中しているのが常態である。したがって，生前に何等，事業承継対策を施すことなく漫然と経営していた場合には，経営者が死亡し，相続が発生した瞬間に経営権を巡る問題が発生する。法定相続人が一名で，その者が，事業内容に関心を持ち，事業承継に意欲的であればこれに越したことはない。しかし，相続人が複数の場合には，相続人の意見が一致する保証がなく，経営に対する想い入れも異なり，後継者を誰にするかによって共同相続人間で紛糾することはよくあることである。そこで，経営者は通常，相続に伴う混乱を回避するために腐心する。その対策は多様で，どの対策が最も奏功するかは，企業毎にすべて異なるといっても過言ではない。

いかなる経営者もいずれ引退のときを迎える。引退は生前に計画的に行われる場合もあれば，死亡によって突然訪れる場合もある。経営者が自らの事業の継続を望まず廃業を決意する場合は別として，経営者が企業の永続的発展を願うならば経営権を誰かに引き渡さなければならない。企業経営が自身の生きた証となるならば，その退き際[52]は鮮やかでありたいと願うのは経営者に共通する心情であろう。ただ，「子供が親の会社を継ぐ」という，これまで当然と思われていた事業承継の形態が大きく変わりつつある今日，その願いを叶えることは容易なことではない。まさに，経営者にとって後継者への引き継ぎこそ究極のテーマとなっている。

2）後継者の育成と経営能力の承継

一般的に，企業経営者には高い能力が求められる。特に中小企業においては経営者の能力が企業の業績と密接に関連すると言われている。それゆえに，事業を承継する場合には，承継後も企業の規模や業績を維持または成長させることができる人物に承継してもらいたいと思うのが心情である。中小企業の経営者の中にはいわゆるカリスマ性を持つ経営者も少なくない。数々の経営困難の中を奇跡的にすり抜け今日の繁栄をもたらした経営者ほど，その感性と経営判断の妥当性は不動のものとなって，企業内で絶対化しカリスマ化されていく。つまり中小企業の持続的成長は，こうした経営者の力量に依存する部分が大きい。

この力量を的確に定義することはむずかしい。しかし，大方の見解を整理すると，状況を把握・分析し事業展開の方向性を定め，必要な経営資源（ヒト，モノ，カネ，情報）を集め，社内を統率し実行していく総合的な

52　内橋克人『退き際の研究』のなかで，「ひとたび権力の座についたものは，自らの「出処進退」によって後世に毀誉が定まることを，いま，この時代，深く自覚してことに当たる必要がある‥‥（中略）‥‥「功成れば去る」を実践し，ポストを淡々と後継者に禅譲して第二の人生に船出していくのが名経営者である。」287頁（日本経済新聞社，1989年）。

経営能力ということになる。特に子息等の親族に承継させる場合には，第三者から後継候補者を選択する場合に比べ，経営能力が問題となる場合が多い。このことは，如何に後継者が身に付けるべき能力・資質の獲得が一朝一夕にはいかないかを裏付けるものといえよう。

後継者の育成方法には，大学等を卒業後すぐに自社に就職し，直接，経営者から後継者に対して自社の経営理念，必要な知識，ノウハウ，業界の取引慣行等を伝えていく方法と，一旦他社に就職した後に，自社に戻ってくる方法がある。この企業外部での経験が経営能力の涵養に有意義で，その経験が役立つという報告がある[53]。修業期間は3～5年が理想的とも言われている。一方，こうした他社での修業期間が長くなれば，その仕事が面白くなったり責任ある地位についたりすることで，自社に戻るタイミングを失する危険性も懸念される。組織文化や企業風土の違いを体験することは，希望と失望の裏合わせである。企業外部で経営能力を磨くことは諸刃の剣でもあるといえよう。

P・F・ドラッカーは，「成果をあげる人のタイプなどというものは存在しない‥‥成果を上げる人は，気質と能力，行動と方法，性格と知識と関心などあらゆることにおいて千差万別だった。共通点はなすべきことをなす能力だけだった」[54]と，自らの体験を語っている。これは，「望ましい効果的な経営者の能力というのは，何ら普遍的な形で答えが用意されるものではなく，その時々の状況や事情によって異なった対応が求められるという含意であろう」[55]。

53　中小企業基盤整備機構経営支援情報センターの「平成18年度ナレッジリサーチ事業承継に関する研究～親族内承継における後継者の事業承継の円滑化の条件～」によれば，約7割の後継者が入社前に他社に就業しており，その期間は「1～3年」が41.2%と最も多く，ついで「3～5年」が29.4%と続いている。他社の業務経験が「現行の経営に役立っている」かについては，56.9%が「役立っている」，24.5%が「やや役立っている」と回答している。

54　P・F・ドラッカー（上田惇生訳）『経営者の条件』41頁（ダイヤモンド社，2006年）。

55　大沢武志『経営者の条件』68頁（岩波新書，2004年）。

経営能力を推し量る指標として中小企業の後継者の学歴が考えられるが，学歴そのものがデリケートな個人属性ということも手伝って具体的なデータを見出せなかった。しかし，高卒者の50％以上が大学進学を希望し，志望校にこだわらなければ大学全入時代ともいえる今日の進学状況から推測すれば，大卒者が大半を占めているものと思われる。前掲「建設業における研究」によれば，「約9割（91.4％，5社については不明）が大卒以上であり，「大卒以上（大学院を含む）」が，一般的な学歴水準であると言える。それに次ぐ高卒は8.6％にとどまる。また，大学院卒者2人は5.7％で，同族企業に限ると11.8％の割合である。2人はともに米国の大学院を修了しており，海外の大学で先端のマネジメント教育を受けさせたいという同族の思いが伝わってくるようである。中小企業の後継者にこのデータがそのままあてはまるとは思えないが，高学歴化の傾向は大企業と同様であろう。

次に，経営能力の承継は，経営者として身につけるべき教育が中心となるが，そのための教育プログラムは多種多様である。独立行政法人中小企業基盤整備機構が実施している「経営後継者研修」がその典型である。座学，ケーススタディ，ゼミナール等を通して，経営オペレーションのための知識・技法であるテクニカルスキルの習得，経営者として重要な人に働きかけ組織をまとめていくヒューマンスキル，経営理念，戦略的思考能力などを習得することが研修のねらいであり，ほぼ通年で実施されている。また，研修参加者は，ほぼ同年代であり（原則として22歳以上35歳以下の経営後継者候補あるいは経営幹部候補），後継者の共通の悩みや経験を語り合う中で親交を深め，事業承継の意思を固めることができるよう配慮されている。

その他，中小企業大学校東京校の「経営後継者研修」は，次期後継者に必要な能力や知識を実践的に習得できるように10ヶ月間全日制を採用し経営者の視点と意欲に火をつけている。経営戦略研究所の「経営後継者育成研修」では，企業を倒産させない原理原則（技術的）の習得，持てる経営資源を活用した経営戦略の立て方，さらには現経営者とのコミュニケーションを研究所が介在してフォローするという内容までカリキュラム化している。東京商工会議所をはじめとする各地の商工会議所の多面的な経営支援活動も間接的ではあるが有効である。筑波大学大野正道名誉教授は，「日本の企業の9割以上が中小企業であるにもかかわらず，大学の経営学部の授業で，中小企業の実態に即したカリキュラムが組まれている大学は皆無である。多くは上場企業を念頭においた授業内容である。」と，実務界と乖離した内容に苦言を呈している。近年，新規開業者数が低下している現象に通じるものがあり，大学が若者の起業を鼓舞する情報発信源の役割を果たしていないと言えそうだ。

以上，後継者の育成・経営能力の承継には各種教育機関や行政が独自に有するプログラムは有効であると考える。しかし，なんといっても最も基本となる育成方法は，現場に根を張った社内での教育であろう。多くの後継者は，OJTにより社内の業務を順次経験している。そして，一部門に留まる期間は短く，役員への就任期間も短いのが平均的なパターンである。内部キャリア形成の要諦は，各業務に関わる知識の習得はもちろんのこと，むしろ業務を通じて従業員とのコミュニケーション，意思疎通を図り相互の信頼感を高めることである。とりわけ生産現場への定期的な巡回は，第一線で働く従業員の共感を得やすく後継者には是非とも身につけておきたい習慣である。実践的ヒューマンスキルはこのような地道な活動の中から徐々に形成されていくからである。

3）利害関係者との調整と承継後の支援

先代経営者の役割の一つに，事業承継後も事業が成長するために後継者を取り巻く環境づくりをしておくことがある。

資料としては古くなるが，中小企業白書2004年版に，事業承継のための先代経営者の取組内容が記されている。

事業承継前の取組内容をみると，利害関係者，いわゆるステークホルダーとの関係では，「役員への打診」(30.0%)，「後継者への権限の一部を委譲」(29.4%)，「金融機関への事前説明」(22.5%)，「取引先への事前説明」(20.3%) などが高い割合で行われている。他方，「特別なことをしなかった」とする企業も33.3%存在するが，ステークホルダーの重要性を認識して事前に取組みがあった企業となかった企業の比較では，取組みがあった企業の方が円滑な事業承継に成功している割合（「取組みがあった企業」の平均が75.0%，「取組みがなかった企業」の平均が66.2%）が高くなっている。

このことは，企業のステークホルダー（取引先，金融機関などの債権者，役員・従業員など）から事前に事業承継について同意があると，事業承継が円滑に行われることを示している。後継者も事前の同意を得ておけば経営戦略など練りやすく，企業を成長させる展望が開かれるというものである。後継者に強いリーダーシップを求める中小企業にとって特に役員や従業員との関係を事前に良好な状態にしておくことは，承継後の企業の業績に大きな影響を与えるものとなろう。

当社の場合も同様な取り組みが行われた。以下は，事業承継が円滑に行われるための事前準備と代表取締役社長に就任し，新たな事業展開の方向性を打ち出すまでの実務対応を時系列的にまとめたものである。

① 役員への打診

「役員」とは，取締役，会計参与及び監査役（会社法第329条）に囚われず，会社の中で重要な職責を担っている部門長を含む広い概念である。取締役の数が限られている中小同族企業では，身内だけで密室で事が決められる弊害を防止するためにも，また，承継後の事業の円滑な展開を図るためにも，主要部門の部門長にも声をかけ，席を改めて（例えば役員室）一度に説明するのがよい。このように特定の人に特定の場所で同時に説明することが大事である。そうすることで後継者の人選に異議を唱える者への牽制にもなり，その場で話された内容は，好意的に受け止められて社の内外に情報伝播されていく（公言しないよういくら釘を刺しても）。中小企業において「人事」は「スキャンダル」に次ぐ，関心事だからである。当社の場合，毎月第1火曜日に定例役員会を開催するので，その場で公表された。もっとも，秘密は事前に漏れるという特性があるから，説明の場で初めて聞かされたということは稀である。噂が真実であったということを改めて確認する場であることが多い。ただ，後継者は既に決まっていて就任時期をいつにするかの問題だけだったので，特に異論もなく受け入れられた。

② 株主への事前説明

中小同族企業の場合は，株主の構成も限られており，個人株主では現経営者の保有割合が高く，関連会社があればそれらの関連会社に過半数を所有させることで経営支配権を確実なものにしている。従業員持株会を設置している企業は，従業員数も少なく，その保有割合も低いことから社長交代の事前説明会を改めて開く必要はないであろう。必要であれば持株会の代表者（多くは企業の経理部門か総務部門の部門長）に説明すれば十分である。また，創業時に資金提供などで貢献された方あるいはその相続人の方が継続して株式を有する場合があるが，これらの株主は，配当が関心事であって，経営者が交代することにはあまり関心を示さない。したがって重要なのは，比較的保有率が高い親族で創業時から企業の発展に貢献された方がいれば，その方への丁寧な説明であろう。事前に説明を受けたか事後に聞かされたかでは，心情的に受け入れ方が異なるからである。波風が立たない船出が理想である。

③ 金融機関への事前説明

近年，金融機関が中小企業の事業承継に積極的に関わるケースが増えてきたように思う。以前は地域の信用金庫が小規模企業の事業承継について熱心に取り組んでいたように思うが，今では都市銀行でも事業承継について専門の相談窓口を常設したり，あるいは定期的に事業承継セミナーを開催するまでになった。事業承継問題が個人の問題から社会的問題として認知されるようになり，それがビジネスチャンスに繋がっていることが伺える。

金融機関が，企業へ融資する際に評価している項目は，高い順に「財務内容」（99.0%），「事業の安定性，成長性」（94.1%），「代表者の経営能力や人間性」（76.9%）である[56]。このことから言えることは，金融機関は，現経営者であるがゆえに良好関係を維持しているのであり後継者が期待される経営能力を有していなかったり，不行跡な場合には取引も辞さないということである。一時財務内容が良好な場合は積極的に貸付け，景気が悪くなったら無情にも貸し剥がしに転じ，倒産を余儀なくされた中小企業が増えて社会問題になったことがある。

したがって，承継後の事業展開を円滑に行うためには，現経営者が主要取引金融機関の支店長あるいは法人部長クラスに事前に後継者を紹介し，引き続き取引ができる関係を構築しておくことが大事である。その際，金融機関からの不安項目には丁寧に回答し，障害を取り除いておくことが大事である。

④ 取引先・下請企業への事前説明

製品の供給や購買は取引先との友好関係なくして円滑には行えない。また，生産・製造過程において下請企業の協力なくして良い製品は作れない。さらに営業情報源となる大手デベロッパーや不動産会社，設計事務所の協力なくして受注は困難である。これらの関係者全員に事前説明する必要はないが，主要な取引先及び下請企業の経営トップには説明して同意を得ておけば安心である。当社で言えば，建築施工で大きな役割を担う下請企業約100社からなる安全協力会がそれである。昭和43年の結成以来，

56　みずほ総合研究所㈱「中小企業の資金調達に関する調査」2015年12月。

当社と一心同体となって建設プロジェクトに取り組み共に成長してきた仲である。協力会会長並びに会の役員さんには最初に説明し協力を要請している。特に，協力会会長には当社へお呼びして他の役員さんよりも早い時期に事業承継の意向を伝えている。実際，円滑な事業承継を行う上では，この順序が大事である。

⑤ 有力顧客への事前説明

業界により「顧客」の内容は異なる。当社の場合は中高層共同住宅を中心に商業施設やインテリジェントビルの施工を手掛けるゼネコンであるから，建築主（施主）が第一の顧客である。なかでも中高層共同住宅ではこれまでは練馬区という地域の特性を活かした土地の有効活用（相続税対策等）を地主さんに提案し，ファミリー向け賃貸マンションの建築施工を薦めてきただけにこれらの賃貸マンションの建築主（施主）は大事な顧客である。

賃貸マンションの建築（経営）に踏み切るまでには，相当の覚悟が求められる。かつては親戚縁者のなかで最初に建築した人の成功例を見て自らも決断するというケースが多かった。そうした場合は，最初に建築に踏み切った人がキーマンとなって当社による施工を薦め，それが当社の事業の発展にも繋がった経緯がある。キーマンは，当社に建物の管理を委託している場合が多い。したがって，建物の管理・保全，サービスが事業承継後もこれまで同様，行われることを説明し安心させることが肝要である。キーマンからの口コミによる評判は，良い意味での風評となる。

⑥ 社員への説明

社員への説明は，必ずしも事前であることは必要ないように思う。当社は，関連会社を含む約130名の社員からなるが，社員数の少ない企業では風聞で事業承継・後継者は既知のことが多い。「役員への打診」で，漏れ伝わっていることもあるし，意外に，現経営者が意図しない状況の中でふと漏らしていることもある。社員もまた，後継者があまりにも経営能力に欠け，企業の将来に不安を覚えている以外は全体的に受け入れる（また，受け入れざるを得ない)。したがって，後継者が取締役会で代表取締役に正式に選定された（会社法第362条3項）直後に，社員を一堂に会する機会があればその場で，支援のお願いも含めて説明し，今後の抱負を語るので足りると考える。当社の場合，正式に選定された直後の月初の夕礼（朝礼の夕方版をこのように称している）の席で新社長が，新しく代表取締役社長に選ばれたことを自ら報告し将来展望を語っている。

⑦ その他

意外と見落としがちなのが，競合他社への配慮である。代表取締役社長に選定されると，時間を置かずに関係者へ就任の挨拶（状）が送られる。これは当たり前のことで，受けとった側は，そうした事実があったことを事後的に確認するだけである。しかし，企業には必ず競合他社（ライバル会社）がいて，競争しながら切磋琢磨して共存しているケースが多い。とりわけ同じ地域（例えば同区内）にある場合には，現経営者同士の交流もあり，旧知の仲の場合も多い。そうした競合他社には，後継者が決まり，自ら退くことを表明して良好な状態にしておけば承継後の事業展開も円滑に行われるというものである。当社の場合も，同世代を生き抜いてきた競合他社の社長（会長）に，当社を訪問された際の歓談の中で触れ，後継者の支援をお願いしていたのを記憶している。その業界で新代表取締役が「ウェルカム」で受け入れられるには，こうした競合他社の経営者への配慮が大きな意味を有するのである。

事業承継が旧経営者の生存中に行われた場合には，旧経営者が，経営の第一線を退いた後も会長や相談役などの役職に留まり，新しい経営者を支援するケースが多い。文字通り支援に徹し，求められればアドバイスをするなど適度な関与がある場合には経営革新に取り組む中小企業の割合が多くなる。逆に，経営権を譲渡した後も引退することなく「実質的な経営者」として社内における発言力を維持し，積極的に関与し続ける中小企業は経営革新に取り組む割合が低くなるという研究報告がある。実際，一旦会長職に退いた後に，企業の業績が低下し回復の兆しが見えない場合，後継者の評価を待ち切れずに数年以内に再び社長として復帰するケースも稀ではない[57]。「実質的な経営者」の中には，大きな取引など多額に及ぶ決裁事項については決裁権を保留したまま，後継者には渉外的事項やリスクを伴わない管理事項のみ委譲しているケースもよくある。

ある調査によれば，先代経営者のアドバイスが「常にあった」場合，必ずしも有益とは限らず，「時々あった」，「まれにしかなかった」場合に比べて役員や従業員との信頼関係形成，リーダーシップの発揮などで，後継者が苦労する割合が高くなっている。一方，適度なアドバイスを行うなど，求められればアドバイスをする方が，従業員数成長率など企業の成長に良い影響を与えている。中小企業研究センターの調査においても，先代経営者が補佐役として存在する場合には，存在しない場合に比べて事業承継が成功する割合が高く，その場合には先代経営者時代の役員や従業員が補佐役を担い協力する割合が高いという結果が出ている。以上のことからわかることは，経営の第一線を退いた後は，経営に強く関与するよりも，適度な距離を保ちながらサポート役を演じる。求められればアドバイスをし，容喙せずに後継者の力量を信じて見守る。それが事業承継を成功に導く要因ということである。しかし，「言うは易く行うは難し」である。

4）財産の移転と経営権の移転

実際の事業承継の段階では，準備不足等により承継に支障を来すケースが報告されている。特に相続を中心とした事業用資産の引き継ぎに係る問

57　社長を退いた後に再任されるケースは大企業，中小企業にかかわらず珍しいことではない。大企業の場合はニュースになるが，中小企業の場合には顕在化しないだけであろう。

題は中小企業の経営に与える影響は大である。中小企業においては，経営者に自社株式の多くが集中していることが常態であり，さらには家屋や土地など経営者の個人資産が事業用に活用されているケースが多い。事業承継に際しては，これらの事業用資産をいかに円滑に引き継ぐかが重要となる。特に経営者保有の自社株式については，経営安定化のためにも，後継者にそのほとんどを集中させることが肝心である。

中小企業における事業承継の特殊性は，均分相続・遺留分という制度的制約の下でいかに所有と経営の一致を図るかということである。すなわち，相続の対象となる株式又は事業用資産は，統一した企業経営を続行するという観点から一括して後継者に引き継がれることが望ましい。仮に事業用資産が後継者に集中しなければ，他人所有の資産を使って事業を営むことになり，このことが事業意欲を削ぐことになりかねないからである。

以上のように，事業承継が円滑に行われるためには，事業用資産を後継者に集中させることが最善であるが，実際に事業用資産の相続となれば，後継者以外の相続人（いわゆる「譲歩相続人」）への配慮が必要となる。民法第900条は，法定相続分を定めており，原則として被相続人の相続財産は法定相続分に従って相続される。法定相続分に依らずに他の相続人の遺留分（民法第1028条）を超えて後継者に生前贈与や遺贈を用いて資産を集中させた場合でも，遺留分減殺請求がされたときには，その限度で生前贈与等の効力が失われ，遺留分による制限を受けることになる。中小企業庁「事業承継ガイドライン」は，未だ中小企業経営者の中には，すべての財産を自由に処分できると考えている経営者のいることから，他の相続人が有する遺留分の権利のため，後継者に無制限に財産を集中させることはできないこと，現経営者は，遺留分の制約に留意しつつ，後継者の経営に配慮した財産移転を検討する必要があることを説いている。

後継者が承継する財産には，事業用資産のように正の財産がある一方，負債のように負の財産の承継もある。資金が潤沢で無借金の中小企業は少なく，多くは銀行等金融機関から借入による資金調達を行っている。これらの場合には経営者が企業の債務返済を保証するという，いわゆる「個人保証」をつけた融資を受けている場合が多い。

後継者の負債には，旧経営者が抱えた借入金等の負債のほかに，将来発生する相続税がある。この相続税負担も円滑な事業承継の制約となることが指摘されている。事業承継時の納税による現金流失や事業用資産の売却は，事業の継続を図るうえでマイナスであり，経営を圧迫する。特に業績の良い企業ほど自社株式評価額が高額となることも一因である。これは，中小企業の中でも比較的に大きな会社には「類似業種比準方式」の課税評価方法がとられるため，利益要素のウェイトが高く，高収益企業ほど課税評価において不利になるからである。自社の維持・発展のために汗水流して会社を大きくした結果が承継時にはマイナスに作用するとは誠に制度の皮肉としか言いようがない。また，承継後一時的にあるいは一定期間，パフォーマンスが低下するという調査報告もある[58]。こうした要因は，おしなべて後継者の経営意欲を削ぐことになりかねないことから，中小企業経営者が本業に専念できる環境（法・税制度等）を急ぎ整備することが求められている[59]。

最後に，後継者が承継する義務の中には，心情的で家族的な特有の事情

58　橘木俊詔・安田武彦編『企業の一生の経済学』176頁。ただし，承継後の企業成長率を承継時企業年齢，承継時企業規模，承継後経過年数，承継時承継者年齢，承継者の高教育ダミー，他社勤務経験ダミー等で回帰分析を行った結果を紹介しているが，①承継時の企業規模が小さいほど，②承継時の経過年数が長いほど，③後継経営者の承継時の年齢が高いほど，④高学歴の承継者ほど，承継後の企業パフォーマンスは高くなることが，1%水準で有意性が認められたという結果もあり，承継後パフォーマンスが一般的に低下するとは言い切れないようである。

59　事業承継税制は，後継者が贈与・相続により先代経営者から取得した非上場株式等につき，一定の要件を満たす場合，贈与税，相続税が納税猶予される。その後，後継者が死亡した場合等には猶予税額が免除される制度であるが，その使い勝手の悪さが指摘されていた。これを受けて2017年度より要件の見直しがされた。例えば，雇用要件（従業員数について5年間で平均8割を維持）につき，従業員5人未満の企業が従業員1人に減った場合でも適用を受けられるように見直された。また相続時精算課税制度との併用も認められるようになった。

も存在する。旧経営者が扶養してきた配偶者（自身の親），子供（自身の兄弟），兄弟（叔父叔母），その他の親族がいる場合には，承継後も継続して扶養あるいは何らかの代償が求められよう。事業承継は後継者にとってもそれを取り巻く多くの関係者にとっても人生設計を揺るがす大事件である。こうした問題，課題を一つ一つ解決していく過程で，事業承継は安定的に落ち着いていくと思われる。

次に経営権の移転であるが，経営権の移転は，換言すれば経営者が保有する株式の移転を意味する。事業用資産の移転は有形なものであるのに対し，株式の移転は企業の経営支配を左右する無形なものである。後継者が旧経営者から代表取締役社長の地位を承継しても，株式の所有を伴わない承継は，実質的な経営の移転とはいえない。経営者としての力量を発揮するためには，後継者への株式集中が重要である。

相続に伴う株式の移転においては，後継者が単独相続人である場合は，比較的承継は円滑に進むと思われる。しかし，株式が複数の相続人間に共有あるいは分割して相続された場合には，後継者に株式が集中しないまま，共有あるいは分割のままの状態が長期に及ぶ場合が想定される。このように株式が集中しない状態が長期に及ぶと，実際の企業経営に支障を来す事態が生じ得る。例えば，「株主総会の定足数や決議要件を充足していない（会社法第309条）」，「株主として決議の効力を争う訴訟等について原告適格がない（同830条ほか）」，共同相続人間の争いにより「権利行使者の指定ができない（同106条）」，また，権利行使者を指定できても「会社に通知できない（同126条）」という事態も生じる。

以上は，後継者が決定している場合であるが，後継者が決定しないまま，オーナー経営者が他界してしまった場合には，経営支配をめぐって親族間（とりわけ同族会社において）の対立・紛争が一気に顕在化し，争いが激しさを増すおそれがある。「事業承継問題に関わる争訟の実態は相続問題である。」とは至極名言である。

以上から，経営の移転が円滑に行われるためには，次期後継者に株式が集中していることが望ましいが，税務対策として，あるいは，会社創設時の出資金の拠出に対する対価としてなど，種々の理由から既に株式が分散している場合がある。また，将来的に常に分散の可能性を有している。

株式が分散して所有される経緯については，事業承継協議会の「事業承継関連会社法制等検討委員会中間報告」4頁以下で，いくつかのパターンが紹介されている。典型的な分散としては，①相続税対策のために株式を親族間で意図的に分散する方法である。それも，甥，姪，兄弟の配偶者という具合に中心的同族株主に当たらない親族に分散する方法である[60]，②二次相続により株式が分散する場合[61]，③その他，報奨制度の一環として，あるいは退職金の補填，経営への参画意識の向上，従業員のモチベーション向上ために，同族外の役員や従業員に取得させた結果，株式が分散している例である。従業員持株会を設立しないまま従業員に株式を取得させた場合には，従業員の退職等や第三者への譲渡によりさらなる分散を招く危険性がある。

先代オーナー経営者が経営に携わっている間は，属人的な人間関係により議決権行使等について円滑に行っていたとしても，経営権の交代により後継者が，新しい経営者となった場合には，こうした人間関係は分断され，企業の意思決定に支障を来たすような事態が生じうる。そして，分散所有していた者が死亡した場合には，その直系卑属等に相続が生じる結果，さらに分散されていくのである。

---

60 取引相場のない株式の評価方法については，同族株主が株式を取得する場合であっても，一定の要件を満たせば，特例的評価方式である配当還元方式を用いることが可能である。このため，甥・姪・兄弟の配偶者等中心的同族に当たらない者に一定株式を分散させて相続税対策を行っているというケースであるが，その結果，社長・妻・後継者の株式保有比率の合計が低下してしまうという事例である。

61 事例は，先々代の社長が死亡して一度目の事業承継が行われた際，事業に携わらない3名の子供（現社長の伯父・伯母）が相続でそれぞれ大量に株式を取得し，その状態が解消されないまま二度目の事業承継が行われたケースである。

一度分散してしまった株式を再集中させることは，きわめて困難である。困難にしている原因の一つは，収益性の高い中小企業ほど株価の算定や，売買価格をめぐって双方の協議が不調に終わる可能性があるからである。

分散した株式を再集中する方法として，①後継者が買い取る。この方法は企業の経営支配権を固める意味から最も望ましいのであるが，買取価格について後継者の側が譲歩せざるを得ないという，取得交渉において不利な面が生じ得る（足元を見られる)。②会社自身が買い取る。この方法は，会社自身が「金庫株」として，後継者以外の株主から自社株式の取得を行い，後継者の持分比率を高めるという方法である。ただ，①，②ともに，買取資金が準備できなければ断念せざるを得ないし，株主が「売りたくない」という意思が固い場合には，強制的に買い取る術はない。その他，③会社が後継者以外の人に相続する予定の株式を議決権制限株式にしておく。④会社が新株を発行して後継者だけに割当てるなど，会社法を活用した新しい対処法も考えられているが，課税評価をめぐって不明確な要素が残っているとされる。そして，⑤相続人等に対する株式の売渡請求制度を活用する方法である。この方法は，非公開会社において，会社が，一定の要件の下に株式相続人に対して，強制的にその株式の売渡請求を行うことができるというものである。これにより会社にとって好ましくない者への相続等による株式の分散を防止する制度である。

当社では，社長交代の時期にあわせて，株式の将来的再集中の手段として定款を変更して相続人等に対する株式の売渡請求制度を新設した。当該制度の有用性と導入の経緯については，第3章第4節5.（2）で詳述する。

2. 建設就業者の高齢化と人材不足

(1) 高齢化の現状

建設業就業者の高齢化の進行が止まらない。総務省「労働力調査」によれば，平成28年（2016）現在，55歳以上が約34％，29歳以下が約11％と他産業（55歳以上が約29％，29歳以下が約16％）の比べ高齢化が進行し，次世代への技術・技能承継が大きな課題となっている。「建設産業の生産体制を将来に渡って維持していくためには，若年者の入職促進と定着による円滑な世代交代が不可欠である」。

建設就業者の高齢化，技能者不足については，既に本章第1節2.（4）の「労働力を確保できないおそれ」の中で，近年の技能労働者の不足率や新規学卒者の入職状況について触れたが，今日の姿は，今から40年ほど前の昭和55年前後から予測されていた。

当時の建設省，経済企画庁の各種データがそれを示している。例えば，建設労働者の年齢構成にしても「15～29歳の若年層は昭和50年30％から昭和60年には12.6％へと著しく低下し，反面50歳以上の高年齢層は昭和50年の19.1％から昭和60年には29.3％へ増大することがみこまれ」，「若年労働者の確保と就業者の高齢化への対処が今後の大きな課題となることが明らかである」と，警鐘を鳴らしている。その状況は基本的には今日も変わっていない。

当時，政府は毎年6月と10月に公共事業労務費調査を行っている。この調査は農林，運輸，建設の公共事業執行三省が公共事業の設計等に必要な労務単価の決定方法についての関係省覚書により行われたもので「三省協定賃金実態調査」といわれた。その調査によると建設労働者の平均年齢は昭和52年10月の調査で46.0歳であった。建設業における現場労働者の体力のピークが42歳（生産性年齢）とされていたことを考えると，この時点ですでに生産性年齢より4歳も高いことになり，高齢化どころか超高齢化現象を引き起こしていたといっても過言でなかった。

また，職種別でも若年労働者の少ないグループと，比較的多いグループに分けて平均年齢を出している。その結果，若年労働者の少ない職種は，特殊作業員，普通作業員，軽作業員，型わく工の4職種で，その平均年齢は44.8歳である。一方若年労働者の多い職種は，とび工，鉄筋工，特殊運転手，一般運転手，大工，左官の6職種で，39歳以下の労働者が50％も占めており，平均年齢はいずれも40歳未満である。職種への偏りは賃金の高低に敏感であるから，若年層には労賃の高い職種を希望する者が多かったと推測する。

新規学卒者の入職状況については，総務省「労働力調査」でわかるように減少が続いている。就業者高齢化の要因の一つである。平成9年(1997)7万1,000人が平成28年（2016）には3万9000人まで減少している（平成21年（2009）の2万9,000人を底に増加に転じているが)。

ここで，およそ50年前の入職状況をみてみると，昭和43年（1968）の新規学卒者の入職者数は1万2,000人で昭和48年（1973）には2万5,000人まで増加している（当時の文部省「学校基本調査」)。これを現在の入職者数と比較してみると（単純に比較はできないが)，やはり，新規学卒者の就職先として建設産業は魅力が薄いということがいえそうだ。なぜなら，進学率が高まり，大学へ進学する学生の数が著しく増加したにもかかわらず，入職者数に大きな増加がみられないからである。

新規学卒就業者の構造に変化が現れたのは，昭和40年半ばからである。建設産業は，古来より農業と並んで労働集約型産業の代表格である。戦後においてもそれは変わらず，昭和40年頃まではその担い手の多くは，中卒者であった。その中卒者も，昭和43年の3万2,000人をピークにその後毎年減少し，昭和50年（1975）にはわずか9,000人となっている（先の「労働力調査」では中卒者は含まれていない。このことは今日では中卒者の例はきわめて稀であることを示している)。

時期を同じくして，高校への進学率が高まるにつれてその担い手も高卒者へ移っていった。しかし，高卒者の入職者数も同じく昭和43年にピークを迎えている。同年の入職者数は3万5,000人で，昭和50年には2万5,000人と1万人も減少している。一方，大学卒は1万2,000人から2万人まで増加している。東京オリンピックの開催や東海道新幹線の開通を前に，わが国が高度経済成長に入ろうとしていた時期で，国民生活が豊かになり先行きに安心感とゆとりが生まれた時期である。大学への進学希望者が増加するのもこの頃からで，団塊世代がその走りである。昭和43年は私が高校を卒業した年である。建設産業の就業構造の変化は，中卒者が減る一方で大卒者が増え始めた時期，それは，団塊世代が高校を卒業して新社会人として歩み始めた時期に符合している。

そして今，団塊世代を中心に「高齢者の大量離職」の現実に直面している。平成27年（2015）に国土交通省が総務省「労働力調査」に基づいて算出したデータによると，今後10年間に65歳以上の建設就業者42万4,000人，60歳から64歳の35万7,000人と実に78万1,000人（全体の23.6%）の離職が見込まれるという。衝撃的な数値である。「戦後のわが国経済を支えてきた」と自負していた層が生産性年齢からはずれていく。今や「モーレツ社員」という言葉も死語と化した。

興味を引くのは同じく「高年齢者」という表現を使っていても，40数年前と今日ではかなりその中身と世間が受け止める印象が違ってきていることである。50歳という年齢は当時まぎれもなく「高齢者」に属していたと思われる。

厚生労働省が公開した「平成29年簡易生命表」によると，日本人の平均寿命は，女性は87.26歳，男性は81.09歳となり，いずれも過去最高を更新した。第二次世界大戦末期の平均寿命は，女性54歳，男性50歳である。また，65歳以上の日本人は，過去40年間にほぼ4倍，平成26年（2014）には，3,300万人に達し，日本の人口の26%を占めている。さらにわが国の民間労働者の年金受給開始年齢をみると，発足当時は55歳であったが，昭和29年（1954），制度の抜本改正の際に男子は55歳から60

歳に引き上げられている。そして，昭和60年（1985）の大改正において男子は60歳から65歳に段階的に引き上げ実施されることになった。これらの55歳～60歳～65歳への改正は，受給開始年齢に至るまで現役で働けることが前提の制度設計であることから推定すると，40年前の50歳は，「高齢者」と認識されていたことがうなずける。

民間労働者の定年制度をみても，多くは55歳であった企業がその後60歳に改正し，今日，65歳定年制を採用する企業が中小企業においても増えている。私の知るかぎりでは60歳定年制をとりながらそれ以降は65歳まで嘱託として継続雇用している企業が大半である。当社の場合も就業規則は60歳定年を原則としつつ，健康で働く意欲がある社員には65歳まで嘱託契約により継続雇用している。専門性が高い場合や，技術的能力の高い社員にはさらに延長しているのが実態である。例えば，一級建築士あるいは一級建築施工管理技士の資格を有する者には，建設需要に対応するため，労働条件も60歳定年到達時と大差ない待遇で65歳まで社員として雇用している。意欲的で若年層に劣らない業績をあげている。当社の年齢構成比率をみると65歳以上が6.5％，60歳以上が21.7％，55歳以上が41.3％を占めている。これを「高齢企業」と揶揄するか，「高技術者企業」と評価するかは世間の評価に委ねるとして，この年齢はまだまだ現役なのである。

さらには，政府は公務員の定年を2019年度から段階的に60歳から65歳に延長する検討に入った。少子高齢化が加速するなか，労働人口を確保するねらいがある。

以上のことから勘案すると，今日，建設産業における「高齢者」とは，65歳とするのが妥当であり，世間的にも納得のいく認識ではないかと思う。

さて，本題に戻れば，この数十年，建設就業者数の減少は予測されていた。にもかかわらず，有効な手立てのないまま今日に至っている。その要因はいくつか考えられるが，一つは，「建設産業は労働集約型産業である」という固定観念がありその呪縛から解放されなかったこと，そのためイノベーションが遅れたことではないだろうか。他の産業が競ってイノベーションを導入して生産効率を上げるかたわらで，建設産業は旧態依然として人間の労働力に依存してきたといえるからである。

労働集約型産業は経済的弱者に一時的に雇用の機会を与えるという社会的機能を有していることは否めないが，それは生産性の向上の観点からは由々しき問題である。また，建設就業者の絶対的不足は，技術，技能の継承を困難にし，これまで築き上げてきた企業の業績に赤信号を灯すだけでなく，広くはわが国の建設技術の水準を低下せしめ，労働生産性を低下させことになる。技術，技能の継承の困難性を解消するためにもイノベーションは重要である。

政府は平成28年（2016）に「生産性向上」と「働き方改革」を提唱した。なかでも安倍政権は2016年の未来投資会議の初会合で建設業の生産性向上を取り上げ，リーディングモデルとして実現すべき数値目標（建設現場の生産性を2025年までに20％向上させる）について具体的に言及している。これを受けて建設業界は生産性向上に向けて実現可能なイノベーションに取り組んでいくものと思われる。AI（人工知能），IoT（モノのインターネット），ロボットの活用など最先端技術の進展がそれであるが，それは研究機関のある大手ゼネコンに限定されるものではなく，中小建設企業に至る全建設企業が日々の業務の中から改善の努力と改革への提案をしていくことの積み重ねによって実現されるものと思う。建設産業が大きな変貌を遂げるのもそう遠くないような気がする。

(2) 人材確保と育成

以下，人材不足解消に向けた採用活動を通して人材の確保と育成のむずかしさについて当社の事例を見ながら考えたい。

1）新規学卒者

当社が工業高等学校建築科の卒業生を採用しなくなって久しい。かれこれ40年前まで入職者の主役は高卒生であった。彼らの多くは地方出身者である。東北，九州，甲信越地方の特定の工業高校にパイプがあり，就職担当の先生との長いつきあいから生まれた信頼関係が労働力の安定的供給を可能にしていた。彼らは初めての都会生活に不安を抱きながらも，建築を目指す意気込みと希望に燃えて上京してきた。就職担任の先生方もできるだけ労働条件の良い安心できる東京の中小建設企業へ送り出したい思いが強く，当社クラスの規模は理想的な企業に映ったようである。

採用計画が決まると，早速懇意にしている就職担当の先生に電話を入れて，必要人員の紹介をお願いした。長い間に築かれた信頼関係もあり，クラスの中でも上位の成績者を紹介してくれた。こうして毎年2～3名が入職してきた。4月の新人紹介で全社員の前で坊主頭をぴょこんと下げる姿は今も忘れない。初々しさは彼らのセールスポイントであり，全社員から歓迎されたものである。

ところが，昭和50年代の中頃から，求める対象が大学の工学部建築学科出身者にシフトして行った。方針を変更した理由は定かでないが，大学進学率の上昇とともに建築を目指す学生が相対的に増加したことで企業の側からは買手市場に変わったこと，高卒者といえども未成年者にかわりなく，親元から離れた都会暮らしには雇用主として管理責任・保護責任がある（当時地方出身者には賄いさん付きの寮が用意されており食事の用意から日常の悩み事の相談に至るまで精神面でのフォローもされていた）。これに対して学卒者は成人しているから自律性を尊重すれば足りたこと，など採用に当たっての負担が軽減できたのではないかと推測する。

当時の採用活動は，今日とは違い，分厚いリクルート雑誌が数社から発行されていた程度で，希望する大学の指定求人申込書に求人内容を記載して大学の掲示板に掲示していただくことと，建築学科の研究室に教授を訪ねて紹介していただくことであった。このことが功を奏してか，当社においても昭和55年前後から平成の初め頃までは必要とする人員を確保できた。学生の「寄らば大樹の陰」という大手志向は今と変わらないが，大手も採用試験が厳しく，優秀な学生でも必ずしも志望する建設企業に就職できなかった。その善後策として，当社は学生に「すべり止め」企業として認識されていたようである。また，なかには，家業が工務店を経営していて，将来家業を継ぐ意思で10年程度の修業の場として当社を志望する者，大手ゼネコンには最初から興味を示さず中小を志望する者など多彩であった。今は実施していないペーパー試験も当然に行われていたし，英語の知識を問う問題さえ出題されていた。この当時に入職した彼らは今50歳代後半にあるが，当社の成長を牽引して今日の業績に貢献した功労者である。

しかし，平成も10年頃から学生採用に陰りが見えてきた。それまでの採用方法が通用しなくなってきた。教授の紹介，大学掲示板による求人申込み，リクルート誌への掲載だけでは効果がなく，ITを駆使して直接学生に企業の魅力を伝える方法が主流になった。

例えば企業がAメディアに求人サイトの制作依頼をすると，Aメディアからログイン用の企業IDと仮パスワードの知らせがある。企業はそれをもって企業専用画面にログインして検索キーから必要項目を選択して詳細事項を登録していく。原稿入力が完了すると修正確認が行われ，学生が検索できる状態に仕上がる。学生は時間と場所の制約を受けることなく，好きな時にどこからでもアクセスでき，自分の都合にあわせてスケジュール管理ができる。今日，ビジュアル化はさらに進化し，居ながらにして，企業の特徴をより詳しく知ることができるため人気がますます高まっている。

こうしたシステムは，いつしか学生の側がイニシアティブを握った「売り手市場」を作ってしまった。いま，中小建設企業の多くは，こうした「売り手市場」のなかで，限られた施工管理志望の学生の獲得に向けて熾烈な競争を繰り広げている。学生の採用がままならないと知って，工業高校を思い出したように訪問してもすでに当時の就職担当の先生は退職しており，新しい担当の先生に昔話をして頭を下げても，それは虫のいい話である。

平成29年度（2017）の当社の採用活動は，こうした厳しい中でも，幸い5名の学卒者を採用することができた。ストレートで卒業した者，少し趣味が高じて回り道した者など個性的な人材がそろった。中小建設企業は，人材の育成期間を考慮するとむやみやたらに多く採用することはできない。人件費の制約もあるが，教育担当社員のことも考慮すると，当社の場合はこれが限界であろう。

今年4月初め，内閣官房内閣審議官，文部科学省高等教育局長ほかから経済団体・業界団体の長あてに「新規大学卒業予定者等の就職・採用活動開始時期について（要請）」が出された。しかし，形式的に日程を尊重してスタートラインについたのでは，その時点で本当に必要とする人材の獲得はできず，すでにその時点で競争が終わっているというのが現実であろう。中小建設企業は，そうした大手ゼネコン等の選考が終わってからが勝負で，それも短期決戦となる。

リクルートがこの4月26日に発表した平成31年（2019）春卒業予定の大学生の求人動向調査で，中小企業の採用がますます厳しくなる実態が浮き彫りになった。従業員300人未満の中小企業の求人倍率（学生1人に対する求人数）は，9.91倍で現在の調査方法として過去最高。従業員5,000人以上の大企業で求人倍率が0.37倍まで下がり，学生にとって狭き門となっていることと対照的な結果となった。なかでも建設業は9.55倍（昨年9.41倍）となっている。リクルートワークス研究所の古屋研究員は「学生が働き方改革を意識する中，職場環境が改善しているイメージの定着が遅れている建設を敬遠する学生が増えている」と分析している。

同様に日本経済新聞5月9日（水）朝刊は，就職情報大手ディスコが8日付で発表した5月1日時点の内定率は4割を超え，売り手市場を背景に採用の前倒しに歯止めがかからないこと，企業や学生の負担軽減を狙った経団連の就活ルール（経団連が2019年卒業生の就職活動で加盟企業に求めている，大学3年生の3月に説明会，4年生の6月に面接解禁とする，ルール）が，インターンや通年採用などの手法が浸透して形骸化が進んでいることを伝えている。

厚生労働省は2017年度予算で建設業の人材確保・育成について9施策約105億円を計上している。このうち「ハローワークにおける建設人材確保プロジェクト」では，予算額1億5,000万円を確保して，建設関連職種の求人数の多い地域に専門相談員を配属するなど，企業，求職者双方に対応できる体制を整え支援している。「新卒応援ハローワーク」もその一つであるが，これまで当社が利用したことはない。実際，就職活動を始めるにあたりハローワークを活用しようという学生は少数である。求人倍率が9倍を超える超売手の状況であえて近くのハローワークへ足を運ぶ必要性がないからである。それよりもWebサイトから提供される企業情報の方が量的にも質的にも豊富であるイメージが大きく，ハローワークはいよいよ就職が決まらなくなって途方に暮れたときの「駆け込み寺」の印象がある。

ここで，昭和40年代から50年代，建築技術社員に人気のあった高松寮とそれに続く中村橋寮について紹介する。いずれも独身寮であるが，なかでも高松寮は，人材育成を兼ねた当社の初期の，“人生とは何か”を学ぶ場でもあった。

社会人になっての最初の集団生活，そこで学ぶものは多かったはずである。そして，高松寮がなくなり，新しく中村橋寮に移るのであるが，世代が変わり，人も変わり，ついには寮そのものがその役目を終えたことについて述べておきたい。

〈高松寮〉

私が入社した昭和52年当時，男子寮が現在の練馬区高松1丁目25番にあった。通称「高松寮」と呼ばれていた。会社が徐々に大きくなり若い労働力が必要になると，それを受け入れる施設が必要になる。地方から上京した若者にとって住居と食事が保証されていることは最高の魅力で，入寮を希望する社員が多かった。私の知る限り，北は青森から南は鹿児島に至るまで，国々所々から集まっていた。一番多い時で32名の寮生が暮らしていた。

場所は，練馬区立練馬中学校の北側に位置し，門を入ると広々とした駐車場があり，玄関までは自転車置き場になっており，通勤用のバイクが何台も並んでいた。

後にその北側に隣接して環状八号線が開通するのであるが，当時は，地下鉄12号線（大江戸線）も通っておらず，交通不便の地であった。建物の内部は長い廊下と，2階へ続く広々とした階段。賄いの夫婦が寮管理人を兼務して寮生の面倒をみていた。広さ6畳の個室は人それぞれに彩られ，寮とは思えない素晴らしく綺麗な部屋で自由に生活をエンジョイしている寮生もいれば，これこそ寮の原点ともいえそうな足の踏み場もない部屋もあった。昭和58年当時，若者のアイドルは松田聖子で，ファンも多く，部屋には聖子のポスターが貼られていた。

当時の寮祭の様子がわかる記録がある。当時は定期的に寮祭が行われていた。「「さあーボチボチ始めようかー」という声で席につき，何気なく寮祭が始まった。不揃いのグラス，おつまみも皿に盛るといった上品なことはせず，食べたいものから順番に袋を開けるといった具合。最初のうちは人数も少なく皆大人しく飲んでいるが，現場から1人，2人と戻ってくるにつれて，にぎやかになり，芸のコールも起きて，誰かが唄い出す」。

今よりも労働条件が厳しく夜遅くまで肉体を酷使したであろう，しかし，それだけに社員同志の絆は強かったように思う。寮祭で日頃のストレスを解消し，心を切り替えて翌日の仕事についたのである。だから，今日のような鬱で悩む社員もいなかった。実際，そうしたことで会社が困惑した記憶もない。苦しい中にも希望を抱いて生き，人生を謳歌した良き時代であった。それを可能にしたのが寮生活，高松寮である。

今，企業の独身寮が再び見直されてきている。共同生活を通じてコミュニケーション能力を高め，上下間の風通しをよくすること，社内人脈の構築には最高で，これにより組織の活性化が期待できる点が再評価されているのである。先輩後輩の上下関係を嫌う社員にはこれほど苦痛を強いられる生活環境もないが，そうでなければ互いの悩みを打ち明け，一人で苦悶することもなく，共同生活の利点が最大限享受できるからである。

〈中村橋寮〉

昭和60年11月，練馬区貫井1丁目に「中村橋サンパレス」が竣工する。長い間，親しまれてきた高松寮（往時は32名も寮生が暮らしていた）と別れを告げ，この新築ビルの3階と4階の北側の部屋（7戸）が新しい寮に生まれ変わった。寮生は総勢17名である。

真新しい白亜の建物は，B1Fから2Fまでは店舗群（銀行，飲食店，電気店，ふとん屋，靴屋，美容院，レコード・スポーツ店，おもちゃ屋，パチンコ屋等，その数16店舗に及ぶ）で，3Fから6Fまでは一部が分譲で多くは賃貸マンションである。

高松寮は廊下沿いに一部屋ごとにドアがあって独立していたが，中村橋寮は，マンションの住戸の入口は共通で，中が3～4部屋に仕切られている（もちろん各部屋は施錠でき独立性が保たれている）。

器は新しくなっても「内野イズム」は引き継がれ，その人の人柄どおりにこぎれいにして使っている者がいる一方で，掃除勧告を発令できそうな者も多数いた。

初代，寮長にはO.Sちゃんがなり，こんなことを言っていた。「旧寮との違いは店舗付き共同住宅の中に一般人と一緒に住んでいるので，何かと気を遣っていることと，駅に近いので電車通勤する寮生が増えたこと。寮では，2ヶ月に1回寮会を行っています。寮会はふだん顔を会わせない寮生同志の親睦を深めるため又仕事の情報交換など，お酒を飲みながら楽しく行っています」。

個人のプライバシーがより尊重される風潮の中で，高松寮のように「寮生のたまり場」になるような場所や部屋は消えたが，唯一皆の集まれる食堂で，寮長のリーダーシップのもと，寮生の交流は定期的に行われていたようである。しかし，こうした恒例行事も結婚して家庭を持つ者が増えたり，その他の理由で退寮者が増えるにつれて次第に行われなくなっていった。平成4年には（竣工後7年が経過），各部屋にエアコンを設置し，床をフローリングにし，壁クロスを張り替えている。また，平成5年に食堂厨房施設を含めた改修工事を行っている。このときの寮生は総勢12名（当初から5名減）である。

平成24年3月31日，男子寮は長い歴史に幕を閉じることになった。この時の寮生は総勢6名である。建物が古くなったことと，寮生が減少したことで，歯抜け状態の寮の住戸をワンルームにリニューアルし，賃貸することに方針が変わったからである。

現在，中村橋サンパレスには8名の独身男性が住んでいるが，いわゆる寮生ではない。内野建設の建物を内野建設の社員が廉価な賃料で，借りているというだけのことである。

こうして，古き良き時代の男子寮は形を変え，終わりを告げたのである。

2）即戦力となる建設技術者

ここでは主に中途採用者，企業の側からすれば即戦力となる人材の確保のむずかしさについて述べる。

この数年，建築需要が旺盛なことも手伝って当社にも「建築に特化した技術者を紹介している会社ですが，御社は施工管理技術者が足りていますか」とか，「建築現場への派遣を出している会社ですが派遣の要望はありませんか」という電話が1日数本はかかってくる。

当社でも即戦力となる建設技術者は喉から手が出るほどほしいのである

が，大方は当社が求める人材と紹介される人材との間に労働条件，必須資格要件にミスマッチが多い。当社の社風に慣れ，現場を2～3年後に一人で張るためには，最低一級建築士あるいは一級建築施工管理技士の資格を有していることが条件である。そして，RC造建築施工の経験が10年程度，年齢が社員の平均年齢より若い30代の後半から40代の半ばの人材がほしいのであるが，この要件をクリアした技術者登録リストを持っている紹介業者はきわめて少ない。70歳代，あるときには83歳の超高齢者の紹介を受けたこともあるがそれには閉口した。「生涯現役社会」の到来とはいえ，現場に出すには危険すぎる。

人物が保証されていて，採用コストも安くて済むのは，下請企業や取引先等から個別に紹介される人材である。腕が確かで勤勉であるから仕事ぶりを安心して見ていられるし，要求された品質にも応えてくれる。

当社は基本的には派遣社員は採らない。いわゆる非正規雇用者もゼロで，社員は全員が正規雇用者である。これは経営者のポリシーである。「身分が不安定な状態ではいい仕事ができない」というのが信条である。したがって当社の条件に適う人材が現れるまでは辛抱強く待つことになる。「経営の真髄は無駄な人件費をなくすること」であるから，無用な原価の原因となる要求水準に満たない人物は採用しない。一見厳しいように聞こえるが，この経営信条が，今日まで当社が黒字無借金経営を可能にしている淵源である。

民間の人材紹介会社を利用する際には，紹介料も高額であるから，採用しようとする人材の力量の見極めは重要である。当社はいかなる人材といえども一旦採用したら決してリストラしない。この会社に就職して40余年リストラされた社員をみたことがない。目論見がはずれた場合には他の部門へ配属するなど，活用方向を変えて対処してきた。人を大事にする会社だから離職率がきわめて低い。経営者に家団思考があるからである。

民間の人材紹介会社から紹介された人材を採用する場合は，紹介料が伴う。この10年間でおよそ10%は値上げしている。市場に建設労働者がいないことが背景にあるだろうがそれでも強気である。紹介会社により多少の差はあるが採用対象者の想定年収の30％から35％が手数料の相場である。いわゆるヘッドハンティングとなれば，今すぐ転職を希望していないが条件が合えば将来転職してもよいという人材探しから始まるので，その発掘に要する費用が上乗せされる。結果，想定年収相当額が必要な場合もある。受注調整や着工時期の調整等で乗り越えることができない場合は苦肉の策として利用する場合もあるが，通常は，現在転職を希望している人向けに広告掲載し，該当者がいれば面接して採用を決めている。

新規学卒者の採用と同様に，ハローワークを利用した求人は無料なので，求人票を掲出して長期的に様子を見ることもあるが，反応はいま一つである。求人情報が手軽にWebやスマートフォンから入手できるため，いちいち地域のハローワークに足を運ばないのであろう。たまに職員から問い合わせはあっても，ハンディが大きく，マッチングすることは稀である。ハローワークも広域的に連携を取るようになったので以前に比べ弾力的になったが，まだ，民間人材紹介会社ほどのきめの細かさがなくフォローに欠けるきらいがある。職員の絶対数が不足しているというのが実感である。

平成29年度は，こうした状況の中で3人の建設技術者を採用できたのは幸いであった。平成30年度は新規学卒者の採用に力点をおくか，それとも即戦力となる建設技術者に力点をおくべきか迷いもあるが，現時点では，即戦力となる建設技術者をターゲットにした採用活動になりそうである。

3) 女性技術社員

東京建設業協会は，今年3月，千代田区のエッサム神田ホールで女性活躍セミナーを開催した。セミナーの内容は，平成28年（2016）4月に施行された女性活躍推進法（「女性の職業生活における活躍の推進に関する法律」）に伴い，実際に現場で活躍している女性の管理職や現場監督者の事例を紹介しながら，中小ゼネコンにできることについて講演されたようである。この法律が制定された背景には，少子化による急激な人口減少により将来の労働力不足が現実味を帯びてきたからである。

中小ゼネコンにおいても施工管理以外の職種，例えば設計や積算などには多くの女性技術者がかなり以前から活躍している。その能力は高く評価されている。一方，建築現場で施工管理に就こうとする女性の建設技術者については，違和感を覚える人もまだ多く，母性の保護という観点からも好ましくないという世間の厳しい意見がある。

昨年7月，東京建設業協会のご好意で，東京の山手線渋谷駅南口に隣接して建築中の東急建設株式会社と株式会社大林組がJVで取り組んでいる「渋谷駅南街区プロジェクト」を見学する機会に恵まれた。その際，現場内を案内してくれたのが若い女性建設技術者であった。的確な説明と応答，テキパキとした動作に感心しただけでなく，なによりも「この仕事が好きでたまらない」という建築への情熱が伝わってきた。そこで働いている女性建設技術者は10数名とのことであった。最後に女性活用の上で特に配慮している点や衛生設備等が気になっていたところ，女性専用の休憩室を案内してくれた。部屋に入ると明るい照明，棚には各人が持ち寄ったとみえる人形の縫いぐるみが置かれている。シャワー室や更衣室はもちろんのこと，大きなテーブルがあって仕事や勉強ができる学習環境も整っている，その上簡単な料理もできるようキッチンがあり，全体にゆっくりと寛げる快適な空間が提供されていた。聞けば完成後はホテルの一室として利用することになっているという。この例は大手ゼネコンだからできる例外的なことだと割り切りながらも，いずれ中小ゼネコンも本気になって女性建設技術者を積極的に活用しようと思えば，同程度の環境が求められ，さらに近い将来は事業所内保育施設の設置や短時間正社員制度など，様々な子育て支援や多様な働き方に対応していかなければならないのだろうと思った。

ここで当社の例をみると，意外にも今から35年前の昭和58年4月，入社したばかりの女性の新規学卒者を建築施工管理技術者として現場に配属しているのである。女性現場施工管理技術者の第1号である。当初設計あるいは積算など関連部門を薦めたが，本人の現場志向が強くその熱意に負けての初の試みであった。衛生設備もトイレと更衣室が別にあるだけの簡素なもので，先の大手ゼネコンの環境とは雲泥の差である。若い女性が現場で働いているという噂はたちまちにして広がり，もの珍しさもあり，周囲の関心を引いたものである。配属は意外な副次効果となって伝播した。それまで粗暴だった男性の職人さんたちの言葉使いが急に優しくなったとか，作業所内が整理整頓され清潔になったとか。

この女性技術者はその後設計に異動になり，それ以降は現場志向の女性も現れなかったこともあり，現在，建築施工現場で働く女性建設技術社員はゼロである。

思うに，女性を建設現場で技術者として活用しようと思うならば，それなりの覚悟が企業側にも働く本人側にも求められるということである。「女性であること」を理由に甘えは許されないし，過保護にして特別扱いするのも控えるべきである。もちろん経営者がトップダウンで女性が働ける環境整備や社内風土を改革していくことは必要であるが，それだけでなく，本人を取り巻く上司，部下，同僚，取引先，下請企業の職長・職人さんたち，そして配偶者を含めた家族がそれぞれに意識を変える必要がある。

当社は現在，積極的に女性の建設技術者を求めていないが，仮に建築現場を志望する学生が応募してきたら，一人だけの採用には二の足を踏みそうであるが，複数人を同時に採用することは可能と考えている。

ただ，この法律は10年の時限立法である。この先10年間に，働く女性の本気度と国民の意識がどの程度変わるかが定着のキーポイントではないかと考える。

4) 外国人労働者

最後は，外国人労働者が日本の建設産業の深刻な人手不足の救世主となりうるか，私見を述べたい。

今，わが国の建設産業は深刻な人手不足に陥っている。すでに見たように建設業就業者数及び建設技能労働者数はいずれもピーク時の平成9年（1997）に比べ平成28年（2016）には約70％弱まで減少している。長引いた不況による建設投資の減少による倒産，高齢化が進む中での若年層の業界離れ，中小建設企業における後継者不足，肉体労働の割には収入が伴わずそのうえ3Kの典型職業として若い世代に敬遠されていること，より好条件の職業へと人材流出が起こっていること，などいくつかの要因が考えられる。一方で，こうした人手不足が深刻化しているにもかかわらず，この数年は特に建設産業に対する需要は高まっている。例えば，平成23年（2011）に発生した東日本大震災による復興工事や，平成32年（2020）に開催予定の東京オリンピックに向けたインフラ整備などである。

そこで，この慢性的人手不足とのギャップを埋める手段として，政府が注目したのが外国人労働者（「外国人建設就労者」）の活用である。平成26年（2014）4月，「建設分野における外国人材の活用に係る緊急措置」を閣僚会議でとりまとめた。要約すれば，当面の一時的な建設需要の増大に対応するための必要な技能労働者については，まずは，就労環境の改善，教育訓練の充実強化等によって，離職者の再入職や高齢層の踏み止まりなどにより，国内での人材確保に最大限努めることを基本とした上で，即戦力となり得る外国人労働人材の活用促進を図り，東京オリンピックの成功に万全を期す，というものである，この措置はあくまでも一時的な建設需要の増大への緊急かつ時限的措置（2020年度で終了）である。

厚生労働省「外国人雇用状況の届出状況（平成29年10月現在）」によれば，日本で就労する外国人の総数は約127.8万人で，国籍別では中国（香港等を含む）が約37.2万人（全体の29.1％）と一番多く，続いてベトナム約24.0万人，フィリピン約14.6万人，ブラジル約11.7万人の順である。そのうち技能実習を目的とした就労者数は約25.7万人である。また，外国人雇用事業所の数も平成24年（2012）には約11.9万事業所であったが平成29年には約19.4万事業所（約1.62倍増）まで増加している。産業別では外国人労働者，外国人雇用事業所ともに製造業が最も多くそれぞれ30.2％，22.2％を占める。建設業及びサービス業の構成比もともに増加している。

こうした外国人雇用状況の中で，この措置を受けた国土交通省土地・建設産業局は「外国人建設就労者受入事業に関する下請指導ガイドライン」を示している。内容は元請企業の役割と責任，受入建設企業の役割と責任について記されている。例えば，元請企業は受入建設企業の管理指導員から外国人建設就労者建設現場入場届出書の報告があった場合は，その記載内容と実際の受入状況の整合性に加え，①就労させる場所，②従事させる業務の内容，③従事させる期間について確認することなどである。

外国人労働力を雇入れるための採用ルートは，外国人技能実習制度が基本である。実習生はもともと技術習得を目的に来日しているだけに労働意欲が高く受入建設企業にはメリットである。そこで政府は，3年間の実習を終えて引き続き就労を希望すれば該当者はそのまま日本に残り，在留資格を持った上で2年間建設の仕事を行うことができること，また，3年が過ぎた時点で一旦帰国し1年以上母国で過ごした後，再び入国するケースでは在留資格を持った上で3年間在留することを可能とする特別措置を講じたのである。この措置によって，長いスパンで人材育成が可能になっただけでなく，就労者にとってもより高度な技術を習得するチャンスが増えたのである。

政府は，経済社会の活性化の観点から，高度の専門的知識又は技術を有する外国人の就業を積極的に促進している。たしかに日本の企業が競争力を高めていくには優秀な外国人をわが国に積極的に呼び込むことは重要である。実際，中小建設企業の経営者にとっては，低賃金で労働意欲の高いアジア圏の若者の獲得はメリットが大きい。しかし，単に少子・高齢化に伴う労働力不足を補うための対応として受け入れることにはにわかに賛成できない。国内の労働市場に与える影響を考慮すると，日本人の雇用の機会を奪いかねないし労働条件の低下も懸念されるからである。また，文化の違いや生活習慣の違いから生まれる軋轢など国民生活に与える影響も懸念される。やはりこの問題はセンシティブな要素を含んでいるだけに国民のコンセンサスにも十分に配慮して対応することが重要である。

当社が会員となっている東京建設業協会は未だ統一的見解には至っていないようであるが，人手不足が建設産業全体の生産性に及ぼす負の影響に配慮して，どちらかと言えば好意的に思える。また，各建設企業の受け止めも経営者のポリシーによって二分している。

最近は外国人労働者専門の紹介会社も増えて日常的に紹介の電話が入る。当社においても見解は分かれている。当社の下請企業の中には外国人労働者を複数人雇用している企業もあるが，当社が直接雇用したことは過去にないし，現在及び近い将来，雇用の予定はない。地区の建設企業をみても，外国人労働者を雇用している企業はまだ少数である。先入観が邪魔をしているのかもしれないが，言語の壁，文化や習慣の違いは思った以上に採用障壁になっているように思う。

一方，人材を送り出す各国の対応も千差万別である。労働者の質的向上をめざして，日本語教育，建設技術の習得など政府が先頭に立って“送り出し前教育”に取り組んでいる国もあれば支援体制の弱い国もある。親日的な国ほど事前教育に力を入れている印象を受ける。

3. 設備投資の実施

中小建設企業の持続性に関わる問題の一つに設備投資の実施がある。企業が持続的に成長し続けるためには，設備投資の実施は欠かせない。老朽化した設備や時代のニーズに合わない建設機械その他の資機材，設備や構築物・建物付属設備，工具・器具（安全用具，試験機器等），車両及び運搬具など，旧来どおりに使い続けることは，建築現場の生産性を低下させるだけでなく，品質の低下や労働災害を招く危険性がある。また，事務の効率化の観点からもパソコン，ソフトウエアその他への設備投資は欠かせない。

こうした職場環境の改善に常に注意を払い，快適性への姿勢が見える企業は，そこで働く従業員のモラールを向上させ，結果的には労働生産性の高い企業を作ることにつながると考えている。他方で旧い物を修復しながら使い切ることは大事なことである。技能労働者の中には先代から受け継いだ工具・治具を今尚使う者もいるが，時代の要請がそれを許さない場合がある。生産性を追及すれば高度な機能を有する新しい設備にかなわない。

こうしたジレンマの中で，企業経営者は，設備投資を実施すべきか否か，その時機をいつにするか，企業の業績，余剰資金の有無，銀行等金融機関からの資金調達の可能性とその額，企業の将来性（事業承継，後継者問題）など多くの経営事項を踏まえて最終的に決断を下す。設備投資の時機を見誤ることで競合他社との競争に遅れをとれば，業績の悪化を招くだけでなく，最悪の場合，廃業も選択しなければならない。重い責任を課せられた決断である。

(1) 設備投資の実施状況

東京商工会議所中小企業委員会は平成30年（2018）3月「中小企業の経営課題に関するアンケート調査結果」をまとめている。アンケートは「経営状況・事業の見通しについて」をはじめ8項目からなり，その内の一つが「設備投資について」である。

2017年は53.3％が設備投資を実施し，2018年は58.5％の企業が設備投資の実施を予定しており，新規設備投資，既存設備投資共に増加傾向にある，と報告している。中でも製造業（n=299）の実施率は，69.2％（新規設備投資を実施が45.8%，既存設備投資のみの実施が23.4%）と一番高く，第2位が，サービス業（n=350）の56.3%（30.0%，26.3%）で，第3位が，建設業（n=140）で42.1%（20.0%，22.1%）である。建設業では設備投資をしなかった企業の方が多く57.9%と半数を超えている。ただ，2018年の設備投資の実施予定（n=138）においては，予定している企業が50.0%（20.3%，29.7%），予定していない企業が50.0%と半々になっている。

同様の傾向は，商工中金の2017年9月28日付け調査部「中小企業設備投資動向調査［2017年7月調査］」でも報告されている。2009年度全産業の設備投資実施企業の割合は39.9%が2016年では53.7%まで増加している。この増加の背景には「現在の業況」の改善があり，2017年7月時で「良い」が65.4%で，これは前年同期比で5.1%，2012年7月比で14.7%も改善されている。増産・販売力増強を目的とした設備投資を計画する企業が着実に増加していること，また，人手不足を受け合理化・省力化投資等に踏み切る企業が引き続きみられると分析している。

業況が改善に向かっていると回答した背景には，日本経済の再生に向けて放たれた，いわゆる「アベノミクス第3の矢」が考えられる。平成25年（2013）6月に成長戦略「日本再興戦略」が策定され，平成26年1月20日から平成29年（2017）3月31日までの期間，国内の民間投資を推進する「集中投資促進期間」と位置づけられたことである。これを受けて，「生産性向上設備投資促進税制」[62]が創設された。この制度は，優遇措置が

62　この制度は，法人が産業競争力強化法の施行の日（平成26年1月20日から平成29年3月31日までの期間内に，特定生産性向上設備等の取得をして国内にある当該法人の事業の用に供した場合に，その事業の用に供した日を含む事業年度において特別償却又は税額控除を認めるものである。優遇措置が手厚いこと，業種や企業規模による制限がなく青色申告をする法人や個人事業主であれば利用できること，製造業のみならず，建設業などでも利用できること，対象設備も一定の価額以上であることが要件であるが最新設備を導入する場合（A類型）と利益改善のための設備を導入する場合（B類型）があり，建物・建物附属設備）も対象となるなど，3つの特長を有している。

手厚いこと，業種や企業規模による制限がないこと，対象設備の範囲が広く建物・建物附属設備等も含まれることに特長がある。さらに各種補助金[63]が用意されておりそれと併用できることも利用者にはメリットである。各種補助金は公募期間が短いため，事前の情報収集が重要である。独立行政法人中小企業基盤整備機構が運営している中小企業庁J-Net21（ジェイネット21）は，公的機関の支援情報を中心に，中小企業の経営に関する情報を提供することを目的としたサイトで，「支援情報ヘッドライン」は有益である。

その他，経済産業省の平成29年度補正予算・平成30年度予算案の省エネルギー・新エネルギー導入支援制度の一つの例として，「省エネルギー性能の優れた建設機械の導入に対する補助事業」がある。建設機械から排出されるCO2を抑制するため，環境性能に優れた省エネルギー型建設機械の新車購入に対して一部補助を行うものである。事業目的はこれにより低炭素社会の実現に貢献しようというものである。対象は国土交通省策定の燃費基準値を超える燃費性能を有する建設機械で，かつ，排ガス四次規制（平成23年（2011），平成26年（2014））適合車について導入補助を行うものである。対象機種は，ハイブリッド等の機構を含め，上記の基準を達成している油圧ショベル，ブルドーザー，ホイールローダーの3機種である。

以上，設備投資を実施した企業あるいは設備投資の実施を前提として説明してきたが，中小企業の半数近く，建設業でいえば57.9％の企業は設備投資を実施していない（平成29年（2017）実績）のが現実である。先の商工中金の調査は，設備投資を実施しなかった企業（全産業）の理由についてまとめてある。それによれば，①現状の設備は適正水準，②景気の

63　東京商工会議所の調査結果によれば，設備投資減税の利用が一番多く，以下，ものづくり補助金，小規模事業者持続化補助金，IT導入補助金，革新的事業展開設備投資支援事業，軽減税率対策補助金（レジ補助金），革新的サービスの事業化支援事業助成金，その他の順になっている。

先行きが不透明，③業界の需要減退，④借入負担が大きい，⑤企業収益の悪化，⑥資金調達が困難，⑦現状で設備が余剰，⑧必要な人材が確保できない，の順である。

また，商工中金が平成26年（2014）に実施した「中小企業の保有設備状況と投資判断に関する調査」（4,554社）において，現存設備の老朽化・陳腐化について自己評価を尋ねたところ，「一部で老朽化・陳腐化が進み，事業推進上にやや問題がある」「老朽化・陳腐化が相当程度進み，事業推進上かなり問題がある」の合計が27.9％を占めた。業種別で見ると，特に素材産業での設備の老朽化・陳腐化が深刻であることがわかった。

現存設備の過不足感については，「不足」が15.8％，「過不足なし」が76.6％，「過剰」が7.6％と，「不足」が「過剰」を上回った。現存設備の老朽化・陳腐化への対応は，「補修で対応する」が70.1％に上り，「今後更新投資を行う」は39.9％にとどまった。このほか，「リースを活用する」19.5％，「外注を活用する」7.3％である。業況の良い企業ほど「今後更新投資を行う」の割合が高く，悪い企業ほど「補修で対応する」の割合が高かった。

設備投資の障害としては主に財務的要因が挙げられた。「事業見通しが立たなくなった」50.3％が最多で，以下，「既存の金融負債が多すぎる」35.0％，「キャッシュフローの余裕がない」34.3％，「利益率が低い」32.7％と続いている。

(2) 設備投資の内容

東京商工会議所中小企業委員会の先のアンケート調査結果によれば，平成30年（2018）実施予定の設備投資（国内）の内容は以下の順になっている。「パソコン・レジスター」（307件，以下複数回答を含む），「車両及び運搬具」（247），「ソフトウェア」（244），「機械設備」（225），「工具・器具」（187），「建築物・建物附属設備」（184），「建物・工場」（128），「備品」（101），「その他」（34）である。

設備投資の内容は，企業ごとに異なる。長期設備投資計画に基づいて着々と実施する企業もあれば，その時の台所事情で急遽実施する企業もあるだろう。また，大規模な設備投資を実施する企業もあれば，修復程度に終わらせ急場を凌ぐ企業もあろう。耐用年数に合わせて極限まで使い続ける企業もあれば，より高い品質と性能を求めて耐用年数を余して新規設備に切り替える企業もあろう。老朽化した設備を使い続けることは品質保証や安全面でも問題があるために設備投資の必要性を実感しながらも資金調達がかなわず，それを機に廃業を決断する場合もあろう。このように，設備投資の時機は企業ごとに異なり，どの程度の投資をいつ実施するかは，半ば経営者の主観的な判断に委ねられていると言って過言ではない。とりわけ中小・小規模企業においてはなおさらである。

当社の例を見てみよう。当社は埼玉県新座市に建設資機材を保管する機材センターを有する。約4,000坪の広い敷地には当社が施工する中高層建築物の用に供する建設資機材が保管されている。専門のスタッフが建設現場からの要請に随時対応できるよう待機していて，資機材はいつでも使用可能な状態に維持管理されている。保管する建設資機材の種類も現場の要請に対応できる程度に多種多数揃えている。足場材（建枠，鋼製足場板など），単管パイプ，鉄板（養生鉄板など），シートゲート，工事用機械（クレーン，パワーリーチ，ロングエレベーターなど），金物（クランプ，パイプジョイントなど），脚立，備品（トランシット，レベルなど），シート等である。

これらの多くは，計画的に設備投資が実施（購入，修理，廃棄）されているというよりは，むしろ，定期棚卸しの段階で不足があれば新規に補充し，安全面や作業能率の面で使用が危ぶまれるような場合に廃棄するという判断でされてきた。この判断は，必ずしも不適切とは言い切れず，むしろ柔軟に対応してきた結果，業務は円滑に行われてきた。

しかし，こうした管理態勢について，近年，自社で建設資機材を保有することの功罪が問われるようになってきた。ことの発端は，一部建設機械

（クレーン等）に老朽化が進み，建築作業所の現場代理人の中には，自社で保有する機械を使用せずにリースで調達している例が見られるようになったことである。長期間使用されずに敷地内に山積みされたままの資機材もある。これらは廃棄処分すれば構内もさらに整理整頓ができて快適な作業環境になるのだが，建設資機材を置くスペースに困らないので，そのままの状態になっていた。

平成29年（2017）から本年にかけて，この現状に大鉈が振り下ろされた。遊休資機材の処分と広い敷地の一部（遊休地）賃貸という土地の有効活用である。若き後継者社長の決断と，それをシミュレーションした若い社員の功績が大きい。経営マネジメントを得意とする社員と公認会計士の資格を有する財務・会計・経理スタッフがそれであり，経営者の判断を客観的にシミュレーションできる強みの成果である。

手元に長期設備投資計画（案）がある。平成30年（2018）から平成40年（2028）までの大胆な素案である。今後3年間の内容を見ると，本年は建設機械ではフォークリフトとロングスパンELVの新規購入，本社ビルのエアコンの新設，PC入替，複合機入替。2019年にはPRA導入。2020年には賃金管理システム，決済管理システム，見積管理システムの導入（見直しを含む）などがレンジに入っている。いずれも資機材の老朽化あるいは事務の効率化のための施策である。ここでも若手社員の活躍が期待されている。

自社で建設資機材を保有するべきかそれともリースにすべきかについては数年来の懸案事項であった。前述の商工中金の調査結果でも，「リースを活用する」が19.5%と5社に1社が現存設備の老朽化・陳腐化への対応策として考えている，と回答している。当社においては，広い建設資機材のストックヤードに恵まれたことが，その後の環境変化にもかかわらず自社で保有することに拘泥した経緯があるが，原価管理部門からは早い段階から保有し続けることを疑問視する意見が出ていた。第1に，資機材の保全要員の不足である。ベテランの退職に伴う技術・技能の低下である。多能工化の時代を通ってきた人材と比較すると仮に保全部門の人数は維持されていても部門全体のスキルの低下は否めない。第2に，老朽化した設備のトラブルの増加，老朽化した設備に対する交換資材の確保の問題がある。これにより計画外作業の増加や適用法規の増加に伴って，常に忙しい状況におかれ，トラブルの原因究明や改善活動に手が回らない現状である。第3に，設備の老朽化に伴う維持管理費の増加，原価管理等マネジメントする側と保全現場の間にある維持管理費に対する認識のギャップである。

今日の建設業界の傾向をみても，企業の再編や合理化が急速に進んでいる中，自社が抱えていた軽仮設材をリースに切り替える企業が年々増えており，今日のリース依存度は90％を超える状況である。その背景には2020年開催の東京オリンピックに伴う競技関連施設や新規・補修を含む交通インフラの整備，大都市圏の建設需要の高さがある。また，鋼製型枠，枠組足場をはじめ幾多の軽仮設材が，施工形態の変化や施工品質の確保等を背景にして多種多様化してきたこともリース依存度が増大しつつある要因である（軽仮設リース業協会HPより）。

以上の趨勢から勘案すれば，当社においてもリースへの切り替えの時機に来ているとも言えそうであるが，先の長期設備投資計画（案）では，5年以内にクレーン購入も計画されている。つまり，広いストックヤードに恵まれていることもあり，採算面で折り合えるのであれば，保有とリースを適宜選択する並存型に落ち着きそうである。

保有とリースに住み分けについて，興味深い事柄に社有車の取り扱いがある。当社と関連会社の名義の社有車は合わせて数十台にのぼるがすべて保有である。自動車リース会社からは再三にわたってリースへの切り替えを提案してくる。当社の財務部門も原則リースを推奨するが，創業者には“保有する”ことにこだわりがある。創業者（昭和30年創業）にとっては，「社有車を持つことは，（当時は）会社の力を示すシンボルであったし，ましてや高級乗用車は自身のステータスの証であり内心を最大限にくすぐるもの」なのである。その名残が今も心底にあり，そこには採算性による選択の余地はない。

第3章 わが社の経営戦略—わが社の歩みと展望

第3章では，わが社（以下「当社」という）の経営戦略として，当社が一中小建設企業として地域に根差し成長してきた過程を，創業期，成長前期，成長後期および成熟期の4期に分けて紹介する。最後に，いわゆる経営事項審査の結果通知書から見た当社の現状（主に収益傾向と財政状態）と将来展望について述べる。

本章は，当社の歩んできた歴史でもあるが，単なる年表の羅列に終わることなく，その時々に抱えた問題や課題にどのように取り組んできたか，創業経営者（現会長）の側に仕えた体験から，経営者がとった方針・施策やその意思決定プロセスあるいは言い聞かされてきた事柄（回顧語録やエピソードなど）をプライバシーの保護に配慮しながら紹介したいと思う。古い資料が散逸しており客観的データに乏しいが，建設企業経営に心血を注いだ創業者の熱い心情・思いを伝えることができれば幸いである。

第1節　創業期—1960年代—仕事への情熱と人脈づくり

第1節では，創業期の1960年代，裸一貫で建設業界に飛び込んだ苦難の時代を紹介する。頼れるものといえば創業者（以下単に「会長」ともいう）の人望・人柄と仕事へのひたむきな情熱だけである。この限られた乏しい経営資源の中，人脈づくりに奔走し，金融機関を揺り動かし，やがて顧客・建築主と信頼のネットワークを構築する様子を会長の語りや回顧録から紹介する。

1. 建設業への道

(1) 大工職見習いから夜学へ

「私が建設業界に身を置いたのは第二次世界大戦，終戦後のことでした。志願兵だった私は除隊後，故郷の茨城に帰ったものの，多くの除隊兵と同じように何もすることがありませんでした。当時やれることはといえば，農作業に就くぐらいでした」（記念誌140頁）[64]。

日本では，昭和19年，敗戦が濃厚となる頃から14歳から17歳までの生徒を少年兵として育成し始めた。血気盛んな少年たちは競って少年兵を志願した。若干14歳の内野会長もその一人である。今日ならば中学2年生か3年生のまだ幼さが残っている年代である。その数は40万人とも聞く。「故国を守ろうという一心から少年兵に志願し霞ケ浦で訓練を受けました」と話されていた。

平成28年（2016）の春頃から会長は車で数分の所にある区立公園を健康維持のために散歩することが日課になった。私も7月から散歩に同行することになった。きっかけは私の血糖値とHbA1cの数値が悪化して糖尿病内科を初めて受診したことである。「原田君，運動療法が大事だ，一緒に今日から散歩に行こう」という。仕事に支障がでますからと固辞すると，「1時間空けたくらいで支障が出るようなら，今まで何を管理していたんだ。これ（散歩）も仕事の内だ」と，正に御意である。一人で散歩す

64　平成25年（2013）5月，一般社団法人東京建設業協会が，一般社団法人移行記念設立65周年を記念して『建設業のために六十五年これからも-先達に訊く』（以下「記念誌」という）を発刊した。中小建設企業経営者11名がインタビューを受けた。その際に，当社の会長が話された内容が掲載されている（139～158頁）。

るよりも二人の方が励みになる。散歩仲間ができたのだ。結果は，「歩く執務室」となり，会社の懸案事項も相談でき，社内で行うよりも効果的であった。以下はその時の一コマである。

〈平成28年8月6日（土）薄れゆく記憶の中で〉

出社するなり，「今日は8月6日だな，ついテレビを見てしまった。71年前だな」「NHKですか」「そう，8時から放送していた」。これは昭和20年8月6日朝，広島に原爆が投下されてから71年目の夏を迎えたという意味である。原爆投下による死者の数は，どの時点で区切るかによって変わってくるが，被爆後5年間に広島で20万人，長崎で14万人，現在までの総計は広島40万人，長崎20万人とも言われている。

今年は，オバマ米大統領が5月に広島を訪れ原爆資料館を見学されたこともあり，国際的にも核兵器廃絶に向けた運動が高まる気運にある。

猛暑日の予報の中，「暑くならないうちに行こうか」と御意があり，9時半過ぎに公園へ向かった。その車中で，「そう言えば，さきほどのテレビのことですが，8月6日の日は，会長はどちらにいらっしゃいましたか」と尋ねると，しばらく記憶を辿るようにして「えーと，鎮守府[65]‥‥。そこで終戦を迎えたからね」「海軍だったんですか」「そう」。

散歩に同行する利点の一つは，こうした何気ない会話の中から，会長自身の履歴が語られることである。終戦を迎えた地が，横須賀市にあった横須賀鎮守府であったことも初めて聞く話である。まさにこの日の収穫である。

「昭和20年と言えば会長はまだ若干14歳ですよ。今なら中学2年生です

65　創設は明治4年（1871）に遡る，帝国海軍最初の鎮守府である。総括する組織は多岐に渡るが，戦艦や空母，潜水艦などの建造を担当している。管轄は，青森から紀伊半島南端にかけた太平洋側，及び千島列島・樺太を含む北海道と小笠原諸島周辺の海域である。昭和20年11月30日に廃止。横須賀は今でも海上自衛隊横須賀地方総監部とアメリカ海軍第7艦隊の（事実上の）母港として機能している。

がその年齢で国を守ろうとして志願しているんですからね，今なら到底考えられないことです」「当時はそれが当たり前だったからね」。

会長の回想記（東京建設業協会『建設業のために六十五年これからも―先達に訊く』）の中で，「志願兵だった私は除隊後，故郷の茨城に帰ったものの，多くの除隊者と同じように何もすることがありませんでした」（140頁）とある。ここに「除隊」とは，横須賀鎮守府からの除隊であることが裏付けられたのである。そして，終戦直後の若干14歳の少年に“明日を描く”ことなどできるはずもなく，とりあえず農作業を手伝いながらも，建設業に足を踏み入れるまでの間，心の空白が続いたのである。

ひょんなことから，広島の原爆の話になり，その犠牲者の多さに「そんなに多くの人が亡くなったのか」と改めて驚愕する。阿鼻叫喚の中で多くの命が絶えた71年前の，今日の日は，被爆国，日本人として決して忘れてはならない一日である。

午後は，昨日配付された役員会資料に目を通し，休息した後，いつもの床屋さんへ散髪に出かけ，そのまま帰途につかれた。

敗戦は，少年たちに悔しさと虚しさを，生きる意味さえ失わせたであろう。幸い会長には大工をしている親戚がいて，「手に職をつけるのが一番」と説得され，大工の道を選んだのである。

大工職の見習いはその後約4年間続き，昭和25年（1950）4月工学院大学専修科（建築）へ進学する。この選択も人生の大きな賭けである。若い会長の情熱を形にするべくその意志を支えてくれた人たちがいた。

大工職の見習い期間中に，たまたま3名の設計監理技術者（年長）と釣りを通して懇意になり，休日は，よく近くの川で釣りをし，酒を酌み交わすようになった。つき合い始めて1年程して2名の方は，それぞれ東京都住宅供給公社の前身となる団体に理事長と理事として就くことになる。しかし，つき合いはその後も続き，事務所のある中野駅の近くで頻繁にお会いしたようである。お二人は面倒みがよく，内野会長の将来を心配されていたようで，あるとき，「どうせこの業界で働くなら建築士の資格を取った方がいい，夜学に通ったらどうか」と建築知識の習得のための進学を勧めたという。そして，会長の意志が固いことを確かめると，「真剣に勉強するなら大工仕事とは両立が無理だから会社勤めをしながら勉強しなさい」と言って，受け入れてくれそうな会社を3社ほど紹介してくれたのだという。紹介された会社の面接に伺うと既に，お二人から事前にお話を聞かされていたようで，いずれも入社を快諾されたという。今日では請託などと勘ぐるかもしれないが，当時の状況を察すれば許される事柄であろう。そのなかから「私は，厳しく仕事を教えてくれる会社がいいと考えて，一社[66]を選択し，4年の大工修業を終え，会社員となって工学院大学へ通うことができました」。

(2) 独立への誘い

北海道建設株式会社には昭和25年4月からお世話になり，仕事をしながら3年間夜間へ通い，昭和28年3月に修了した。そして退職する昭和29年12月まで仕事に専念することになる。北海道建設の社長は，会長の仕事ぶりを総合的に判断して強く独立を勧めてくれたようだ。そのことが記念誌142頁に載っているので，以下，引用する。

「3年後，大学を修了し，会社の仕事に専念することになってからは，忙しい毎日でした。自分で厳しい会社を選んだのですから当然ですが，時間厳守が徹底され，いろいろな現場で訓練させられ，技術者として現場で鍛えられました。私としても一生懸命，仕事を覚えようとしました。

その会社の社長は，従業員をよく見ていました。突然，朝の現場に来ることもありました。現場の人間はまだ寝ている早朝に。しかし，いつ来られても私は一度も寝ていたことがありませんでした。社長から「夜は何時

66　会社経歴書の「代表者の経歴」で，昭和25年3月大工見習修了，昭和25年4月北海道建設株式会社入社とある。その後，昭和29年12月，独立を契機に同社を退職している。この会社が今も存続しているか否かは定かではない。

ごろに寝て朝何時に起きるんだ」と聞かれました。私は「夜11時ごろですね。図面を引いたり，いろいろ仕事がありますから，朝は4時半起きです」と答えました。すると「寝る時間がないじゃないか」と，そのあとは雑談になり，笑い話をして帰っていくのです。

私が勤めてから5年目のころでした。ちょうど昼飯どきになるときまって社長から電話があり，本社に呼び出されるようになりました。「飯は逃げないから来い」というのです。ところが，社長は二言か三言しか言わず，なんの用もなかったかのように私は現場に戻されるのです。そんな不思議な呼び出しが何回か続きました。

そして，あるときついに私は「社長，昼飯どきにいったいなんですか」とだいぶ強い口調で言いました。すると社長は「じゃあ，そろそろ言おう。内野君は勤め人には向かない」と話を切り出し，「独立するのなら若いときのほうがいいよ」と言うのです」。「独立する気があるのなら，うちの会社の名刺を持ったままでいいから，うちの下請けをしなさい。それで2年間だけは食える分を保障してあげよう。すぐに返事をしなくてもいいから，少し考えてみなさい」と。頑固者で気性の激しい社長でしたが親身になって独立を勧めてくれたのです。昭和30年，30歳のとき，この会社の下請けを起点に独立したのです。」

2. 会社設立

(1) 苦難の船出

木工事の下請負業を手がかりに創業したものの，最初の2年間は北海道建設からの受注だけという散々な有様だった。事務所を構え従業員2名を抱えての船出，それは食うだけで精一杯の厳しいものだった。仕事が底をつく頃になると見計らったように社長が仕事を発注してくれるのだが，働けど働けど手元に金が残らない赤字状態が続いた。

あっという間に約束の2年が過ぎ，自ら営業も始め，ようやく自立できるようになったのは3年が経った頃である。その間，新しい取引会社の下請け先も見つかり，やがて元請けの仕事も依頼されるようになった。新しい仕事を頼まれるパターンとして多かったのは既存施工業者に不満を持つ会社の社長さんからの相談であった。「使っている業者が細かいところまでやってくれない。小さい仕事だけどやってくれないか」というのである。この時期に細かい仕事を丁寧に一生懸命やったことが後の大きな仕事に結びつくのであるが，「大きな仕事をもらうには評判になるだけの努力が必要だ。早い話，まともに夜に寝るような生活をしていてはダメだと自らを追い込んだ」のである。

こんなエピソードがある。ある年の3月に上場を目指していた伸び盛りの製造会社が工場と女子寮を建設していた。ところが工事を請け負っていた建設会社が突然倒産し，このままでは生産計画を縮小し上場計画にも狂いが生じかねないという事態に陥った。入寮日も既に告知しており，まもなく上京してくる子供たちのためにも何が何でも納期内に工場と寮を完成させなければならない。窮地に立たされた時に，内野会長に白羽の矢が当たった。誰の口添えがあったのか，またどんな評価がそうさせたのか今も定かでないという。

建設現場には工程を心配する会社の上層部が頻繁に見に来た。完成までの最後の1週間はほとんど寝ずに仕事しなければならないハードなものであった。努力の甲斐あってなんとか両施設とも完成させることができ竣工式を迎えることになったのであるが，竣工式というめでたい式典中に疲労で倒れたのである。それまでろくに寝ていなかったことと責任を果たしたことの安堵感が急に気持ちが緩ませたのであろう。すぐに会社の人が病院へ運んでくれたので助かったという。この仕事ぶりが評価され，この会社からの信頼は絶大なものになった。この会社の社長さんは旧満州鉄道で働いた方で，その仲間のリーダー格がこの1件を聞きつけ，「自分の会社でも工場を建設する計画があるからぜひ内野さんに施工を発注したい」というところまで発展したのである。

「誠心誠意事に当たれば自ら道は開ける」を実地で証明したといえよう。会長の人柄と合わさって，次第に取引関係が広がり建築で生きていける自信がついたのである。

(2) 内野工務店の誕生

昭和35年（1960）8月，練馬区練馬1-18-9に有限会社内野工務店を設立する。資本金150万円。個人事業主から念願の会社組織の誕生である（今も，その社屋は残っており社宅として利用されている）。そして3年後の昭和38年には早々と株式会社に組織変更（資本金600万円）している。当時都内は，翌年に東京オリンピックを控え競技場施設や交通網，ホテル等の社会資本の整備に多額の建設投資が行われていて，組織拡大の好機ととらえての株式会社への組織変更である。業態も「建築一般」に改め，業容の拡大を図る強気と攻めの経営戦略へのシフトである。この時社員の数は12名まで増えていた。

いくら才覚に恵まれていたからといって，経営全般に最初から精通することは困難である。会長の優れた点は，自分の能力で補えない分野には，それなりの経験者を外部から雇い入れその教えを請うたことである。建設技術には合資会社清水組（現在のスーパーゼネコン清水建設株式会社の前身である）から定年退職したK・S氏を専務取締役として，経理には帝国石油株式会社（現在の国際石油開発帝石）からK・T氏を常務取締役として，二人を同時に雇用している。モノとカネに関わる重要部分をこれら二人の叡知を借りて盤石にしたのである。

高度経済成長期を迎えようとするこの頃の練馬区の光景を以下のように述懐している。

「練馬というところは今でこそ住宅街として認知されていますが，かつては大根畑の広がる農家ばかりでした。昭和22年に板橋区から分離して区政が敷かれたのですが，高度経済成長期まではのどかなもので，西武鉄道の電車に乗って座席シートを叩くと畑の土が舞ったものです」。そして，農家の人たちの意識の変化を以下のように述べている。

「東京にどんどん人が集まり，企業は農家から畑を買って社員寮を建て，農家も自ら畑を宅地造成して集合住宅を建てていきました。農業収入から安定した家賃収入に切り替えようという農家の人たちが増えていきました。「あそこが住宅を造ったからうちでもやろう」というような，地域全体にそんな空気があったのです」。

住宅の量的な供給が求められた時代で，この傾向はしばらく続いて，昭和52年（1977）には旧住宅金融公庫の財形住宅融資制度もでき，練馬の畑がどんどん共同住宅に変貌し，人口も増えていった。会長はこのような環境変化の中で，農家の人たちのニーズを的確にとらえたのである。「このような地域において，我が社は，私個人が以前から東京都下の住宅供給を担う組織や人に人脈があったこと，また，この頃には住宅建設の現場管理はもちろん施工のノウハウも蓄積されていたので的確に市場の要求に応えることができました」。会社経営と施工管理に自信を得て将来展望ができるまでに成長したのである。

実際，その後の会社の成長過程をみても，練馬区内の集合住宅の多くは当社の施工によるものであった。「お客様が新たなお客様を紹介してくださるという好循環がありましたから，営業で苦労した覚えはあまりありませんでした」。

私たちは，当社が最初から練馬区に焦点を合わせて事業を展開したと思っているが，実はそうではなかったこともわかった。「練馬を拠点に都内全域を対象に，民間住宅，会社，公共施設の営繕を主力にやってきましたが，それは結果であって，意図的なものではありません。ただ，夢中になんでもやるという意識で働いていました」。「特命の仕事が増えるにつれて気をつけたことは「高い」と言われないよう無理に利益を追求しない受注に心がけたことです」。この姿勢が後の信頼と成長発展につながったのである。

昭和43年（1968）には，本社を練馬区栄町14-16に移転している。7階建てのビルで西武池袋線の江古田駅と桜台駅のほぼ中間に位置し，道路を挟んで武蔵大学のキャンパスがある立地条件の良い所である。最初の事務所（「机すらない状態で，自ら朝早くから深夜まで現場を奔走し，2人の社員とともに苦労の日々を重ねた」）とは雲泥の差があり，破竹の勢いで拡大していったことがわかる。私が入社した昭和52年には，この社屋もすでに手狭になり現本社（練馬区豊玉北5-24-15）の建設が進められていたのであるから。

ここで会長の若かりし頃の風貌を少しだけ紹介しよう。若干プライバシーに触れるかもしれないが，50年も前のことであるから昔ばなしだと思って耳を傾けてくれればいい。

私の行きつけの店に割烹「甲州」がある。西武池袋線練馬駅北口から徒歩5分，魚料理と甲州ワインが楽しめる店である。女将さんは傘寿に近い（自身が年齢を明かすのであるから許されるであろう）が，いつも元気で活きがよい。店の名は自身が甲州の出身であることに由来する。元は魚屋だったこともあり毎日築地から旬で新鮮な海鮮ものを仕入れ，安価に提供してくれる。料理人が丹精込めて作ってくれる料理はいずれも美味である。おすすめは刺身や煮魚であるが，他に岩牡蠣や穴子，野菜の天麩羅，ゴボウサラダなどは私の好物だ。おそらく，他店に比べて3割は安いと思う。すっかり酔いが回った後に，一升瓶入り甲州ワイン（100％山梨県産ぶどうを使った）をサービスしてくれるので（最初からワインを出してくれればその分他の酒を注文しなくて済んだものをと無駄口を叩きながら）つい飲み干す。これが翌朝まで残るから曲者である。

今から20年以上前には，当社の忘年会を2階の大広間でよく開いたものである。しかし，練馬駅界隈にも新しい店ができたこと，座敷での宴会を嫌う社員も増えたこと，駅の中心，千川通りから離れていることもあり次第に利用しなくなった。まことに客の心は移ろい易いものである。もちろん，店の雰囲気と料理に魅かれて引き続き利用する者もあれば，「隠れ家」として利用する者もいる。

この，女将さんが，ある時当社の会長の若かりし時の様子を語って聞かせてくれた。

「うちも今年で店を開いてから58年になるのよ。社長さんもまだ30代だと思うけど，休みの日などは，自宅からこの通り（大門通り）を和服姿に下駄履きで，犬を連れてよく散歩していたものよ。それは，がっちりとして背も高いから着流しが良く似合い，恰好よかったわよ。まるで西郷さんを彷彿させるようだったわ」。

西郷さんと言えば，今年のNHKの大河ドラマ『西郷どん』で人気を博しているが，明治維新において官軍の参謀を務めた西郷隆盛その人であり，江戸城を無血開城に導き，江戸を戦火からまぬがれさせ江戸100万人の財産，人命を救った人物である。その後西南の役で悲劇の人生を終えたが，その功績は高く評価されている。上野公園にはその縁由を後世に伝えるべく，銅像が建立されている。

その像は，着物姿で右手に猟犬を携え，左手に短刀の鞘を押さえたものである。かつて東北や北海道から集団就職のために上京した人達は，終着駅ということもあり，上野駅に降りると上野公園に足を運びこの銅像の前で自身の出世を誓ったものである。

その勇姿は己の意志の固さの表現でもあり，憧れの象徴であったのかもしれない。和服姿に下駄履きで犬を連れて散歩を好んだのもその固い意志の表れだったと推察する。

第2節　成長前期―1970年代
―人材の確保と事業拡大戦略

第2節では，成長前期となる1970年代，人材の確保と事業の拡大に邁進した様子を紹介する。会社が大きくなるにつれて受注する量も増えていったが，それに対応するだけの建設技術者・施工管理者がいない。その上，現場で働く技能労働者・労務者を安定的に確保できずに人集めには苦労されたようである。また，成長しているとはいえ，知名度はないに等しく，大学の工学部建築学科の学生を引きつけるだけの魅力はなかった。

一方この時期は，事業拡大に舵をとった時期である。それは優良な中小建設企業あるいは中堅建設企業の仲間入りができるか，それとも地域の中小工務店として埋没するかの賭けであった。

1. 建設技術・技能者の確保

(1) 元請―下請関係の樹立

北海道建設株式会社の下請から始まった建設業経営であったが，会長には下請企業に甘んじることなく，いつか元請企業となって，より大きな仕事，より多くの仕事をしたいという大望があったようである。しかし，日々，建設労務者を集めるにも事欠く中で，その大望は簡単には実現できるものではなかった[67]。

仕事を請負っても施工管理する技術者がいなければ建物は出来上がらない。また施工管理をする技術者だけでも実際に労務を提供してくれる労働者がいなければ同じく建物は出来上がらない。とりわけ建設労働者を集める仕事は行政の監視の目もあり厳しいものだったと聞く。この労働者の手配を一気に引き受けたのが今は亡き会長の実兄であった。「兄貴は，お前は会社経営に向いているからお前が社長をやれ，俺は経営に向いていない

67 昭和40年代の半ばまでは，元請と下請のいずれの仕事もしていたようである。元請（総括請負）として第一部，下請負を第二部と位置づけ，第一部は東京，神奈川，千葉，埼玉，福島とその範囲も広く，第二部は主に飛島建設，辻建設工業の仕事を請負ったようである。昭和50年代には完全に元請企業へと脱皮している。

から労務者集めをする」と言って，日雇労働者を集める仕事に専念したという。今でこそ死語になったが手配師として，その日に必要な人数を確保して現場へ供給したのである。弟に危険な橋を渡らせないよう心を配った兄の弟への思いやりである。かつて，早朝の公園にはその日の食い扶持を求めて集まってくる労働者が多数たむろしていたものである。近年その光景は消えた。労働者派遣法や職業安定法による業法規制が一般化し，厳しく規制されたからであろう。この実兄の危険と背中あわせの働きがあってこその今日の姿である。

一方で，こうした労働力の確保は不安定であり，ほとんどが不熟練労働者であることから日雇労働者頼りの仕事では，よい仕事ができない弱みがあった。「経営の真髄は人件費をいかに抑えるか」であるから，日雇労働者を使い続けることはコスト面の効果は大きいもののよい品質の仕事を成し遂げようと思えば，自身が信用できる職人さんがいて，恒常的につながりをもてることが望ましいと考えていた。

元請の仕事をするうちに，早くて丁寧な仕事をしてくれる有能な専門工事業者の人たちと気心が知れるようになった。仕事への取り組み姿勢に共感できる業者・仲間が徐々に増えていった。それに，下請への支払いを優先する経営姿勢が好感をもたれ，約束の日に約束の金額が支払われることが口コミで業界内に伝わっていくと，会長を信頼する人たちが次第に集まるようになった。「資金繰りしながら，下請代金の支払いには遅滞が生じないよう最大限努力した」。こうして元請への信頼が増すにつれて専門工事業者も次第に固定化していった。元請―下請関係樹立の萌芽である。

昭和43年（1968），株式会社内野工務店安全協力会が発足した。遅れて会則が成文化されたのは昭和44年1月1日である。新年度が始まる4月1日まで待てなかった会長の高揚した思いが伝わってくる。そして現在に至るまでその活動は連綿と受け継がれている。

安全協力会は約100社（発足当初の会員数は定かでない）の専門工事業者と設備工事業者から成る。建設産業はアッセンブリ産業といわれるように，鉄筋，とび，土工などあらゆる業種がバランスよく加入している。まさに共存共栄を旨とする構成である。会の目的は「協力業者の安全管理の強化」「災害防止」「業者間の親睦」「明朗な協調」「工事の円滑なる推進」である（会則第1条）。現会則は平成19年を最後に改訂されていないが，会は安定的に運営され現在に至っている。

(2) 建築系新卒学生の獲得

まったく無名の会社に，縁故かなにか特別の伝手があれば別であるが，好き好んで就職する学生はいない。会長にとっては，将来を担える建築系学生の獲得は悲願であった。今日のように採用媒体も多様で豊富でなく，頼れるのは自らが工業高校の建築科あるいは都内にある大学工学部建築科の先生方に面会を申し入れ，学生を紹介してくれるよう懇願することであった。業歴も浅い一中小建設企業の魅力をPRすることは難しく，ただ，会長自身の将来への思い・夢を熱心に語り理解してもらうことしかできなかったという。

（平成30年の建設産業の採用動向を新聞各紙でみても大学工学部建築系の新規学卒者の就職先は大手ゼネコンはじめ準大手ゼネコン，中堅ゼネコンに集中していることがわかる。優良な中小建設企業であって「鶏口となるも牛後となるなかれ」と，学生にいくら説いて聞かせたところで，「寄らば大樹の陰」を選択することが将来の安定を願う常識的判断と言えよう。まして，昭和40年代の採用事情はさらにこの傾向が強かったから，固定の価値観に囚われない学生を見出すのは至難の業であった）。

しかし，どの工業高校も大学も学生の紹介には二の足を踏んだようだ。特に工業高校の先生方は高校卒とはいえ，まだ子供である教え子を，海のものとも山のものとも知れない中小建設企業に紹介することを渋ったようである。それでも，諦めずに粘り強く訪問するうちに，何校かの高校の先生と意志が通じるようになり，ようやく道が開けたのである。

宮城県のF工業高校，山梨県のK工業高校，長崎県のS工業高校がそれである。近在から遠方に至るまで駆けずり回ったのである。同業他社に仕事熱心な高卒技術者が働いていると聞けば，その会社の社長さんに紹介してもらい，出身校を訪問したと聞く。当時入社した社員の中には今も現役で働いている社員もいるが全員還暦を超えた人たちである。

昭和50年代以降は採用対象を大学工学部建築科あるいは専門学校に絞られたこともあり，今，工業高校から採用はないが，当社の初期の成長発展に貢献した技術者たちである。

当社に新規学卒者として初めて入社した人は，後に当社がTQCを導入した際に推進事務局にあって社員並びに協力企業の皆さんから「ティーチャー」の愛称で親しまれ，デミング賞実施賞中小企業賞に導いたT・Kさんである。昭和42年（1967）4月1日入社，大学工学部建築学科卒業の生え抜き社員第1号である。不幸にも平成8年夏に53歳の若さで急逝されたのであるが，そのTさんが当社に応募したときの様子を昭和62年夏の「社報UCHINO No36」に投稿している。

「私が入社した昭和42年頃の内野工務店は，社員数が30名位で，場所は（練馬区）中村にあった。木造の2階建て今の現場事務所より小さい位である。面接で会社訪問の時に私は2時間ほど探し回り，薄汚れた「株式会社内野工務店」の看板を見た時は，そのまま帰ろうかと思った位であった。しかし，意を決して引戸を開けて中に入り，社長に会いたい旨を伝えると女性事務員（後に新潟出身で同郷と知る）がとても感じ良く応対してくれた。「別館に居るはずです」というので，別館の建物に期待（どんなに大きいかと）して行ってみると木造の応接室を改造したもので，また迷った。来意を伝えると現在のS常務とY営業部長が経理担当でおり，「社長が出かけてしまったので2時間ほど待って欲しい」と言われた（S常務とY部長もともに新潟出身である）。S常務の新潟訛りにほっとして入社を決意した。結局，社長には4時間待たされ（当時から時間観念が薄かった?），面接を受けることができた。学生服姿の私に好印象を持ったようで，即決。条件は給料27,000円。ペーパーテストなしということであった」。

このように偶然の出来事が重なってようやく新規学卒者の採用が実現したのである。会長の喜びはひとしおであったであろう。

その後，新規学卒者の入社は徐々に増えていく。会社の近くにお住まいで大学を定年退官した設計事務所の先生が当社の設計部に入ったことで，大学の建築系研究室の先生を紹介していただくなど，採用ルートも多種多様になっていった。

ここで，創業後，しばらくして経営にも多少ゆとりが生まれた頃の若き経営者の日常の奮闘ぶりを知る逸話があるので，その時の会長とのやり取りを備忘録（平成28年5月26日，27日）から紹介する。プライバシーにも若干触れるが許されることと思っている。

• 平成28年5月26日（木）・ヘビー・スモーカー

天気は少しずつ下り坂に向かっている。会長は順天堂に直行した。約1ヵ月ぶりの受診である。受診科は，循環器内科と糖尿病・内分泌内科である。午前中の診察予約であったが，会社に着いたのは正午過ぎであった。

「今日は遅かったですね」「循環器で1時間も待たされた。新患に時間がかかったようだ」

「そう言えば，昔，会長が若かった時分は，ヘビー・スモーカーだったとお聞きしたことがありますが，一日何本ぐらい吸っていたんですか?」

「200本」

「200本?‥‥それじゃ起きている間，一瞬たりとも煙草を手放さなかったということですか?」

「そうだよ」

「何歳ぐらいの時のことですか」

「35歳だったな」

「当時だと,「新生」,「いこい」,「ハイライト」とかですよね」
「いや,アメリカの煙草だよ」
「それで,いつ止めたんですか?」
「50歳になると同時に止めた。その前に声が出なくなって医者に行ったら,「命を落とす」と言われ,50歳の節目に止めたんだ」
「すぐに止められましたか?」
「ああ,すぐに止めたよ。それ以降は一度も飲み(吸い)たいと思ったことがないよ」
35歳とは,昭和40年頃,アメリカの煙草と言えば,「ラッキーストライク」と「キャメル」が当時の二大ブランド。日本製の「いこい」や「新生」を吸う仲間の前で,「洋モク」を吸う優越感はなんともいえなかった時代のはず。いわんや若き経営者にとってはなおさらである。洋モクをくわえ,現場で指揮をとる,あるいは机に向かって書類に目を通す若い姿が目に浮かんで来るようだ。その後,趣向が変わり,葉巻だったと記憶している。
ヘビー・スモーカーの定義はないが,嫌煙傾向の強い現在にあっては20本でもヘビー・スモーカーに入るかもしれないから,200本ということは驚愕の一語に尽きる。当時6時間の睡眠時間以外は煙草を吸っていたと計算して,5分に1本の割で吸っていたことになる。よくぞ,肺が持ち応えてくれたものだと感心する。そして,50歳の禁煙を契機にデミング賞という新たな挑戦目標を心定めたのである。意志の強固さには感服の至りである。

• 平成28年5月27日(金)若気の至り

未明から降り出した雨も会長の出社時刻の頃には少し小降りになった。
昨日は,若い時分はヘビー・スモーカーだったことに触れたが,今朝は味覚が話題になった。配達される弁当が美味しくないという話から‥‥。
「歯ががたがたしているから強く噛めないし,美味しくないんだ。総入れ歯は困るね」

「そう言えば，歯の治療は済んだんですか」

「いや，もう止めたんだ」

昼は，近くの弁当屋さんから10時過ぎに配達される弁当を，温めてお出ししている。「若い時に無茶したからなあ‥‥」

「なにせ，忙しくて忙しくて，朝，歯を磨くことさえもったいないと思ったからなあ」

このことは，独立して間もない頃の仕事ぶりを表す回想にも見られる。「完成までの最後の一週間ぐらい，私はほとんど寝ずに仕事をしていました」（記念誌145頁）。「デミング賞の審査を受けた年は，毎日2～3時間しか寝てなかったように記憶しています」（154頁）。

健康管理を二の次に仕事に没頭したということであるが，歯を痛めた原因の一つに，

「当時，飲み物（当時，清涼飲料水は瓶が主流で，金属の栓がしてあった。）は，栓抜きを使わず，歯（栓の端に奥歯を引っ掛けて）で抜いていたからなあ（それほど歯も丈夫だったのである。若い時にした「無茶した」とはこのことを意味する）」。洋モクを嗜好したように歯で栓を抜くのも，ちょっと粋に感じる振る舞いだったのであろう。

左ハンドルを握り，洋モクを嗜好し，ステーキに舌鼓し，コカ・コーラで喉を潤す。

昭和30年代の後半から40年代の中頃までは，まさにアメリカン・ドリームを地でいくジェームズ・ディーンの姿と重なって見えてくる。ようやく仕事も創業期の困難を乗り越えた時期である。均等に与えられた機会を最大限に活かし，勤勉と努力で勝ち取った「成功」に酔いしれた年頃である。

「若い時は，本当に無茶したもんだ。若気の至りだったなあ」

2. 事業拡大戦略

技術力が向上し社員の数も増え財政的にも落ち着いてきたこの時期は，次の一手をどう打つか，現状維持を通すか，それとも今をチャンスに大きな飛躍を試みるか。創業経営者にとっては一大決心の時であった。取ったのは事業拡大路線であった。

練馬区の地域特性と国の住宅政策に深く考えをめぐらすと，そこには自から解は見えた。

先祖から受け継いだ広範な農地 ⇒ 農業経営のむずかしさ（農業人口の減少：働き手が夫婦二人だけで肉体労働を嫌う家族，後継者がいない，現金収入が少なく働いた割には低い農業収入，意外とかかる農業機械等の設備投資など），将来の相続税への不安 ⇒ 土地を手放さずにある程度の収入が確保できて，朝から晩まで働きづめの生活から解放されて，自分たちの生活，人生を楽しみたい ⇒ 公的資金の活用によるマンション経営の勧め。

終戦から20数年，がむしゃらに働いてきた人生をふと立ち止まって周囲を見ると，人々の生活スタイルが変化して華やいで見える，その遅れを取り戻し将来への希望を叶える手立てはないのか自問する。そんな不安と逡巡する心の闇に目を付けたのが創業者である。

(1) 公的資金を活用した民間中高層共同住宅への特化

昭和40年代に入ると，国民生活にもゆとりが生まれ，とりわけ住環境の向上を求める声が聞こえるようになった。ファミリータイプの集合住宅は新しく所帯を構えるサラリーマン層にとってはあこがれの的であった。

政府は昭和25年（1950），講和・独立後の経済政策の一つとして住宅金融公庫を設立し，資金力の弱い個人に長期・低利の住宅建設資金の融資制度を始めた。当社は昭和50年からこの公的資金を活用した中高層共同住宅建設（賃貸マンション経営）を地元の地主さんを中心に勧める営業戦略を展開した。それまでも，法務省，東京都，練馬区等官公庁発注の物件のほか，日本住宅公団や民間の中高層共同住宅の建設も手掛けていたが，その数は多くなかった。しかし，公的資金を活用した中高層建築物の建設に方向を定めたことにより公庫融資付きの民間中高層建築物の建設が急増した。この選択と集中は正しかった。

昭和50年代は，公庫融資付き中高層共同住宅（賃貸マンション）建設がブームになった。つらい農業労働からの解放と現金収入を得ることは，土地を持つ者に魅力的であった。

賃貸マンション経営を勧める建設企業も，地元のみならず，大手建設企業も参入しその受注競争は凄まじいものがあった。当社の地元である練馬，板橋，杉並，中野の地域も例外ではなかった。大手ゼネコンの中には本社が都心にありながら，より地域の地主さんとの交流を深めるために営業所を構えるところも現れた。しかし，当社は一歩先行して当該事業へ戦略を切った分，優位性を発揮することができた。そして，それまでの実績と成功例が呼び水となって，親戚縁者や知人に賃貸マンション経営の魅力が伝播していく。

農家の方々の多くは，先祖伝来の土地を受け継いでいる。その性向は保守的で何事にも慎重で大きな変革を求めない傾向がある，同業者間のネットワークは厚い信頼で結ばれているため，企業の姿勢が嘘か真かは容易に見透かされる。口コミの威力は絶大であった。よく，「どこへ行っても内野さんの看板が立っているね」と言われたものである。

私も公庫融資物件の融資申込手続きを数年経験しているが，審査が無事終わり融資予約が下りるまでは気が抜けなかった。実際の融資申込みは，住宅金融公庫の本店で行うのであるが，融資予約が下りてからの融資金の送金などの手続きは，公庫取扱代理店である銀行・信用金庫などを通じて行われる。融資予約が下りると勇んで建築主の所へ駆けつけ報告し，建物が竣工して融資金が実行されるときは，一緒に銀行窓口へ出向き，当社の指定口座に工事代金を振込み回収したものである（当社の強みは，中間金を一切もらわず竣工後一括して代金回収することで建築主に中間利息を負担させないようにしたことである)。

しかし，歳月が流れ，住宅金融公庫の独占的市場も，1980年代からは銀行・信用金庫・生命保険会社などが住宅ローンの取扱を開始・拡大したため，次第にその利用者数が減少していった。その後，平成19年（2007）年3月31日に住宅金融公庫は廃止され，同年4月1日から独立行政法人住宅金融支援機構に業務が引き継がれた。近年，当社の扱う物件で当該支援機構を利用することはなくなった[68]。そこに昔日の面影はない。

(2) 関連会社の設立

当社が施工する賃貸マンションが増えるにつれて，オーナーが安心して経営するためのサポートが必要になる。「建物を造って引き渡して終わり」では，施工会社として責任を果たしたことにはならない。安定した収入を確保するためには，幅広い専門的な知識と管理のノウハウが求められる。

昭和51年8月，現在の株式会社内野住宅センターの前身となる株式会社内野サービスを設立し，住宅サービス部門（入居斡旋，アフターメンテナンス等）の強化に乗り出した。

昭和57年には株式会社内野サービスを株式会社内野住宅総合センターに改称。管理戸数も300棟5,000戸を超えるまでになると，より総合的で効率的な管理が求められるようになり，その要請に応えるための名称変更である。

また，建物も年数が経つと（本来あってはならないことであるが）壁にクラックが発生したり，雨漏りが発生することがある。何年経っても快適に住み続けていただくため（経営が成り立つ）には引渡し後も顧客（建築主）との関わりを大切にして，マンションの資産価値をサポートする体制

68　住宅金融公庫では，平成5年（1993）から公庫賃貸住宅祭を実施したが，同年の第1回公庫賃貸住宅祭において当社は「住宅金融公庫賞」を受賞し，翌年平成6年（1994）の第2回公庫賃貸住宅祭では「住宅金融公庫賞/金賞」を受賞している。いかに当社が公庫融資を利用して中高層共同住宅を建設したかがわかる。

が必要となる。そのためには，定期的にオーナーの声を聞き，現状に満足しているかどうかを確かめることが大事である[69]。不具合の早期発見，早期修理のほか長期的な視点に立った保守管理計画の立案，定期的な改修の提案など総合的なアフターメンテナンスを求める声も高まってきた。

これら，入居者の斡旋等住宅全般のサービスと住宅のアフターメンテナンス・小規模工事は，それまで株式会社内野住宅総合センター内で部門を分けて対応していたが，いよいよ多様化する顧客ニーズに迅速かつ正確に対応するには独立会社として当たる方が効率的であるとの結論から，株式会社内野住宅総合センターを解体し，入居者斡旋等住宅全般のサービスを取り扱う株式会社内野住宅センター（平成元年（1989）4月1日新設）と，アフターメンテナンス・小規模工事を取り扱う株式会社内野ホームテック（同年3月28日，会社名称を変更して存続）に二分したのである。

以上により当社は，これら関連会社と三位一体となって，マンション建設から入居者募集管理，アフターメンテナンスまで充実した顧客サービスを実現するための一貫体制ができあがったのである。

(3) 機材センターの建設

昭和53年（1978）3月，埼玉県新座市中野に機材センターを開設した。それまでの保谷資材倉庫（昭和41年12月設置）と松戸資材倉庫（昭和43年8月設置）を廃止して新座機材センターを開設し資機材管理の一本化を図ったものである。その敷地の広さは約14,000㎡（4,000坪超）に及ぶ。

昭和53年当時は，自前で資機材を保有し倉庫を持っていることは，第

69　当社は，早い時期から竣工6ヵ月後と1年半後に営業部員が担当した建築主を訪問して，営業，設計及び作業所の対応，施工品質上の不具合などについて満足度調査を実施して評価している。その調査結果は，竣工6ヵ月後は，引渡しを受けて時日が経っていないこと，建築主の高揚感・満足感もあり全般に評価点は高い。一方，竣工1年半後は，不具合も見えてきて全体にシビアな評価となる傾向がある。しかし，この評価の中にこそ「宝の山」が眠っていると共通認識をもっている。謙虚にその評価を受け止めることこそ重要である。

一に現場の要求に即応した資機材の供給ができることのほかに，金融機関に対する担保価値の証明でもあった。多くの中小建設企業の中から抜きん出るためには，独立した倉庫等を構え，保有する資機材の種類が豊富で，かつ大量に保有していることが重要で，それによって競争優位性を発揮できたのである。近在から安い労賃で保管要員を雇用できたこともあって修理保管も行き届いていた。また，敷地内にはコンクリートの強度を計測する施設も併設されており，専門のスタッフが現場からコンクリートピースをサンプリングして強度測定を行っていた。検査も内部で行うことで品質管理を厳格に行うことができたし，外部の検査機関にサンプル提供して結果が出るまでの時間の短縮とコストの低減を図ることができた。

敷地には多くの資機材が整理整頓され，現場との間で搬出，搬入がひっきりなしに行われていた。それでも敷地が広すぎて使い切れず，敷地内に大きな穴を掘り，それを焼却炉代りにしていたのを思い出す。産業廃棄物などで可燃性の物は，ここに廃棄され焼却された。周囲が畑で囲まれ住宅が少なかったこともあり，近隣から焼却による煙害や臭気のクレームもなかった。しかし，こうした野焼きは燃焼温度が低いため，ダイオキシン類など猛毒の有害物質が発生することがわかり，健康に与える環境問題が一気に高まると同時に行政の指導も重なって，まもなく焼却することが禁止され，大きな穴は埋め戻された。

現在の機材センターは，第2章第2節3.の設備投資でも述べたように，資機材の保有かそれともリース等の利用かなど，その存亡も含めて経営上の懸案事項になっている。

(4) 新社屋の建設

現在，本社会長室には，当社の歴代社屋の写真が額入りで飾られている。狭小な木造2階屋の社屋から現在の鉄骨鉄筋コンクリート造10階建ての堅固な本社ビルまで，計4枚。一体，何人の人がこれほど大きく成長することを想像できたであろうか。

現在の本社ビルは，会社設立20周年の記念事業の一環として建設された。その威風堂々とした姿（関越自動車道を下りて都心へ向かう目白通りに入ると目の前に突然茶褐色の大きなビルが飛び込んでくる）は，地域の一中小建設企業から中堅建設企業へ脱皮を図ろうとするシンボルに相応しく創業者の高揚感が伝わってくる建造物である。

練馬区建築課へ提出した確認通知書の写しを見ると，昭和52年8月31日に建築確認申請の受理印が押され，9月16日に建築確認が下りている。わずか2週間の早い結論である。

昭和35年8月13日が会社設立日（登記簿記載）であるから，設立から10数年後に既に，新本社ビルの建築計画構想があったことになる。会長の頭の中はいかにして社業を拡大すべきか，いつそれを実行に移すべきか常に考えていたのであろう。新本社の置かれたこの場所には，ボウリング場があったと聞く。目白通り沿いのこの立地は，西武池袋線練馬駅（現在は都営地下鉄大江戸線練馬駅との乗り換え駅でもある）から徒歩5分の交通至便な商業地域である。近くには練馬区役所はじめ，日本電信電話公社練馬支店（後のNTT練馬支店），練馬郵便本局，練馬警察署，練馬消防署，都税事務所，銀行等が立ち並ぶ一等地である。

国民のボウリング熱は昭和40年半ばから後半にかけての勢いが消え，淘汰の時期を迎えていた頃である。ボウリング場経営者が廃業するという情報を地域の不動産業者から聞きつけると，すぐさま，その不動産業者を介して土地の売買交渉に入り，双方が折り合う価格に至るまで時間はかからなかったと聞いている。そして，本社ビルの構想が設計図に具体化されると，間をおかずに先頭に立って，近隣住民への説明と理解を求めて日夜精力的に奔走したことが容易に想像できる。

一度決めた計画は必ず実現する会長である。自らの遠大なグランドプランの実現に向けた尋常でない熱意が伝わってくる。よく社員に向かって『知恵のある者は知恵を出せ，知恵のない者は汗を出せ』と発破を掛けるのが口癖であった。

ここで，創業時の社屋がいかに狭小であったかを知る手がかりがあるので紹介する。創業時社屋は，練馬区練馬1-18-9にあり，練馬文化センターの東側に細い道を隔てて建っている。

昭和62年夏に改修された木造2階建てのこの建物は，創業当時の原形を今に伝える貴重な建物である。改修工事には貸主であるO.Kさん（当時80歳）が当たった。社長のことを「サブちゃん」「サブちゃん」と呼んでいた。「体を横にしないと入れない風呂場の入口，一人中腰で入ると湯が溢れそうな狭い浴槽，急な階段」は，全面改修により広々としてスッキリした建物に生まれ変わった（社報UHINO，No37）。

新本社ビルの建築物の（工事）概要は，次のとおりである。

【構造・規模】：鉄骨鉄筋コンクリート造，地下1階地上10階建，高さ40.5m，敷地面積866㎡，建築面積696㎡，建築延面積4,734㎡，【用途】：本社部分2,715㎡（地階・駐車場，機械室等670㎡，1階（玄関，事務室，サービスセンター等649㎡），2階（事務室，役員室等698㎡），3階（事務室，大小会議室等698㎡），4階～10階（共同住宅/各階282㎡で合計1,974㎡），屋上部分（エレベーター，機械室等45㎡），【設計・施工】は自社による設計施工である。自分の思いをそのまま設計図に表現したのである。鉄筋の強度など東日本大地震後に定められた新耐震基準をすでに満たしており耐震補強の必要がなかったくらいに堅固な建造物である。当時よく「関東大震災級の地震が来ても倒壊することはないから，決して慌てないこと。社内が一番安全」と聞かされたものである。

新本社ビルは昭和54年3月に完成し，4月に現在の練馬区豊玉北5丁目に移転している。移転後しばらくして竣工式典・祝賀パーティーが社内を会場に開催された。当社が建てたマンションの建築主は全員，協力企業の皆さん，同業者，地区の議員さん，社員も家族同伴で招待された。1日では捌ききれずに2日間に渡ったように記憶している。そして全員に記念品の宝船の置物と20周年を刻印した一合枡が配られた。その時に配布された「新社屋竣工のごあいさつ」のパンフレットに会長の思いが綴られているので紹介する。

「緑と太陽など，自然に恵まれた街「練馬」に地元建設会社として，「内野工務店」を創立させていただきまして，ここに20年の歳月を迎えさせていただきました。おかげさまをもちまして，業績も堅実に伸展し「練馬とともに栄える」総合建設会社として，その成長を得ることができましたことは，これも偏に地域の皆様のあたたかいお引立て，並びに同業各社のご支援の賜と心から感謝申し上げる次第でございます。

特に，練馬地域は，生活環境の整備促進に伴う，「街づくり」が着々とすすみ，住まいづくりを中心とした高度利用による市街地再開発の促進など，地元建設会社に与えられたその使命と責任は，益々重要なものと確信いたしております。また，私どもは，常に地域との密着を旨とし，地元への貢献を信念として，地域あっての会社であることを念頭に，地域社会とともに発展してゆくのが私どもの念願でございます。従いまして，建設会社は「ものをつくればよい‥‥」の時代は既に過ぎ去ったように思われます。

完成した建物が皆様方の大切な財産として，永遠に愛されるよう，住みよく，使いよく，常に安全で清潔に保たれてこそ，その目的が達成されるのではないかと考える次第です。

今日，ここに新社屋の竣工をひとつの機会とし，社員一同一丸となって誠意努力し，さらに技術の研鑽と創意工夫に励み，地域社会の皆様に親しまれる建設会社になるようさらに鋭意努力する所存でございます。何卒，今後とも，一層のご支援ご指導ご鞭撻を賜りますよう，心からお願い申し上げます」。

多少の遜りがあるものの，会長のこれまでの感謝の気持ちが正直に現れていると感じる挨拶である。茨城県の寒村から上京して30数年後の姿である。歓喜する心情を想うと胸に迫るものを感じる挨拶である。

本社ビルの正面に向かって右の植栽の中に銀灰色のモニュメントが立っている。大きな年輪とそれを囲む3つの小さな年輪が描かれている。大きな年輪は20本の起伏のある線で描かれている。「創業以来，世の厳しさに耐えながら，海辺にたつ松の如く風雪にうたれて成長した」当社の20年の歩みを表したものである。そして，主旨説明には「常に苦境の中を生き抜いてきた根性を忘れることなく，これを糧としてゆきたい気持ちがこめられています」，「周りにある3つの年輪は，陰に，陽なたになって，当社を今日まで育ててくださった方への感謝の意を表したものです」と，追記されている。

晩年，この周りにある3つの年輪が誰を指すのかお聞きしたことがある。それまで，具体的に名前をおっしゃらなかったので，長い間気になっていた。推測するに長年それが誰を指すか口を閉ざしていたのは，具体的に3名の方の名を挙げると，その他多くの関係者にご迷惑をおかけするとの配慮からとわかった。今，あれから40年が経とうとするときに，初めて公表してもよいと判断したのであろう。

その3人の方は以下の方であった。具体的に名を挙げることは個人情報の開示にあたるとのご指摘もあろう，しかし，今，ここに記しておかなければ永遠に謎のままになると思うと支障のない程度に開示したいと思う。

一人目は，S信用金庫理事長のHさんである。資金面での支援者であり，当社の立ち上げに協力を惜しまなかった方である。会長室に「誠実」と揮毫された額（縦48cm，横142cm）が飾られている。「昭和戊申初秋 為 内野三郎雅兄 H○○○」と墨書されている。調べると「戊申」は昭和43年（1968）のことであり，「雅兄」はガケイと読み，友人に対する敬語とある。

二人目は，T電機取締役社長のWさんである。昭和39年のT電機新社屋の建設を端緒に会長の力量を認め，施工品質の確かさと技術力を周囲に広めてくださった方である。その後の受注活動に道を付け，当社の飛躍的発展に大きく貢献してくださった方である。

三人目は，A材木店のAさんである。会長自身，その後については存じあげないというが，創業当初は材木等の建設資材の供給に融通を効かしてくださった方だという。Aさんの名は，私も初めてお聞きする名で意外であった。

資金，仕事の紹介，建材の提供と，それぞれの分野で3名の方の多大な援助があっての今日の成長である。このように，感謝の忘れない人である。20周年の思いと報恩は今も変わることなく息づいていることを付言する。

「さあ，器は出来上がった。これからはこれに見合った内容を注ぐことである」。新社屋ができ本社が移転した翌年，昭和55年（1980），無事20周年を迎えると，次なる挑戦にとりかかったのである。

「量から質へ」の転換，それをどのような方法で実現できるか，模索の日々が続いた。やがて1年が過ぎ，打ち出したのが組織改革とTQC[70]（全社的品質管理）活動の導入であった。

第3節　成長後期―1980年代～バブル期―戦略的経営志向

成長後期となる1980年代～バブル期は，当社がそれまでになくヒト，モノ，カネ，情報に積極的に投資した時代である。なかでも組織改革と品質保証にかける経営者の執念には鬼気迫るすさまじいものがあった。この時期は毎年のように会社組織や規定類を見直されている。いかに少ない社員で組織力を最大限に発揮できるか，少数精鋭を常に模索していたように

70　TQCとは，「Total Quality Control」の略である。主に製造業において，製品の製造そのものを担当する部門だけでなく，製品の品質に関わるあらゆる問題について全社をあげて取り組むことを指す。しかし，バブル崩壊後にはTQCの様々な弊害も指摘され，それに代わってTQM（Total Quality Management）が浸透し始めた。「総合的品質管理」と呼ばれ，TQCをさらに発展させ，品質管理活動を経営戦略にまで押し上げたものである。製造業だけでなく，サービス業など非製造業にも適用し，効果を上げている。

思う。

そして，模索の末にたどり着いたのが，中小建設企業から中堅建設企業（いわゆる中堅ゼネコン）へ脱皮するためのTQC（全社的品質管理）活動であった。TQCは，それまでの懸案事項をすべて包含するもので，一気に問題を解決する秘策に映った。その活動内容については適宜エピソードを混じえて紹介する。

昭和60年（1985），活動の成果はデミング賞実施賞中小企業賞[71]（中小建設企業では最初の受賞）として結実する。

この栄誉ある受賞は建設業界では大手ゼネコンを含めて4番目の受賞であり，これにより競合他社との差別化に成功し，競争優位を確実にしたのである。

その後，活動に浮き沈みはあるものの品質保証重視の体質は今も脈々と社員に受け継がれている。とりわけ，方針管理，日常管理の考え方がそれである。これによって培った「目的と手段の明確化」は，社員共通の認識として業務に生かされている。

1. TQCの導入

企業が大きくなると，それまで目立たなかった綻びが見えてくる。成長の影で後送りされていた矛盾や不都合が見えてくる。社内で最高の品質と言える建築物を造った現場代理人の技術や施工管理方法を他の現場代理人

71　デミング賞（Deming Prize）は，TQM（総合的品質管理）の進歩に功績のあった民間の団体および個人に授与される経営学の賞。日本科学技術連盟により運営されるデミング賞委員会が選考を行っている。アメリカの品質管理の専門家であるDr.W・E・Demingからの印税の寄付を契機に1951年に設立された（ウィキペディアより）。初代委員長に石川一郎氏が就任。現在の委員長は経済団体連合会会長 中西宏明氏である。デミング賞にはデミング賞大賞，デミング賞本賞のほかにデミング賞（旧デミング賞実施賞）があり，当社が受賞したのはデミング賞実施賞のうちの中小企業賞である。しかし，この賞は1995年に名称を廃止し，「実施賞」に一本化している。

にも真似てほしいと思っても，それを確実に伝える術がない。知識や技術が高度化すればするほど，それまで会長自身が個人で行えることは相対的に小さくなり，多様な人々の協働を必要とする問題が増えてくる。

従来から，当社のとるべき行動指針なるものは存在した。初期の会社経歴書には必ず以下の「特異性」が掲載されている。そこには企業の永続性を図るためには，過去の実績に甘えることなく，厳しく自らを見つめ，深く反省し，建設会社として地域社会の人々から歓迎されるような会社に育てあげること，「より良い建物」を「より早く」「より安く」満足いただけるよう企業努力しなければならない，という強い決意が表明されていた。

しかし，根性論だけでは限界があることを環境変化の中でいち早く察していた。

特異性

新しい国づくりに技術と経営の合理化で
1.良い工事
2.早い工事
3.安いコスト
の三大目標を掲げ
会社は
第一　施工主の立場になって優秀な工事をやる。
建設物は永久保存物であるので，後々迄その優秀さを誇り得る様な工事をやる。
第二　定められた工期は絶体に厳守する。
建設物は何等かの使用目的を以て居るので，定められた工期通り完成する事が建造物の価値を一段と挙げる。
第三　建設費のコストダウンを計る。
会社は下部組織の研究努力を以てコストダウンを計る。
工事施工は計画を緻密に，統制ある運用をもって建設費のコストダウンを

計る。

三大目標に対しては建設業を志すものの常識であるが，弊社は会社の沿革に述べました通り，社主内野三郎が若さと健康に恵まれ，これに続き社員一同大いに奮闘，社業に邁進しております。

これ故にこの三大目標が達成せられると確信致しております。

原文のまま

(1) TQC導入のねらい

1980年代の建設産業を取り巻く外部環境を概観すると先行きの不安材料が見えていた。

原油価格の値上げによる諸物価の高騰により，建築資材，労働賃金，諸経費が上昇し，建設費の上昇が建設需要を停滞させる傾向にあった。また，政府がインフレ対策として金融引締めを行い，金利の引上げ，融資制限を実施すれば設備投資にブレーキがかかり，建設需要が一層冷え込むことが懸念されていた。市場環境の悪化と景気停滞が進めば当然企業間競争は激しさを増してくる，そうした不況時代が迫ってくる環境にあった。

こうした中，当社はこの外部環境の変化に対応できる体力があるのかどうか虚心坦懐に見渡すと，以下のような経営管理上の問題があることに気づいた。

- 顧客要求を設計図書へ具現化することが不十分で，変更追加工事が増加している。
- 低価格を求める顧客の要求に対する認識が不足している。
- 後請補償が増加し，減少する兆候がみえない。
- 業務多忙を理由に品質に対する気配りが欠けている。
- 企業の成長に対して人材の育成が追いつかない。

以上の各点である。こうした背景を受けて，会長は昭和56年（1981）3月26日付けで社員並びに下請協力企業の会員に配布した「TQC推進計画概要説明書」の中でTQC導入宣言を行い，そのねらいを次のように述べている。

「‥‥80年代は外部環境は益々きびしくなり，不況時代が到来する。そのためには，どんな不況にも打ち勝って行く強い体質の企業をつくりあげなければならない。全社員はこのきびしい状況を正しく認識し，協力企業を含めた全社一丸となって，これに打ち勝ち，80年代に向かって飛躍前進する“新しい内野工務店”を目指し，経営の総合的見直しと，革新を実践し，健全な経営管理体制を確立するつもりである。“新しい内野工務店”づくりの推進には，地域の人々やお施主の方々に，本当に喜んで永久に使用してもらえる，品質価値の高い安い建物をつくらなければならない。そのためには，全社員1人1人が，また，協力企業の皆様が，責任を持って，良い品質で，出来るだけ合理的に原価低減をする努力と技術と誠意とが大切だと思う。

高い品質の建物は，一部工事部だけの品質管理だけでは出来ない。会社の組織である企画・営業・設計・購買・工事・サービス・総務，そうして協力企業がそれぞれ品質・コストの意識を持って管理し，改善を図ってこそ，その目的が達成出来るのである。

“新しい内野工務店”を築くには全社的に総合的品質管理を実施し，推進するより他に方法はない。

我社はこの80年代に挑戦するため，TQCを導入し，TQCを推進することによって，不況に強い“新しい内野工務店”を確立して行く覚悟である」。

以上がTQCを導入しようとした背景であり，ねらいであるが，実際，TQCを導入しようとした直接のきっかけ，その瞬間はどんなだったのであろうか。そして，決めた後の戸惑いはなかったのであろうか，それを推し量る逸話があるので紹介する。

——昭和50年代，当社は旧住宅金融公庫の財形住宅融資制度も手伝っ

て順調に推移している。ただ，会長はこの傾向に強い危機感を抱いていたようである。なぜなら住宅市場はいずれ量から質が問われるようになると感じていたからである。実際，欠陥住宅がマスコミでも取り上げられるようになり品質を問うお客様も増えていた。大手建設企業でも質の向上を図ろうとする動きが出始めていたからである。

後に当社は中小建設企業で最初にデミング賞実施賞中小企業賞を受賞した会社として評価されるようになったが，そこまでの道程は手探りで暗中模索の連続であった。

「何をすべきか，いろいろと関係者に聞いたところ，ちょうど竹中工務店仙台支店でTQC（全社的品質管理）の社内発表会があると聞きました。ぜひ見学させてほしいと頼み，仙台まで足を運びました。見学させていただいているうちに「求めているのはこれだ!」と直感するものがありました。そこでQC手法の普及啓蒙に力を入れている日本科学技術連盟（通称「日科技連」）を訪ね相談したところ西堀栄三郎先生[72]を紹介くださったのです。

西堀先生は気さくな方で，品質管理の本質をわかりやすく教えてくださいました。当社にお招きして講演会を開くことも数度ありました。また，私も先生の研究室を何度か訪問しました。そんなある日，「本当に徹底した品質管理のマネジメントをやる意志があるならより専門知識を持った講師の下で取り組むべきだ」とおっしゃったのです。そこで，私が「最も権威があると言われるデミング賞を受賞するまでやる」という意欲を伝えました。すると先生は，「教育に最低でも5年，費やす金額も莫大にかかります」と言われました。私は，「不動産を売ってでもやり遂げたいとその覚悟を伝えました」。

「昭和53年には自社ビルが完成しており，当時会社の建屋は練馬駅周辺で最も高い建物でした」「私は，下請けも含めた全社を挙げた質の向上を目指さなければこれからの建設業はやっていけないと判断し，TQCを導入して

72　化学者・技術者。京都大学教授。第一次南極越冬隊長，日本山岳会会長を務めた。品質管理の普及に貢献。登山家でも有名で，「雪山讃歌」の作詞家。著書に「南極越冬記」「品質管理実施法」などがある。

建築・建設会社としての高みを目指そうと決断したのです」。建物の高さのみならずその器にふさわしい内容の充実を宣言したのである。ここに至り，その本気度を確かめた西堀先生は日科技連に口添えし，紹介くださったのが農林省東海区水産研究所で統計研究室長を務めた鐵健司先生であり，さらに，鐵先生の師であるTQCの第一人者であった朝香鐵一先生であった。こうして，指導講師の陣容は他社も羨むほどに整ったが，それからが苦難の日々を経験することになるのである。——

以下，日本を代表する品質管理の大家との出会いを紹介しよう。

日科技連から紹介された鐵健司先生は，統計に造詣の深い学者実務者である。確か会長より1歳年長と覚えている。恰幅が良くいつも笑顔を絶やさない人であった。後に東京水産大学に移られたが，（財）日本規格協会参与などの要職にも就き，統計的品質管理の普及に尽力された方である。著書に『品質管理のための—統計的手法入門』（日本科学技術連盟，2000年）等がある。

先生は私どもの本気度をわかってくださり，「TQC[73]では大御所的な存在である朝香鐵一先生にも一緒に指導いただくのがよいと助言してくれました」。

先生と会長は活躍される分野こそ違え，同世代としての親近感があり，怖さ知らずに挑戦しようとする会長の意志の固さに根負けしたようである。後に数多くの研修会が持たれ，会場となった熱海，湯河原，箱根などで酒を飲み交わしながら忌憚なく意見を取り交わす機会に恵まれたが，その酒席で「社長は一度こうしようと決めると一直線に突き進むからなあ，

73 朝香鐵一編集『新版 建設業のTQC』「品質管理が日本に導入されたのは1950年である。当初は統計的品質管理に重点がおかれ，統計的手法，管理図法等の活用そのものが品質管理と考えられた。1969年の第1回国際会議が日本において開催されて以来，TQC（total quality control）に対する考え方が芽生え，急ピッチで関心が高まり品質管理研究会，シンポジウム等でTQCを取り上げ，各企業も積極性を示すようになった。」ｉ頁（日本規格協会，1986年）。

無謀と思えるほどに怖さ知らずだからなあ」とおっしゃったことがある。それを受けて会長は，少し罰が悪そうにはにかみながらも，うれしそうに首を縦に振っていたのを思い出す。

鐵健司先生は，当社とは一番関わりの深い先生である。昭和55年6月21日に全社員を前にQCについてその移り変わり，QC的アプローチ及びQCサークルについて講演されている。第1回目は，昭和55年8月30日に44名を対象に指導があり，それ以降昭和59年3月25日（日）の「第6回 58年度社長診断会」まで計48回に及ぶ。

当時，TQCのために日曜出勤は当たり前で，その都度，理解の遅い私たちに噛み砕くように，何度も何度も説明してくださった。後に，社長診断会の形での指導はなくなったものの昭和60年の受審までの残り1年間は，「品質管理実情説明書」（いわゆる「実説」）の作成指導を受けることになった。

朝香鐵一先生[74]は，当時東京大学から東京理科大学へ移られていた。「私は朝香先生を3回訪問しましたが，最初はけんもほろろで，まったく関心を持ってもらえませんでした。それでも回を重ね，4回目の訪問で，「じゃあ，とりあえずあなたの会社に行ってみようか」と言ってくれたのです」。トヨタを世界一の自動車メーカーにしたのは自分であると自負し，当時の社長を「章ちゃん」と呼び，取り巻く役員を喝破してきた大御所には中小企業の経営者は歯牙にもかけないほどに小さい存在だったのである。

朝香鐵一先生による第1回目の指導会は，昭和56年7月11日。役員及び部長を対象に「建設業のTQC」について講演された。昭和59年3月25日の社長診断会が最後であるが，受審までの1年間は鐵先生同様，具体的

---

74 東京大学名誉教授。日本の品質管理指導者の第一人者として活躍された。元社団法人日本品質学会会長を務められ，1952年にはデミング賞本賞を受賞されている。戦後の日本産業界の黎明期から日本企業への品質管理の普及・発展に尽力され，多くの企業が先生のご指導のもと，デミング賞に挑戦し成果をあげている。2012年12月逝去，享年98歳（クオリティマネジメント，2013年）。

な実説の書き方から始め，厳しくご指導された。

「立派な新社屋も完成し，外観だけは一人前になったように思いますが，本当に会社の内容や質的な向上があったかどうか，誠に疑問のあるところです」(「TQC推進計画〔概要説明書〕1頁，内野工務店，1981年3月」)。

こうして，“品質の内野“への挑戦が始まったのである。

(2) TQCの推進—方針管理・日常管理

「品質を重視する企業体質への改善と人材の育成により業績の向上を図る」ことを目的にTQCの導入を宣言したものの，当時は，建設産業における生産システムは，一般の製造業等と比較して特異性があることから，統計的手法は大量生産の工程においては有効であっても，建設産業のような一品受注生産にはなじまないとか，品質管理を行えばコストが高くなるとか，あるいは創造性を委縮させるといった誤解から導入には否定的な意見が多かった[75]。とりわけ社員に影響力を及ぼす社内の実力者にその傾向があった。

ここで改めてTQCの定義を確認する。一般にはTQC（Total Quality Control）とは，全社的品質管理と呼ばれる。それは，生産現場だけでなく，販売・研究開発といった全部門で実施し，トップから平社員まで全員が参加し，原価（利益・価格）管理，量（生産・販売・在庫）管理，納期管理といった企業活動のあらゆる側面に及ぶもので，その意味では，財務や人事といった間接部門を含めた全組織がQCの対象となる。わが国では，1970年代より広範囲に導入されている（『基本経営学用語辞典［四訂版]』同文舘出版)。

75　その他，建築の品質評価尺度には主観的要素が多く，評価者の個人差，時代の変化等により価値観の変動が大きいこと，重層下請構造の生産システムにより関係者（業者）の程度にばらつきが大きく，その定着率も悪いこと，発注者，設計者，ゼネコン，材料部材供給者等の組み合わせが一品ごとに変わり流動的であることなどを理由に，導入に消極的で嫌忌な雰囲気があった。

これに対して，当社では次のように定義づけている。「顧客の満足を持続させる品質経営基盤の確立及び社会環境の変化に対応できる人材育成を基本方針に掲げ，企業の永続的発展を遂げることを目的とした全社的活動である。そのためには，全社員は無論のこと協力企業を含め全員が力を合わせ，常に“良いものをつくる”，“出来るだけ安いものをつくる”という品質意識を持ち，常に科学的品質管理の手法により，業務全般の問題点を点検し，これを是正し，総合的に業務の質を向上させるための新しい内野工務店の経営革新の活動である」。

当時，すでにTQCを導入している建設企業としては，㈱竹中工務店が昭和51年度（1976）から，鹿島建設㈱が昭和53年度（1978）から，清水建設㈱が昭和54年度（1979）から，がある。それを可能にしているのは豊富な人材が揃っているからであり，中小建設企業にはそうした人材に乏しくできるはずがないという固定観念があった。大方はそれを常識ととらえていた（しかし，その後の普及状況をみると昭和59年度（1984）の時点でTQCを導入していると思われる建設企業ならびに関連企業の数は，日本科学技術連盟の賛助会員でみると167社にまで増加している）。

さて，建設業にはTQCはなじまないという先入観を持つ社員の多い中での導入決定であるから，まずは，それら導入に消極的な社員に対して，その誤解を解き，建設産業においても汎用性があることを啓蒙することから始めなければならなかった。そして，その障壁を打ち砕いたのは，会長の強いリーダーシップであり，自ら「率先垂範」する姿勢を社員に見せたことである。時々引用した言葉に，山本五十六元帥の「やってみせ 言って聞かせて させてみて ほめてやらねば 人は動かじ」がある。そして，管理職には，組織の先頭に立って部下たちに模範を示すことを求めた。

その第一歩が，管理職（部門長）を対象とした方針管理の実施である。

方針管理とは，経営方針に基づき，長（中）期経営計画や短期経営方針を定め，それらを効率的に達成するために，企業全体の協力のもとに行われる活動をいう[76]。

当社の方針管理の実施は，経営理念に基づく中期経営計画・年度経営計画を達成するため，経営課題と目標を明確にし，各部課への展開を行い，全社の総力を結集して方針を達することを基本的な考え方として展開した。もちろん，TQC導入以前から計画重視の業務管理を進めてきている。経営管理についても定期的に外部講師を招き勉強もしてきたが，全体の方向性が見えないまま短絡的に行っていたのが実情であった。

方針管理の基本的な考え方とそのしくみは，先の朝香先生ならびに鐵先生に（後に説明する社長診断会及び実情説明会の場で），徹底的に叩き込まれた。特に朝香先生には矛盾点や不整合な点があれば，完膚なきまでに叩かれたものである。

以下，当社の方針管理のしくみとその活動経過を少し詳しく説明する。

1）中期経営計画と社長方針

社長年度方針は，（長）中期経営計画をもとに，社会的動向および前年度の活動内容の解析結果を踏まえて策定された。会長は，例年，年の暮れから正月休みの間に構想を練り，正月明けから本格的な見直しに入っていた。一字一句にこだわり，自身が納得するまで妥協しなかった。例えば，昭和59年度社長方針では，その一つである「顧客の要求に応える品質保証」に落ち着くまでに，「顧客の要求に応える品質保証の向上」のどちらにすべきか愚直なまでに逡巡している。「生産原価の追求と目標利益の確保」でも「生産原価の追求と利益の確保」として「目標」を削るべきかどうかに悩むのである。周囲が半ば「どちらでもいいのに」と痺れを切らしていてもまったく意に介さず，心にしっくり納まるまで，最終期限の2月末まで続くのである[77]。3月は，部門長（部課長）が社長年度方針を受けて

76　高須久『方針管理の進め方―方針書の作成から展開方法』14頁（日本規格協会，2001年）。

77　通常，社長年度方針はQCDSMに合わせて数項目出されるのであるが，平成元年

自部門の方針を立てなければならず，やきもきしたものである。

そして，ようやく心に決めると，取締役（会）ならびに各部門長から忌憚のない意見を求めた。しかし，それまでの過程を見ている部門長から，大きな修正を提案することはなく，あるとしても若干の修正を加えた形で確定するのが常であった。

中期経営計画は，概ね3年から5年の計画を指す。中期経営計画がなければ年度方針・年度計画が立てられないということではないが，当時は，5年間の成長計画を主要な経営指標で表すだけの簡単なものであったが，それに基づいて年度計画を立てていた。長期計画というと一般的には設備投資を中心に考えがちであるが，当社の中期経営計画は，会社が今後数年間に目指す方向性について簡単に触れ，主要な経営指標（受注工事高，完成工事高，完成工事総利益（率），営業利益（率），経常利益（率），当期利益（率），一般管理費，社員一人当たりの労働生産性，社員数など）の目標数値を羅列したものであった。

社員にとっては経営者が何を考えているのかがわかり，数年先の会社の姿を具体的に描くことができ（共通認識）話題になったが，この試みは長く続かなかった。推測するに年度計画の積み上げ方式により中期経営計画をあえて策定しなくても，数年先を予測することが可能と判断したからではないかと思われる。

ここで当社の経営理念について触れておく。

TQC導入前には，経営理念という確たるものはなく，前述したように，会社経歴書に掲載された「特異性」がそれに代わるものであった。それが

度の社長年度方針は「全社総合力を結集して顧客の満足を得られる品質保証の充実」ただ1項目であった。この年は2月15日から17日まで，第一生命研修センター見心寮（千歳烏山）において2泊3日の管理職研修が行われ，その席上で社長年度方針が明示された。従来の数項目から1項目になっただけに，かえって部門間の綿密な計画の打合せ，情報交換を通した事前のコンセンサス作りが求められることになり戸惑ったことを記憶している。このように年度方針もその時の事情に応じて変化しているのである。

TQCを導入するにあたり経営理念を新たに定めることになった。かつて，会長にその経緯を尋ねたところ，大手ゼネコン竹中工務店の経営理念（「最良の作品を世に遺し，社会に貢献する」）を参考にしたと聞かさせた。そもそもTQC導入のきっかけが竹中工務店仙台支店でのセミナー受講であるから，老舗の大手ゼネコンの経営理念に心酔した気持ちがわかる。結果，「信用と誇りの持てる品質の建築物を造り込み，社会に貢献する」がそれである。その後，平成7年（1995）4月の社名変更を契機に「人の和と信用を基に，発注者の満足度の高い品質の建築物を造り込み，社会の環境づくりに貢献する」に変わり，さらに平成24年（2012）7月社長交代を契機に「発注者」が「お客様」に変更して今日に至っている。最初の経営理念の方が短く覚えやすく，わかいやすく社員に浸透していたように思う。

同様に竹中工務店のコーポレートメッセージ「想いをかたちに 未来へつなぐ」の語感を真似て，モットーとして「信用と品質で明日を築く」を掲げた。その後平成7年4月の社名変更を契機に導入されたコーポレートアイデンティティ（CI）によりシンボルマークが新調されるとコーポレートスローガンとして「人を結び満足を築く」が生まれたが，モットーは今なお健在である。

このように当社の経営理念に竹中工務店の経営理念が大きく影響していることで，都合よく真似たのではないかと思われがちであるが，そうではなかった。その理由に会長が愛読した松下幸之助著『実践経営哲学』（PHP研究所，1978年）がある。現在も会長室の書棚に，『松下幸之助発言集』（PHP研究所）全45巻とともに並んである。この経営書は20の見出しからなり，最初が「まず経営理念を確立すること」について書かれてある。その中で「何のためにこの事業を行うかという，もっと高い“生産者の使命”というものがあるのではないかと考えたわけである」に太く線が引かれている。その他，随所に本人の琴線に触れ感動した箇所には赤と黒を使い分けて線が引かれている。「使命を正しく認識すること」「必ず成功すると考えること」「対立して調和すること」など，興味は尽きなかったようである。こうした意識下での竹中工務店の経営理念との出会いだったのである。

すなわち，心，そこにあっての必然的出会いであり，偶然に目に留まって真似たのではなかったのである。

2）部門方針の策定と展開

社長年度方針が決定すると，それに基づいて部門は部門方針の策定作業に取りかかる。

ただ，この当時は，社長年度方針に基づいて直ちに部門方針の策定作業に入るのではなく，TQC推進委員会（実際はTQC推進室の室長ほかスタッフ）が部門間の整合がとれるように各部門の重点実施項目を調整していた。それに基づいて各部門は具体的な方策（目的と手段）を定めていた。このTQC推進委員会は，主要会議体の一つで，部門の上位にあり，月1度の頻度でTQC推進に関する重要事項の審議決定を行っていた。

そして策定された部門方針案は，最終的に社長の承認を得る前に，再度TQC推進委員会が中心になって重点実施項目及び具体的な方策が適切かどうかをチェックした。そこで，整合性に問題がある場合には部門間ですり合わせを行うことを指示した。このスクリーニングを通して社長承認を得ると，次に部課長の四半期実行計画の作成作業に移ることができた。例年，これらの作業は何度も何度もやり直しを受け，根尽きる頃，3月29日から30日になってようやく承認をいただき，部門方針の策定作業は終わるのであった。

毎年4月1日には，これら労作が年度方針解説書（社長年度方針と部門方針書が一緒に綴られた）となって全社員に配布された。

3）社長診断会

方針管理活動が計画通りに展開しているかどうかは，部課長が毎月，目標と実績の差異を点検し，差異がある場合には（良い場合も悪い場合も）

その要因を解析し，悪い場合にはその対策の検討をTQC推進室とともに行い問題解決を図っている。なかでも年2回，半期ごとに行われる社長診断会は全社的な問題点の発掘と，未達成の要因を深く追求されたことから，常に緊張感が漂っていた。

以下に，社長診断会の際の朝香先生ならびに鐵先生の指導風景の一例を紹介しよう。

昭和58年に入ると社長診断会が定期的に行われるようになった。診断は概ねISO推進室が活動状況を報告した後，営業部，設計部，環境整備部，工事部（現建築部）・作業所，原価管理課，経理課，総務課の順に，それぞれの部門長が方針について実情を報告し，それに対して先生がコメント・指導する形で行われた。

当時の会社組織と主要業務は図表3-1のとおりである。

以下は，昭和59年3月25日（日）に行われた「第6回社長診断会」の模様である。

第6回社長診断会は朝香・鐵両先生をお招きして本社3階大会議室で行われた。当日は3等級（主任職）以上の男子社員が全員出席している。冒頭，社長より「58年度，皆さんがどういうことを計画し，どのような効果があったのか，そして59年度は昨年度の結果を踏まえてやるべきことは何かを明確にしていただきたい。部下にあっては，上司の報告を聞きながら，方針が達成できなかった要因はどこにあったのかを聞きとって欲しい」と挨拶があった。

各部門とも昭和58年度の総決算とあって報告にも熱が入り，質疑も活発に飛び交う診断会になったが，QCの基本を忘れた浮足立った実情説明に厳しい指摘を受ける一幕もあり先行き不安な材料を残した診断会だった。

緊張した雰囲気の中で強調されたのは，基礎の重要性であった。「解析の中身が単に現象を示したにとどまり，対策のための解析につながっていない」「評価を何のためにするのか。次に役立たせるという工夫がなされていない」「基礎知識の習得なくして応用は期待できない」「基礎とはどん

図表3-1　デ賞受審時の会社組織と主要業務

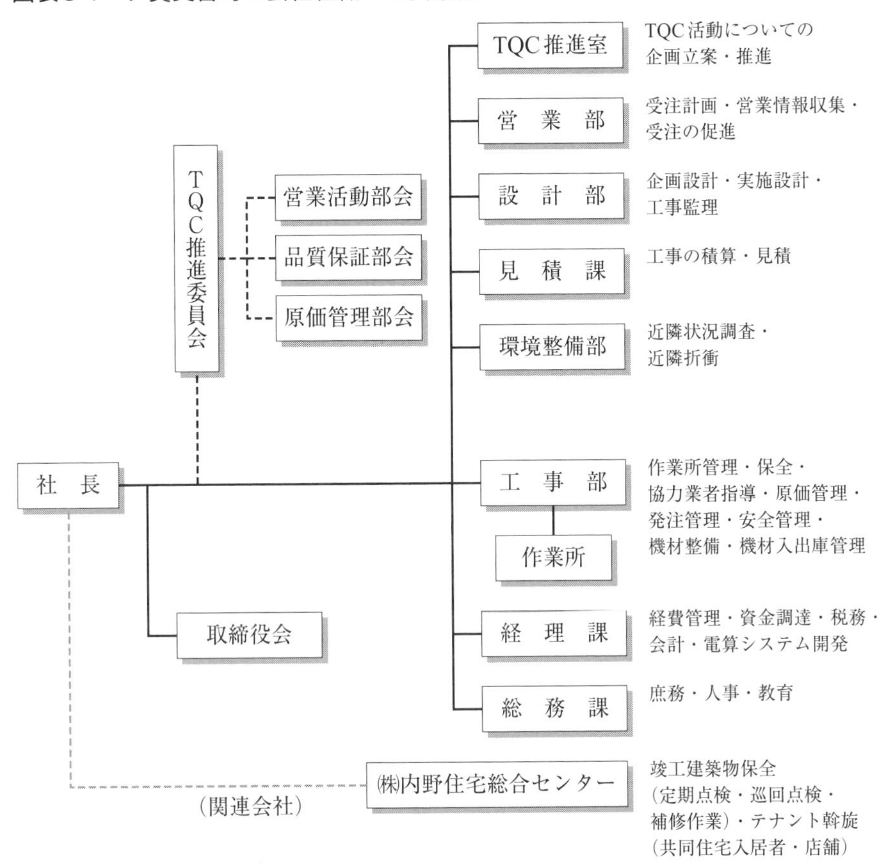

なものか確認していただきたい」と言葉を代えてご指摘を受けている。

「(朝香) 先生は，前回の指導会で質問した宿題にしっかりした回答ができないと，トップが悪いということで，私を激しく叱りつけました。そうすると，私は社員を怒ることになります。しかし，普段はいつも怒っている側の私が先生からかなり厳しく怒鳴られていることを社員たちは目の前にしており，これは大変だという空気が全社的に伝わっていったようです。そんなことも社員の意識面に影響を与えたかもしれません」(記念誌

153頁)。

社長診断会の開催頻度は定かでないが，第5回が昭和58年7月16日に鐵先生ご指導のもと行われており，四半期を基準に，先生方のご都合と調整して行われたと記憶している。

これ以外にもいくつか朝香語録を紹介しよう。今は鬼籍にあって，ただ懐かしく思い出されるのであるが，当時は胃がキリキリ痛む思いであった。

朝香先生にはこわいものがなかったようである。トヨタを「世界のトヨタ」にした功績はあまりにも大きく，「蛙の顔にションベンだな」と酷評されようと縋りついて離れず，その言葉の意味するところを理解するのに必死であった。なお，先生の言葉は決して個人的中傷を目的としたものではないし，私たちもむしろ謙虚に受けとめていたので，これを読まれても一種のパワハラだなどと唱えることなく善意に解釈していただきたい。

一例としてやはり，前述の昭和59年3月25日開催の第6回社長診断会から先生の語録を拾ってみよう。

「そんなに拍手しないでください。言おうとしていることが忘れてしまいますから（冒頭の挨拶に席を立って演壇に向かったときの拍手に対して)。筋が通っているかどうかをチェックするのが×××の役目でしょう（×××部の×グラフが次への展開に結びついていないことに対して)。この程度の知識で×××ができるというのだから，たいしたもんだ。えらいもんだ（×××部の発表に対して)。いま，社長がね，言っているのは×××の物件について聞いているのであって，それ以外のことは言わなくてよい。聞いていないんだから（核心をはずれた回答に対して)。それで答えになるの？ そっぽ向いてるんじゃないの？（なかなか核心に触れず，独自の論理展開に引き込もうとする発表に対して)。」

そして，ついに多少の感情をむき出しにして，「質問に対しては，良心的で素直でなければならない!」と言い放った。「5と1では平均はできないんだよ（評価者のバラツキに調整が施されていない評価方法に対して）」。そして最後に「余計なことはnoiseなのです」と言って，管理職に向かって，「部下というものは使いこなせば使いこなすほど冴えてくるんで，使わないとカビが生えてくるよ。そのうちに青カビになっちゃうよ。×××部では横軸に「坪」なのに×××部では「平米」になっている。どっちでいくの？ この辺（練馬）では坪なのかなあと思っていたら平米になっている（単位の不統一に対して）。」「今の事例では，どこにアクセントがあるの？ 非常に平板で退屈したと思うが（あれほど注意していたのに居眠りしていた社員がおりそれへの当てつけ）。」「前にもらった資料と全然違うでしょう。図の何番とも表の何番とも打っていない。大変苦労しました。こんなに違うなら最初から（資料）を送ってこなきゃいいものを。あっちをひっくり返したり，こっちをめくったり（一度資料を送った後で修正して再提出したことに対して）。」このほかにもあまりに私的な指摘で紹介できないものもあった。

指導会終了後，中野にある中華料理店Sで懇親会を開いたのであるが，晴々とした気分でご馳走になった社員が何人いたことだろうか。じっと忍従の指導会であったが，取り敢えず目の前の嵐が通り過ぎ，皆ほっとしたものである。

4）維持と改善

方針管理が良いとなると，管理の中心が方針管理に偏る事象が見られるようになった。そのことを戒めるうえからも日常管理の必要性が唱えられるようになった。日常管理とは「各部門の担当業務について，その目的を効率的に達成するために日常実施しなければならないすべての活動であって，現状を維持する活動を基本とするが，さらに好ましい状態へ改善する活動も含まれる」[78]。しかし，日常管理は維持の管理であり，方針管理は改

78　高須久『方針管理の進め方』29頁（日本規格協会，2001年）。

善の管理であると教わっても，日常行っている業務の遂行との区別がなかなか理解できなかった。方針管理と異なり成果の報告会で評価されることもないから余計にその違いがわからなかった。

そうしたあいまいな状況でも，“業務には必ず何らかの目的があるはずで，その目的を明確にして業務を管理（PDCAを回す）することが日常管理である”と漠然と理解できるようになった。企業内の仕事の大半は従来から行われてきたものの継続であり，それを確実に実行し，維持することが，肝要で，方針管理導入の条件の一つであることが理解できるようになった。

原則的には現状維持の仕事を管理するのが日常管理である。現状維持の仕事は，今後も引き続き保たれていくことが期待されているもので，多くの場合，維持するために，そのやり方を標準化して守っていくことが要求される。そのためTQC導入の初期には，どんな些細な業務にも作業手順書が必要であると認識されて，各部門競って手順書作りに励んだものである。分厚い手順書を用意すること＝日常管理が出来ている，という間違ったイメージを作りあげたことを覚えている。そのためになんと多くの無用な時間を費やしたことか。生半可な知識と理解がもたらした負の効果である。

一方，現状打破の仕事を管理するのが方針管理である。現状打破の仕事は，今行われている仕事の結果に不満足であり，もっと好ましい状態になるように，仕事のやり方を変更しようというものである。そのためには，今行われている仕事の結果になぜ不満足なのか，その要因を見出す必要がある。そのためには日常管理によって現状のありのままを正しく把握することが必要になる。したがって企業が方針管理によって，より高いレベルの進歩，発展を望むならば日常管理の充実こそがもっとも基本的事項であることがわかる。日常の業務遂行を維持しながらも常に柔軟な思考による発想の転換，創意工夫によって，固定観念や慣例にこだわらない改善が求められる所以である。

以上が，当社の方針管理のしくみである。当時の記録にはその活動経過と結果が次のようにまとめられている。方針管理が一定の成果をあげたことが記されている。

1. 方針管理の啓蒙と方針管理のしくみに基づく方針の展開（昭和56・57年度）
   - ・方針管理のしくみ，マニュアルの作成による方針管理の啓蒙
   - ・社長年度方針の策定と部門方針への展開
   - ・社長診断の開始による実施状況の把握

この結果，データをもとに，実施結果を報告できるようになった。しかし，重点実施項目が総花的で，方針が下部まで浸透せず，管理が十分でなかった。

2. 重点実施項目の絞り込みと作業所への展開（昭和58年度）
   - ・管理項目の整備と社長診断会の定期的実施
   - ・作業所方針管理マニュアルに基づく作業所方針の策定

この結果，管理のサイクルが回るようになってきた。しかし，管理資料の整備が十分でなく，プロセスの管理が弱かった。

3. プロセスを重視した方針管理の徹底（昭和59年度）
   - ・社長診断，部課長点検による評価・処置の実施
   - ・部門の管理活動のしくみと管理資料の整備，活用

以上の活動により，プロセスを重視した管理ができるようになってきた。

(3) TQC教育と啓蒙

昭和56年3月，TQC導入宣言がされると，4月にはTQC推進委員会が設置され，いよいよ本格的にTQC活動が始まった。表向きは「企業体質の改善」であるが，内に秘めたる極みは，中小建設企業最初のデミング賞実施賞中小企業賞（以下「デミング賞」又は「デ賞」という）の獲得である。

1) TQC推進室の設立と推進メンバーの選出

最初に取組んだのがTQCを推進する核となるメンバーを社員の中から選出することであった。人材の薄い中からの選出であるから，選出された社員の部門にすれば業務に支障を来すのは必然である。兼務しながら簡単に成就できるほど生易しいものでないと聞いていたから，つい躊躇してしまう。

〈TQC事始め 社員と家族〉

TQC導入にあたっては，TQCという聞きなれない用語の定義から始め，それがどのような活動なのか，それを導入してどのような効果があるのか，社員も下請け協力業者も自分達にどんな得があるのか，費用対効果が期待できるのか，いくら競合他社との差別化を図り競争優位に立てるビジネスモデルだと言われても確信をもって説明できる者は誰もいなかった。そもそも製造業に当てはまる管理手法を非製造業，それも一品受注生産を特徴とする建設産業には不向きであるうえ，中小企業は費用負担に耐えられないというのが世間一般の認識であった。そうした逆風の中での出発であるから第一に身内から理解を求め説得することから始めなければならなかった。

「TQC導入にあたっては，まずは社員全員にその家族も含めて理解を求めました。最初はなかなか難しいと思い，ホテルに集まってもらい食事をしながら説明をしたりもしました。そしてTQC推進室を作り，部門長クラスを責任者にあて，メンバーもそろえました。」

TQC推進室長には当時の管理本部長のY・H氏が就き，啓蒙普及とデータ活用等の教育には建築部から一級建築士のT・K氏（故人）を異動させ，データ解析などはS・H氏（故人）が専属で当たった。さらに5人を推進役に指名し陣容を整えると，これら8名を日本科学技術連盟が主催する洋上大学[79]に派遣して役割と責任の重さを自覚させ意識の高揚を図った。

TQC導入当時の様子を伝える資料は多くないが，導入して2年後の家族昼食会の様子を伝える社内報記事（1983.9.15創刊号）がある。「去る8月25日，26日，28日，29日の4日間，社員の家族を招待して昼食会が中野の中華料理店Sで開催されました。この催しは，TQCの展開期にあたる今年，社員の家族の方々にもTQCの必要性を理解していただき，“家族ぐるみのTQC”を実現するために企画されたものです。40世帯85人の方が出席されました。皆，緊張した面持ちで社長の話に耳を傾けておりましたが，会場をSに移して懇談会に入ると，次第になごやかな雰囲気になり，会食も進んだようです」。この家族昼食会のあった前々日の23日には当社の設立23周年，会長53歳の誕生日を祝う宴が同じくSで開かれ，「社員一同から花束を贈呈され大層ご機嫌だった」，と記してある。

TQC推進室の役割と責任は重い。失敗を許さない厳しい状況の中で確実に品質管理意識の啓蒙を図らなければならない。「未開文明の地に徒手空拳で布教に臨む宣教師」の心境だと互いの立場を表現したものである。

TQC推進室の主たる活動結果を列挙すると以下のとおりである。

〈TQCの啓蒙期：昭和55年度～56年度〉

・QC手法の習得と品質管理意識の啓蒙

79　日本科技術連盟が主催する洋上研修で昭和46年が最初である。私を含む当社社員が参加したのが昭和56年であるからちょうど10回目の洋上大学となる。大型客船コーラル・プリンセス号の船内では全国の企業・組織から選ばれ派遣された優秀な人材が多く，職場活性化のためのQCサークル活動（小集団改善活動）について時間を忘れてGD（グループディカッション）と演習に取り組んだ。講義は品質管理・QCサークル活動のスペシャリストが行い，豊富な経験に基づいた実践的な内容であった。訪問先の台湾，香港では現地企業と交流会や市内視察など魅力的なものであった。約2週間の船旅は今も思い出に残る贅沢なひとときであった。海の藍色の変化と降り注ぐ無数の星の感動は忘れられない。現在は「洋上大学」は更なる発展を期して「ASEAN訪問・洋上研修」に名称が一新している。

・小集団活動の導入による改善活動への取り組み
・既存建築物の一斉点検による不具合の現状把握

〈管理体制の基礎づくり：昭和57年度〉
・方針管理のしくみとマニュアルに基づく年度方針の展開
・品質保証・原価管理体系図の作成
・施工管理基準と作業手順書の作成・活用
・データの収集による不具合の解析活動
・協力業者QC教育の実施とQCサークル活動の導入

〈管理体制の整備と品質保証活動の実践：昭和58年度〉
・管理項目の整備による方針の部・課への展開
・品質保証の各ステップでの作業項目の整備
・顧客要求品質の把握と設計検討会の実施
・QC工程図の作成と活用による作業所での管理改善活動の推進
・後請補償のデータ化とそのフィードバック

〈管理の向上と総合力の結集：昭和59年度〉
・社長診断と部課長点検による評価・処置の実施
・問診折衝質問表・設計品質設定シートなどの活用による設計品質の向上
・重要品質項目改善活動の全作業所への展開
・協力業者と一体となった品質の造り込み

〈デミング賞実施賞中小企業賞への挑戦：昭和60年度〉
・品質情報処理の電算化による品質情報管理の充実
・顧客満足度評価と設計検討会評価の充実による設計品質の向上
・協力業者指導・支援の強化による自主管理能力の向上

・企画原価段階でのコストプラニング活動の充実
・管理改善活動の推進による業務の質の向上

以上，その活動は多岐にわたる。今にして思えば，若さゆえに恐れを知らない挑戦であった。ここに，今は亡き一人の社員の活躍をその名誉のために紹介したいと思う。

〈ティーチャーと呼ばれた男〉

先でも少し紹介させていただいたが，「ティーチャー」の愛称で皆から呼ばれ，親しまれた社員がいる。当社が学卒社員として最初に採用し，入社した生え抜きの社員である。その人の名は，T・Kさんである。新潟市の出身で，武蔵工業大学工学部建築学科を卒業し昭和42年4月1日入社。その後昭和56年に当社がTQCを導入すると，TQC推進室の要となって，社員及び協力業者をデミング賞受賞に導いた功労者である。

高名な品質管理の朝香先生始め，鐵先生，川村先生とのコネクターとして活躍された。

指導会では社員の代表としてしばしば集中砲火を浴びたものである。それでも負けずに食い下がる姿が懐かしい。私たちはそのやり取りをただ傍観するだけで無力であった。

昭和56年といえば，若干38歳での抜擢であり，その若さで全社を牽引したと思うと企業そのものが若かったということもあるが，今の30代と比較すると雲泥の差である。

デ賞受賞後は，入社して来る若手社員にQCとは何か，TQCの基本を説いた。データに基づく解析を得意としQC七つ道具を自在に操り，技術者としての知識の広さを披歴した。

そのT・Kさんが，平成8年8月22日，53歳の若さで急逝された。その年の正月6日，当社の新年賀詞交歓会が協力業者を交えて本社3階大会議室で行われたが，無類の酒好きの彼が，「どうも胃の調子が良くなくて，もたれる感じがするので，帰らせてもらうよ」と言って，新年賀詞交歓会にも出ずに帰宅したのである。

在職中の最後の職位は「参事」で，社員からは「ティーチャー」とか「参事」と呼ばれ誰からも慕われていた。忘年会や社員旅行では必ず酔いつぶれてしまうほどに酔いながら故郷の民謡「佐渡おけさ」か，上京した時を懐かしく思い出しながら，井沢八郎の「ああ上野駅」を熱唱したものである。

平成4年夏の社員旅行は佐渡ヶ島であった。この時，宴会で「生バンドで唄いたい」「カラオケではなく，生バンド付きでステージで一度やってみたかったんだ」と無理を言い‥‥酔いで音程は崩れてはいたものの，マイクを握り大いに会場を沸かせたものである。

闘病生活は8ヵ月に及んだ。その間多くの方々が見舞いに訪れた。葬儀場で会長が流した涙が忘れられない。さぞ無念であったろう。当社の成長期の礎石となった人物である「ティーチャー」に乾杯!!

2) 社員教育

社員教育はTQC推進室が中心になって行われた。その内容は多岐にわたる。品質管理意識の啓蒙から始まり，管理意識の高揚とデータの活用，管理能力の向上と品質保証活動の実践，協力業者との一体化活動の推進に至るまで，年度毎にレベルアップを図れるよう教育プログラムを組み，それに基づいて実施されている。

教育は，全社員を対象とするもの，役員，管理職，監督職，一般職と職位を対象とするもの，あるいは内容によっては社員の中から選抜して行われた。

TQCの考え方，TQC導入の目的は全社員を対象として外部指導講師（鐵先生が中心となって）による研修会で徹底的に叩き込まれた。方針管理の必要性，方針管理の展開・管理項目，方針管理と日常管理の進め方等は管理職・監督職を中心に，また，QC手法，いわゆるQC7つ道具の習得は基本中の基本として役員を除く全社員に徹底的に叩き込んだ。管理職，作業所代理人クラスには，これら統計的手法を活用し問題解決や改善活動をリードできるレベルを，その他一般社員は，品質管理の基本的な知識を理解し，QC7つ道具などを用いて職場内の問題を解決できるレベルをめざした。工事部社員には施工管理勉強会を開き，施工管理基準・帳票を作成させ活用を義務づけた。その他，小集団活動—QCサークル活動の進め方，発表方法等は監督職・一般職を中心に行った。研修会場もあるときは本社内で，またある時は外部の研修施設を借りて行われた。

さらに，協力業者の教育では，協力業者トップセミナー，職長教育の実施（FBC），内友会の結成と会による自主的勉強会のサポート，幹部・職長合宿研修を行っている。

こうした地道な教育により，社員ならびに協力業者に方針管理の重要性が理解されるようになり，業務にQC手法が活用されるようになった。デミング賞受審の前年には管理のサイクルを業務に結びつけて回せるようになったし，解析力も向上した。協力業者の自主管理も定着し，小集団活動も活発化した。

図表3-2は，デミング賞受審の前年までのTQC教育の実施状況をまとめたものである。

なお，社内教育のうちQC手法の習得，小集団活動—QCサークル活動，社外研修への派遣及び協力業者の教育については別に項を設けて紹介する。

① 社内教育—QC手法の習得

会長の回想から‥‥，「「ただ単に働いたから成績が上がった」では説明にならず，論理的・科学的に証明しなければなりません。「QC7つ道具」といわれるパレード図，チェックシート，ヒストグラム，散布図，管理図，特性要因図，層別がバランスよく使われている必要があるのです。当然，うそや主観が入り込む余地がありません。

分析手法を全社員が理解し分析（結果）が合致するまで，つまり，自分

図表3-2　TQC教育の実施状況

職位	主なコース名	主催	教育のねらい	受講者
役員	重役特別コース 経営幹部特別コース	日科技連	経営者としてTQC推進に必要な知識を習得	5人
管理職	管理職合宿研修会	社内	方針管理を中心に管理者として必要な管理手法の習得と実践	延べ199人
	部課長コース 建設業のTQC管理者講座 TQC推進担当者コース	日科技連 規格協会 日科技連	管理者として必要なTQCの知識，QC手法の習得とTQCを推進する力の養成	34人
監督職　一般職	ベーシックコース 普通科コース	日科技連 規格協会	統計的手法を活用した解析力の向上	28人
	職長基礎コース 現場長のためのQC講座 QCサークルリーダーコース	日科技連 規格協会 日科技連	グループリーダーとしてQC手法の習得と協力業者QCサークルの指導力の養成	81人
新入社員	内野FBC	社内	QCの基本的な考え方と手法の習得	15人

たちのものにするまでというには想像以上に大変なことでした。」（記念誌152頁）。

昭和56年にTQCを導入すると同時に始めたのがQC7道具の理解であった。この基本的知識の理解については，「主に日本規格協会の川村先生にご指導いただいた。TQC推進室のT君，S君が指導役になってほかの社員に意図を伝えていくということの積み重ねで，総合的な品質管理がしだいに理解され，社内で構築されていきました。そういうことで，やはり徹底されるまでには5年はかかるのですね」「当時のことを社員に聞くと，家族から「あなたはセブンイレブンだ」とよく言われたそうです。つまり，毎日，朝早く起きて夜遅くまで働くから。そんな毎日が続くのだから，社員のモチベーションの維持も大切でした」（記念誌152頁）。

TQC推進室は，昭和56年11月16日に，B4横サイズ1枚に「QC7つ道具」のわかりやすい説明書を作成しており，新入社員研修においても活用されている。また，昭和58年9月の社内報創刊号から7回に分けて「やさしいQC教室」を連載して，おもしろいデータ，解析上の問題点，参考になる事例を紹介している。さらには日科技連が発行している「FQC」誌（この年の8月末現在で，全国には16万5千強のサークルがあった）を毎月各グループに配付し輪読会を奨励している。

例えば，昭和58年10月号では，ヒストグラムを用い社員の年齢を表し，それを層別している。全社員n=168で，平均34.48歳，本社関係では38.73歳，施工管理部で28.8歳となり，施工管理部が「若き集団」であることが一目瞭然にわかるというものである。

特性要因図は取っ付き易いが特性を導きだすのが意外と難しかった。レーダーチャートも利用したし，パレート図や散布図も比較的利用された手法である。やはり，管理図に至ってはある程度の理解が深まらないと使いきれず，四苦八苦したものである。

第6回では工程能力についてP管理図（工程不良率pによって管理するための管理図）の活用を説いている。p=pn（不良個数）/n（検査数），n=変動。サッシの建入精度（測定箇所－手直し箇所），電気ボックス曲がり（取付箇所－手直し箇所），作業所朝礼の参加率（参加予定人数－未参加人数），月度請求書手直し率（請求書枚数－修正枚数）という具合である。

生半可な理解と活用を叱られ，苦労したことを昨日のように思い出す。

会長の教育への情熱にはいつも頭が下がる思いであった。

会長は勉強家であり社員教育に情熱を燃やした人であった。「企業は人なりというわけで，人づくりはTQCの導入前からずっとやっていました。教育にはいろいろな形がありますが，教育する企業環境として，社員の安定的な生活を保障する会社であることを貫きました。たとえ力量が少し足りなくても，採用した以上は一人としてリストラはしません。採用した以上はその人に対して責任を持つという思いでやってきたのです。おそらく，社員にはリストラがあるかもしれないという心配をかけたことはなかったと思います。実際に我が社の離職率は極めて低いのです。社員教育やTQCなどありますが，まずは社員の安定的な生活を保障することも，人づくりの一環だと思っています」(記念誌152頁)。

自身は，敗戦という失意の中で将来の希望を見いだせないまま，社会に飛び出さざるを得なかった境遇に置かれ勉強することに渇望していたのかもしれない。よく，暇を見つけては机に座りあらゆる本を読み漁っていたのを思い出す。難しい言葉については辞書を引くように求められたものである。感銘したり共感した箇所には買ったばかりの真新しい本にさえ惜しみなくアンダーラインを引いていた。それもそっと軽く引くのではなく，力強く引いていた。それゆえに後から見てもその線の勢いと濃さに会長が既にお読みしたかどうか即座に分かったものである。

「私は様々な経営者が書いたマネジメントに関する本を読みましたが，特に誰かを見習ったとかいうことはありません。もともと第二次世界大戦後，ゼロから修業し，会社員を経て独立するという道を歩み，我流の考え方で，建設業一筋でやってきました」。

確かに誰に師事したということはなさそうだ。ただ，会長室の書棚には松下幸之助著『実践経営哲学』(PHP研究所，1978年）と『松下幸之助発言集』が第1巻から第45巻まで並んでいる。これらの書はいずれも氏の経営哲学と発言集である。中でも『実践経営哲学』は読み込まれていたように思う。その他，実務的には『中小企業の経営計画のつくり方と実例』(竹山正憲，日本法令1977年）や，『建設業の経営分析』(松尾政和，清文社1984年)，そして『新版建設業のTQC』朝香鐵一編集委員長，日本規格協会1986年）は，繰り返し読み，参考にしていたように思う。

社員への教育熱心は，日科技連のセミナー参加にも表れている。「各種研修のメニューを設定すると，我が社が必要とするセミナー開催情報をいちはやく届けてくれました。私たちが優先的に受講できるよう手配してくれていたのです」(記念誌153頁)。

会長の社員に対する教育への情熱にほだされたセミナー担当者がいたのである。

② 小集団活動―QCサークル活動

小集団活動は，社内ではQCサークル活動と呼ばれ，自部門内で業務を遂行する上で生じる身近な問題の解決を仲間と一緒になって解決することにより，業務の効率化，改善を図るというものである。QCサークルには，課・作業所など同一職場のメンバーで課・作業所の固有の重点項目をテーマに取り上げるQCグループ，部門に囚われることなく共通の問題を全社横断的に取り上げる自主グループ，さらには自社のみならず，協力業者を巻き込み合同で一業種では解決できない問題に取り込む合同グループに分かれる。その他，協力業者単独で行う協力業者QCサークルがある。

昭和55年12月時点で既に17グループの小集団が結成されており，昭和56年3月に第1回発表大会を開催している。TQC推進室は，活動の活性化を図るために，グループリーダー勉強会，グループ・フォロー者（部課長）合同研修会などにより，リーダーの養成に取り組んだ。

QCサークルはQC7つ道具を学ぶ場であり，QCストーリーを習得し業務改善に活用する場であった。

〈QCストーリーの習得〉

社員による小集団活動（QCサークル活動）は，TQCを導入してから3年目の昭和58年頃にはますます活発になった。社員はQCストーリーの理解を徹底的に叩き込まれ多くの社員は内容を諳んじるまでになった。また，改善のコツを掴むのも早く，実際の業務に成果が活かされていることに喜びを感じるようになっていた。それはまた，他の社員（グループ）からの称賛と存在を認められたことを意味し，集団の凝集力は一層強まった。発表大会では協調して競い合う競争原理も働き，職場は活性化されていった。

昭和58年7月13日，推進室は，QCストーリーの理解を再度確認する意味も含めて「QCストーリー」というB4版の展開図を作成し社員のみならず協力業者にも配布している。

ここで「QCストーリー」の概要を説明すると次のとおりである。

「QCストーリー」は，大きくPDCAのサイクルからなり，「P（計画)」は，問題点の洗い出し，テーマの選定，活動計画・現状把握・目標値の設定，解析を，「D（実施)」は対策・実施を，「C（確認)」は，効果の確認を，「A（処置)」は歯止めを意味する。そして問題が解決されるまでPDCAのサイクルが循環するストーリーである。

夕方，業務を終えた社員が三三五五集まり，ブレーンストーミングをする姿をよく見かけた。「問題点の洗い出し」や「テーマの選定」では上司方針に沿ったものか，テーマの選定では理由と目的は明確になっているか，効果は期待できるかなど，模造紙に特性要因図を書き，あるいはKJ法を使って絞り込んでいた。「現状の把握」では，チェックシート，グラフ，ヒストグラム，層別，パレート図等のQC 7つ道具を駆使して現状の悪さが正しく把握されているかを確認し，それを基礎に目標値を設定していた。「解析」では真の原因をつかむためにQC 7つ道具はもとより，系統図なども加え原因系のデータ解析を行った。勘と経験も活用しながら「なぜ」「なぜ」を繰り返した。「対策・実施」では，工法の検討など皆でアイデアを出し合い，役割分担（一人一役，全員主役）を明確にし，さらにコストにも配慮しながら重点指向で進めていった。「効果の確認」ではQC 7つ道具，とりわけヒストグラム，パレート図，グラフ，管理図を用いて，改善前後の比較をQ：品質，C：コスト，D：納期で確認した。無形の効果についても確認した。そして実行した対策が正しい原因を排除するものであったかを総合的に判断した。「歯止め」では，再発防止のために標準書を作成したり改訂したり，効果が維持できるようにした。こうして一応解決を見るのであるが未解決の問題が残るのが常で，それらは次回の改善テーマとなった。QCストーリーの習得は，仕事に限らず，人生のいろいろの場面で活用できる個人の財産となった。

連日連夜のQCサークル活動は，食生活が不規則になるおそれがあった。それを見かねて会長はついに，遅くまで残って活動する社員に夜食を提供することに決めた。

〈腹が減っては戦はできぬ〉

「社員のみんなはほんとうによくがんばってくれました。昭和56年（1981）から4年続いたのですが，日常業務をこなしながらQC活動を学ぶのです。毎日，夜10時くらいまで残っているのは普通なくらいで，終電の時間まで会社にいることもよくありました。そんな人のために，かなり上質な夜食を用意したものです」（記念誌151頁）。

QC活動が本格的に始まると，仕事とQC活動の両立はかなり難しいものになった。業務の合間にできる代物ではないし，管理職を除く社員にはQCサークル活動（小集団活動）が義務づけられていた。部門毎に1ないし2チームのサークルが結成された。1サークルは6，7名からなり，毎週定期的に集まるところもあれば，毎日のように会合を開いているところもあった。サークル活動は一人ではできないので，どうしてもメンバー全員の仕事が終わってからになる。したがって，部門によっては開始時刻が6時からのところもあれば8時頃からようやく始まる部門もありまちまちであった。

そうしたときに午後10時過ぎまでQC活動する社員には夕食（というよりも夜食）を用意することになった。本社ビル10階の一室が食堂に変わった。栄養士の資格をもった賄いさんを臨時で雇い専門に夜食を作ってもらうことになった。

毎日バラエティに富んだ料理は，好評で，上質のヒレカツなどは人気も高かった。食費に糸目を付けず食材も豊富。特に肉類は会長が，ステーキが好きだったこともあり桜台の専門店から最上級の肉を買い提供した。午後7時頃から食事する社員が続々と食堂へ集まる。さながらこの社員食堂は他のサークルとの情報交換の場所であり，日ごろの苦労を語り合う場所となった。自己啓発と相互啓発の場としての効用も高かった。

もちろん，夜食を自前で提供することにしたのには訳があり，その一つが経費節減であった。それまでは，会社のすぐ裏にRという中華料理店があり，夜QC活動をする社員には1食あたり1000円限度に食事代を補助していた。これが結構な額になり，なんとかならないか検討を重ねた結果が自前の夜食の提供であった。このRという中華料理店は，こじんまりとした店構えで，客も多くなかったが，当社の社員が利用するようになってから急激に売り上げを伸ばしたようである。夜食を提供するようになってしばらくしてRは，目白通り沿いに新店舗を構えた。味もよかったのであろう，行列ができるぐらいに店も繁盛した。私達はよく「俺たちが出店資金の一部を出したも同然」と言ったものである。

さて，美味しい食事を毎晩食べられるようになると，その副作用に悩む社員も出てきた。

体重が増え貫禄ある体躯の社員を見かけるようになった。

③ 社外研修への派遣

図表3-3は，受審前の昭和58年12月から昭和59年8月ごろまでの社外セミナーへの派遣一覧である。

もとよりこれ以前から社外セミナーは受講していたが，それでも直前の派遣は異常と思えるほどであった。中核となる社員を集中して大量に派遣することで，自らを目的に向かって追い込んだのではないだろうか。

「日科技連で開催される研修コースには，毎回のように10名前後を送り込んでいましたから，受講者の大半が我が社の社員で占められていたこともあったほどです」(記念誌151頁)。

図表3-3　社外セミナー派遣一覧表

セミナー名	主催	期間	参加人数
ベーシックコース	日科技連	58.12.20～12.24	2
〃	〃	59. 1.24～ 1.28	2
TQC推進担当者コース	〃	59. 1.30～ 2. 1	1
部課長コース	規格協会	59. 2. 6～ 2.10	1
ベーシックコース	日科技連	59. 3.27～ 3.31	2
職組長基礎コース	〃	59. 4. 9～ 4.11	1
建設業のTQC	規格協会	59. 4. 9～ 4.13	3
QCサークル推進者コース	日科技連	59. 4.23～ 4.25	1
現場長コース	規格協会	59. 4.23～ 4.25	2
ベーシックコース	日科技連	59. 4.24～ 4.28	1
職組長基礎コース	〃	59. 5. 7～ 5. 9	1
QCサークル推進者コース	〃	59. 5.10～ 5.12	1
経営幹部特別コース	〃	59. 5.21～ 5.25	1
ベーシックコース	〃	59. 5.22～ 5.26	1
中堅社員基礎コース	〃	59. 5.28～ 5.29	1
普通科コース	規格協会	59. 6.18～ 6.22	2
事務販売コース	日科技連	59. 6.18～ 6.20	1
ベーシックコース	〃	59. 6.19～ 6.23	1
入門講座6日間コース	規格協会	59. 7. 9～ 7.11	6
職組長基礎コース	日科技連	59. 8.20～ 8.22	1
普通科コース	規格協会	59. 8.21～ 8.24	2
ベーシックコース	日科技連	59. 8.21～ 8.25	1
入門講座6日間コース	規格協会	59. 8.28～ 8.30	6
TQC推進担当者コース	日科技連	59. 8.30～ 9. 1	1

こうして社外セミナーへの派遣により一定の教育成果が上がったことを確認すると，直前の1年間は，社外セミナーへの派遣をピタリと止めて，総力をあげて「品質管理実情説明書」の作成に取りかかった。

④ 飴と鞭

経営者の資質については第4章で考察するが，その一つに人心の掌握に卓越していることがあげられる。“機を見るに敏”とは，このことで，社員がそのときどきにどんな気持ちで仕事に取り組んでいるのか，デミング賞への挑戦ということで，どれほど緊張しているか，それを緩める効果的な手立てはなにか，だからといって緩め過ぎればその後の業務に支障が生じるかもしれない。その加減がむずかしい。

そうしたデミング賞受審まであと1年とない昭和59年秋，突然，「社員旅行をしよう」ということになった。簡単に社員旅行の実施といっても参加するだけの人には息抜きになってもそれを仕切る総務（幹事など裏方）には，旅行代理店との日程等の打ち合せ（イベント内容，料理，参加者名簿の作成）など，準備に結構な手間と時間のかかる仕事である。一方，実施するからには社員に喜んでもらえる内容にして期待に応えたい。

【白樺湖】昭和59年10月7日，8日

昭和59年と言えば，デ賞挑戦までに1年を切った時期である。皆緊張した日々の連続で多忙をきわめていた時期である。遡ること2年前の昭和57年秋の社員旅行以来である。この頃の社員旅行は，名ばかりですべてが研修を兼ねての旅行であった。このときばかりは旅程表に研修が含まれていないことから，「ようやく娯楽中心の社員旅行をやることになった」と，時の幹事が記録を残している。ただ，何故に突然旅行を実施することになったかについて，「今回組織変更を行った目的：全社一丸となって原価削減に取り組むためであり，個々のコスト意識変革はもちろん，相互協力態勢が非常に重要であることから社員相互のコミュニケーションを図るため」である，と。

社員旅行も単純な慰労・レクリエーションの類ではない，深謀遠慮が見えている。

10月7日，午前8時に本社前から貸し切りバスに分乗し，中央高速を利用して諏訪から茅野，白樺湖へ。宿泊先は池の平ホテルである。東京は曇り空であったが，白樺湖は真っ青な秋晴れに恵まれた。到着後は美ヶ原高原へ向かう観光組と，ソフトボールやバレーボールの組に分かれて思い思いの旅行を楽しんだ。

「ソフトは，若者から部門長さんまで，レパートリーの広い顔ぶれでした。数時間もやればさすがに部長さん達はバテぎみ。男性の中に女の子が2人，ボールをバットに当てるというより，優しいピッチャーがバットに当ててくれていたという感じ。それがまた女の子だけは，ヒットになるんだよねー。ナゼカ。広々とした自然の中で，気分爽快でした!」「バレーボールは全員で9人，アーアー疲れた。若者のみのグループで，子供のようにハッスル。3時間もバレーした人は，ほとんど狂人!」等々。

夜は多才な芸人たちが賑やかに宴会を盛り上げてくれた。

翌日は，サントリーワイナリー工場を見学し，途中ぶどう狩りを楽しみながら午後5時に本社に到着し解散。

「忘れた頃にやってきた」旅行だけに，社員の満足度は最高だった。

3）協力業者の教育

建設産業の特徴の一つは，外注依存度が高いことであるが（第1章），当社も例外ではない。これら下請協力業者の協力なくして建築物を造り上げることはできない。重層下請構造の問題はあるものの，共存共栄の理念のもとで一体となって事業を展開しているのが実態である。

TQCの導入により，その成果を求めるとなれば，当然，協力業者の理解と協力なくして成功に導くことができない。幸い，当社には昭和43年（1968）に発足した安全協力会があり，協力業者との信頼関係はできあがっていた。しかし，実際に建築現場で技術・技能を発揮するのは，職長，職人さんである。当然その固有技術にばらつきがある。「造り込み段階の不具合は，後で手直しすれば良い」という考えの人も多く，品質管理意識の啓蒙は社員を相手とするのと違い一筋縄では行かなかった。

TQC推進室の苦悩は，品質管理意識にばらつきが大きく，「いまさら小難しい勉強などまっぴらごめん」という彼らに，如何にしてTQCの必要性を説き，そのばらつきをなくするかであった。

TQC推進室が最初に取り組んだのは，主要協力業者幹部を対象にトップセミナーを開催し，社長自ら品質管理意識の重要性を訴えたことである。それを受け，安全協力会とは別に，主要協力業者から成る「内友会」が結成された。そして，TQC推進室が主体となって「職長に対するQC基礎コース（内野FBC)」を開講し，さらには基礎コースを受講した職長がリーダーとなってQCサークル活動が運営されるようサポートしたことである。昭和58年4月には第1回内野協力企業QCサークル大会が早々と開催されるまでになった。当社がTQC導入を宣言してわずか2年後のことである。TQC推進室の真摯な姿勢が職長，職人の心を揺り動かしたのである。

当時の協力業者の教育実施状況をまとめたものがある。それが図表3-4である。主催者の「社内」には，本社内での教育もあれば，協力業者幹部・職長合同研修として外部の研修施設を利用したもの，近郊の熱海，湯河原まで足を延ばして慰労を兼ねながらの宿泊研修も含まれている。

図表3-4　協力業者の教育実施状況

<table>
<tr><th>対象</th><th>主なコース名</th><th>主催</th><th>教育のねらい</th><th>延受講数</th></tr>
<tr><td rowspan="2">幹部</td><td>部課長コース
建設業のTQC
QCサークルトップコース
QCサークル推進者コース</td><td>規格協会
〃
日科技連
〃</td><td rowspan="2">協力業者幹部として必要なQC手法の習得とQCサークル活動の推進に必要な指導力の養成</td><td>15人</td></tr>
<tr><td>内友会品質管理勉強会</td><td>社内</td><td>660人</td></tr>
<tr><td rowspan="2">職長</td><td>QCサークルリーダーコース
現場長のためのQC講座</td><td>日科技連
規格協会</td><td rowspan="2">QCサークルリーダーとして必要なQC手法の習得と自主管理
能力の向上</td><td>16人</td></tr>
<tr><td>内野管理改善コース
内野FBC</td><td>社内
〃</td><td>383人</td></tr>
</table>

以下に協力業者代表の決意や指導風景を記録したのがあるので一部紹介する。

—社員に少し遅れて協力業者（その時々に応じて「協力企業」とか「下請業者」という）への啓蒙普及が始まった。その取り組みの事情は推進室の女性社員N・Sさんの功績が大きく，多くの資料が保存されている。当時は現在のようにPCなど便利なものはなく，ようやくワープロが東芝やシャープから商品化（例：「書院」）され市場に出たばかりであった。したがって報告書その他の文書の作成には字の上手な人は貴重な存在であった。幸い，N・Sさんは書道の上位有段者であった。今もその美しさは色褪せていない。

昭和56年3月26日「TQC推進計画〔概要説明書〕」に当時の協力企業代表者H建設会社のH社長のTQC参加の決意が以下のように記されている。

「TQCの理念と考え方は，親会社である㈱内野工務店と協力会社である私達とは，同一の立場と責任にて推進していくことが大切だと確信しております。これからは“新しい内野工務店”を築くために，私達は㈱内野工務店グループの一員として，TQC推進計画によろこんで参加し協力し協調し，社員の方々と共に“より品質の高い建物を”“よりよい仕事”を目標に，努力邁進する所存です。････」と。

「社内だけでなく，下請企業も巻き込んでの活動となります。当社には100社ほどの関連企業で構成する「安全協力会」という組織があるのですが，こちらもやはりみなさんホテルへ来てもらい，導入の経緯や内容を説明して，ときにはお酒も飲んでもらって気持ちよく参加してもらえるようにしていったのです」（記念誌151頁）。後に主要協力企業40社から成る内友会が結成され，他協力企業の範となるべく全作業所で自発的なQCサークル活動が展開されるのである。

内友会の活動記録によれば，昭和57年4月28日，29日に朝香先生，鐵先生を指導講師にお招きし大磯プリンスホテルで協力企業の社長さんたちを集めてトップセミナーが開かれている。こうした活動は昭和58年にはさらに頻度を増し，「QCサークル活動の活性化」と「作業標準の整備」を方針に掲げ，作業手順書の作成と遵守，チェックシートによる品質データの収集等について研修を行っている。

同年4月には湯河原厚生年金会館（現ニューウエルシティ湯河原）で合宿セミナーを，10月にはフコク生命研修センターで合宿セミナーを開くなど，両施設は本当に飽きるほど利用したものである。

協力業者QC教育は，主に推進室スタッフにより行われたが，外部講師による講習も盛んに行われた。その貴重な第1回目の指導会がいつ行われたかを知る資料が残っているので紹介する。

川村正信先生。日本規格協会から派遣された先生で，第1回目は，昭和55年8月19日から21日の3日間，「QC社内研修会（QC手法指導会）」が本社3階の大会議室と小会議室（現在は経理課と原価管理課の部屋となっている）で行われた。出席者は74名である。先生による指導会は昭和58年3月17日の「第3回内野工務店協力企業QC職長コース」が最終回で延べ25回に及んだ。指導会終了後，中野の中華料理店Sで打ち上げが行われ55名の職長さんが出席し労をねぎらわれた。

そして，なんといっても最強の特別講師は社長であった。昼夜を問わず，進捗状況を確認し，期待に沿わないとTQC推進室の指導の甘さを容赦なく指弾した（昨今，指導の仕方については簡単にパワハラだと非難する風潮があるが，今から40年前は，叱られる方も自身の不甲斐なさを自覚していたから，そうした受け止めかたをする人は皆無であった。皆，前向きに受け止めたものである）。

内友会の活動も昭和59年には社長の期待に応えるべく緊張感をもって進められた。同年8月に行われたフコク生命研修センターでの合宿では，内友会47名，職長119名が集合し，「効果あるQC活動の推進」についてGDが行われている。活動の結果，品質は本当に良くなったのか，改善によりコストは下がったのか，納期は短縮できたか，仕事の量は増えたか，作業手順書の改訂を行っているか，について厳しい意見が取り交わされたようである。

外注依存度の高い建設産業（とりわけ作業所）は，協力業者と共存共栄の関係にあり一体となってプロジェクトを進めなければならない。TQCの基本的な考え方を押し進めることは大変労力の要ることであった。「協力企業にしても，それは大変だったと思います。日本規格協会から川村正信先生が指導に来られたのですが，協力企業の方たちからすれば座って講義を聞くことだけでも窮屈なものです。最初は嫌がっていましたが，それでも最後まで協力してくれました」（記念誌154頁）。

そして，協力業者のQC教育は着実に成果を出した。昭和58年4月には第一回内野協力企業QCサークル大会が開催され，内野FBC研修は多数のQCサークルリーダーを誕生させた。7月のQC職長コース研修（講師は川村正信先生）の受講者は約90名を数えた。この年，QCサークル数は初めて40を超えた（昭和59年度，最終的には50を超えた）。昭和59年度の作業手順書活用率はほぼ100％に達し，作業所と一体となって活動が推進されたことがわかる。サークル活動による改善件数は300件に迫り，提案件数は500件を超えた。社内外の研修による延べ受講者数は，昭和60年3月末で，幹部クラスが675名，職長クラスが399名を数えた。

これらの成果に社長は，「協力企業のモチベーションを維持していくのは並大抵なことではありませんでした」と述懐している（記念誌155頁）。

そして何よりも，協力業者と一体となったTQC活動は，「後工程はお客様」の考え方を浸透させる無形の効果をもたらした。

その後，内友会は解散したが，主要メンバーの多くは安全協力会の要職に就いて，その時に培った精神は今なお連綿と続いている。

協力業者の協力なくしてデ賞の受賞は不可能であった。とりわけ後に述べるBスケジュール（通称「Bスケ」）の審査は，作業所のQC活動の実態を審査するものである。それは協力業者の協力なくして成り立たず，まさに主役を演じたのである。

4）外部への情報発信

TQC導入の成果を発表する場として品質管理全社大会が行われた。年に数回開催されたこの大会は優秀なサークルに賞金を贈り表彰したこともあり，社員の関心がひときわ高かった。そして，そこで力をつけたサークルは会社の代表として，さらなる高みをめざして社外の発表大会に挑戦した。

① 品質管理全社大会等の開催

品質管理全社大会は，日頃のQCサークル活動の成果を発表する大会である。初めの頃は，対象も社員に限られ，会場も本社3階大会議室を利用したこじんまりした大会であった。ところが，回を重ねるうちに内容が充実してくると発表にも各サークルの趣向が凝らされるようになり，「見せる大会」を意識するようになった。会場も受審前の昭和58年と59年は2年続けて，社外の練馬文化センターを借りて盛大に行われた。日頃，当社が取り組んでいるTQCの成果を内外に知らしめるねらいがあり，下請協力業者はもとより当社が建築施工した顧客（建築主），設計事務所，取引金融機関等を招待し，いかに当社が品質重視でかつ顧客第一主義の経営を行っているかをPRする場としてアナウンスしたのである。その大会風景は地元新聞社のニュースにも取り上げられた。

当時，品質管理全社大会は，毎年11月の品質月間[80]行事の一環として行

80　昭和35年（1960）に毎年11月を「品質月間」とすることが各種団体からなる委員会によって決定された。主催機関は日本科学技術連盟，日本規格協会，日本生産性本部，日本能率協会，後援機関は科学技術庁（現在の文部科学省），通商産業省（現在の経済産業省），日本商工会議所，日本放送協会と決められた。品質月間行事としては，デミング賞表彰式（日本科学技術連盟）が開催され，企業は品質管理大会を中心に各種講習会を開催したほか，Q旗の掲揚，標語・ポスターの掲示などをして雰囲気を盛り上げた。当社も11月になると正面玄関に大きな「品質月間」と描かれた懸垂幕を掛けた。当社4階屋上には社旗等を掲揚する3本のポールがあるが，うち1本に白地に赤のQ旗を掲揚した。以降，Q旗は，常に掲揚されるようになり今日まで続いている（他の2本は社旗と安全旗である）。

われていた。

ここで，通常本社内で行われていた品質管理全社大会についてその流れを紹介しよう。

開催日は，11月下旬の日曜日が多く，時間は，午前8時20分から午後5時30分までを一応の目安とした。しかし，この終了時刻が守られたためしはない。表彰式の後の社長の講評が延々と続き，大抵午後7時30分を回っていた。大会の告知は約1ヵ月半前にTQC推進室からされ，報文提出は大会の10日前までを原則とした。B4の指定用紙に3枚を限度に作成した。第一次審査で，本社部門と工事部門を合わせると毎回15前後のサークルが発表を許された。発表方法はOHPフィルムにより投射するもので，今日のようにパソコンを利用したプロジェクターのない時代である。カラーのフィルムシートを用意して重要部分を識別するなど，それぞれが趣向を凝らしていた。発表時間は15分とし，質問7分，講評3分を原則して，時間が到来するとタイムキーパーがベルを鳴らした。

評価は7人の上位管理者が所定の評価方法により評価し，総合得点の高い順に順位づけを行った。優秀サークルには賞金と表彰状が贈られた。優秀賞1，優良賞2，努力賞2及び参加賞である。参加賞には1万円が贈られたから，上位入賞サークルには結構な金額の賞金となった。また，これとは別に出席した社員には一律5,000円の手当が現金支給されたので，多くは大会終了後，近くのお店で祝勝会や残念会が開かれたものである。

次に，昭和58年11月に開催された品質管理全社大会と昭和59年11月に開催された品質管理全社大会の模様を私の備忘録から紹介する。

昭和58年は，「TQCの展開期」ということで，QCサークル活動も板につき，社員にも自信がついてきた年である。サークル活動の成果は，本社3階大会議室で行われるのが通例であるが，社外に成果を問うために日科技連主催の各種大会等に参加することも多くなった。また，社内大会でも，社外に会場を借りて大規模な大会が催された。

昭和58年11月19日，第6回㈱内野工務店品質管理全社大会が練馬文化センター小ホールにおいて開催された。参加者数は，指導講師2名，社員161名，社員の家族70名，協力企業298名，顧客33名，金融機関15名，JV工事関係者11名，新聞社3名，59年度に入社予定の内定者15名の総勢608名である。当日は雲一つなくカラリと晴れた晩秋の穏やかな一日であった。

内野三郎大会委員長は，「‥‥この大会を機会に造り込みの品質，出来映えの品質に対する考え方をより深く認識し‥‥最終的には顧客の希望に応える作品を引き渡し，施工から竣工後も安心感，満足感と誇りのもてるものとなるよう，各業者が連携を密にして活力ある内野全体の活動を目指したい。」と挨拶された。

改善事例の実施結果報告が10件発表され，3サークルが優秀賞に輝いた。RCサクセッション（工務部）の「概算見積りシステムの改善」，トムキャット（施工管理部）の「地下・基礎工事の施工管理の改善」，及びモッコーズ（協力企業N木工所）の「新工法における洋間敷居の不陸改善」である。

参加者からは「現代を担う若者が，これほど一生懸命に改善していることは，とても心強く，立派なことだと思った」とか，「専門的なことがらはわからない部分もあったが，皆さんの熱意が感じられ，素晴らしい大会だった」との声を寄せられた。

改善事例の発表後には，鐵先生，川村先生の特別講演が行われた。

この大会は，品質保証体制の確立に向かって歩む内野の姿勢を内外に知らしめた大会であった。この年の1月にはフコク生命研修センターで朝香先生の厳しい年頭の言葉をいただいている。おかげさまで，その成果の一端を示すことができた大会であった。さらに8月には資本金を1億4,400万円（前年増資）から1億8,000万円に増資（2年連続増資）している。昭和58年はまさに変革の年で，内容の充実に一層磨きをかけた1年であった。

発表大会終了後，会場を本社3階に移して懇親会が催された。懇親会への参加人数も予想を大幅に上回る推定300名が参加している。

すべての日程が無事終了し，大会関係者としてホッと安堵したことを覚えている。

昭和59年11月17日，第8回品質管理全社大会が練馬文化センター小ホールにおいて開催された。昭和58年の第6回全社大会以来2度目の文化センターでの大会である。

規模も前回同様の盛況さで，社員には緊張感の中にも2度目という安心感が漂っていた。受審前年とあって，少し先が見えてきたせいか朝香先生も初めて文化センターにお見えになった。終了後の特別講演で品質保証について次のように話されている。

「内野の体質が良くなるためにTQCをやり，どうしたらよい体質になるのか，今の状態で満足してよいのだろうかと私は考えるわけですが，今の企業体質を良くして受注高において，あるいは完工高において，同業他社を断トツに抜いてしまうことです。だから何のための品質保証なのか，何のための原価管理なのかということをよくお考えになっていただく‥‥，うちの施工というものがいかにお客さんから評判を得ているかということです。要は，品質保証のための品質保証ではなく，ユーザーの要求品質は年々変わっていくわけです。その変化を先取りして，それに応える品質保証でなければならないのです。そのために皆さんは勉強もしなければならないのです。

品質保証の結果，1年，2年経ったときに，同業の他社と比べてみた場合，内野はこんなに良いのだと言ってもらう，そこが大切です。

自然的にお考えになって，当社を良くしていく，それがTQCだと思うのです。一つこの際，まとめることが必要ではないでしょうか。だからいつまでもTQCの勉強，勉強というのではなく，1つの踏み台を作る意味で来年は「デミング賞」というものにチャレンジしてそれを獲得しなければならない。立候補すれば必ず合格しなければならない。(中略)。
説明（発表）にしても，一つの説明のための説明ではいけないのです。私は皆さんが科学的常識を備えた人物になってくれることを願っているわけです。
定義がはっきりしないで，「形式的」ということを言ってもだめです。それぞれの部門で，自分達のやるべきことは何かをしっかりとらえなければならない。それをすれば，必ず機能別という問題につながってきます。そのため内野の設計，施工技術，あるいは外注関連会社が本当に品質保証に応じられる体質になっているかどうか，それが見渡されて脈絡一貫し，やっと機能別，品質保証となるわけです。例えば，今，コンクリート打設の問題でも，まず基礎を打設して，今度の生コン自体というのはどういう癖があるか実際に養生してみて，その結果はどうか，圧縮強度についてはどうなのか，繰り返してみて1回目の失敗を2回，3回とサークル活動でどんどん直していく。そういう脈略一貫性があってこそ品質保証なのです」。
この朝香先生によるお墨付きを得て，昭和60年正月，会長は，初めて公に（本年を）「デミング賞に挑戦し獲得する1年」と宣言したのである。

方針実情説明会の準備にしろ，品質管理全社大会の運営にしろ，またその後に始まる「品質管理実情説明書」(「実説」)の作成にしろ，事務方の苦労は，今日とは比較にならないほど繰り返し作業や修正・変更が多く，時間と労力のかかる効率の悪いものだった。

〈パソコンがあったならば〉

「当時はまだパソコンが今ほど普及していませんでしたから，手書き図面や書類の変更なども大変だったものです。やっと書類作成が終わったなと思っても最終チェックでミスが見つかり，またやり直すということの繰り返し。社員一人ひとりが，こうして成長していくのですが，そのプロセスには大変なものがありました」（記念誌151頁）。

昭和50年代の中頃，文書作成は手書きが基本であり，複数必要な場合にはそれをコピー機でコピーするか，さもなければトレース紙に原稿を書いたものを輪転機で必要枚数刷り上げたものである。TQCを導入し始めてまもない昭和57年頃には，文書作成専用のワードプロセッサー（通称「ワープロ」）がようやく市場に出回り始めたが，価格が高く中小企業には手の届かないものであった（確か「書院」で170万円ぐらい）。東芝の「JW-10」，シャープの「書院」，富士通の「OASYS」，NECの「文豪」などが競り合いしていた。

当社では，TQC推進室に「書院」を入れ，徐々に文書の作成を機械化していったが，主流は手書きである。各部門はできるだけ字の上手な社員が，部門長が作成した原案を清書して開催される指導会（報告会）に臨んだ。作成中に誤字脱字があれば都度修正し，修正箇所が増えて原稿が汚れると新たに書き直すことを繰り返した。OHPも出始めた時期で，多くは模造紙にマジックで大書きして報告した。納期までに間に合わない時には模造紙の上に何重にも訂正文を貼り，最初からの書き直しを回避したものである。

今日では，ワープロが姿を消し，もっぱらパソコンが主流を占めるようになった。「間違いなく正確に作成する」という作業の前提は崩れ，「間違いが起こることを前提に作成できる」という利点から文書作成の際の緊張感は随分薄れた。古くは和文タイピストが貴重な存在であったことと比較すると，文書作成も楽になったものである。私自身，ワードや表計算ソフトを日常使っているが，今，当時の報告書類を作成するとすれば所要作成時間は当時の1/20ぐらいで済むのではないかと思っている。

OHPの活用もフィルムシートを使い，少し気の利いたグループはカラーにして必要箇所を強調したが，今ではプロジェクター（それも携帯可能な小型化されたもの）が主流を占め，明るい部屋でも鮮明に映写できるようになった（OHPを使って説明するときには照明を落として部屋を暗くしたので居眠りする者も多かった。しばしの休息の場であった）。

繰り返す作業の中で，最適な答えを紡ぎ出していくのであるから，大変な労力であった。指導講師に多くを指摘されずに済んだときは，少し活動に余裕が生まれたが，根本からやり直しを命じられたときは，悔しさと情けなさに本当に泣いたものである。

② QCサークル大会への出場

昭和58年の夏を迎える頃から，QCサークル活動も社内大会での発表だけでは物足りなさを感じるようになっていた。他社の実力を知りたいと思うようになっていた。「井の中の蛙大海を知らず」では，あまりにもお粗末である。また，指導講師の先生方からも社外の発表大会への参加を勧められていた。

昭和58年7月5日，北区公会堂において「第23回QCサークル京浜地区躍進大会」が開かれた。当社にとって初めての社外発表大会への参加である。参加グループは「オーシャン」，テーマは「作業所におけるQCサークルの活性化」である。施工管理部のE・Yさん，協力業者・協装のI・Kさんが発表に立った。TQC推進室総がかりで報文集の清書やOHPの作成に取り組んだ。「初めの頃は躍進大会の重大性がわからず，気楽にOHPを作っていたのですが，一度リハーサルに立ち会ってみると，メンバーの皆さんの意気込みに圧倒され，その熱意が強く伝わってきたのです」。結果は大会賞に次ぐ優秀賞であった。よほどうれしかったのであろう，同月16日の第5回社長診断会終了後，部課長，内友会メンバー46名が参加した受賞パーティーが中野の中華料理店Sで盛大に行われている。

昭和59年7月20日，「第1484回QCサークル躍進大会」が川崎産業文化会館で開催された。参加グループは「サーグループ」で，テーマは「保全工事におけるQCサークル活動」である。顧客用補修手順書を作成し，顧客の満足を得るという体験事例を発表したものである。リーダーのI・Sさんは，表彰時の「「株式会社内野工務店サーグループ殿」と呼ばれて出る時のステージの靴音と聴衆の拍手は，なんとも言えない感激でした」。OHPを担当したS・Tさんは，「各社選り抜きチームの中で，思いがけなく優秀賞に輝き，驚きと同時に無事責任を果したという安堵で喜びが後になって湧いて来ました」と，印象を述べている。

昭和60年6月18日，「女性大会」が東京郵便貯金ホールで開催された。総務課の女性3人で構成する「無限サークル」が参加した。テーマは「受付応対の質の向上」，当社にとって初の大会賞を受賞。8月に控えたデ賞受審に弾みをつける快挙であった。毎週水曜日をQC時間と決めて活動していたが，直前は毎日が水曜日，「練習を繰り返しているうちに，だんだんと欲が出てきてOHPにもこだわりが見え始めプロフェッショナル感覚になりました」。発表が終わって設けられた「対話コーナー」では改善事例について質問を受け，3人がハキハキと答えていた。表彰式では1番に呼ばれたので賞状を受け取る位置がわからず，客席に背を向けた形で受け取ったところ，その次から呼ばれたグループがそれに従うというハプニング，終わって冷や汗だったとM・Mさん。大会の模様は7月5日の日本経済産業新聞にも取り上げられた[81]。全員主役の躍動する時代であった。

(4) 品質管理の実施状況

TQC導入の目的は，方針管理，日常管理を通して顧客の満足を持続させる品質経営基盤の確立であり，社会環境の変化に対応できる人材の育成である。しかし，方針実情説明会や品質管理全社大会を何度か体験してい

---

81 このことは，日本科学技術連盟が発行しているQCサークル誌『FQC』（Quality Control for the Forman）No287号（1986年7月号）にも紹介された。平均年齢23歳，勤続1年半の若い女性3人による改善ということもあって話題になった。使用したQC手法は特性要因図，パレート図，ヒストグラムと限られていたが，お客様に参加いただいて現状把握や成果の確認をしている点が良かったと講評されている。なお，『FQC』は昭和63年（1988）1月号より，『QCサークル』に改称されている。

るうちに，それらの説明会や大会を無難にやり過ごすことに注意がいき，本来の目的を置き去りにしがちになる。朝香先生が「いつまでもTQCの勉強，勉強ではない!」と指摘するのも，本来の目的を見失いがちになる弊害を戒めるものであったと受けとめている。

本来の目的の実現のためには，品質保証，原価管理，作業所管理，営業活動のしくみなど品質管理に関わるしくみを構築して，それを全社的に水平展開することである。それによってはじめて，他社に追随を許さない，断トツ企業に脱皮できるのであるから。

以下，これらのしくみづくりをどのように進めたか，その活動内容をまとめてみた。

1）品質保証のしくみ

TQC導入の目的の一つは，当社が建築する建築物の品質を保証することである。そのためのしくみ（品質保証体制）をつくり，営業企画から設計・施工・アフターサービスまで一貫した組織的活動を推進することである。それは，とりもなおさず，当社ががむしゃらに突進してきたそれまでの軌跡を振り返り，改めて信頼のシステムを構築することであった。品質保証方針に「顧客が信頼して発注でき，施工から竣工後も安心感・満足感および誇りのもてる建築物の質を保証する」を掲げる所以である。過去への謙虚な反省と将来に向けての価値基準の表明ということでもある。

いま，執筆している最中にも，国内メーカーの信頼を失墜させる不祥事が相次いで露見している。性能データ改竄，無資格者による検査の実施など，それも日本を代表する企業の不正内容である。製造に直接携わった技術者だけでなく，本社の執行役員等，経営管理者層も関与する企業ぐるみの悪意ある行為に驚かされる。さらに驚くことにこれらの不正が始まった時期が昭和40年代の半ば，あるいは昭和50年代の初期に遡ることである。

各社の調査報告書からは，利潤を過度に追求する経営姿勢や製品の納期への重圧，組織の縦割り，経営陣と現場のコミュニケーション不足などいろいろと言われている。しかし，もともとこうした企業内での不正を完全に排除することは難しい。企業が大きくなればなるほど，企業統治が末端にいきわたらず困難をきわめる。競争優位に立つことが至上価値となって規範意識は薄れていくのである。いつしか負の企業文化となっていることにも気づかず全体が鈍感になっていくのである。

当社の創業者は，若くして苦労された分，昭和40年代から50年代にかけて，「安かろう悪かろう」を早くから問題視して憂慮していた。それがTQC導入の端緒である。先見の明があったといえよう。創業社長の強みでもある。

ここで，“TQC導入時，品質に係る問題点”をみてみると概ね次のとおりであった。

・営業と設計の連携がうまくいかず，施工段階で変更追加工事などが発生していた。
・全社的な施工基準が明確でなく，作業所責任者の経験と固有技術に頼りがちで，作業所間で出来映えにばらつきがあった。
・竣工引渡し後の後請補償が増加し，クレームに対する対応に追われていた。

＊「後請補償」とは，完成引渡し後に発生した瑕疵保証の範囲の不具合で修理費用を当社が負担するもの。

以上の問題点の解決，減少をはかるために行った主たる活動は次のとおりである。

a）品質保証活動の啓蒙（昭和56年度）

・既存建築物に対する一斉点検の実施による不具合の現状把握
・品質保証部会発足，品質保証活動における各部門の役割の検討
・工事部責任者をリーダーとした検査チームによる引渡し前の工事部検査の実施

⇒この結果，過去に引渡した建築物の不具合が顕在化し品質に対する危機感が芽生えた。

b）品質保証体制の基礎づくりと工法の改善（昭和57年度）

・組織的な品質保証活動の検討と品質保証体系図（図表3-5）の作成
・設計と工事の連携による居室仕上工法の改善
・営業・設計同行による顧客要求品質の把握
・施工管理基準作成による品質管理基準の統一
・竣工引渡し後の建築物に対する定期点検の実施（6ヵ月，1年，2年）

⇒この結果，品質保証体系図の作成により，各部門の役割が明確になった。また床組み工法など内装仕上げの工法改善が活発に行われた。

品質保証体系図の各ステップの概要は次のとおりである。

品質保証体系図は，仕事の流れを，縦軸に，営業企画，設計，施工，アフターサービスの各段階に大別し，横軸に，部門を表し作業項目に対する各部門の関わりがわかるようにしてある。

〈営業企画・設計段階〉

・営業情報を調査・分析し，企画図提案により顧客の建設意欲の喚起を図る。
・企画設計検討会により，基本的な顧客要求品質の確認と指摘事項の検討を行う。
・顧客要求品質に対して設計品質を設定し，基本設計，詳細設計検討会で問題点を明らかにし，不具合の未然防止を図る。
・上記の検討会において，関連部門の担当者が設計品質の評価を行い，「ねらいの品質」の向上を図る。

〈施工段階〉

・作業所ごとに作業方針を策定し，重点に管理すべき項目を明確にする。
・重要品質項目をQC工程図に表し，それに基づき作業手順書との整合を図り，帳票（日常管理シート，日常検査チェックシート）を活用し，協力業者と一体となった管理改善により「造り込みの品質」を向上させる。

 ＊「QC工程図」とは，品質の造り込みの管理方法，検査方法を定め管理すべき項目と作業手順の留意点を明確にしたもの。

・工事部検査による指摘項目の手直し終了後，竣工評価を行うとともに，顧客満足度調査により一連の品質保証活動の評価を受け，その結果の問題点を各部門において改善する。

〈アフターサービス〉

・竣工後は，不具合の先取りをするために，施工担当者が定期点検を行い，発見した不具合を早期に補修するとともに，設計・工事にフィードバックし再発防止を図る。
・顧客に満足度の評価をしていただき，問題点を各部門で改善する。
・後請補償の不具合データを関連部門にフィードバックし，再発防止を図る。

c）品質保証体制の整備と管理活動の推進（昭和58年度）

・品質保証規定の整備
・各ステップでの作業項目の整備による体系図の見直し
・顧客要求品質を把握するための帳票類の統一と設計検討会の実施
・品質を造り込むためのQC工程図の検討と作成
・後請補償の不具合の解析などによる重要品質項目の設定（結露，外壁漏水，設備漏水，タイル剥離，屋上漏水）

 ⇒この結果，顧客要求品質の把握ができるようになり，営業，設計に起

図表3-5　品質保証体系図（設計・施工一貫方式）

ステップ		顧客	社長	営業	環境整備	設計	見積	工事	作業所	内野住宅総合センター保全/住宅	帳票類
営業情報				営業情報 調査分析							企画情報シート
営業企画	企画提案					企画図					
		承認		企画図提案 顧客要求事項							企画概要書 初期情報シート 問診折衝 質問表
						要求品質設定					要求品質設定シート
						企画設計図					
				企画設計検討会							
							概算原価				
	設計契約	承認	承認	基本計画						テナント料試算	概算原価書 事業計画書
		契約		設計契約							設計方針書 設計品質決定
設	基本設計				近隣調査	基本設計図					
		承認		基本設計検討会							
	詳細設計				近隣交渉						
						詳細設計図					検討会説明資料，検討会質疑書，検討会評価表
				詳細設計検討会							

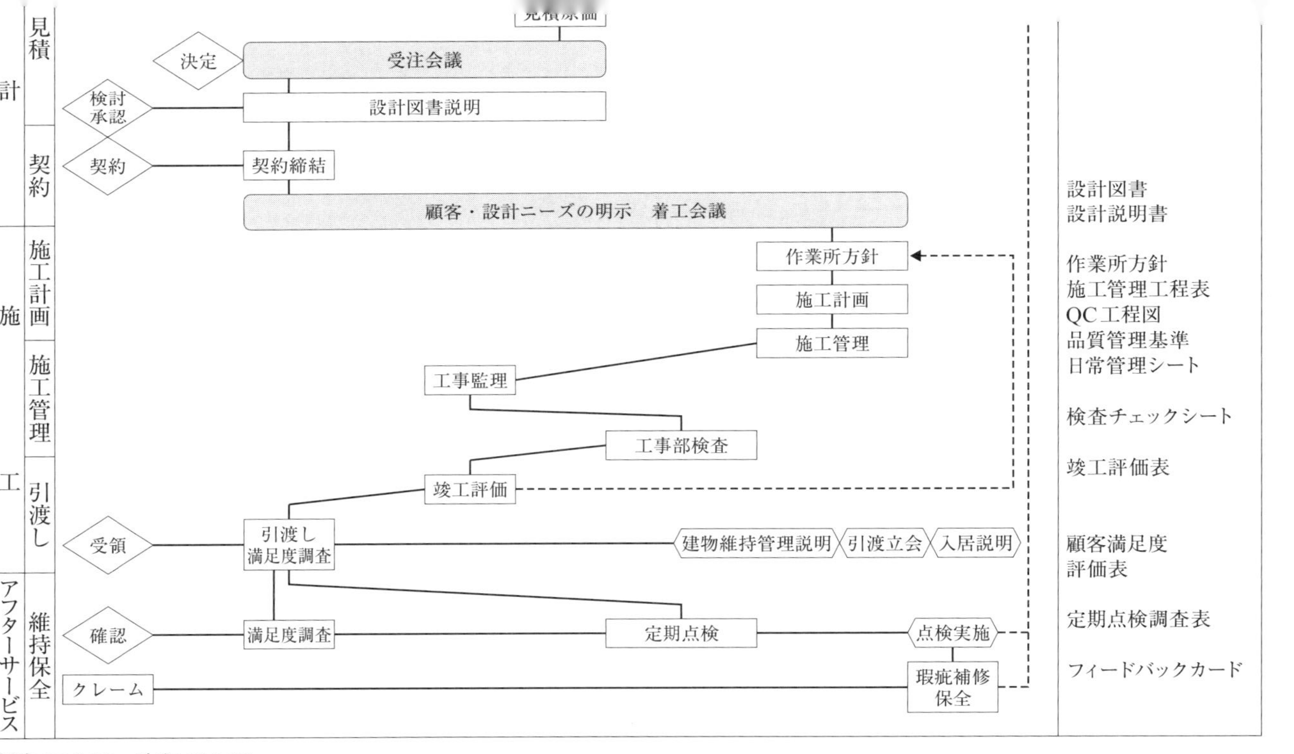

制定57.9.12，改訂60.3.20

因する不具合が低減してきた。また，後請補償もデータで把握できるようになった。

d）管理活動の充実と協力業者との一体化活動の推進（昭和59年度）

・問診折衝に基づく設計品質の設定
・日常管理シートの整備，活用
・重要品質項目改善活動の全作業所への展開
・協力業者自主管理の推進

⇒この結果，顧客要求品質を設計図書に具現化できるようになった。作業所においては，協力業者自主管理の推進により，作業所管理と協力業者自主管理が一体化され，「造り込みの品質」が向上した。

これらの品質保証活動の効果は，次のとおりである。

・設計品質の向上により，設計に関する顧客の満足度評価点が向上している。「便利性」「居住性」「外観」等7項目の平均点が71.1点（昭和58年度）から75.8点（昭和59年度）と上がり，なかでも「外観」の評価点が80点を超えるまでに向上した。
・コンクリート打設方法の改善により，ジャンカ・コールドジョイントの発生率が0.18%（昭和56年度）から0.07%（昭和59年度）まで減少した。

＊「ジャンカ」とは，コンクリート打ち込み時の充填が不十分のため，材料が分離して砂利だけがコンクリート表面に集まった状態，または砂利が鉄筋などにつかえて空洞ができた状態。

「コールドジョイント」とは，コンクリート打ち込みの際に，一度に打ち込みができず，硬化した後に次のコンクリートが打ち継がれることにより発生する不連続なコンクリートのジョイント部分をいう。外壁面に発生すると漏水の原因になる。

・型枠建入精度では，工程能力指数0.5Cp（昭和56年度）が1.2Cp（昭和59年度）まで向上した。

＊工程能力指数は，ある工程の持つ工程能力を定量的に評価する指標の一つであり，その大きい数字ほど望ましい能力を持っていることを表すように定義されている。評価値が0付近または0以下であれば，製品の特性が目標値と異なっているか，ばらつきが大きすぎるかである。

・後請補償費も戸当たり5,500円（昭和56年度）が1,000円以下（昭和59年度）に減少した。

以上は，有形効果であるが，それ以外の無形効果も勘案すると，TQC推進室の品質保証活動が間違いでなかったことを裏付けることとなった。そして同時並行して進めていたその他の管理活動（原価管理，作業所管理）にも弾みをつける結果になった。

2）原価管理のしくみ

「品質とコストは車の両輪と同じだ。どちらを欠いても車は走らない」と社長からは口が酸っぱくなるほど聞かされた。「企業は，営利法人であるから，社会へ利益を還元するにもまずは利益を生む企業に育てあげること大事だ。そのためには無駄なコストをかけないように，日頃から各人が業務の見直しを行うことが必要である」と。

原価管理のしくみづくりも，原価管理体系図を作成し，原価の流れと自部門の役割をステップごとに明確にすることは，品質保証のしくみづくりと基本的に同じである。

ここで，“TQC導入時，原価管理に係る問題点”をみると概ね次のとおりであった。

・実行予算に対し実績が超過することが多かった。
・各部門の管理が不十分であったため不具合金額が多かった。
・原価改善に対する意識が低かった。

以上の問題点を解決するために行った主たる活動は次のとおりである。

a）原価管理活動の啓蒙（昭和56年度）

・不具合情報伝達のしくみ作成

・不具合情報データの電算化

⇒この結果，不具合金額が顕在化し，原価管理の必要性が認識されるようになった。

b）原価管理体系図の策定による各部門の役割の明確化（昭和57年度）

・原価管理部会発足

・原価管理体系図の作成（掲載は省略）

・各部門での不具合情報解析の実施（見積りミスの解析，数量算出システムの電算化，外装タイルの施工改善）

⇒この結果，各部門の役割が明確になり，不具合情報の解析に基づく不具合低減活動を行うようになった。

c）原価管理体制の整備とその活用（昭和58年度）

・原価管理体系図に基づく作業項目一覧表の作成（体系図の改訂）

・概算工事費算出システムの電算化（チェックシステムの電算化）

・最終損益検討会の実施

・原価管理表と改善シートの作成，活用

⇒この結果，体系に基づく組織的な活動ができるようになった。また，改善事例（外溝排水の施工改善，パイプシャフトの改善）がでるようになり，施工段階における改善効果が増加した。

d）仮設経費管理の充実と改善事例の水平展開（昭和59年度）

・設計検討会での原価の検討（月次損益検討会の実施）

・改善シートの活用による原価改善の推進

・原価管理表の活用による仮設経費の管理

⇒この結果，仮設経費の実行予算と実績の差異が縮小した。また改善事例（内部専用部分標準数量算出システムの電算化，屋上防水立ち上がりの改善，階段型枠の施工改善，杭頭処理の施工改善）も水平展開され始めた。

これら原価管理活動の効果は，次のとおりである。

・見積り金額ミスが（例：内部専用部分仕上げ算出工程の電算化により）大幅に低減した。

⇒昭和58年度の時点で見積りミスを層別してみると計算ミスが全体の45.3％を占めていた。工程別に見るとすべて内部専用部分仕上げ算出工程で発生していた。内部専用部分は標準仕上げであり，寸法が固定していることから標準数量書の整備とその電算化に取り組んでいる。その結果，改善前に比べ約65.7％の低減を達成している。

今日ではあたりまえのことのようであるが，オフィス・コンピューターが中小建設企業にもようやく導入されて，管理のツールとして活躍しはじめた時期である。当時とすれば，大変な効率化であった。

・原価管理表の作成，活用により，仮設経費を中心に実行予算と実績の差異が縮小した。

⇒民間工事の「実績」は官庁工事と異なり「実行予算」を超過し差異が大きかった。

なかでも仮設経費の予算超過が施工利益を圧迫していた。それは，仮設外注費以外は発注稟議を必要としないため後手管理になっていたからである。これを受けて損料，運搬費の重点管理を行うため原価管理表を作成し，作業所における月度管理を実施した。その結果，損料，運搬費を中心に差異金額が縮小し，個々の作業所の仮設経費のばらつきも減少した（昭和57年度：$n=26$，$\bar{x}=-3.3$，$s=4.07$⇒昭和59年度：$n=28$，$\bar{x}=-0.9$，$s=2.55$）。$\bar{x}$は，標本平均。sは，標本標準偏差を表す。

・その他，不具合金額の大幅な減少，改善意識の向上により改善効果金額も増加した。

3）作業所管理のしくみ―QCDSの管理

建築物の出来映えは，多分に作業所責任者（作業所代理人）の経験と固有技術に負うところがある。品質第一指向のもとで，作業所間の品質のばらつきは致命的である。そこで，このばらつきをいかに減らすかが経営者にとっては大きな課題であった。建築物の完成は，社員はもとより協力業者の力を借りずには実現不可能である。協力業者と一体となった管理改善が求められた。

「品質は工程で造り込め」，この言葉を，指導の先生方はじめ社長から何度も聞かされた。この名言は，作業所のみならず，すべての業務の質に共通するものとして社員の心に深く刻まれた。とりわけ，作業所責任者は社長の代理人であって，当社が希求するQCDSの要求水準を建築物に具現化するアンカーである。仮にその過程に不具合や不都合があれば，それを回復調整し予定調和をなすことのできるキーパーソンである。

これらの期待に応え作業所間（作業所代理人）の品質のばらつきをなくするために当社が取った主たる活動は次のとおりである。「施工」を「施工計画」「施工管理」及び「引渡し・維持保全」に大別し，作業所が管理すべき事項と協力業者の自主管理に任せるべき事項を明確にしている。

a）施工計画段階の活動

・顧客・設計ニーズ，工事部長方針，前作業所の反省，作業所の特殊性などをもとにした作業所方針の策定
・作業所方針に基づき，各工程でのQCDSの管理方法を明確にした施工計画の策定

（Q：Quality品質，C：Cost原価，D：Delivery工期，S：Safety安全）

・協力業者への作業所方針，施工計画の明示
⇒この結果，作業所の重点管理項目が明確になり，各工程の施工計画が立てやすくなった。協力業者もすり合わせの結果を作業手順書に反映して作業ができるようになった。

b）施工管理段階の活動
・日常の業務サイクルを基本に各工程で，各種帳票を活用し，QCDSの施工管理状況の確認と反省による次工程対策の実施

「日常の業務サイクル」とは，朝礼（D：Do），午前と午後，1日2回行われる作業所巡視と事務処理（C：Check），午後3時の打ち合わせ（A：Action），及び終業確認と翌日の計画手配（P：Plan）をいう。PDCAの管理のサイクルを日々回すことを意味する。
⇒この結果，プロセスを重視した管理を行うようになり，作業所方針の達成が容易になった。

c）引渡し・維持保全段階の活動
・工事部検査後の設計部による竣工評価の実施
・作業所における建物維持管理の方法の顧客への説明・引渡し
・引渡し後の作業所の担当責任者による定期点検
・定期点検で得られた情報を，施工中の作業所と設計部へフィードバック
⇒この結果，顧客に安心感を与えるとともに，情報のフィードバックにより再発防止が効果的になった。

次に，作業所における品質・原価・工期・安全（QCDS）の管理活動を少し詳しくみると次のとおりである。

a）工程での品質の造り込み

・QC工程図に基づき，協力業者の自主管理を推進し，協力業者と一体となって各工程で品質の造り込みを行った。

・重要品質項目について全作業所で改善に取り組んだ。

b）原価維持及び原価改善活動

・実行予算をもとに，原価管理表と改善シートを活用し施工原価の維持と改善を行った。

c）工期維持及び工期短縮活動

・契約時に定められた工期の厳守を第一に工程進捗度管理を行い，さらに工期の短縮に努めた。

・着工から引渡し完了までの，QCSを含めた全体施工管理工程表を作成し，月間，週間施工管理工程表へと展開し，協力業者との連携を図りながら工期の短縮に努めた。

d）労働災害防止活動

・作業所と協力業者が一体となり，墜落・落下災害防止活動を重点として毎日，週，月の安全施工サイクルを回し，災害防止活動を推進した。

日々：朝礼，巡視，安全打ち合わせ，終業時の点検確認

週間：週末に問題点と進捗に合わせた重点事項を特別朝礼で明示し次週へ展開

月間：安全協議会の開催ならびに合同パトロール（工事部と協力業者）の実施と評価

以上のような安全施工サイクルにより，墜落（昭和57年度：6件⇒昭和59年度：0件），落下（昭和57年度：5件⇒昭和59年度：1件）災害が減少した。

また，作業所管理においては，「品質は工程で造り込む」をスローガンに，作業所による協力業者への指導は一層厳しさを増すようになった。それに呼応するように協力業者の自主管理能力も向上し，QCサークル活動は活性化し，個々の協力業者では解決できない，前後工程の問題点については作業所と協力業者が合同サークルを編成し，総合力を結集して品質の向上，工期の短縮に務めた。

作業所における協力業者への主な指導事項は次のとおりである。

a）施工計画段階の指導事項

・作業所方針の理解（顧客要求に合致するQCDSの達成すべき事項の理解）

・作業手順書作成（施工計画内容の理解とQC工程図に基づく作業手順書の作成）

b）施工管理段階の指導事項

・作業手順書の活用（施工計画とQC工程図を重視した作業手順書通りの実施）

・日常検査チェックシートの活用（日常検査チェックシートの活用による仕事の出来映えの検査と不具合の是正）

・QCサークル（QCサークル活動の支援）

c）引渡し

・評価結果の反省（仕事の出来映えの評価に基づく改善事項の手順書への反映と次期作業所への展開）

以上である。

・工事部検査による駄目指摘件数が減少した（昭和57年度：16件/100㎡⇒昭和59年度：8件/100㎡）。
・実行予算と実績の差異率の精度が向上した。
・労働災害では，発生件数が昭和57年度の16件から昭和59年度には4件まで減少した。度数率（死傷件数/延べ労働時間数×1,000,000）が昭和57年度の12.5が昭和59年度には2.5まで減少した。
・協力業者QCサークル結成数も，昭和59年度には50を数えるまでに増加した。

4）営業活動のしくみ

同じ営業情報を得ても，それを成約へ結びつける営業部員もいれば，結びつけることができない営業部員もいる。キャリアの有無や年齢，顧客を引き付けるプレゼンテーション，営業方法等が異なれば，それを受けた顧客も，描く将来設計，個性，抱える特有の問題等，千差万別である。それらを簡単に図式化できるほど営業は甘くない。「95％まで話が順調に進んでも，設計委託契約を結ぶまでは0％と同じである」。これも社長の口癖であった。当社の知らないところで競合他社から，さらに魅力的なプレゼンテーションがされているかもしれない。

当社の生い立ちについては既述したとおりであるが，ここで営業活動の視点から改めて振り返ってみると次のとおりである。

当社が民間中高層共同住宅の建設を本格的に始めたのは，建設省第一次住宅政策の末期，昭和44年からである。昭和49年までは建てれば売れるという分譲マンションの時代であり，公的融資による賃貸共同住宅の建築は，昭和50年の第三次住宅政策時代に入ってからである。当時，地元城西・城北地域の地主さんの間では，

・土地利用の効率が悪く，固定資産税の負担が多額である。
・近い将来発生する相続のための効果的な相続対策を検討し始めている。

・老朽化した木造アパートを所有しており，建て替えを検討している。
という声を聞くことが多かった。これらの問題点を営業情報としてとらえ，当社独自の企画を売り込み，特命受注（顧客が他社との競争入札でなく，当社を信頼して発注してくれる工事）の拡大を図っている。今日ではあたりまえになった総合的・一貫システム（営業企画から設計・施工・アフターサービスまで）をPRしたのである。

しかし，TQC導入時は，営業情報が個人に保有されており，営業部全体あるいは企業全体の情報として管理されていなかった。成約による報酬も，賃金というよりは半ば請負的で，後の時代に「成果主義」が年功序列主義の弊害を強調して，世の営業マンが翻弄されたような，そういう意味では「第一次成果主義」ともいえる時代であった。

そこで，営業情報が一人の特定の個人に偏らないように，一つの情報を全員の総力によって受注に結びつける組織的活動が強く求められた。「練馬で一番の高給取りにする！」と，社員に発破をかけたのは，こうした営業情報のあり方への改革への強い表れでもあった。

これを受けて行った主な活動は次のとおりである。

a）全社員営業の啓蒙と営業情報量の拡大（昭和56年度・昭和57年度）
・既存客への定期的訪問の実施
・営業・設計同行による顧客要求の把握
・営業情報の登録による情報の公開（既存客・不動産業者からの営業情報収集）
・全社員営業の意識づけによる営業情報量の拡大（営業情報カードの活用，営業情報登録の電算化，営業情報の調査・分析の実施）
⇒この結果，営業情報の重要性が理解され，営業情報量が多くなった。

b）営業活動のしくみの整備と良質営業情報量の拡大（昭和58年度）
・営業活動部会の発足
・社長方針「全社員営業体制にて受注量と市場の拡大を図る」を明示
・営業本部長・受注管理委員会の連名で「全社営業体制の強化推進について」告示
・受注管理体系図の作成
・営業活動のしくみと営業情報のランク別評価基準の作成
・新規市場の評価選定と，キーマン（地域有力者）の発掘・活用
・定期的経営懇談会の開催
・顧客満足度調査の実施
・良質営業情報のランクアップ活動の強化
⇒この結果，営業活動のしくみが整備され新地域での良質情報が収集できるようになった。

c）組織的な営業活動による営業情報の確度向上と新規市場の開拓（昭和59年度）
・営業マニュアルの作成・活用
・蓄積されたセールスポイントの活用による営業情報の確度向上
・既存客へのアプローチの強化
・内野住宅総合センターによるテナント斡旋体制の強化
・新規市場の開拓による営業情報収集活動の強化
⇒この結果，営業活動のしくみに基づく組織的活動ができるようになり，営業情報の確度向上と市場開拓が進んだ。この年度には品質保証体系図との整合を図り，営業のしくみを改訂しさらなる組織的営業活動を実現している。

(5) 標準化

TQC導入がもたらした最大の効果は，当社がそれまでの人治主義的統

治から「弱い法治主義的」な企業に生まれ変わったということであろう。企業は利益を追求する法人であるから，最低限度のルールは持ち合わせているが，それは絶対的に保証されたものとはいいがたいものがあった。社員数が少なく，明日をどう生きるかが最大の関心事である段階ではむしろ，それが通常であろう。強いリーダーシップのもとでは法の順守は必ずしも社員に幸福をもたらさないからである。死活問題を前にして法は説けない。

しかし，企業が徐々に業績を上げ，社会から認知されるようになると，その存在，行動は衆人環視の下に置かれ，社会的責任ある存在として公正な取引が求められるようになってくる。「不公正」は厳しく評価され信用を失墜させる。また，業務の掌握も社員数が増えるにつれて全員に目配せできなくなってくる。然るべき部門責任者に権限を委譲しなければ，大きな取引はできなくなる。経営トップたる社長と社員の信頼関係にも一定のルールができあがり，それを順守する風土，組織文化の醸成が必要となってくる。

TQC導入前の当社の状況は，おそらく，会社の定款以外には，会社設立後しばらくして労働基準監督署へ届け出た初期の就業規則が存在するだけだったのではないと推測する。就業規則には，社員の始業及び終業時刻，休憩時間，休日，休暇，賃金の決定，計算及び支払の方法，賃金の締切り及び支払の時期並びに昇給に関する事項，退職に関する事項（解雇事由を含む）等の絶対的必要記載事項の他は，少し詳しく服務規律が記載されていたと思う。会社の決め事はそれだけで充分で，規定の整備がなくてもなんら経営に支障を来さなかったものと思われる。

昭和56年のTQC導入は，この岩盤に穴をあけたのである。つまり，企業が成長拡大路線を標榜する以上は，社内に散在していた固有技術を集めて新たに内野の技術を構築する必要に迫られたのである。

いかに立派な品質保証のしくみ，原価管理のしくみ，作業所管理のしくみを作っても，それを運用するルールが全社員によって是認されなければ画餅にすぎない。ある行為をした場合には，ルールで決められた期待された効果（結果）が返って来なければならない。ルールは会社と社員間，社員と社員間の信頼関係の紐帯として認知されなければならない。

こうした内外からのニーズに後押されるようにして，標準化活動は始まったのである。

TQC推進室が行った活動は次のとおりである。

・社規の体系化とその制定・改廃手続きのしくみ整備

・標準の制定・改廃の促進（当時の状況からみてよほど標準類の不備に焦りを感じたのであろうか。わざわざ，なお書きで，「当社の規格，基準類は業務の関連上，JISおよび日本建築学会などの規格，基準類に準拠させている」と記載し，整備の遅れを言い訳している。

・部門の管理活動のしくみに沿った標準の活用

1）社規の整備―体系化と制定・改廃

ここで「社規」とは，会社に関わる規定類と定義する。規定，規程，規格，基準など厳格に分類して呼称している例も多いが，当社においては，社規を大きく規定と標準に分け，会社の重要事項に関わる決めごとを「規定」，それ以外の主に技術に関わる決めごとを「標準」とした。またこれらをまとめて「規定類」とも称した。

これらの社規の制定にあたっては，建設各社の情報収集から始めたが，なかなか当社の実態に即したものを探すのは容易ではなく，自力で体系化することは困難をきわめた。

当社の社規の体系化に尽力されたのは，竹中工務店から当社に顧問で入られたI氏である。前職では中国において生産管理の指導等もやられた方である。その交友関係は広く，同業他社の規定類を収集されたうえで，その中から当社の実態に相応しい規定類を紹介しては自ら素案を作成し提案された。

「規定」は，経営規定，組織規定，就業規定及び業務規定（中分類）からなる。その構成する規定を列挙すると次のとおりである。

〈経営規定〉

・株式会社内野工務店定款，取締役会規定，方針管理規定，監査役監査規定，社規管理規定，社規制定改廃規程，稟議規定及び業務監査規程の計8規定・規程。

〈組織規定〉

・組織規定，職務分掌規定，職務権限規定，会議規定，TQC推進委員会規定，安全衛生管理規定，安全衛生管理委員会規定，安全衛生管理協議会規定，作業所安全衛生協議会運営細則及び防火管理規定の計10規定・細則。

〈就業規定〉

・人事規定，服務規定，人事考課規定，給与規定，教育訓練規定，退職慰労金規定，役員退任慰労金規定，嘱託就業規程，通勤手当支給規程，出張旅費規程，車両管理規程，独身寮管理規程及び被服類貸与規程の計13規定・規程。

〈業務規定〉

・受注管理規定，品質保証規定，原価管理規定，経理規定，文書取扱規定，電算業務取扱規定，工事請負契約事務取扱規程，営業情報取扱及び褒賞規程，設計業務取扱規程，見積業務取扱規程，工事予算取扱規程，工事購買取扱規程，工事経理取扱規程，業務連絡会議規程及び帳票管理規程の計15規定・規程。

これら46規定・規程・細則は，昭和58年4月1日に『社則集』として発行され，昭和60年6月1日に改訂されている。727頁にわたる大作であり当社の財産である。これにより規定類のインフラが一応整った。

一方「標準」は，規格，基準及び標準・業務要領（中分類）からなる。その構成する標準類を列挙すると次のとおりである。

〈規格〉

・帳票規格，主要材料部品規格ほか。

〈基準〉

・建築設備標準仕様，建築構造設計基準ほか。

〈標準・業務要領〉

・設計標準・要領，積算標準・要領，施工管理標準・要領，機材保全標準・要領，安全衛生標準・要領，建物保全標準・要領及びその他多数の業務要領

これら標準の制定は昭和56年度には20件に満たなかったものが，昭和59年度には120件を数えるまでに増えている。また，改廃件数も昭和58年度には10件程度であったものが昭和59年度には60件弱まで増えている。担当部門が積極的に制定・改廃に取組んだ証しである。

社規の制定・改廃は概ね次の流れに沿って行われた。

・各部門が原案を立案し，それを総務課へ提出する。総務課では大・中・小に分類して，当該部門と事前協議を行う。
・内容が適切と判断すると，総務課から「規定」は社長・取締役会へ，「全社標準」は業務推進会議へ審議申請して審議に諮り，そこで適切であると判断され承認されれば総務課で登録して施行日を最終確認して全社に告示した。「部門標準」は当該部門が決定して総務課で登録して同

じく施行された。

2) 標準化の推進―技術の水平展開

技術の標準化の目的は，その技術が関係者に水平展開されることで業務の質を向上させることである。

特定の個人がいかに優秀な技術者であっても，それを共有できる技術者がいなければ想い通りの建物を建てることはできない。自己の技術を出し惜しみすることなく，全社共有技術として蓄積活用することが重要となる。

主に工事部作業所の技術の水平展開について説明すると，TQC推進室と工事部長ならびに作業所責任者の協働により行われた。その源泉は，新しく制定された標準類（例：施工管理要領，検査実施要領，QC工程図等）であったり，あるいはQCサークル活動により改善効果の見られた改善工法だったり，さらには建築専門誌などに紹介された改善事例であったりと，多岐にわたる。

作業所間の技術検討会は技術を水平展開するうえで有益であっただけでなく，仕事以外の日頃の悩みを打ち明け，元気と自信をもらうストレス解消の場でもあった。

(6) TQCによる効果

TQCの導入は，品質を重視する企業体質への改善と人材の育成をめざす当社にとって，全社員がそれぞれの役割を認識して管理改善活動に取り組む風土を作りあげた。

昭和59年度決算（第25期 自昭和59年4月1日 至昭和60年3月31日）における営業概況報告書の中で，会長は「公共投資は引き続き抑制されており，建設業界を取り巻く環境は依然として厳しい状況でありました。このような状況の下で，当社は全社を挙げて受注の拡大と利益の確保を最重要課題として，営業力の強化・拡充，工事原価の低減，全業務にわたる合理化・効率化等TQC（全社的品質管理）活動を強力に進めました結果，業績は完成工事高，利益とも過去最高の記録を達成することができました」と感謝の言葉を述べている。

その有形効果及び無形効果は次のとおりである。

1）有形効果

有形効果については，品質保証活動の効果（4）1），原価管理活動の効果（4）2），作業所管理-QCDSの管理方法の効果（4）3）及び（5）標準化の各項で記述したとおりであるが，それ以外にも以下の効果をもたらした。

・総資産額が，約73億円（昭和56年度末）から約99億円（昭和59年度末）に増加した。

・資本金を，7,200万円（昭和56年度）から1億8,000万円（昭和59年度）に増資した。

・業績面では，受注高，完成工事高及び経常利益が向上した。いずれも昭和55年度末と昭和59年度末を比較すると，

受注高：87億円（内，特命受注高約60億円）⇒110億円（内，特命受注高約85億円）に，

完成工事高：71億円⇒106億円に，

経常利益：1億8,200万円⇒3億3,600万円に，増加した。

・出来映えの竣工評価が向上した。

品質評価点は3.7点/5.0点（昭和57年度）⇒4.0点（昭和59年度）に向上した。

・モラール面では，改善件数及び提案件数ともに大きく増加した。

改善件数：55件（昭和56年度）⇒290件（昭和59年度）に，提案件数：310件（昭和56年度）⇒550件（昭和59年度）までに増加し，問題意識の浸透と小集団活動の活性化が功を奏した。

2）無形効果

・方針の明示により会社の方向づけが全社員に理解できるようになった。
・品質保証に対する理解が深まり，意識して顧客要求への対応ができるようになった。
・体制の整備により，各部門が連携して問題解決に取り組めるようになってきた。
・協力業者もデータに基づき自主管理ができるようになった。

(7) デミング賞実施賞中小企業賞への挑戦

昭和60年は，いよいよ夢にまで見たデミング賞実施賞中小企業賞への挑戦の年である。しかし，8月に控えた受審日までには，まだまだ多くの困難が待っていた。以下は，私の備忘録に残されていた当時の様子である。その中からいくつか紹介したい。

1）品質管理実情説明書の作成

〈品質管理実情説明書作成開始〉

デミング賞の審査は，社内はもちろん協力業者の現場審査に加え，社長自身も面接を受けることになる。これらの審査は最初に書類審査（「品質管理実情説明書」略して「実説」）があり，審査直前にはこの実説の作成に全力を傾注することになる。

昭和60年夏の受審，その半年前から実説作りが本格的に始まった。

「昭和60年があわただしく明け，デ賞受審日が刻一刻と近づいてきました。昭和56年にTQC導入宣言がされ，あれよあれよという間に4年の歳月が流れました。1階のタイムレコーダー設置場所の隣の掲示板には“デ賞実説締切日まであと××日”の掲示がされるようになりました。日々緊張感が漂ってきます。

デ賞受審は大きく分けてAスケジュール（略して「Aスケ」）とBスケジュール（略して「Bスケ」）があり，Aスケは全社的審査，Bスケは部門別審査ということになります。

実説とは，このAスケのことで，会社の実情が数十頁に集約されています。この実説はいわば書類審査の第1次関門ともいうべきもので，受賞会社の話では平均20数回は書き直し校正を経て提出するのだそうです。当社においても，この実説作りが昨年暮れから始まりました。部会のメンバー，部門長さん，それに指示を受けた社員の方々が主にあたりますが，連日連夜，真剣に取り組む姿が目につくようになりました。3階小会議室には，各部会の指定席があり，さしずめ不夜城の観を呈するこのごろです。すでに，当社の実説も5〜6回書き直しが行われています。去る2月9日には，鐵先生指導会が最新の実説に基づいて行われました。結果は，"期待できる水準を確保できた"という感触でした。この実説作りの感覚を忘れないうちに，一気に完成に近づけたいというのが関係者の一致した願いでもありましょう。

Bスケは，部門別の方針管理，日常管理それにグループによる改善活動事例の成果で，管理という側面から評価されます。従って，Aスケが一段落つく頃からBスケ対策が本格化します。Aスケの主役がトップはじめ経営者層，上級管理職層だとすると，Bスケの主役は各部・各課の全員ということになります。そしてこのほかに大事なのが「Cスケ」と俗に言われているもので，一言でいえば，審査員が受けた社員に対する印象ということです。接待の仕方，態度，挨拶からお茶の出し方に至るまで，印象に関係するもの一切が対象ということです。ここでは女子社員の方々が主役です。日頃から笑顔を絶やさずに人と接することが大事です。緊張感がひしひしと伝わる今日この頃，全員健康に留意して頑張りましょう」(社報No14 昭和60年2月15日)。

〈実説追い込み〉

日曜日を返上して実説の追い込みが始まった。昭和60年3月7日（日）の社内風景を社報No15（昭和60年4月15日）から紹介しよう。

「前日，川村先生の部門実説指導会が終わったばかり，先生の指摘事項がまだ頭の中に残っているうちに，一気に実説の書き直し作業を進めようという気迫が伝わってきます。

1階工事部では，H・S，Y・S，2人の部長をはじめ，A，MT，MS，HK，Nさんが打ち合わせ机をはさんで実説作りに懸命です。Y部長は，今しがた結婚式から帰ってきたのでしょうか，黒の式服に白のネクタイの装いで頑張っています。気の休まる間もないというふうです。

2階は，推進室をはじめ営業部，総務部と全部門が出社しています。とき折り，推進室の方から甲高い声で，文章を練り直す声が聞こえてきます。デ賞受審に耐えられる文章作りは大変な労苦です。作る者，それをチェックする者と，息が合わないとできるものではありません。推進室の役割は意外とこうした地味な働きにあるのかもしれません。経理課の方からは，ソロバンをはじく音が聞こえてきます。19日に迫った予算会議の資料作りなのでしょう。10日の支払いの算段がつくとホットする間もなく，仕事が次から次とあるものです。営業部も日曜日のないセクションです。受注競争に勝たないことには，実説の出来映えがいくら良くても形無しですから真剣です。30歳台の働き盛りで固めた営業部がそのノウハウを役員，部長から教授され独り立ちするのももう間近です。

3階の方から吠えるような声が聞こえてきます。決して戸外からではありません。社員の誰かがストレス解消に吠えているに違いありません。3階には設計，環境，見積と全部門が出揃っています。設計は若い力が数人寄り集まって昨日の反省に基づいて実説を分担しているようです。いつも議論好きの集団も今日ばかりはやけに静かに作業をしています。環境は，三役揃踏みです。日曜日の仕事は珍しくないセクションですが，全員机に向かっての執務風景はちょっと異変。このところ部門実説でその株を上げつつあり，デ賞受審のダークホースなどと言われ，うれしい誤解に一同やる気で一杯というところです。しかし，本命の設計が負けるはずはありません。見積は理論派のO.T次長の下でQCストーリーの再考か，それとも本務に専念しているのでしょうか。O.Sさんは，実説書記官に納まり，一日中，A3の用紙に筆を走らせています。身の処し方を忘れたように男の集団が今日も，大きな館の一部を占拠して黙々と働いていました。“デ賞に乾杯”といえる日まで」。

〈実説印刷段階へ〉

実情説明書（実説）は，昭和60年4月30日の朝香，鐵両先生の集中指導を経て全容が固まり，5月9日の鐵先生による最終チェックを経て印刷に「go!」サインが出た。

実説の印刷製本には，㈱プリコが当たった。それまでにも富士ゼロックス，鹿島建設，清水建設等，デ賞を受賞した会社に実績のある会社である。当時は，今日のように変幻自在に文書の構成や内容を変更することが容易でなく，「てにをは」を含めて，実説に相応しい体裁を整えてくださる印刷会社として評判であった。

「実説は60数ページの大作で，5年間にわたる全社の品質活動のあゆみが，手際よくまとめられています。出来上がりは6月中旬の予定で，6月18日に日科技連に提出されます。この実説が印刷段階に入ったことで，各部内のBスケ対策が本格化してきました。Bスケの要諦は，実説を裏付ける資料の有無と，PDCAの管理のサイクルがまわっていることを，資料によって読み取れるかにあります。････」（社報No16 昭和60年5月15日）。

4月20日（土）には，中村橋再開発作業所と第6桜台作業所において川村先生の現地指導会が行われている。指導会は，作業所の改善活動，協力業者QCサークルを中心に行われている。中村橋の作業所では，躯体段階のためコンクリート壁に模造紙を貼ったり，桟木にシートを張ってOHPのスクリーンを写すなど準備にご苦労されたようである。桜台の作業所では協力業者16社による合同サークルの発表が行われている。それぞれデ賞受審の年であるという自覚と熱意にあふれ，社員と業者の一体感の深まった指導会ではあったが，川村先生のご指導は相当に厳しかったようで，要求事項も多く，デ賞に対する厳しさと心構えが求められたようである。

4月28日（日）には，第5回内野協力企業QCサークル大会が本社大会議室・小会議室において川村先生ご指導の下開催されている。この大会には推進室は実説のまとめに忙しく準備に関与することができず内友会のメンバーが役割を決め段取りしたとある。参加サークルは全部で31ある。朝早くから夜遅くまで全サークルが発表したと思うと，凄まじい熱気が今に伝わってくる。今，我々にこれだけのエネルギーを傾注する目標があるのだろうか。ご苦労の中に羨ましくもある。大会の結果は20日の川村先生のご指導の成果もあって，第6桜台作業所が特別賞を受賞している（以下，優秀賞5サークル，優良賞6，敢闘賞12，努力賞7）。

社報No15の編集後記には，「D賞実説も印刷にまわり，推進室も忙しい中，一区切りついてホット安堵のひとときを迎えたことでしょう」とある。矢は放たれた。

〈Bスケの主役〉

実説の印刷製本は㈱プリコが当たったが，最終原稿を送ってからも校正が続いたようで，昭和60年6月9日からTQC推進室のスタッフは，プリコのある千葉県稲毛市まで出かけ校正している。今ならメールでやりとりするであろうが，当時は電話が主であるから正確にこちらの意向を伝えようとすれば関係者が直接伺って直すのが最短だったのである。

実説は出張校正が終わり，当初の予定通り6月18日に日科技連に65部提出された。数年間にわたる社員の地道な品質管理活動が一冊の説明書にまとまって陽の目を見ることは全社員の喜びであると同時に，とりわけ，この一冊に心血を注いだTQC推進室の皆さんにとっては感慨ひとしおであった。

舞台は部課のBスケ対策に移った。当時の様子を社報No17は以下のようにその活動を鼓舞している。

「Bスケ対策は私たち社員一人ひとりが主役です。一部の特定の社員でもなければ，部課長だけでもありません。日常管理を進める中で管理改善した事例は自分の手でデータをまとめ，よく層別しておかなければなりません。多くのデータを手際よく整理して謙虚に審査を仰ぐ姿勢が大事です」。そして具体的作業を進めるにあたっての要諦を説いている。

「第1に品質管理実情説明書を精読しなければなりません。理解不明の箇所は独りよがりの結論を出さずに必ず推進室に問い合わせ，内容をよく理解し確認して下さい。スタンドプレーは禁物です。名選手だけを集めた野球のオールスターゲームが，手に汗握る感激と興奮を呼ばないのはチームの凝集力，グループダイナミクスに欠けているからなのです。デ賞受審は一人の秀でた社員の発掘ではないことを十分に認識して下さい。第2は，精読が終わったら整備計画を立てることをおすすめします。要証事実となるものへの証拠資料は要を得て簡潔に提示されることですから，部課長一人だけで立案せずに必ず全員参画して立案して下さい。その際に，資料項目ごとに整備担当者を決め，いつの時点に遡って整備するのかを確認してから進めて下さい」。

そして，最後は主役のモラールアップに期待している。「TQC推進室依存の進め方から一日も早く部内主導に切り替え全社の盛り上げを図りましょう。残されたわずかの期間，雌雄を決するのは社員皆のやる気です。ここで一気にモラールアップを図り一直線に進んでいきましょう」。

若きエースたちへの期待がいよいよ高まってきた。

〈話し方指導〉

人には，それぞれ話し方に癖がある。それを取り立てて，良し悪しを付けるのは愚行である。しかし，仲間内で話す場合と違って，大勢の前で話す場合や，研究成果を発表する場合，あるいは会議で報告する場合など，TPOで，その癖が生かされる場合もあれば，耳障りとなって印象を損ねる場合もある。
昭和59年，翌年のデミング賞受賞に向けて本格的に取り組んでいた頃であるが，本審査における発表の仕方（話し方）が問題になった。会長（当時社長）の話し方には，勢いがあり強い牽引力を印象づける良い面がある。したがってそれ自体問題はないのだが，「いわゆる」と「踏まえて」を多用する癖があり，それが聞きづらいという印象を与えていた。
当時，毎月1日（日曜祭日にあたるときは翌日）午前7時から朝礼があり，社員は早くから出勤して大会議室に整列（後に約1時間の立ったままの姿勢に体調を崩して倒れた者が出て，それ以降は椅子に座って朝礼を行うようになった）して会長の話に耳を傾けたものである。朝礼が終わると朝食（近くの弁当屋さんから仕出しのおにぎり3個）が用意されており，食事を取りながら「今日は「いわゆる」が60回あったとか「踏まえて」は100回を超えた」とか，その癖となる語句の使用回数を数えては話題にしたものである。
この癖をどうにか直して，本審査の際に審査員の印象を良くしたいという思いから，話し方について直接指導をしていただけるプロのアナウンサーを探していた。そして，ある人から元NHKのアナウンサー内山龍一郎氏の紹介を受け指導を受けることになった。内山氏は昭和9年生まれで早稲田大学商学部を卒業してNHKに入局，全国各局を経て東京アナウンス室勤務後，昭和53年に退局。その後テレビ東京の「ビジネスナウ」のキャスターを歴任し，当時は，全国各地で講演する傍ら，企業トップを相手に話し方指導をしていた。会長とは年が4歳とあまり離れていないこともあり，急速に接近した。
話し方指導の現場には，私も2～3回立ち会った。場所は，地下鉄千代田線乃木坂駅近くのビルの1室で，スタジオというよりは，オフィスである。指導会で使用した最新の部門方針報告書を手に持ちその概要を説明する。先生は東京生まれとあって，結構べらんめー調で言葉は悪いが，声の抑揚や句読点の切り方，間合いについて，コツを丁寧に伝授し，欠点もあまり神経質にならない程度にご指摘されていた。全体に要領を得た指導であったと記憶している。会長はその都度「話すのは苦手だ」と言って，汗をかいていた。

これが奏功したのか，その後現在に至るまで，会長のスピーチから「いわゆる」「踏まえて」を聞くことはほとんどなくなってしまった。

2）受審―緊張と重圧からの解放

〈受審前夜〉

デ賞受審日は昭和60年8月24日に決定した。会長が55歳の誕生日を前日（8月23日）迎えたばかりの翌日の受審である。

昭和60年8月15日の社報No18号は，受審を直前にした受審者の心構えを次のように授けている。

「デ賞受審日（8月24日）が刻々と迫り，各部・課では追い込みに懸命です。数年間に及ぶ活動の成果がわずか一日で問われる苛酷な一日を前に，私たちは今，かつて体験したことのない緊張と重圧との闘いの中にいます」。

「“デ賞受審は品質経営の一里塚である”とは，社長が機会あるごとに述べられる言葉ですが，受審日を目前にして，これほど私たちを勇気づける言葉もないでしょう。デ賞の重みをはね返し，平常心で立ち向かう自信を与えてくれるからです。

昭和56年以来，私たちは数多くのデータを収集し，年を追うごとに，新しい視点から解析する目を養ってきました。一歩々々着実にデータを管理する習慣を身につけてきました。経験的解答が正解であることを，いくつもの改善事例を通して確認してきました。また，これまで，内野工務店が低経済成長下においてなお，他社を寄せつけない強みを維持してきた理由も明らかにすることができました。

TQC導入の成果はなにかと一言で言い切るとすれば，それは，我社の本当の実力を表からも裏からも立証でき，次へのステップの足固めができた，とうことになりましょう。これからの限られた時間，多くのデータをよりよく層別し，審査にあたる諸先生方に簡潔に表現できるよう作業を進めることが，これまでの成果を最大限に発揮する唯一の方法だと思われます。データに裏うちされた活動をおもい，自信をもって，しかし，謙虚な態度で受審に応じることが肝要です」。

この年の7月12日には昭和60年国土建設の現況（建設白書）が閣議決定され公表されている。それによると59年度の新設住宅着工戸数は121万戸で借家系住宅が大きく増加したこと，単身世帯の増加率が相対的に高かったこと，これらは建築費に対する市場家賃の相対価格の好転等によるものと説明されている。景気の拡大や住宅価格の安定的な推移等住宅建設を取り巻く環境が引き続き良好であると予想される中での受審である。

当社が会社創立20周年の記念事業として新社屋を建設したこと，それを機に社外へその存在を主張するに相応しい内部の充実を図ることに心血を注いだことの成果が今，まさに問われようとしていた。逸る気持ちを抑えての受審前夜である。

〈受審当日〉

昭和60年8月24日（土），デミング賞実施賞中小企業賞の審査が行われた。審査会場は本社ビルのほか，白井ビル，中村橋再開発ビル及び桜井（源）マンションの各建築作業所である。審査員は総勢6名である。

今，当日の様子がわかる資料を探しているのであるが，不思議なことに社報No19号やその他の関連記録の中に詳しい受審の様子を記述したものがない。記録写真や映像フィルムはそのまま残っているので当日の様子を知る手がかりにはなるが，文字で記録していないのである。受審前後の記事がより詳しいのに比べると，よほど緊張感から解放されて文字で記録することをすっかり忘れていたのではないかと推測する。

フィルムには本社玄関前での女子社員による審査員のお出迎え風景，Aスケジュールの会場となった本社3階大会議室では大きなパネルに実情説明書を拡大して貼り付け，その内容を緊張した面持ちで説明する若き社長の姿がある。そして，対応した幹部社員は皆，白の半袖ワイシャツに会社支給の青のネクタイを着用している（当時の関係者によれば「標準化」の名の下に，ドレスコードまで決めて臨んだのである）。

Bスケジュールの審査会場は，工事部，設計・見積，営業，経理・総務，推進室・環境，内野住宅総合センターの各部門は本社内で，白井ビル，中村橋再開発，桜井（源）は現場作業所で審査を受けている。最後に総括質問も無事終わり，審査員の先生方をお見送りした後，大会議室で談笑している社員の姿が残っている。

当社のアーカイブとして貴重な資料を挙げるとすればこの日の様子を撮影したフィルム3本，そして，この日のために元NHKのアナウンサー内山龍一郎氏から話し方について個人指導を受けた時の録音テープであろう。

審査を終えて，何人かの社員にそのときの心境を尋ねた記事がある。それによると「一瞬にして怠惰になれることの不思議」「よく体がもったと思います」「試行錯誤しながらの受審準備期間が苦しかっただけに，受審日そのものは楽しかったような気がする」「台風一過の日本晴れという感じ」「当日，一問の質問もなく，5年間苦労して質問ゼロで拍子抜けした」等々，一様にデ賞の呪縛から解放された心境を述べられている。

社員の環境適応能力は高く（?），デ賞受審後は目標を失って抜け殻になったようで，あちこちで受審シンドローム（気力がなくなり，判断力が鈍り，動作が緩慢になる症状）が現れている。

これらの症状も10月24日の発表までは許されるような雰囲気が漂っていた。

3）受賞―不安と期待からの飛翔

〈デ賞受賞決定・授賞式〉

昭和60年10月24日，デミング賞委員会から「1985年度デミング賞実施賞中小企業賞を授与する」旨の連絡が入った。その瞬間社内は大歓声に包まれた。昭和60月正月研修の席上，社長より正式にデミング賞獲得宣言がされてから短期間の快挙である。これまでの活動が認められ，建築に関する品質管理の優秀性が外部の審査によって実証されたのである。この受賞は，建設企業では竹中工務店，鹿島建設，清水建設に次ぐもので，中堅中小建設企業では最初の受賞である。まことに身に余る栄誉に輝いたのである。

デミング賞実施賞中小企業賞の授賞式は昭和60年11月11日午後，帝国ホテル富士の間で行われ，日本科学技術連盟・鈴江康平理事長から社長に賞状と記念品が授与された。デミング賞創設35周年ということで創設者のW・エドワーズ・デミング博士も特別招待され祝辞を述べられている。そして圧巻は，デミング博士と対面し挨拶を交わし握手をしたことである。このときの模様は日本経済新聞，日経産業新聞，建設工業新聞，建設産業新聞等に取り上げられた。デミング博士が会長と握手している場面の写真は，会長にとっては最高の宝物で，生涯忘れることのないシーン，さぞ感無量であったと推測する。

受賞に際し，会長はその心境と抱負を次のように述べている。

「デミング賞実施賞中小企業賞受賞の報に接し，心からうれしく感謝の気持ちでいっぱいです。これも偏に，社員，家族，協力業者の皆様方の深いご支援の賜と心からお礼申し上げます。思えば当社にとってTQCの導入は，旧態依然とした企業体質の改善を図り，有為な人材を育成することにありました。この目標はいまだ十分に達成されたとは言えませんが，今回の受賞は，これらを達成するための基礎固めができたことの証明と謙虚に受けとめております。今後は，内外からの要求，期待感も一層厳しいものになると思いますが，倍旧の研鑽を重ね，真の品質管理を極め，人間の感性にも訴えた“当社のTQC”を作り，創造と秩序に変革をもたらしたいと思っております」。

なお，デミング賞委員会と日本科学技術連盟共催による祝賀パーティーは，授賞式後同ホテル孔雀の間で盛観に行われた。

〈デ賞受賞祝賀会〉

この年の11月3日（日）には第10回品質管理選抜大会が行われ，翌4日には第6回内野協力企業サークル大会が行われている。さらに11月23日（土）には，これらの選抜からなる第10回品質管理全社大会が，練馬文化センターにおいて開催されている。受賞の驕りがでないようにとの戒めでもある。

後に受賞を祝う新聞広告が出た。受賞の喜びと決意，それに添えて本社ビルをQマーク（社員の名前で象った）で囲んだデザイン化された写真の広告である。総勢167名の名前が載っているが，平成30年6月現在，在職社員はわずかに42名となった。全体の約75パーセントの社員が退職されたのである。隔世の感がある。しかし，TQCの精神は連綿としてこの42名に引き継がれていると確信している。

11月19日には，日比谷公会堂で，社長の受賞記念講演があった。大勢を前にしての講演は初体験，緊張の中にも自信溢れる内野節にしばし聴衆も圧倒されっ放しであった。

「大変な喜びであると同時に重責を感じる。TQC推進の基礎ができたばかりで，多くの課題が残っている」と述べ，この受賞をステップにして受賞企業に恥じない企業体質を確立していく決意を述べている。

当社主催のデ賞受賞祝賀会は，11月23日，第10回品質管理全社大会を練馬文化センターで終えた日の夕方，目白の椿山荘において開催された。鐵健司先生が乾杯の音頭を取り，協力業者の社長さんたちに囲まれて満面の笑みを浮かべている川村正信先生の姿がある。そして10代練馬区長田畑健介氏，35代練馬区議会議長貫井武夫氏その他練馬区議会の先生方，施主を始めとする練馬の錚々たる地主や名士，取引関係先，同業他社ほか多くの関係者が駆けつけ受賞をお祝いしている。社員にとっては，受賞の喜び，そして不安と期待から新たな飛翔を誓う祝賀会であった。

祝賀会の出席者数については確かな記録がないが，予想した出席者数よりも多くの方が出席されたようで，用意した料理が足りなかったようである。手土産も全員に渡らず手土産なしの社員が出たとある。記念メダルも予想以上の引き合いで製作業者も思わず追加受注ににんまりしたとある（社報No21）。

これに先立つこと，10月30日，31日，一泊二日の旅程で，当社の施主（建築主）の方々を四万温泉に招待している。11月23日に開催される大掛かりな受賞祝賀会では御礼の気持ちを個々に伝えることができないという配慮から，別の機会をあえて設けたのである。それも社員よりもまず施主への感謝を行動で示すために。広い宴会場にお膳が並び，寛ぐご婦人方（多くは施主の奥様），一人ひとりに御礼の挨拶をして回る社長の写真が残っている。謙虚さを忘れない経営者の原点を見る思いである。

また，この秋，社員と協力企業の社長さんたちには，二泊三日の京都旅行を実施している。紅葉真っ盛りの京の都で，芸者さんとのツーショットあり，東映太秦映画村の遊郭セットでポーズを取る者，宴会では社長のだみ声の「武田節」も披露されたのである。

(8) 褒美

デミング賞受賞の褒美は忘れた頃に突然やってきた。

〈ハワイ旅行〉

「もし，デミング賞を受賞した暁には家族を含めてハワイ旅行をプレゼントします」。これは社長がTQCを導入しデミング賞に挑戦するにあたり社員と交わした約束である。

旅行は，デミング賞に対するご褒美である。昭和60年の受賞から5年後の平成2年に実現している。受賞してからの2，3年は所用が重なり，十分な準備ができなかったことや，品質管理と並び人事管理の充実が叫ばれたこと，さらには実施するなら区切りの良い年ということで創立30周年に合わせたものである。

旅行の運営はJTB渋谷営業所があたった。当初は平成2年12月25日から30日までの予定であったが，最終的には8月21日から25日の3泊5日に変更している。対象者はデミング賞受審日の昭和60年8月24日以前に入社した社員とその配偶者と中学生以下の家族とした。参加者は122家族319名に加え協力業者等が41名で計360名の大名旅行となった。基準からはずれた社員には7月12日から14日の予定で沖縄旅行を実施している。

海外旅行が初めてという方もおり，旅行説明会を6月27日と8月5日の2回開いている。「これだけは知っておきたいマナー集」を配り，日本との習慣の違いや旅先のマナーについて念入りに説明している。例えば，機内では，気圧の関係で酔いやすいため飲酒はほどほどにすること，トイレのドアはノックしないこと（使用中はOCCUPIED,空きはVACANCYの表示がある）。ホテルでは，部屋のドアは必ずロックし，訪問者があり開ける場合もドアチェーンをしたまま開けて一度相手を確認すること，メイドへのチップとして1人1ドルをベッドの上にのせておくこと，レストランでは，スープをすする音は厳禁，食べ物や飲み物は持ち込まないこと，その他，ワイキキビーチはアルコール厳禁，ビーチには貴重品を持って行かないこと等々，細かく説明している。

さて，今では当たり前のことだが，リスクマネジメントがハワイ旅行を実施する際に取られていたことに驚く。「リスクマネジメント」という言葉が一般化した背景には，平成13年3月に経済産業省が発表したJIS規格「リスクマネジメントシステム構築のための指針」が大きく影響している。この言葉が普及するにつれて「危機管理」という言葉が徐々に影を潜めてきた印象がある。

リスクマネジメントと危機管理の違いに神経質になることはないと思っているが，リスクコンサルタントの浦嶋繁樹氏によると，「危機」というのは，既に発生した事態を指し，「リスク」とは，いまだ発生していない危険を指すのだという。つまり，「危機管理」は既に起きた事故や事件に対して，そこから受けるダメージをなるべく減らそうとする発想であり，これに対して「リスクマネジメント」は，これから起こるかもしれない危険に対して事前に対応しておこうという発想であるという。

参加総人数が360人ということで，7班に編成して，搭乗する便も3便に分けている。1班，2班及び5班は日本航空208便18：10発，4班，6班及び7班はユナイテッド航空830便18：20発，3班はコンチネンタル航空008便20：15発という具合である。もちろん帰りの便も3便に分かれての搭乗で，往きと同じ航空会社の便を利用して，8月25日の10：50，13：25，19：00にそれぞれ成田に到着している。練馬⇔成田空港間は貸切バス7台で班別に乗車している。また，班編成にも配慮がされており，1班は，社長ご夫妻と協力企業の社長さんたち，2班から7班までは，当時の役員あるいは上席管理職をそれぞれの班の責任者に指名し，さらに社員も部門毎に固まらないように分乗させている。万が一，墜落したときのリスクに対応するもので，まさに今日のリスクマネジメントを実践するもので，会社経営が継続していくことを担保したのである。

宿泊先はシェラトン・ワイキキ・ホテルである。オンザビーチに翼を広げたハワイ屈指の大型デラックスホテルで，室内からはダイヤモンドヘッドの全容が見える。ワイキキのほぼ真ん中に位置するので街歩きやショッピングに大変便利なロケーションである。

日程はホノルルに到着したその日にホノルル観光（ヌアヌ・パリ，パンチボール（全体記念写真撮影），イオラニ宮殿等），パイナップル畑見学，2日目は自由行動，3日目は夕方まで自由行動で夕方から30周年記念船上パーティーを開いている。総費用は約9,000万円（社員1人当たりの費用は約28万円である）。

「企業30年説」をみごとに吹き飛ばした爽快な旅行であった。

2. 組織改革と人材育成

成長後期の取り組みの第2は，組織改革と人材育成である。いかに優れた経営者といえども，企業を大きく成長させようとすれば，一人の力では限界がある。しかし，複数人が力を合わせればそれが可能になる。組織の構築が必要となる所以である。バーナード（Barnard.C.I）は，組織を「2人以上の人々の，意識的に調整された諸活動，諸力の体系」と定義されている[82]。この場合，包括的な協働システムというものがあり，組織はその協働システムの中心概念として位置づけられている。組織は単なる集団ではなく，その中で人間の行動がシステム化された社会的相互作用としてとらえられている。

つまり，経営者が求める明確な目的のために，2人以上の人々がそれぞれの能力（作用）を以て協働して，その目的を達成しようとすることから成り立つ体系である。

そしてバーナードによって唱えられ，サイモン（Simon.H.A）によって引き継がれた組織存続のための中心命題が組織均衡（organizational equilibrium）である。

「組織の適応行動や組織構造，組織における管理活動や人々の諸行為は，第一義的に，組織の共通目的を達成するための手段としての側面をもっている。一般にある目的を達成する手段の組合せが複数存在すれば，どのような基準によってその特定の手段の組合せが選択されたかを理解する必要がある」。そして，組織目標を達成する可能性の高い手段の集合から，より能率的な手段を選択するのであるが，それが「有効性（effectiveness）」

82　桑田耕太郎・田尾雅夫『組織論』20頁（有斐閣，1998年）。

と「能率（efficiency）」である[83]。

組織の有効性（組織目的の達成度）とは，共通目的を達成するための手段の選択に関する概念である。一方，組織の能率（個人動機の満足度）は，一般に「誘因（個人が組織から受け取る効用）」と「貢献（組織目的達成に貢献する個人の犠牲）」，つまりインプットのアウトプットへの変換率として定義される[84]。

誘因が貢献に等しいかあるいはそれ以上であるとき，個人（社員）の動機は満たされ，組織に参加し，協働意欲を示す。これが組織存続の最小限の組織均衡ということになる。

経営者は，こうした組織均衡のメカニズムを明確に認識していなくても，企業としての組織目標（例えば，建設企業であれば，完工高目標，利益目標，財務面での成長率・安定性目標，建築物の品質基準，顧客満足度目標など）を設定する。そのためにはどのような技術・設備を利用するのか，組織の構造やマネジメント・システムをどのようにするのか，つまり，企業の目的を達成するために，持てるあらゆる経営資源を組み合わせ，どうすれば，最も組織力を発揮できるか，利益を最大限に確保することができるか，とりわけ人材の活用においてはその能力をどう配置すべきかなどに，不断に思考を巡らせている。これが有効性の意味するところであり，多かれ少なかれ，技術的な合理性と密接に関係している。

一方，組織は一定以上の能率を達成しなければならないから，「品質有効性の基準を満たすものの中から，より能率的なものが選択されることになる。能率の基準は，一定の資源の利用から最大の効果を生む選択肢の選択を要求するのである[85]。

そして，組織における「能率」は，参加者（社員）の動機を満足させることが必要であるから，参加者は自己の利害を組織の決定に反映させよう

83　前掲『組織論』45頁。
84　前掲『組織論』46頁。
85　桑田耕太郎・田尾雅夫『組織論』47頁（有斐閣，1998年）。

と努力する。したがって，組織の管理者（経営者）は，有効性と能率をめぐる利害の対立を調整するよう意思決定を行う必要がある。これが組織における管理過程の本質であり，そこに組織改革あるいは組織の見直しの必要性が生まれる。

「組織改革」という言葉は響きがよい。似た言葉に革新，変革，刷新，イノベーションなどがあるが，いずれも旧習の殻が内から破れ，大きな希望が叶えてくれる印象がある。しかし，その実現は至難である。中小建設企業は，大手ゼネコンと比べれば人材の見劣りは否めない。経営者は，少ない人材をいかに有効に活用するか，効果的な組織の構築と運用を常に考えている。盤石な組織の構築は将来の発展には欠かせない条件であると認識しているからである。当社の創業社長も，そのことを念頭においてか組織の改革を試みられたようである。当時，毎年のように組織図（組織表）が書き直された跡が残っている。

しかし，組織改革は一朝一夕にできるものでないことに気づいた社長が，時期尚早と判断して方向転換し，最初に取組んだのが社員の「意識改革」である。

私は，TQCの導入と成果は，この意識改革を実現したことだと考えている。いかに組織図を改訂しても，それは「組織の見直し」の域を出ず，あくまでも組織改革ではなかったと考えている。社長もそのことに気づいていたのであろう。デミング賞受賞後も教育の必要性を訴え続けたのはその証左である。

(1) 組織の見直し

組織の見直しは，昭和60年度の時点では図表3-1のようになっているが，昭和55年4月から昭和58年の夏頃まで改訂が頻繁に行われている。少ない人材をいかに有効に活用するか経営者の腐心の跡が伺える。組織は誘因と貢献の関係であり，有効性と能率の利害対立の調整の中から社長が最終的に意思決定してとるべき行動が決定されるとはいえ，それは人材が豊富であればこそできることであって中小建設企業にとっては，縁の薄い世界の話である。一人何役もこなし，多能工でなければ生きていけないのが実態である。

以下，主要な見直しだけを概観すると次のとおりである。

【昭和55年4月1日の組織表】

・管理部（労務課，庶務課，管理課，経理課，電算課），設計部（設計1課，設計2課），積算部（積算課，購買課），営業部（営業課），企画部（企画課，開発課，渉外課），工事部（工事1課，工事2課，工事3課）及び資材部（資材課）の7部17課から成る。社長と7つの部は，フラットで結ばれていた。

今日と比較すると，管理部が大所帯で，現在の原価管理課がまだ独立していない。民間営業は企画部と称して，開発と渉外を抱えていた。積算部が設計部の中になく，建築購買業務も行っている。工事部も工事1課から3課まであり，3人の責任者に競わせている。

【昭和56年4月1日の組織表】

・TQC導入宣言に合わせて，組織図はTQCに関わるセクションをピラミッド型に設けている。社長の補佐機関として経営幹部会とTQC推進本部（本部長：社長）を設置。TQC推進本部の傘下にTQC実施推進委員会（傘下にTQC小委員会とQC改善活動推進委員会）とTQC推進室を置く。TQC推進室の位置づけは各部に相当し，社長の命を受けて部門横断的に指示を出す権限を与えている。

・部課構成は，新たに技術管理部が，設計部はそれまでの2課が設計課と開発改善課に名称変更，企画部は3課から2課に減じ（開発課を廃止），管理部は庶務課を総務課へ名称変更している。全体で8部16課に変更された。

【昭和57年4月1日の組織表】

・1年間のTQCの普及状況をみて個別・機能別の委員会制度を設置している。経営幹部会を廃止し，取締役の責任を自覚させる意図から取締役会をTQC推進本部の上位に位置づけ，TQC推進本部からTQC推進責任者会と委員長会を設置し，委員長会の傘下に受注情報管理委員会，原価管理委員会，品質保証委員会，標準化委員会の4委員会を置いた。

・業務組織系統とTQC組織系統がわかりやすいように識別している。業務組織では企画部を営業部に改称，営業部（官庁関係）を業務部に改称，積算部が廃止になって積算課が設計部に移行している。同じく購買課は管理部に移行し労務課を廃止している。工事部は3工事課が2工事課に減り，安全課が新たに設置されている。全体で6部14課に変更された。

【昭和57年7月1日の組織表】

・わずか3ヶ月で改訂している。原価管理委員会は利益管理委員会に名称変更，設計部は設計課の1課となり積算課は新設された工務部に移行し，工務部は工務課（新設），安全課の3課からなった。そしてなによりも大きな変更は社長直轄で工事本部を設け，本部長を社長が兼任し各作業所長（3所長）と工事長（新設・7工事長）に直接指示命令を下せるようにして迅速な対応を可能にしたことである。

・業務組織は，工事本部の他に6部13課と作業所長及び工事長に変更された。

【昭和58年8月17日の組織表】

・本部制に変更したことが大きな特徴である。管理部は管理本部として総務部と原価管理部に，業務部は廃止されて営業本部に吸収，工事本部は施工管理部に名称を変更，設計部，工務部及び環境整備部（渉外課が部に昇格した）が技術本部を構成することになった。

・機能別委員会も利益管理委員会が元の原価管理委員会に名称が戻り，新たに外注委員会が設置された。
・この他，組織表には掲載されていないが，主要な会議体が16あり，組織はそれら会議体によって運営されている。一例を挙げると，業務工程会議（業務遂行上の問題点，連絡事項の確認と検討，第2土曜日16：00開催），機能別統括会議（各委員会活動を総合的に判断し，全社的な展開実施を審議決定，第2月曜日13：00～），改善グループリーダー会議（リーダーの相互啓発，第3月曜日17：00～），技術検討会議（固有技術の総合調整，第4土曜日17：00～20：00），女子社員会議（日常業務の問題点の対策検討，第4木曜日16：00～17：00）という具合である。

【昭和60年4月1日の組織表】
・図表3-1に示したように，TQC推進委員会の下に3部会が置かれ，TQC推進室のほかに4部3課と各作業所からの構成にシンプルに変更されている。

なお，昭和61年には営業部の傘下に田無営業所が開設された。現在は西東京営業所と改称して，関連会社の内野住宅センター東伏見店内に拠点を構えている。

田無営業所開設の際の記録があるので紹介する。

〈田無営業所開設〉

昭和61年7月1日，田無営業所が開設された。西武新宿線田無駅北口から徒歩3分の所で（田無市本町3-1-2 佐濃本ビル3階），田無郵便局の南側に位置する。

昭和61年7月といえばデ賞を受賞した翌年，まだ1年も経っていない時期である。かねてより営業部方針の中に新地域開拓が取り上げられていたが，この地域は4年後（平成2年）に都庁が新宿へ移転すること，所沢方面において西武グループが開発を本格化させるという噂が流れていたこと，早稲田大学が，1年後の昭和62年4月に創立100周年事業として所沢キャンパスを開設し人間科学部を設置することが決まったこと等，進出するための条件が整いつつあった。当社が西部地域に目をつけたのもこうした開発需要の増大が住宅需要を無限に引き出すと判断したことにある。

この認識は，当時のS取締役を営業所トップに据えたことからも伺うことができる。

また，スタッフとしては地元出身で地縁，血縁に恵まれたS.Cさん，同じく同市に住居を構えるU.Tさんが営業部から異動になった。さらには工事部からS.Mさん（女性）が設計部員として異動になった。開設が梅雨の季節と重なり，その梅雨空の下，連日S.Cさんとともに地元の有力者の方々を訪問し営業所開設の挨拶に回ったことが記録されている。

その後，陣容も変わり，平成3年夏の訪問記録によればY取締役が所長に就き，スタッフにも入れ替わりがあったが，地元でも信頼の厚い建設企業として認知されるまでになっていた。「以前は，他社と同じ条件のプランを提示しても，『これじゃ，××会社と同じだよ』とあっさり，つきかえされてしまったけど，‥‥他社と競合すればするほど，土地への魅力が増してきて，なんとしても受注したいという力が湧いてくるんだ」(S.C)。

この言葉に集約されるように全員の情熱が困難を乗り越え受注を拡大してきたことがわかる。受注のコツを尋ねると，全員の口から「最後は，お客様とのコミュニケーションと信頼関係がものを言うね」と，答えが返ってきた。

こうして田無を起点に西部地域へ先鞭を切った田無営業所であるが，平成14年9月，その前年の平成13年1月，田無市が，隣接の保谷市と合併し西東京市に名称が変わったことを機に「西東京営業所」に改称した。そして，営業所の所在地も，平成2年4月20日にオープンした内野住宅センター東伏見店の一画に移転し現在に至っている。

(2) TQC教育後の人材育成

TQCの主たる管理活動として方針管理は現在に至るまで連綿と続いている。毎年度の社長方針は部門長方針で重点実施項目が決まり，さらに各人の日常管理に展開される。そのやり方は今日では組織文化として定着している。実際，昭和60年（1985）にデミング賞を受賞した後も平成7年（1995）までは，回数は少なくなったものの鐵先生にご指導を受けていた。しかし，この10年の間に，教育内容は，次第に通常の階層別教育と職能別教育へシフトしていった。

例えば，作業所所員3年～5年クラスを対象とした施工管理研修では，総合仮設，山留工事などの施工技術をはじめ，施工管理のポイントの習得を，作業所代理人クラスの作業所運営・品質管理研修では，作業所代理人の業務とはなにか，代理人としてのマネジメント能力の向上について，さらに全社的には係長・主任の中堅社員には，自己の人格形成，問題解決スキル，コミュニケーションスキル，部下の指導育成スキル等の習得，向上について，その他OA教育，資格取得援助，通信教育による自己啓発セミナーを奨励している。

以下は，TQC教育一辺倒の教育から通常の階層別教育，職能別教育にシフトしていった当時の過程を私の備忘録から2，3紹介する。

〈JMSによるマネジメント教育〉

デ賞受賞後，社員の間に一種の虚脱感が漂い，教育研修に対する関心が急速に薄れていったが，TQCについては年に何回かは朝香・鐵両先生をお招きして指導会が行われていた。実際昭和62年3月には，昭和62年度の部門方針が出され，その月の28日の指導会での発表部門に決まった営業部，設計部及び工事部の緊張した様子が記録にある。

しかし，その前年の昭和61年9月10日，11日の2日間，係長，主任クラスのマネジメント教育が，日本マネジメントスクール（JMS）の講師を招き行われている。そして，それからの数年間，その方向へ教育内容が変化していくのである。

JMSからは，鐘淵紡績で主に研究所や海外工場建設プロジェクト主任を務め当時三菱重工や呉羽化学で社員教育をしていたJMS経営教育部長の浅野三郎氏が紹介された。

今後の教育のあり方も含め，なぜマネジメント教育なのかインタビューしている。

【TQC教育とマネジメント教育の関連】

マネジメントとは組織なら組織，家庭なら家庭のことについて「すべての事をうまく取り計らっていく」ということで，TQC教育はマネジメントに包括された概念で本来同質のものです。ただ，内野工務店がTQCとマネジメントを使い分けてきたのは品質の側面を重視した結果，品質面をTQCという言葉で置換したものであって本来マネジメント教育の一環なのです。

【TQCと方針管理について】

方針管理という言葉はTQCで使われようとマネジメントで使われようと本来同じものです。企業が存続する以上周囲の状況変化に対応していかなければなりません。そのためには社長が戦略を立てられる。その戦略をどう実現するというのが方針管理です。方針管理は企業繁栄の手段であってTQCだからマネジメントだからという前提はありません。

【今，マネジメント教育が再び叫ばれている背景】

企業全般の観点からいえば，今の小・中学校の教育のシステムの欠陥が“つけとして企業にまわってきた”という形でそれを要求してきていると思います。私も戦後新制中学で教師をしていたのですが，昔の教育の中には先生と生徒の間に絆があって尊敬と愛情，育てることへの喜びが信頼につながり連帯意識が脈々としていましたが，今日その影をみることはほとんど困難です。本来小・中学校で培われるべき基本をいま企業はマネジメント教育という形で肩代わりしているということでしょう。他方，内野工務店が今，なぜマネジメント教育なのかといえば，「鬼に金棒」を実現するためでしょうね。

【鬼に金棒とは】

内野工務店の社員は，デミング賞というすばらしい賞を非常に苦労されて受賞されました。そうした受賞の自覚は個人面接の中でも感じられました。「鬼に金棒」の「金棒」にあたるのがデミング賞だと思うのです。その金棒を得たのですが「鬼」ではなくまだ「子供若しくは大人」に金棒というのが実感です。自由自在に使いこなせる鬼の養成ということでしょう。

――7年前に本社が新ビル（栄町から豊玉北）に移転したときに，社長は器にあった人材の育成を急がれた。教育に期待するのは人材の育成で，それが組織の活性化を促し企業の永続的発展を可能にすると確信していた。――

【器にあった人材の育成】

私が社長に3年間という期間を予め設定していただいたのも教育効果は即席で出てくるものではないからです。最終的には成果，数字で表されるのですが，その過程の中で職場の雰囲気が変わるとか，活動の内容が深まるとか，絞り込まれるとかという無形の効果は意外に早く出てくるような気がします。そこで気になったことが一点あります。今回8月の全社員研修で欠席した社員が，同僚の受けた研修内容について知らなかったということです。「こうした内容について研修したぞ，次回から来いよ」というぐらいの友情というか同僚とのコミュニケーションがあってもよいと思うのですが。

【機会は均等に与えるが享受しないことによる不利益は自己責任という考え方】

社長はいくら厳しい態度を出してもよい。ただ同年代の社員が「次回から来いよ」という声をかける雰囲気が大事なのです。そういう意味では陰のフォロー者がいないのです。家庭でも親父が叱り飛ばす一方で奥さんが必ずなだめ励ます中で子供は成長していきますね。それがないのです。今回の階層別教育はそういうことで連帯意識の醸成に役立つと思いますね。

【差別化教育の必要性】

一般に企業が商品を市場に出す場合に他社と一味違ったユーザーの関心を引く差別化商品の開発に腐心するように，その人となり（能力）に応じた研修の機会を提供することは大事なことです。そして地道に教育の成果を確認していく心の余裕が必要ですね。

＊JMSによる階層別教育は昭和62年12月で終了している。

〈大成リルックスセミナー〉

JMSによるマネジメント教育に遅れること4ヵ月，昭和61年12月から大成建設リクックスセミナーがスタートしている。このセミナーは，大成建設の教育研修部門である大成建設リルックスが，自社の建築技術やノウハウを，独自の研究部門を持たない（持てない）中小建設企業に公開して，建設業界全体の知識の向上を図ろうとして立ち上げたセミナーである。

昭和61年夏，大成建設リルックスの立ち上げに関った営業マン（早稲田大学理工学部建築科を卒業し，大成建設から新設のリルックスに異動になった社員）が当社を訪ねて見え，会員登録を熱心に勧めてくれた。多くの中小建設企業が，教育費の節減を図ろうとする中で，教育費に制限を設けずに必要な教育を施そうとする企業は少数である。このことは当社がデ賞を受賞したことでもわかる。会員になることを勧めてくれた方が東大泉にお住まいがあり，古くから当社のことを知っていたことも関心を持たれた理由である。

ご本人にとっても最初の会員契約であり，おかげさまで当社の会員番号はNo.1である。

このことが，後に，新宿センタービルで催される各種会合や懇談会では，並居る大手・中堅ゼネコンとまったく同等の扱いを受けることにつながった。

セミナーは，主に湯河原の大成建設が所有する研修センター（リゾートマンションをリニューアルしたものと記憶している）で行われた。

研修内容は，主に建築施工実践基礎コース，建築施工工事管理者コース，作業所長マネジメントコースで，現場での実践に具体的に役立つ内容のものであった。基礎コースを受講したT.M君によれば「このコースは入社後3～5年の技術社員を対象とした実践講座で技術者として知っておくべき基礎技術を短期間で習得するためのコースです。内容的には環境管理（近隣協定，騒音，振動，日影，電波障害），安全衛生管理（危険予知と対策），設備工事管理（建築と設備施工の取り合い及び建築関連法規），品質管理（QC的な物の見方，考え方），音響材料とその施工，鉄骨工事の品質管理，山留工事の意義と要点，地下工事・山留計画，防水及びシーリング工事，コンクリート工事と多岐にわたります。全体にかなり高度な内容で，知らないことが数多くありました。一般のマンションなら工期さえあれば納まってしまい，“自分は仕事を知っている”という錯覚を起こしてしまいがちですが，本セミナーを受講して考えが甘いことがわかりました」と感想を述べられている。

その他のコースも受講者の人気が高かったが，大成建設リルックスそのものが，大成の事情により数年で解散し，長続きしなかったことが惜しまれた。

〈ジェック研修〉

昭和60年にデミング賞実施賞中小企業賞を受賞してからも，鐵先生による指導会が平成7年頃まで断続的ではあるが続いた。他にもQC入門講座（規格協会）やFBCの講義が川村先生により行われてきた。しかし，受賞前とは違い，実施回数は極端に少なくなっていた。TQC教育に代わってJMSによる階層別マネジメント教育，建設技術に関しては大成建設のリルックスセミナーが主流となった。また，単発的ではあったが，VE教育では産能大の講師による研修がもたれた。そして，それも一段落すると，次に始まったのが㈱ジェックによる階層別行動実践教育である。

ジェック（JECC）は，宮本義臣氏が昭和39年に「日本経営者懇談会」として創業し，後にこの名称に変更したのであるが，当社が関った頃には池袋サンシャイン60の20階に事務所を移転し，飛ぶ鳥をも落とす勢いの急成長教育機関であった。売りは，なんといっても創業者の宮本氏が開発した「コンサルティング・セールストーク（CST）理論」と言って，ロールプレーイングを観察し続け，成功する商談の秘訣を体系化した理論である。機関紙に『行動人』があり，購読する企業も多かったようである。

ジェックの研修は，平成4年5月から本格的に始まった。研修は，ジェックが所有する熱海伊豆山のJECC研修ホテル「伊豆山」で行われた。このホテルは，「阿部貞事件」の阿部貞が一時，仲居をしていたとも噂されていた。そのホテルを改装したものである。

研修は合宿研修が基本で，職位ごとに分かれて行われた。研修のねらいは「正しい行動理論を学び企業人としての自信をもつ」ということで，挨拶やお客様との応対という動作を通して，もう一度基本から学び直すというものである。特に営業マン向けのコンサルティング・セールストーク研修では，互いに営業マンとお客様に役割分担してロールプレーイングの形で行われた。講師には，スパルタ教育で有名だった管理者養成学校の講師の経験者が多かったように記憶している。活きのいい，声の大きい講師が多かった。

一連の研修が終わると，成績のよかったグループが各クラスでトップ受賞者として表彰された。

研修を終えた社員は，研修で習得した「分離動作」のもと，大きな声で挨拶を交わす光景がしばしば見受けられた。「ラポール（rapport）を掛ける」（セラピストとクライアントの間に相互を信頼し合い，安心して自由に振る舞ったり感情の交流を行える関係が成立している状態）とか「美点凝視」は，社内で流行語・合言葉になったほどである。

その後，代表者も変わり，現在その名を耳にすることは少なくなった。

(3) 受賞企業としての矜持

〈台湾からの視察団受入れ〉

平成5年（1993），この年，日本科学技術連盟の依頼により，台湾から2つの視察団が当社を訪れた。台湾でも製造業はもとより建設業においても品質管理への関心が高まりTQC活動が一種のブームになっていた。多くの中小企業にとって当社クラスの規模の会社は，手ごろな視察対象であったのであろう。

一つは，5月27日，東亜科学技術協力協会のメンバーの方々30名が来社された。一行は「日本建設業TQC研修団・台湾考察団」と銘打って，日本におけるTQCの実施状況，とりわけ中堅ゼネコンにおけるTQCがどのように行われているかを視察に見えたのである。当社のTQC活動については，とりわけQCサークル活動がいかにして社員一人ひとりに至るまで浸透し，協力業者をも巻き込んだ全社的活動に発展し成果をあげたかについて，熱心な眼差しで説明に聞き入っていた。午前中は本社においてH・S取締役工務部長とT・K営業部長が当社のTQCの概要説明をし，午後からは練馬区立北部地域体育館に場所を移して作業所でのTQCの実施状況を説明している。質疑では，「成果」が真にTQC活動の結果によるものなのか，あるいは別の要因によるものなのか，また，それをどのように証明（証拠）するのか等，活動と成果の関連について質問が集中した。自国に帰って具体的に検討するうえで疑義をなくしておきたいというものであった。

もう一つは，12月2日，「台湾・中国生産力中心建設業TQC研修団」40名の一行である。「生産力中心」とは，工業技術・生産方法・生産能力やその管理技術の向上を目指すことが使命とされている団体で，Productivity Centerと呼ばれ，わが国で言えば日本科学技術連盟といったところである。このときは，台湾で建設業を営む「鎮山建設業集団」という会社の中堅社員が中心の視察団であった。一行は練馬区立光が丘図書館作業所の朝礼を見学し，監督が実際にどのように作業員に指示を出し，作業員がそれをどんな風に受けとめるかを興味深く見ていた。その後，作業所を案内され，意見交換が行われた。「鎮山建設業集団」は120余名からなる会社で，なかでも20代の若い社員が多い会社である。平成5年当時の当社の社員数は140余名で，平均年齢も30代前半であったことから相似しており，参考とする日本の中堅・中小ゼネコンとして最適だったのであろう。作業員への指示の方法や管理手法に関する質問が多く見受けられた。

第4節　成熟期—1995年以降～現在

第4節では，成熟期を迎えた1990年代半ばから現在までの活動を紹介する。CIの導入やISO9001の取得，リニューアル部の創設による業容の拡大，その他財務戦略，情報化戦略，そして，次代を見据えた事業承継に関する施策のなかで，私が関わった株式の売渡し請求権制度（会社法第174条以下）について触れる。

1. 社名変更—CIの導入

TQCの導入により，社員の意識改革は確かに変わり，デミング賞実施賞中小企業賞受賞という輝かしい成果を得た。しかし，多くの社員はその後ほぼ10年に渡りその後遺症に悩まされることになった。TQCに関わる実情説明会や品質管理全社大会も型どおり実施されていくのであるが，多くは中身のない惰性的なものであった。社員は「研修慣れ」していて，なにをやっても無難な解答を出すが，それは業務の質の向上にはつながるはずはなかった。そうした沈滞ムードから抜け出すために取られたのがCIの導入である。と同時に，もう一度原点に戻って品質管理に取組もうとして始めたのが次に述べるISO9001認証取得への挑戦であった。

CIとは，コーポレート アイデンティティのことで企業としての同一性を意味する。本来の意味するところは，他の企業とは異なる独自性（経営理念の制定や経営戦略の見直しなど，企業としての“あるべき姿”を構築して，企業文化の変革をめざす）を打ち出すことである。しかし，中小企業の多くは，社名を変更したり，ロゴマークやコーポレートカラーを制定するなど，ビジュアル面でのビジュアル アイデンティティに終始し，他社がやっているから自社も実施しようという一種のブームに乗った感は否めない。特にバブル期は中小企業では優秀な人材の採用がむずかしく，その採用戦略として始めた企業も多かった。

当社においては，平成6年4月から準備に入っており，ブームの絶頂期は過ぎていた。ただ，まもなく会社設立35周年を迎える時期であり，TQCで疲弊した社員の意識を覚醒させるためにも必要と考えての決断であった。めざすは企業文化の変革であるから，それを機に改めて会社の経営理念等の見直しを行うことにしたのである。

平成7年4月1日，当社は株式会社内野工務店から内野建設株式会社に社名を変更した。

創立35周年を機に，都市環境の創造にふさわしい社名への変更を模索した結果である。

——それまではマークから会社の業態や社名が想像できるものが主流で

あったが，この時代は，視覚に訴えた斬新なイメージのマークが流行した。
――

当社の社名変更にあたっては，当時総務係長だったK・Sさんの功績が大きい。強いリーダーシップの下で，プロジェクトを成功に導いたことが，残された資料から推測できる。

第1回VI委員会が平成6年5月20日に開催されている。会社側から会長（当時社長）始め12名の委員・事務局，委託先の「ランドーアソシエイツ」から宮澤代表[86]ほか5名の計17名が出席して本社3階大会議室で開かれている。このVI委員会は平成7年3月17日まで，計23回開かれている。その他，事務局との打ち合わせ等を含めると優にその倍の回数になる。準備作業は，第1段階：調査分析及び戦略立案，第2段階：視覚基本要素開発，第3段階：デザインシステム開発，第4段階：管理手法開発と段階的に行われている。期間は平成6年4月をキックオフとし，平成7年4月1日施行であるから，その準備期間はわずか1年であり，集中して準備作業に取組んだことが記録されている。

社名変更に際し，会社の理念を表現したシンボルマークも一新した。マークは「人の和と信用を基に，発注者の満足度の高い品質の建築物を造り込み，社会の環境づくりに貢献する」という経営理念を表したもので，自立した企業像の確立と社員意識の刷新，企業イメージの向上を目指したものである。当時の社員数はグループ全体で187名を数える。

シンボルマークは，都市と人と自然をモチーフしたものに「UCHINO」のロゴタイプを配したものである。高い技術力を表現した正方形の中に出現した都市，そこから始まる人と環境を表現した輪が，常に建造物と人，

86　平成12年暮れに起きた，いわゆる「世田谷一家強盗殺人事件」の被害者の宮澤みきおさん（当時44歳）である。現在も犯人の特定・逮捕に至っておらず，未解決事件となっている。宮澤さんと当社との関わりは平成6年からであるから当時の年齢は38歳ということになる。ランドーアソシエイツの代表として精力的に取り組まれた。

そして自然との調和を考え，やすらぎのある住みやすい社会の環境づくりに貢献していく内野建設の企業姿勢を表現している。

カラーは，内野建設が“信頼性と創造性を感じさせるクリエイティブブルー”，内野住宅センターが“人間性を表すヒューマンローズ”，内野ホームテックが“自然環境を表すネイチャーグリーン”に決まった。そして，これら3色に加えロゴタイプ部分に高品質を感じさせるウォームグレーを配している。

これらについて発案者は，「ブルーの正方形を敷地と見れば，そこに建造物が建ち上がり，緑あふれる美しい環境と明るいあたたかい人の暮らしが生まれ，三位一体の球（立体）となって敷地（平面）から立ち上がってくる様子を象徴したシンボルマークとも見えます。

また，ブルーの部分が「青焼きの図面」を表すとすると，常に人と環境と建造物を考えて仕事をする内野建設の仕事ぶりを象徴するシンボルマークだとも言えます。企業理念を明確に打ち出しながら，非常にユニークで印象に残るデザインです」と説明している。

さらにシンボルマークを一新したことを契機に，タイラインも制作している。

タイライン（結ぶ言葉）は，「人を結び満足を築く」である。スローガンやモットーよりも身近にあって内野建設の企業理念を表すのにふさわしい言葉として作っている。「新しい言葉を使うことで，意識を一新し，新たなコミュニケーションの機会をつくることができます。」と，その期待をのぞかせている。

内野工務店から内野建設への社名変更は，比較的スムーズに受け入れられたようであるが，重鎮たちの「内野」への愛着と業態を直接的に示す「建設」へのこだわりが強く，若手パワーがそれを押し戻すだけの力がなかったようである。また，社名変更は，グループ会社にも及び，内野住宅センターについては，「ウチノ住託」，「ウチノトラスト」とか，内野ホームテックについては，「内野建物営繕」「内野リホームサービス」等，こちらもいろいろ候補に挙がったようである。

社名変更は，シンボルマークの変更を始め，社章，社旗，事務用品，名刺，伝票・帳票，サイン（屋上サイン，作業現場用サイン，養生シート等），車両，その他広告・広報等にコストがかかる。打ち合わせ記録によれば，およそ5,500万円とある。CIは，単なる思い付きで実現できるものではない，と実感する。

CIの導入と施行にあたり，社長（現会長）からCI宣言が出された。

「CI宣言―株式会社内野工務店の社名変更とVIの導入にあたり―」には次のことが宣言されている。宣言はA4用紙6頁に及ぶが，要するに「将来の繁栄を確実なものにするために，私たちは自らを根本から見直す取り組みを進めてきた。その結果，新しい企業理念と経営方針を定めるに至った。この企業理念と経営方針に基づく企業づくりのために，社名を内野建設株式会社と改めることにした」，「建設業界は選ばれたものだけが成長をつづけることができる熾烈な業界であるから，大手ゼネコンに伍する覚悟を持ってその嵐の中を泳ぎ切り，勝ち残らなければならない」，「社名変更によって社会的責任が飛躍的に増大することになるので社員は一層その責任を自覚して事にあたらなければならない」。「‥‥規模や質はこれまで以上のものが求められるようになるから，未来志向で社会の環境づくりに貢献しなければならない」等，強い使命感が伝わってくる宣言である。

2. 品質マネジメントシステムの構築―ISOの導入

ISOの導入は，失われた10年間に薄れていく品質管理への意識を取り戻し，マネジメントシステムとして全社的に定着を図ろうとするものであった。TQCのときのように，何から何まで細かく規制せずにもっと自然体で品質管理に向き合おうとしたのである。

CIを実施して4年目の平成11年4月14日（私の誕生日なので克明に覚えている），私は突然社長室へ呼ばれた。「わが社もISOを取ろうじゃないか。君とU君が中心になってISO推進事務局を作り認証取得しよう，これから勉強してくれ，講師やその他，どのように進めるかは日科技連（日本科学技術連盟の略称）とよく相談してくれ，頼む」というのである。

ISOとは，International Organization for Standardizationの略で，国際標準化機構と訳されている。当社が認証取得しようとするのはISO9001で，品質を切り口とした経営システムの国際規格である。この規格は昭和62年（1987）に発行され，その後1994年，2000年，2008年，2015年に改訂が行われて現在に至っている。

会長からISO推進事務局を作り認証取得しようと言われても，最初は何のことかさっぱりわからなかった。日本には立派なJIS規格（日本工業規格）があるし，そもそも「マネジメント」に規格はなじむものなのか疑念があった。「マネジメント」は経営者の力量に依拠するもので，規格化して，そのとおりに事を進めたところで，同じ結果が生まれるとは考えられなかったからである。

不安な気持ちで，社長命を受けたものの，全体像をつかむまで時間がかかった。早速，日本規格協会の書籍部でISO9001（JIS Z 9901：1998）「品質システム―設計，開発，製造,据付け及び付帯サービスにおける品質保証モデル」に関する書物を買い集め，そこに記載されている要求事項を読み始めた。一通り読み終えて感じたことは，顧客の要求に合った製品（建築物）又はサービスを安定的に提供することができる当社独自の仕組みを作ること，認証取得するには，ISO9001の要求事項に適合する仕組みでなければならないこと，そのためにはこれらの規格に準拠した品質システムを文書化（「品質マニュアル」）し，運用，実施することが最も効果的であるということであった。

平成7年に社名が変わり，新しい内野建設を標榜しながらも，具体的な経営システムとなると，どのように構築してよいやら悩んでいた時期だけに，ISOは格好の標的となった。

引き受けた私の気を楽にしたのは，規格に要求されている事項（「要求事項」）を満足すれば，顧客重視をねらいとした一定のレベルの品質が保証されているとみなされ，審査機関が認証を与えてくれるということであった。システムができ，そのシステムさえしっかり遵守すればよく，一定以上の改善効果が期待されたTQC（デミング賞）ほど神経を使わなくてもよいと悟ったからである。

ISO認証取得（品質）の法人数は，当社が準備を開始した平成11年（1999）には既に全国で10,000社を超えていた。デミング賞を授与される企業数に比較したら，あまりにも差があった。それだけに精神的には楽であった。

ISO認証取得が一つの社会現象となった背景には，それまで国土交通省はISO取得を入札条件としたISO適用工事を試行していたが平成16年4月「ISOの本格適用」を開始すると発表したことなどが影響している。平成18年には全国で認証取得している法人は約54,000社に及んでいる。その後，平成22年10月15日国土交通省は「経営事項審査の審査基準の改正等について」で，ISO9001の取得企業には5点加点する内容に改正した。

ISO認証取得は，今日，一般的には，企業の改善姿勢の表明であり，顧客の信頼を得る証拠として，さらには取引の条件となっていることが多い。当社にはリニューアル部があり，主にマンション等の大規模修繕工事などを請負うが，交渉相手となるマンション管理組合からは必ずといっていいほどに，認証取得の有無を問われると聞く。

現在，審査機関は数十を超える。審査機関同士の競争も激しくなっている。当社はTQCの時からのつきあいもあり，日本科学技術連盟に審査をお願いしている。年1回の定期審査（サーベイランス），3年毎の更新審査を受けて現在に至っている。

マネジメントの規格の種類も当初はISO9000s（品質マネジメントシステム（QMS））がよく知られていたが，その後ISO14000s（環境マネジメントシステム（EMS）），ISO22000s（食品安全マネジメントシステム

(FSMS)）など，が制定され，今後さらに増える傾向にある。
当社は，平成12年の夏を目途に，認証取得すると宣言し，平成11年の春から「品質マニュアル」の作成に取りかかった。当時推進事務局にいたU君の功績が大きい。1級建築士の資格を有する建築技術者であったから，作業所はじめ技術面・品質面での疑義に応えることができ，上手にISOを啓蒙普及することができた。平成12年度の社長方針が「ISOを基本に施工管理を実践し，受注工期を厳守し，原価削減」だったことを受け，ISO推進事務局の部門方針は，「ISO9001を認証取得して「品質システム」をオーソライズし，その波及効果として作業所の工程厳守，原価削減に寄与する」とした。目標値はずばり「ISO9001の認証取得」であった。
受審までの期間は，要求事項の理解のために講師を招き研修を行い，要求事項の理解に務めた。U君が作問して要求事項の理解度試験も数回行った。4回に及ぶ内部監査の実施，内部監査員の養成，社外研修への派遣等，スケジュールはタイトであった。進捗状況は逐一社長へ報告するのであるが，それに納得しない社長は，私とU君を社長室へ呼び，こんこんと説教（指導）したものである。長い時には2時間余に及び，それも立ったままの姿勢で‥‥。「新幹線に乗って，それも立ち席で名古屋まで行ったようなものだ」と，よくU君と愚痴ったものである。今はただ懐かしい。
平成12年（2000）7月24日，めでたく認証取得を得た。

――平成30年（2018）6月14日現在，日科技連からQMSの認証を得た認定分野別認証件数は1,193件で，「建設」は273件に及ぶ。――

一か月後，ISO認証取得のお祝いと会社設立40周年を記念してクルージングパーティーが催されたのでそのときの模様を紹介する。

〈創立40周年記念〉
平成12年8月23日（水），当社は創立40周年を迎えた。この日を記念してクルージングパーティーが東京湾において開催された。会長の70歳の誕生日のお祝いでもある。東京日の出埠頭シンフォニー乗場から「モデルナ」を全船チャーターして，午後7時に出港し午後9時40分に帰港する，東京湾の夜景を眺めながら食事やアトラクションを楽しむコースである。総勢382名からなる大イベント。382名の内訳は内野建設が255名，内野住宅センターが26名，内野ホームテックが51名，協力業者50名である。大人が284名，中・小人が98名である。

当日は，天気もよく受付時刻の午後6時30分には，埠頭は大勢の社員とその家族連れであふれていた。受付ではボーデングパス（乗船券）と記念品の引換券が家族ごとに渡され，船内ではデキシーバンドによるウエルカム演奏が行われ，ウエルカムドリンクが提供された。ディナー会場は5つの部屋に分かれ，ボーデングパスで色別され案内された。プロの司会者が進行し，会を盛り立てる。この年の7月24日にはISO9001：2000の初回登録を終えたばかりで，ISO審査の重圧から解放された雰囲気に包まれていた。

社長（現会長）は，挨拶の中で「2度にわたるオイルショック」と「バブル経済の崩壊」という経営危機を乗り越えてきた激動の40年を振り返りながら，従来にも増して「お客様第一主義」の経営を行っていくと表明し，引き続き社員・ご家族の皆様，ご来賓の皆様，協力業者の皆様に感謝の意を伝え，倍旧のご支援とご協力をお願いした。

ディナーはブッフェ形式で，ディルサーモンのカルパッチョ，魚介類のサラダ，甲いかとパスタのトマト和え，オマール海老とホタテのカクテル，鴨肉料理，小牛のカツレツ，小海老のピラフ，牛肉のステーキ，わんこそば，デザートの盛り合わせなど多種多彩である。デキシーバンドが各会場を回りながら演奏して雰囲気を一層盛り上げた。

午後8時からは会長の誕生日を祝うセレモニーが行われ，「モデルナ」のキャプテンから花束が贈呈された。その他この年は西暦2000年ということで3組のミレニアム婚の社員が紹介され祝福を受けた。永年勤続社員も勤続35年，30年，25年及び20年が表彰された。クイズも用意されて豪華な賞品（3万円，2万円，1万円）が当選者に贈られた。

午後9時30分に着岸すると下船する参加者に引換券と引き換えに記念品が渡された。記念品は定価5,500円相当の「チョイスギフト」である。2時間余りの短い時間であるが，事故もなく，無事解散となった。子供たちには思い出に残る夏休みになった。

次に，最近（平成28年5月）のISO定期審査を前にした準備段階での心境と審査日の状況を記した備忘録があるので紹介しよう。10数年が過ぎで心変わりが見えてくる。

今年のISO定期審査の日程は6月10日（金）に決まった。既に社員には受審の準備をお願いしているが，肝心の品質管理責任者と総務部門の対応は例年になく遅れている。

当社がISO認証取得し初回登録したのが2000（平成12）年7月24日である。昨年更新登録し，本年は定期審査（第1回サーベイランス）である。審査日数も更新審査（2日）と違い，1日で終わるので気持ちに緩みが生じているように思える。それに，現在の運用規格は2008年に改正されたJISQ9001：2008年版であるが，昨年秋に2015年版に改正されている。新規格への移行審査の時期をいつにするか，それによっては，陣容の立て直しも迫られることから消極的になっているのも否めない。

そもそも当社がISOQ9001の認証取得へ踏み切ったのは，デミング賞実施賞中小企業賞（デ賞）を受賞後，その後遺症とも言うべくTQC活動（方針管理とQCサークル活動）が停滞し，品質管理がおろそかになり顧客への品質保証ができないという恐れがあったこと，さらには当時，数年中に東京都の仕事を受注するにはISOの認証取得が必要条件になるという（不確かな情報）噂もあり，そのための予防処置であった。社内にはISO認証取得に否定的な社員も多く，中にはTQCの時のような活動は御免と言う者もいた。ただ，ISO認証取得のハードルはTQCのデ賞のそれに比べるとはるかに低い分，取り組みはスムーズに行うことができた。

平成12年の認証取得から早16年が経過しようとしている。3年に1回の更新審査と中間の定期審査（サーベイランス）は，毎年6月に行われているが，1年はあっという間に過ぎていく。日々の管理活動が不足なくかつ遅滞なく行われていれば何の苦労もないが，ついつい後送りの（私の）体質が，時期が迫るこの頃になると焦り出すことになる。そんな繰り返しが毎年続いている。

会長に今年の日程を伝えた。デ賞では先頭に立って社員，協力業者を強引ともいえるリーダーシップで牽引したのだが，最近はISOの成果に必ずしも納得していない様子が伺える。「ISOは本当に効果があるのかね」と尋ねられる。規格が企業の品質活動の標準ツールとして多くの組織で採用されていること，認証登録は社会的信頼を証明するためのツールとして価値があることを説明する。「金ばかりかかっても品質が一向に良くならないのではどぶ川に金を捨てるようなものだからな」と必ず戒める。

3. 業容の拡大

(1) リニューアル部の創設

ISO認証取得となる平成12年4月，新たにリフォーム課を新設した。マンション，ビルの建て替え需要を見越しての専門部門の設置である。昭和40年代の後半から都市部の住宅環境は中間所得層を中心にマンション生活者が増加していたが，当時建てられたマンションが30年から40年の歳月を経て諸問題を抱え始めていた。建物全体の老朽化や外観の傷みや汚れ，資産価値の低下，台所など給排水設備やその他の衛生設備の老朽化，インターネットなどマルチメディアに対応できない不便さ，高齢者のためのバリアフリー化の要請，家族人員の減少による間取りの変更などライフスタイルの変化や健康志向という社会環境の変化が進み，これらの要求に対応するニーズが高まっていた。

当時練馬地区には大手住宅メーカーが本格的に参入しておらず，中小のメーカーはバブル後遺症の影響で立ち遅れていた事情があった。これを好機ととらえてのリフォーム課の新設である。この見通しは当たり，その後，多くのメーカーやゼネコンも参入して，競合他社間の競争は一層厳しさを増してきている。当社も当初のアドヴァンテージだけでは差別化できない現状であった。

当社の業容拡大路線に間違いがなかったと自信をつけた会長は，平成14年4月にリフォーム課をリニューアル部に昇格させ，エリアも練馬区に隣接する地域だけでなく，神奈川県，埼玉県，千葉県に及び，対象物件も大手不動産会社の紹介もあって，当社施工物件のみならず他社施工物件にも広げている。初代部長には取締役のOさんが就いた。14年度のリニューアル部の部門方針には「プレゼンテーションの質を高めて発注者の改修意欲を喚起させ成約率の向上を図る」を明言し，受注金額目標を12億円以上としている。当該年度の全社の受注金額目標が100億円以上であったことと比較しても，意欲的な目標設定であることがわかる。その後O部長が退職し，現社長がみずから陣頭指揮をとっている。これも，リニューアル市場への思い入れが強いことの証である。

当社の売上高での比率は，創設以来，概ね8%から12%台を維持しているが，将来の市場の成長性を考慮すると，さらに比率が高まることも予想される。最終的には現社長の意思決定に期待がかかる。

リフォーム課が2年後にリニューアル部に昇格した背景は，単にリニューアル市場の拡大が予測されただけでない。会長には，デミング賞を受賞し，さらにISOの認証取得をしたものの，なぜか心の底から経営魂を鼓舞するものがなくなり，将来に一抹の不安を感じていた。年齢も古希を迎え，後継者にいつバトンタッチするか悩まれていた。

「年はとりたくないものだ」と，よくこぼすようになっていた。そんな矢先に飛び込んできたのが，オーストラリア・イプスウィッチ市の市長来訪の話である。

〈オーストラリア・イプスウィッチ市，市長来訪〉

平成13年（2001）11月13日（火），オーストラリア・イプスウィッチ市長並びにオーストラリア・ハードボード社のムーア社長が当社を来訪し，本社で会長（当時社長）と対談した後，当社の建築現場を見学することになった。

発端は，10月30日，練馬区総務部国際交流担当係長I氏から，練馬区と交流のあるイプスウィッチ（Ipswich）市の市長から，同市の建材メーカー社長ムーア氏と，練馬区の優良企業（特にムーア社長が建材メーカーの社長ということで区内の総合建設会社）の実情を視察し，経営者と意見を交換したいとの意向があった。ついては当社にその要請に応じてほしいというものであった。

オーストラリア・ハードボード社は，2～6.4ミリの薄いハードボードを生産している社員200人ほどの会社である。ブランド名Masonite（マソナイト）は，抵抗力の強い優れたパネルとして知られ，トレードマークの黄褐色が有名で，国内では合成樹脂を使っていない唯一のパネルとして知られているという触れ込みであった。用途は目に見えない所，例えば床のビニールの下，家屋の枠組み，台所のキャビネットや本棚など，その他ガラスの梱包，工業，小売りのハードウェア，商品売り場，建設業等で広く使用されているという。いうならば，地方都市の市長が，姉妹都市であることを理由に，率先して市の製造業をバックアップする形で売り込みに攻勢をかけてきたのである。

当社は，この要請を受け，早速対応の準備に入った。当日は会長と当時のY常務が玄関で出迎え，本社2階第3応接室で面談が行われた（コーヒーも事前に近くのコーヒー専門店から取り寄せた。今日のように良質のコーヒーを社内で用意することは難しかった)。時間も限られていたので（15：30～17：10)，対談は15分で済ませ，早速2現場を案内することになった。会長車には会長，イプスウィッチ市長，ムーア社長と通訳が，区の車には区の担当課長と係長，そして現取締役建築部長のTさんが同乗した。

一つ目は，8月に竣工したばかりの建物（関口マンション：練馬区貫井2，地上14階SRC造76戸延5651,26㎡）と，もう一つは建築中の建物（向山4丁目共同住宅：練馬区向山4，地上4階地下1階RC造26戸延2432.00㎡）である。

前者の説明は，T部長と作業所代理人であったMさんが，後者の説明は作業所代理人のSさんがあたった。約1時間の短い視察であったが，当社の施工管理と建築物の品質が高いことを素直に褒めてくださった。

私たちは，思いがけないところで，当社をPRできたことを光栄に思った。そして，デ賞の効果が依然として継続していることに驚いた。このことは会長の矜持を覚醒させ，萎える経営魂を再び鼓舞し拡大路線に転じるきっかけとなったのである。

(2) 営業戦略の見直し

当社は，地元重視の営業展開によりこれまでに成長した中小建設企業である。昭和40年代から50年代はとりわけ練馬区という地域の特性を活かした土地の有効活用（相続税対策等）を地主さんに提案し，ファミリー向け賃貸マンションの建築施工を勧めてきた。

実際，賃貸マンションの建築に踏み切るまでには，相当の覚悟が要るようで，かつては親戚縁者のなかに最初に建築した人の成功例を見て自らも決断するというケースが多かった。そうした場合，最初に建築に踏み切った人がキーマンとなって，当社による施工を薦めてくれた。それがあっての今日の成長の姿である。したがって，これらの地主さんは，当社にとって有力顧客であると同時に貴重は情報源であり，今も変わらない。

しかし，次第に営業エリアが広がるにつれて，営業情報源も地元の地主さんだけでなく設計事務所，不動産業者，取引金融機関，保険会社等，多岐に渡るようになってきた。また，建築物の種類もファミリー向け賃貸マンションだけでなく，店舗付きの商業ビルやインテリジェントビル，工場などの生産施設，学校や図書館等の公共施設等，施工能力の向上とともに多種多様に変わっていた。特に近年では個人向け分譲マンションや投資用マンション（主にワンルームマンション）の需要も増え，それを前提にした営業戦略の見直しが求められていた。

平成18年（2006）以降，大手デベロッパーとの連携強化（営業情報ネットワーク）により営業情報量が拡大し始めると良質な情報の選別を含め，見直しも急務となった。

建築物の種類の多様性に伴い，建築費の調達方法，資金回収方法にも変化が生まれてきた。少なくとも住宅金融公庫の融資に片寄っていた当時とは想像できないほどのリスクマネジメントが細部にわたり求められようになってきた。建築部，経理部門，原価管理部門と営業部門が解釈する収益の安全性や損益分岐点についても見通しに違いが生まれるようになった。楽観的な見方をする者がいる一方で，将来の安定性確保・堅実経営を優先して慎重な見方をする者もいる。受注構成，営業先構成，デベロッパーの選別など，経営者にはこれまで以上に厳しい意思決定が求められるようになった。

ただ，幸いなことは，平成28年から，現社長の補佐として公認会計士の資格を有する社長の次男R氏と経営指標の解析を得意とするご長男のK氏が，それぞれ経理部と総務課に配属になったことである。R氏は当社の財務・経理全般を，K氏は労務・福利厚生，人事その他経営全般を視野に入れている。彼らの強みは短期間に必要とする情報を収集できること，それに基づいて将来予測をし，信用リスクを保全するためのポートフォリオを独自に持っていることである。

これらのポートフォリオからどんな提案がなされるか，今後の内野建設の展開を占ううえで大変興味深いものがある。

4. 退職金制度の廃止

社員の処遇の中で，退職金は，人生設計を立てるうえでも最大の関心事である。

退職金制度は，かつて終身雇用制度があたり前の世の中では，給与の一部として後払い的性質[87]のものとして認識されていたし，労働条件を充実させることで優秀な人材の獲得を容易にし，生産効率の向上にも有効であるとして，ほとんどの企業が採用していた。一方で一度制度として設定すると，業績の如何に関わらず簡単に廃止できないため，企業の財務を圧迫する可能性も指摘されていた。近年，退職金制度の廃止を検討する企業が増えている背景にはこうした負の側面がある。

当社の場合，平成16年に退職金制度を廃止した。廃止にあたっては社員との間で十分に話し合い，社員に不利益にならないよう配慮して納得の上で廃止している。

以下に退職金制度廃止に至った背景が備忘録にあるので紹介する。

「当社は平成16年11月30日を以て退職金制度を廃止した。退職金制度の廃止は社員の将来設計に大きく関る事から慎重に検討された。その背景には，近い将来，団塊世代の社員が多数定年退職を迎えることによる会社資産の流出を予防する必要があった。退職金制度を廃止し一旦清算するのが社員及び会社の双方にとって利益になると判断しての結論であった。財政難に陥ってからでは遅く，資金の潤沢なうちに将来の問題を解決しておこうとする経営戦略としての選択であったと記憶している。

ご存知のとおり，退職金制度は法律で制定を義務付けられている制度ではないが，一度制定すれば，会社が経営不振に陥ろうとも支払い義務が発

87　退職金の法的性質については，賃金の後払いとする説がある。退職金は，通常，退職金規定に基づいて算定基礎賃金に勤続年数に応じた支給率を乗じて算定されるからである。一方，企業経営者の観点から，長年勤務したことに対する報奨であり，退職後の生活保障であるという説もある。

生する。それだけに会社設立当初は，優秀な人材の確保や，労働者の労働条件の向上，雇用の安定を図るために制定しても，後に経営が行き詰ると（不本意ながら）履行できないという事態が生じうる。

したがって，一旦制度として制定したものを廃止するには相当な準備と（全）社員の理解が求められる。単純に多数決で決められる性質の問題ではない。将来に禍根を残さないためにも双方に利益になるよう進めなければならない。総務の腕の見せ所でもある。

当社がとった方法は，社員自身が“自己にとって利益であると実感できる”内容にしたことである。①清算額を算定基礎額（原則本給：職能給）に勤続年数に応じて100％乗じた（「退職金計算書」を添付）こと，②減額調整を行わないこと，③退職金の受取資格を全社員とし，3年未満の社員にも応分の定率を乗じて支給すること，④平成16年12月1日以降は，業績功労金制度（毎年3月にその年度の計画成果の達成状況に応じて一時金を支払うという代替措置）を講じたこと，⑤全社員から個別に「従業員退職制度の廃止についての同意書」を受領したことである。

総務としては，事前に顧問税理士に相談し，税務上の問題点をクリアしておき，その後時間をかけて社員に説明し理解を得ている。結果，将来の不確定な金額よりも確実な現在額を受取り有効に活用したいという社員が多数を占め，1人の反対者もなく全員から署名捺印をいただくことができた。経営者の真実と経営の思いが理解されたのである。

こうした退職金制度の廃止は当時，珍しく，給与の後払い的性格の認識のある退職金をなくすことは社員のやる気を喪失しかねないという意見もあり，当社の事情を知らない外部の人にとっては，受け入れ難かったようである。所轄税務署からも監査があるたびに（その後数年間）同意の過程が適切であったか問われたことを記憶している。廃止は，持続的成長・黒字無借金経営を実践する上で，いまなお有効であったと確信している」。

5. 株式の再集中と分散化防止

株式の再集中と分散化防止は，将来起こりうる事業承継の円滑化のために事前にとっておきたい対応策である。それは後述する財産権の承継とともに経営支配権を確実にするための有効策だからである。

事業承継を円滑に行うための対応策については近年，法務，税務あるいは行政面から多くの対応策が紹介されているが，行きつくところは「財産権の承継」及び「経営権の承継」の円滑な実現である。そこで，本項では，株式が分散して所有される経緯と分散した株式を再集中する方法として，当社がとった従業員持株制度の廃止と相続人等に対する株式売渡請求制度（会社法第174条）の導入について説明したいと思う。

(1) 従業員持株制度の廃止

従業員持株制度は，昭和の終わり頃から平成の初めにかけ，企業の福利厚生の充実，社員のモチベーションの向上，経営への参画意識の向上等が図れるとして，特に優良な非上場中小企業の間で一時ブームになった。株式の取得は，第三者割当増資もしくは公募増資により発行されて新株式やあるいはオーナー株式や脱退する会員の株式を取得する形で行われた。拠出金は毎月の給与，賞与から控除して行われ，事務代行は証券会社が委託を受けて行っていた。そのため，安心かつ奨励金も銀行金利よりも高かったために人気が高かった。しかし，反面，増資が止まり，新たな株式を取得する機会が少なくなり，奨励金の見直し（より低利に）がされると新規加入希望者も減少した。また，従業員持株制度の導入により株式が分散したことで，将来（次世代）の経営支配を心配した経営者（特に高齢化を迎えた創業経営者）にとっては株式を再集中することでさらに経営支配を堅固にしたいという要望も出て，制度の魅力は徐々に薄れて行った。

以上から言えることは，将来的に株式の分散を恐れるのであれば従業員持株制度そのものの導入を控えることと，再集中は経営者のあまり高齢になる前，それも事業承継前に済ませておくことである。なぜなら，制度の廃止には反対が伴うもので，その同意をとりつけるには現経営者からの説得（しかない）が効果的だからである。

以下は，備忘録から従業員持株会設立の経緯，株主総会等の様子を紹介する。

「今から26年前の平成2年11月30日。従業員持株会発起人会が開かれ，私が議長になって内野工務店従業員持株会の設立及び規約制定について審議し，全員異議なく可決した。従業員持株制度導入の理由の第1は，福利厚生制度の充実であり，第2は，社員のモチベーションの向上である。当時の風潮として優良な非上場中小企業経営者がこぞって導入したように思う。

当時の規約からその概要をみると，目的は，内野工務店の株式を取得することを容易にし，もって会員の財産形成に資すること（第3条）。会員になるには勤続5年以上の正社員であること（第4条）。拠出金は，毎月の給与及び賞与から控除し出資するもので毎月の拠出金は1口1,000円とし，1会員20口を限度とし，賞与時は毎月口数の2倍の口数を拠出すること（第7条）。奨励金は拠出金1口に対し50円支給すること（第8条），株式の取得は，第三者割当増資若しくは公募増資により発行された新株式あるいはオーナー株式や脱退する会員の株式を取得する形で行うこと（第9条）。

こうした内容の制度は，奨励金が高かったこともあり，社員には魅力的で人気が高かった。発足してわずか1年後に1会員の限度口数を10口に変更していることからもそのことがわかる。一番多いときで会員数は51人を数えた。

株主総会は，持株会の理事長が出席すれば事足りたのであるが，あえて，株主であることを自覚してもらい経営への参画意識の向上を図る意味から，全員に招集をかけた。会場となった本社3階大会議室は大勢の株主で埋まり，盛大であった。総会が終わると，近くの和菓子屋で用意した

「左馬」という箱詰の和菓子が手土産として配られた。皆うれしそうに手に提げて会場を後にしたものである。

その後，増資が止まり，新たに株式を取得する機会も少なくなったこと，奨励金も見直されたことにより新規加入希望者が少なくなったこと，また，分散した株式を再集中することで経営支配をさらに堅固にしたいという要望もあり，廃止に踏み切ったのである。

平成21年3月26日，それまで大和証券株式会社との間で取り交わしていた「事務代行等の委託に関する契約」を解除し，平成21年4月に株券及び清算金が支払われた。ここに20年弱続いた従業員持株制度は終わりを告げたのである」。

(2) 相続人等に対する株式の売渡請求制度の導入

相続人等に対する株式の売渡請求制度は，平成17年会社法で新設された制度である。

この制度は，株式（非公開会社）に相続制限を認めるもので，事業承継にとって極めて有効な施策として，昭和50年代から中小企業経営者をはじめ，中小企業諸団体より強く要望されていたものである。その背景には，戦後法人成りした株式会社や有限会社が世代交代期を迎えつつあったことが挙げられる。

この制度の立法化により，株式会社は，定款の規定により，相続その他の一般承継により株式（譲渡制限株式に限る）を取得した者に対し，当該株式を当該株式会社に売渡請求することができるようになった（会社法第174条）。

中小企業の多くは，その株式に譲渡制限を付する非公開会社である。「譲渡制限」は，株主を現在の株主に限定できることから経営支配を盤石にする利点を有するが，売買等の特定承継にのみ適用され，相続等の一般承継には適用されないため，会社にとって好ましくない者が相続により株式を取得することを防止できなかった。そのため，株主の属性を重視し人的信頼関係に重きを置く中小企業にとっては由々しき問題であった。

本制度は，売買等の場合と同様，相続制限を認めることで，株式の分散化防止と再集中を可能にし，事業承継の安定化を図れるようにしたのである。例えば，株式が共同相続された場合には，事業承継者とされる共同相続人のみが，会社の株を保有して，その他の共同相続人（譲歩相続人）からは株式を買い取ることで，株式を集中して，株式会社の経営者としての地位を承継することを可能にしたのである。

一度分散した株式は，各株主の相続を通じてさらに分散を重ね，最終的には実際の所有者が誰なのか収拾不能なまでに分散する可能性がある。また，創業当初は，会社が必要とするときにはいつでも譲渡することを快諾していた者でも，会社の業績が向上し成長するにつれて経営者への妬みや，より多くの利得を得んがために翻意することは容易に想像されることである。このような状況下での経営者への株式の再集中は至難の業である。とりわけ，後継者以外の親族の株主の中には，後継者の経営方針にことごとく反対し，自己への特別の評価（企業成長への貢献等について）を要求する者も現れるであろう。

これまでは，一度分散した株式を経営者に再集中させようとする場合は，相対でその所有者から経営者が買い取るか，あるいは，会社がとりあえず任意に取得するかのいずれかの手法をとることが一般的であった。しかし，その株主が譲渡に応じなければ実際的には取得することができなかった。

本制度は，株式に相続制限を認め，売渡請求に強制力を与えることにより，この不都合を立法的に解決したのである。事業承継を円滑に進め，盤石な経営支配を企図する経営者にとっては，きわめて有用性の高い制度である。

1）適用要件

本制度の適用を受けるためには次の要件を満たしていることが必要であ

る。

●株式の要件

〈会社法第174条の要件を満たす株式〉
- ・相続その他の一般承継により取得した株式
- ・譲渡制限株式（会社法第2条17号）
- ・相続人等に対して株式の売渡しの請求ができる旨の定款の定めがある株式

〈会社法第461条1項5号の要件を満たす株式〉
- ・自己株式取得についての財源規制を満たす株式

●手続の要件

〈会社法第309条2項3号の特別決議〉
- ・売渡し請求をする株式の数（会社法第175条1項1号）
- ・株式を有する者の氏名又は名称（会社法第175条1項2号）

〈請求期間〉
- ・一般承継があったことを知った日から1年以内の請求（会社法第176条1項）

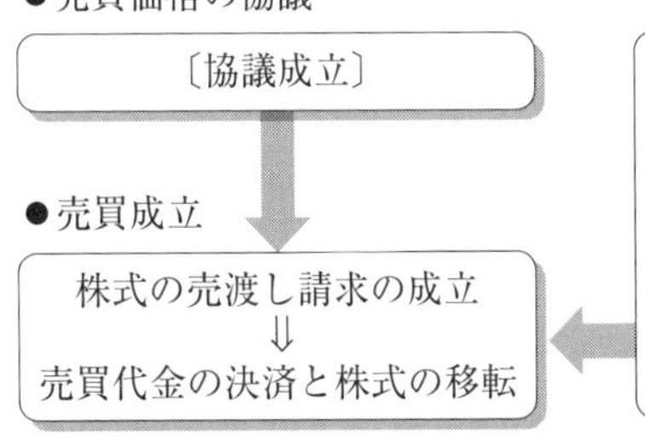

〔協議不成立〕
- ・売渡し請求の日から20日以内に裁判所に対して売買価格の決定の申し立て（会社法第177条2項）

【裁判所】：請求の時における株式会社の資産状態その他一切の事情を考慮して売買価格を決定（会社法第177条3項，4項）

＊本制度においては，相続人等に対する株式の売渡しの請求手続の行使期間（会社法第176条1項ただし書），裁判所に対する売買価格の決定の申立ての行使期間（会社法第177条2項）が厳格に規定されている。行使期間内に売買価格の決定の申立てがないときは売渡し請求の効力を失うと規定されていることから（会社法第177条5項），手続面において，とりわけ行使期間の制約には十分注意する必要がある。

2）内在する問題点―売買価格決定の困難性

本制度には，前述したように事業承継を円滑に進める上で効果が期待できる反面，財源規制，請求期限及び後継者に対する売渡請求のおそれ，という問題点がある。

しかし，ここでは，これらの問題点はひとまずおき，当事者間に内在する問題として株式の評価の困難性とその解決策について考える。

会社法第177条は，売買価格の決定手続きについて定めている。売買価格は，会社と相続人等の協議によって決定するのが原則であり，協議が調わない場合に，裁判所に対して売買価格の申立てを行うことができる。中小企業の多くは，非公開会社であり，上場企業と異なり取引相場がないため，その客観的な交換価値の把握が困難という特殊性がある。第177条3項は「資産状態その他一切の事情を考慮しなければならない」と規定する。

その他に，財産評価基本通達や経営承継円滑化法における非上場株式等評価のガイドラインなどが参考となる。具体的算定方法としては，大別して原則的評価方式（類似業種比準方式又は純資産価額方式）と資本還元方式（収益還元方式，配当還元方式，キャッシュ・フロー還元方式）があり，単独で，あるいはそれらを併用した方式が用いられている。近時判例は，漸次，資本還元方式にウェイトを置いた併用方式を採る傾向にあるように思われる。中でも，東京地判平成7年4月27日や大阪高決平成元年3月28日は，譲渡制限株式の評価に貴重な示唆を与えるものである。

しかし，いかに，算定方式が精緻に理論化されても，当事者間に納得のいく評価方法による株式評価でない限り売買価格の妥結点は見出し難く，円満解決は画餅に帰する。

そこで，この内在する問題を円満に解決する方法として，定款の積極的な活用を提言したい。すなわち，定款に，将来的に発生が予想される株式に関する事項（株式の帰属，その株数や評価額等）を予め定めておくことである。中でも，株式の評価方法を予め一義的かつ明確な基準として定めておくことができれば，当事者間の問題は大幅に縮減し，本制度の活用は，急速に普及すると思われる。紛糾する原因の一つは，通常，評価が事後的に行われ，時間の経過とともに当事者の思惑が錯綜するからである。詳細は，6）で考察する。

3) 制度の認知度

相続人等に対する株式売渡請求制度が，株式の分散化防止と株式の集中に効果的であることは前述したとおりである。したがって，本制度が，真に有用性の高い制度であるならば，中小企業経営者に広く認知され活用されていいはずである。ところが，中小企業庁が，過去2回実施した中小企業における実態調査（平成18年と平成21年，その後は行っていないようである）及び私が聞き取りした調査によれば，本制度の認知度は予想以上に低く，ほとんど活用されていないのが現状である。会社法第174条の法制化が中小企業経営者の長年の要請に応えたものであったとすると，この結果は意外である。ほとんどの企業は，経営者自身が経営全般に注意が行き届いている間は，あえて本制度を取り上げ検討する必要性に乏しく，時期尚早であると考えているようである。

しかし，制度設計の段階において，同じ中小企業経営者であっても，その属性は千差万別で，どのクラスの企業および経営者層（企業規模や業種，売上高，創業年数，経営者の年齢等）をターゲットにしたかによっては特段意外な結果とも言えない。なぜなら，制度の新設を求める経営者は，押しなべて，革新的で制度の導入に前向きで，本制度から享受できる利点を最大限に経営に活かそうとするであろう。ただし，その数は少数である。他方，制度の新設に消極的な経営者は，押しなべて変革を望まず，保守的であるから導入においても周囲の状況を見定めて慎重に検討を重ねるであろう。その数は多数である，と推測されるからである。

したがって，上記の結果から本制度の有用性に疑念を抱き，事業承継効果を訝り，期待できない制度であると結論づけるのは短絡的であろう。たとえ少数でも関心と期待を寄せる中小企業経営者が存する以上，その啓蒙と普及を怠ってはならないと思う。

4) 当社における導入

本制度の導入は平成24年5月である。定款変更案の作成を年初から始め，出来上がった段階で，顧問司法書士に目を通していただいた。会長には前後して本制度の有用性を説明し，司法書士から補強説明していただき，安心を確かなものにしていた。こうした制度の導入は，経営者に無用な不安を与えないためにもできれば顧問司法書士あるいは顧問税理士に事前に経緯を説明し同意を得ておくと，その後の事務を円滑に進めることができる。決して独断専行することがないように注意が必要である。

好まざる相続人への株式の分散を防止し，経営支配権を盤石にすることの効用を丁寧に説明すれば多くは納得し承認してくださるものである。その後変更案は，5月下旬に開催された取締役会並び定時株主総会において株券不発行の件（5月28日付で株券を発行する旨の定款の定めを廃止すること。官報への通告公告は5月11日）と合わせて審議され承認されている。ここに，「（相続人等に対する売渡しの請求）第9条 当会社は，相続その他の一般承継により当該株式会社の株式を取得した者に対し，当該株式を当該株式会社に売り渡すことを請求することができる」という規定が新設された。現株主からは特段異議がなかった。

こうした定款変更の機会はめったにないことからその他の登記事項についても検討がされ，新社長の意向を受けて「目的」について字句の微調整を行っている。新代表取締役矢野文雄の登記は5月31日に完了し，ここに事業承継の形は整った。

5）本制度の有用性

円滑な事業承継の実現は，功なり名を遂げた経営者（とりわけ創業者）にとっては，人生の最終ステージに課せられた最後の大事業である。本制度は，その一助として立法化されたものであるが，その認知度は，予想外に低く，中小企業経営者に十分に浸透していないのが現状である。

本制度が，広く浸透し積極的に活用されるための切り札が補償条項の設定である。予防法学的見地からも，情緒的・感情的な判断に陥ることなく，理性的・合理的な解決へと導くことが期待できるからである。そして，本制度の有用性を活かせるかどうかは，最終的には経営者の力量に委ねられる。また，その成否は，経営を側面から支える弁護士，顧問税理士その他の専門職をはじめ，取引先金融機関，さらには企業の法務・総務部門の管理者の理解と協力に負うところが大きく，その役割と責任は重大である。

6) 補償条項の設定

株式の評価は，分散した株式の再集中を行う上で，当事者にとって最大の関心事である。株式の評価は，企業の収益力，財産状態，企業の純資産額，収益率，配当率，事業の将来性，株主の持株割合，企業支配の関係など複雑な要因によって決定される。取引相場のある上場株式は市場参加者の判断が集約されて形成されるが，取引相場のない非上場株式の価額評価はそのような客観的な指標がないため，当事者間で評価をめぐって対立が生じ易い。近年は，精緻に理論化された算定方式が提案されているが，通常，買取る側はできるだけ安い価格を希望し，売渡す側はできるだけ高い価格を希望するため，いかに理論的に算定された価額でも当事者が納得しなければ妥結点を見出すのは困難である。

そこで，ここでは各算定方式の長短を考察するのではなく，当事者が納得するための方策として，定款を活用して株式の評価やその評価方法を予め定めておく（補償条項の設定）ことの有効性と有用性について検討してみたいと思う。

① 定款の活用―契約的効力

中小企業（非公開会社）において，定款に定めた内容が，株主間においても契約的効力を有するかについては，会社における法律関係を，会社と株主間の関係としてとらえる立場（社団法理）からは否定的であるが，会社と株主間の関係を認めるとともに，株主相互間においても法律関係を認める準組合法理（quasi-partnership doctrine）の立場からは肯定される。

中小企業の多くは非公開会社であり，株主の属性を重視し人的信頼関係に重きをおいていることからすれば，民法上の組合に準じて会社の内部関係を処理することができる後者の法理が実態を反映しているといえる。その利点は，契約的効力を認めることで，会社の経営権をめぐって相続人間に争いが生じることを未然に防止できる点にある。

平成17年制定の会社法第29条は，「株式会社の定款には，この法律の規定により定款の定めがなければその効力を生じない事項及びその他の事項でこの法律の規定に違反しないものを記載し，又は記録することができる。」と規定した。これにより，定款で規定できる内容は，原則として自由となり，定款自治の許容範囲は大幅に拡大されることになった。例えば，会社の内部関係を組合に準じて構成するなど，会社の実態に応じてより柔軟な企業組織を選択することや，株式の評価や株式の評価方法を予め決めておくことも可能になった。それゆえに，契約的効力を株主相互間に認めることの意味は大きく，定款の活用は，経営支配権の争奪を巡る内部紛争を未然に防止する上で有効策と言える。

② 補償条項の有効性

定款の活用は，定款自治の許容範囲の拡大により，一層高まるものと思われるが，中でもその活用が期待されているのが，補償条項[88]の設定である。

補償条項の有効性について，協同組合においては，その組合員の脱退と持分の払戻しについて，中小企業等協同組合法（中協法）第20条1項はじめ，各種協同組合法が，戦後の早い時期に制定され実務的に是認されて

88　非公開会社における株式の評価について，会社からの退出の際の株式の価格をめぐる争いを防ぐために，すべての株主にとって納得のできる株式の価額を算出するための評価規定を，予め定款に定めておくことが考えられる。これをドイツでは補償条項（Abfindungsklausel）と呼んでおり，予防法学的見地から幅広く利用されている。大野正道『企業承継法の理論Ⅱ判例・立法』179頁（第一法規，2011年）。

きた経緯がある。すなわち，脱退する組合員の利益と協同組合にとどまる組合員（ひいては協同組合自体）の利益を調和させる解決策として補償条項を規定する実務が定着しており，中小企業庁もその現実を認め，協同組合もそれを推奨してきた。このことにより，脱退する組合員に支払われるべき補償額を，残存組合員が耐え得る適切な範囲に縮減することができ，協同組合としての事業の継続を可能にしてきたのである。

合名会社及び合資会社においても，学説は，持分の払戻し自体に関する規定は会社の内部関係の問題であるから，定款をもって持分の払戻しまたは支払に関する計算および実行の方法を任意に定めることができる，あるいは定款により持分の払戻しをしない旨を定めることができる，と解している。判例も，除名による退社の場合には，持分払戻請求権を失う旨の定款の定めを有効としている（東京高裁昭和40年9月28日判決，下民集16巻9号1465頁）。

このような解釈は，団体の存続が危殆に瀕してまで個人の利益を優先することを是としない，わが国の国民感情に受け入れられやすいものと思われる。

私見も，退社する者に払い戻す補償額が高額で，会社の経営が危殆に瀕してまで，それの履行を求めるのは，残存する社員の利益を不当に侵害するものであり，そのような履行請求は，権利濫用の法理の適用を受けるものと解する。俗に言う「ない袖は振れない」のである。そして，企業の存続は，雇用の確保や地域経済の活力維持等の社会的価値を生み出す社会政策的意味も内包していることを勘案すると，特定個人の権利が制限されてもやむを得ないものと考える。

以上のことから敷衍すれば，今日では，非公開株式会社及び特例有限会社においても，補償条項の有効性は許容されると解する。その理由は，これらの非公開会社の内部関係が人的会社のそれに極めて類似しているからである。大野正道筑波大学名誉教授が提唱するように，非公開会社について社団法理から準組合法理への転換を図るならば，その説明はより合理性を増すことになろう。結論としては，会社法第177条を改正して，補償条項の有効性が立法で明確に解決されることが望ましい。実務界はすでに，これに先駆け，その有効性を積極的に認める方向にあるといえるからである。

③ 補償条項の有用性

補償条項を設定する理由は，主として次の2点である。第1の理由は，株式・持分の評価の困難性を回避するためである。株式・持分をどのように評価するかを予め決めておくことにより補償額の計算が簡単になり，評価手続きに要する時間を短縮することができるからである。第2の理由は，会社の蓄積利益が社外に流出する事態を防止して，会社経営の安定および維持を図るためである。会社の存続を保障する範囲において，退社員（株主）の利益を縮減することができるからである。

事業承継において，昔も今も，最も困難にして人間の本性を剥き出しにするのが，相続株式の帰属先と株数及びその評価額である。会社に好意的な相続人が所有した場合には，大きな混乱はないであろう。しかし，会社に敵愾心を燃やす非好意的な人が相続したときは最悪である。相続の開始は同時に，経営支配権を巡る熾烈な争いの合図となる。

補償条項の法的有効性が認められ，相続人等に対する株式売渡請求の際の株価算定に利用できるならば，時間的にも，心理的にも当事者の負担は軽減し，本制度の有用性はますます高まるものと思われる。

補償条項は，事業承継の円滑化を実現する大きな推進力となり，併せて企業財務の健全性を維持するための強力な担保機能を有するものと言えよう。

6. 経営権の承継・新社長誕生

企業の永続的発展には，事業承継が円滑に行われることが理想的である。それも同族中小企業にあっては同族の中から後継者にふさわしい人物が後継することが最も望ましい。

事業承継が後継者に移行し，後継者が経営に専念できるためには，その環境づくりが重要である。財産権の承継に加えて経営権の承継が行われたことを内外に公表するのもその一つである。

当社においては，新社長は平成24年5月28日の取締役会で代表取締役に選定された（会社法第362条3項)。そして同時に行われた第52回定時株主総会において報告事項として内野三郎を代表取締役会長に，矢野文雄を代表取締役社長に選任されたことを報告している。就任の挨拶状は会長と社長の連名で顧客，取引先，議員，安全協力会会員，東京建設業協会会員，金融機関，交友関係等，関係先708社（者）に宛て6月に郵送された。就任披露は安全協力会総会の開催に合わせて同月に区内のホテルで行われ，内外に正式に公表された。経営権の承継の事実を内外に公表することで新体制は動き始めた。

第5節　経審データから見えるわが社の現状と展望

平成30年4月19日，東京建設業協会主催の経営審査セミナーが東京建設会館で開催された。例年この時期に開催しているもので，JME（日本マルチメディア・イクイップメント株式会社）が過去の経営事項審査の結果を基に経営状況を会社毎に分析しその結果（財務分析結果等）を報告書にまとめて提供してくださるものである。業界の中での自社の位置づけを知り，強み弱みを確認することで補強すべき点が浮き彫りになるほか，現況を大局的に把握することにより進むべき方向性を見出すヒントとして参考になるものである。

データは自社からの提供であるから，大方の経営指標は自社でも加工が可能であるが，JMEならではのオリジナルなものも多く興味が尽きない。

以下の図表（グラフ等）は，いずれもJMEの出典によるもので転載を許可されたものである。データの分析結果と実感する内容とは必ずしも一致しないがその内容はきわめて有益である。私見を交えながら当社の経営状況をみてみたいと思う。

1. 経営分析―業績

以下の経営分析は，経営事項審査における経営規模等評価結果通知書・総合評定値通知書に基づくものである。既知のとおり経営事項審査は建設企業についての客観的評価である。公共工事の入札参加を希望する建設企業に対しては，事前に大臣または知事への経営事項審査（経審）の受審が義務づけられている。経審は，建設企業の企業力を適正に評価するための制度であり，時代に合わせてその内容は改善されてきた。審査項目は，経営規模，経営状況，技術力，その他の審査項目に大別される。現在，経審結果はインターネットを通じて公表されており，誰でも閲覧が可能になっている。したがって，以下に示す経営分析結果もその公表されたデータに基づいて出されたものである。

分析に使用されたデータは長いものでは平成20年度（2008）から，短いものでは直近の平成29年度（2017）のものである。

企業情報

審査基準日：平成29年3月31日　　資本金：488,000千円
技術職員数：54名　　営業年数：55年　　完成工事高/売上高：96.9%
平均完成工事高（建築一式）：9,212,933千円　　順位：84位/2,844社
売上高：10,702,020千円　　順位：803位/8,567社

図表3-6は，経営事項審査の概要である。総合評定値（P）は，次の式で表される。

総合評定値（P）＝ 0.25X1+0.15X2+0.2Y+0.25Z+0.15W

図表3-6　経営事項審査の概要（2018年4月施行）

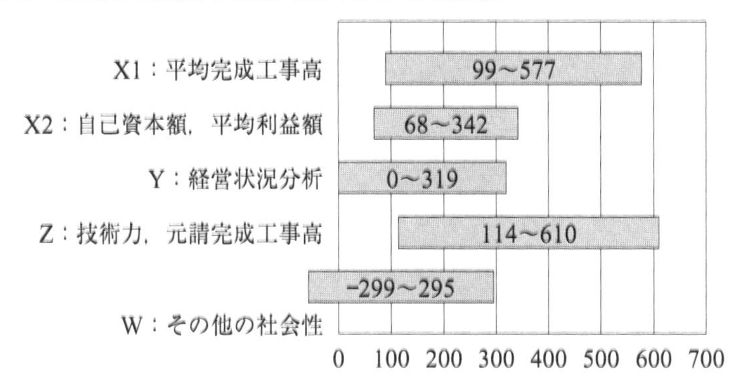

（最低点：−18点，最高点（法人）：2143点）

（1）当社のポジション

当社の平成29年度の総合評定値（P）は，1,296であった。図表3-7は，当社の東京都での順位（全社数：8,567社，業種別：建築一式2,844社）である。

図表3-7　当社のポジション：東京都の順位

2017/3/31現在

	2016/3	2017/3	東京都順位	平均値	偏差値
総合評定値（P）	1,267	1,296	86位（2,844社中）	682	68
平均完成工事高評点（X1）	1,396	1,449	84（2,844）	632	71
自己資本額/平均利益額評点（X2）	1,133	1,182	440（8,567）	719	68
経営状況分析評点（Y）	1,145	1,164	417（8,567）	824	66
技術職員数元請完工高評点（Z）	1,442	1,456	99（2,844）	662	71
その他社会性評点（W）	1,054	1,064	1,785（8,567）	751	59

(2) 主要指標

建築工事一式に関わる主要指標の推移は，図表3-8～13のとおりである。

① 収益傾向の分布

図表3-8　収益傾向の分布

（建築工事一式　2016年と前期までの平均比較）

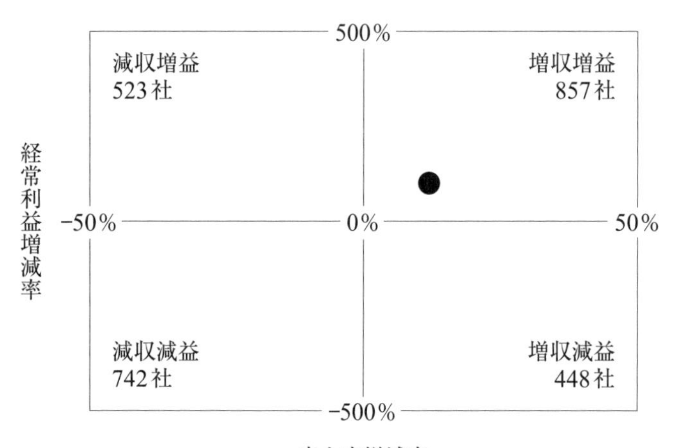

上図は，経常利益増減率と売上高増減率を相対的に4つに区分したもので，当社のポジションは●である。

全社2,570社のうち，

増収総益が857社33.3%
増収減益が448社17.4%
減収増益が523社20.4%
減収減益が742社28.9%

である。

増益企業は過半の53.6%で，平成29年度は活況を呈した企業が比較的多かったといえる。

② 付加価値労働生産性・自己資本比率・総資本回転率の年度推移

図表3-9　付加価値労働生産性（千円）

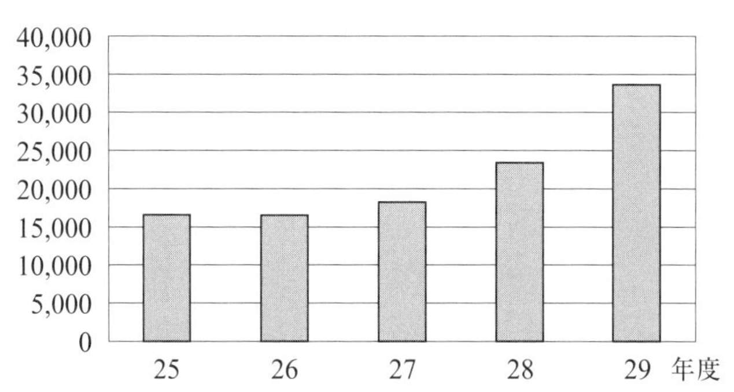

図表3-10　自己資本比率（%）

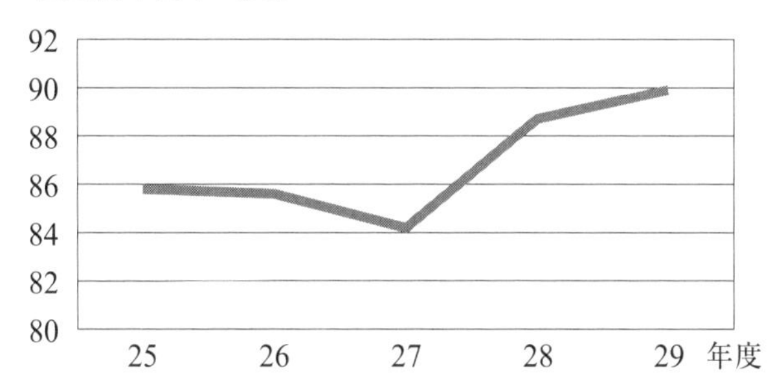

図表3-11　総資本回転率（回）

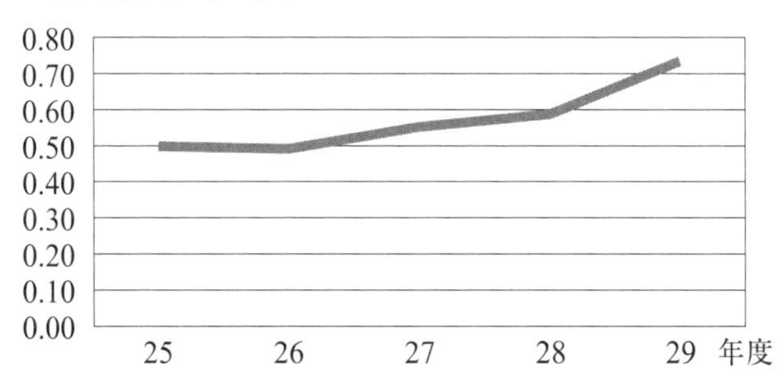

付加価値労働生産性：売上総利益/技術職員数合計。技術者一人が稼ぎ出す粗利額。
自己資本比率　　　：自己資本/総資本。総資本に対する資本金+内部留保の比率。
総資本回転率　　　：売上高/総資本（2期平均）。投下資本で売上高を何回稼ぐか示す値。

③ 売上高・経常利益の年度推移

図表3-12　売上高・経常利益（百万円）

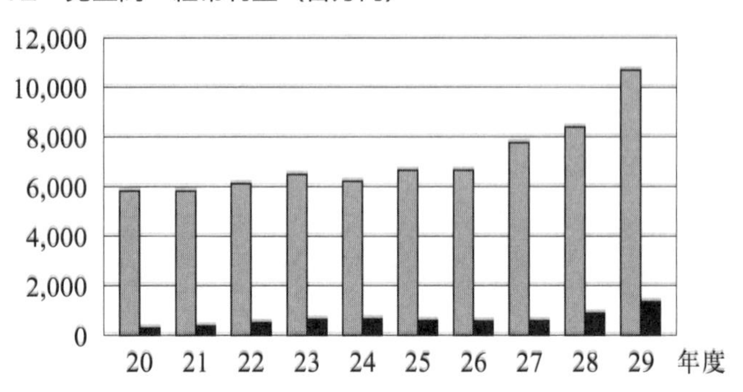

売上高は，
平成29年度：10,702百万円　　平成28年度：8,396百万円　　平成27年度：7,766百万円

経常利益は，
平成29年度：　1,350百万円　　平成28年度：　888百万円　　平成27年度：　584百万円

④ 損益分岐点の年度推移

図表3-13　損益分岐点の推移（百万円）

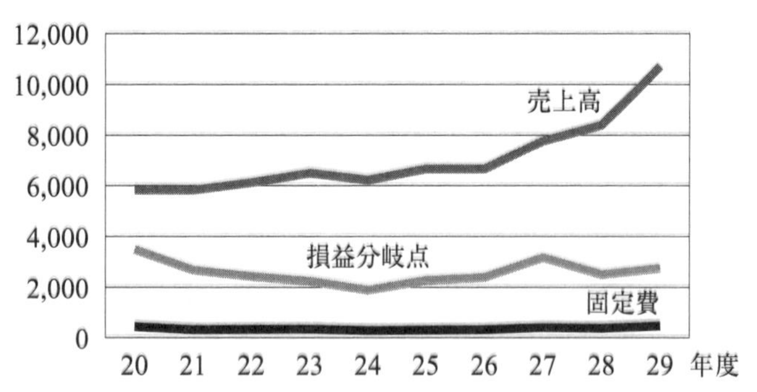

固定費が平成20年度から平成29年度まで大きな変化がない。
固定費の単純な削減は，企業力の低下を招く恐れがあるため，十分な注意が必要である。
平成29年度の損益分岐点は，売上高が100億円を超えたこともあり，余裕のある状況にある。

(3) 財務分析

① 金融検査マニュアルに基づく債務者区分

金融機関の独自格付による当社の債務者格付は（CRC企業再建・承継コンサルタント協同組合 金融機関から見た会社分類と事業計画）によれば，債務者区分（「正常先」から「破綻先」の6段階の中で）は最高位の「正常先」に属する。

「正常先」の意味は，次のとおりである。

「損益計算書」：黒字である。「貸借対照表」：相応の資本蓄積がある。「貸出金の状況」：約定通り元利金を支払っている。「金融機関の引当状況」：一般貸倒引当金が（通常債権額の）0.2％～0.5％程度である。「金融機関の取引スタンス」：積極対応（高格付）・一定の範囲内で積極対応（低格付）である。

② 財務分析結果

図表3-14　財務分析

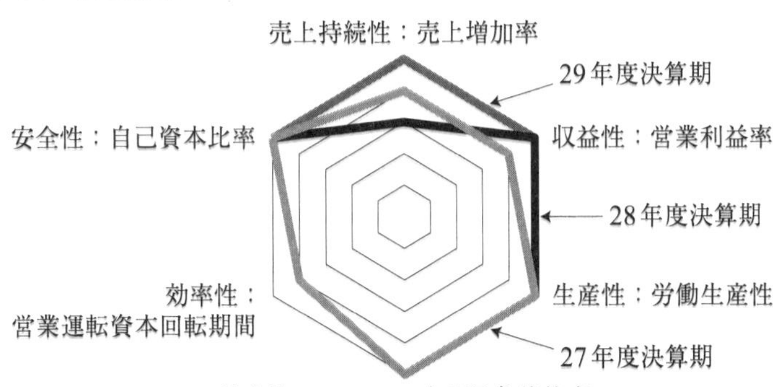

労働生産性：売上高/技術職員数合計。技術者一人が稼ぎ出す売上高。
EBITDA有利子負債倍率（倍）：（借入金－現金・預金）/（営業利益＋減価償却費）

レーダーチャートで3期分の財務分析結果の推移をみることで，各指標の良否がわかる。どの方向性を強化するべきか，課題も見えてくる。

ただ，当社の場合，29年度の売上増加率が過去2期に比較して突出しているのであって，過去2期の方が平均的増加率である。

(4) 総合評価

今回の経審セミナーで，日本マルチメディア・イクイップメント株式会社が出された経営分析の結果における，当社の総合評価は「AA」であった。

現在の経営方法が，方向性として妥当であると考えることができる。しかし，会長が常に口を酸っぱく言うように「受注は最後の契約の捺印があるまでは，ゼロと同じ」であるから，内外の環境を良く見定めて，今後も経営の舵取りをすることが肝要であると心得る。

図表3-15　総合評価の内容

	評価	コメント
総合評価	AA	安全である
収益傾向 （直近5ヵ年）	増収増益	売上高の平均増減率　11.47% 経常利益の平均増減率　104.73%
財政状態 （直近年度）	AA	有利子負債の負担が少なく，自己資本も極めて充実している
発注者格付 （経審Y評点）	1164	同じ許可業種での偏差値66は，非常に良い評点である

(5) その他―パブリシティ

① 平成24年（2012）1月28日号『週刊ダイヤモンド』

平成24年1月28日号『週刊ダイヤモンド』は「復興バブルで浮かぶゼネコン沈むゼネコン」を特集した。それは，売上高30億円以上の全国1,109社を対象に都道府県別の建設業経営危険度ランキングをはじき出したもので，経審のデータを基に，①健全性，②資金繰り，③収益力，④負債抵抗力の4つの経営指標を算出し，100点満点で採点，点数の低い順（危険度の高い）にランキングしたものである。

全国平均点は45.0点，東京都内202社平均が41.4点であった。その中で当社の点数は100点であった。東京都内で100点満点を取ったのは当社のみで（第2位が95.8点），さらに驚いたのはその他の道府県を見ても満点を取った会社が一社も見当たらなかったことである。並みいる大手ゼンコン，準大手・優良中堅ゼネコンを抜いての高得点であった。これら大手ゼネコン，準大手・優良中堅ゼネコンは，収益力がある一方で借財も多くそれが④負債抵抗力の評点を弱めていたようである。

この記事は，早速社内で話題になった。私自身，それまでこうしたランキングがあることさえ知らなかった。それを見た会長は「なんで100点なんだ？ うちはなにをしたというのかな」「経営バランスが良かったからでしょうか」「そう言ったって，特に何もしてないよ」「全国1,109社で100点満点はうちだけだそうですから，まずは良かったと思います」。

営業部はこれとは別に「当社が儲け過ぎていると施主（顧客）から誤解されるといけないから，あんまり外へ出したくないデータですね」と，嬉しい反面困惑した様子であった。

こうした信頼のおける媒体から発せられるメッセージは，企業が想像する以上に反響が大きいので，手放しで喜んでいいのか，担当部門としては悩むところである。「次回からはせいぜい97点ぐらいにしておけよ」という会長の言葉が今も強烈に印象に残っている。

② 平成30年（2018）2月17日号『週刊東洋経済』

平成30年2月17日号『週刊東洋経済』は，「ゼネコン絶頂の裏側」の特集のなかで全国建設企業の増益率ランキングを掲載した。ランキングは，東京商工リサーチの企業データベースを基に作成している。対象は，日本標準産業分類の総合工事業と職別工事業で，2016年10月～17年9月に決算期を迎えた売上高50億円以上かつ営業利益3億円以上（単体）の上場・未上場企業である。増益率は直近3期の平均営業増益率を地域内で比較できるように7地区別に分けてランキングしている。当社は関東・甲信地区に分類され，対象138社のうち95位で61.9%となっている。

ランキングには平均営業増益率のほかに売上高（億円），営業利益（億円)，自己資本比率（%）が掲載されているのであるが，当社が突出しているは自己資本比率の高さである。全対象企業329社のなかで，最高の89.9%という高さである。80%台の会社が数社見受けられるが，ダントツの高さである。

自己資本比率が高いことが，必ずしもプラスという判断はできないものの，「内部留保」が潤沢であれば，なにか事を起こす際に大きな力になる。特に当社のような中小建設ゼネコンにとっては，大きな強みである。

2. 将来予測

これまでの健全経営がこれからも持続すると仮定すれば，3年後には売上高は140億円，経常利益は15億円を超える勢いである。この数字は，最高売上高を記録した平成4年度の165億円，経常利益17億円を経験した社員にとっては，特に驚くことではない。むしろ，その後，ダウンサイジングしたことへ忸怩たる思いをした社員も多かったはずである。しかし，会長の選択は，市場の変化と社員の能力を見定めての堅実経営であった。

同じデータを見ても，それをどのように読み解き，経営の方向性を定めるかは各人によって異なる。楽観的にとらえて果敢に攻めに出る者，慎重に状況を見定めて現状維持を主張する者，それらの意見を踏まえて最終意思決定を下す経営者，それぞれの立場で見立ては変わるのが通常である。

企業は，その成長・規模の拡大に対応して，組織の戦略行動や構造，組織文化，管理システムなどが変化してきている。組織のライフサイクル・モデルに合わせてみれば，当社は既に成熟期の後半にある。特に近年は事業構成（受注形態）が変化してきており，その構成比率の妥当性判断が将来の成長を左右しかねない状況にある。

2年後に控えた東京オリンピック開催に向けて今，建設需要は旺盛であるが，誰もが懸念されるのが開催後の需要の落ち込みである。中・短期計画を立てることは長期経営計画以上に難しいものがある。

そうした中で今，当社では若手を中心として「内野建設として新しい道」を模索する動きがある。この10年の間に従来当社の強みとしていた地元重視の賃貸マンションは受注に波があり安定的需要に結びつかなくなった。投資用マンションは堅調であるが，土地代金を貸付け進めるやり方は信用リスクが高すぎる。現在リスクに晒されている投資用マンションへの投資や信用供与（エクスポージャー）は，100億円に達し，60億円以下にしたいのが経理部R氏の意向である。また，大手デベロッパーからの紹介物件は堅実ではあるが，品質に関わる要求事項が厳しく，工期にゆとりがなく，事務量が膨大であることから，実行予算内で施工するには，配置人数も通常作業所に比べ増やさなければならない。人手不足の中で，必要人員の確保はむずかしく，労多くして成果が期待できない恐れもある。ある若手社員の試算では，30億円程度が当社の施工能力の限界であるとみている。

このように，賃貸マンション，投資用マンション，大手デベロッパーの案件，さらにはリニューアル工事の構成比率をどうするか，その妥当性をだれが，いつどのようにして判断するかが，喫緊の課題である。正解がない中，概ね，エクスポージャー案件を3年から5年以内に半減していくロードマップ（例えば，毎年10％程度の漸減）を関係者合意のもとで作り上げ，売上高・利益額を維持しつつ，リスクの少ない事業案件を増やしていくしかないのでないかと考えている。総務課K氏の提案の中に，「見積」分野の研究開発という興味深い提案がある。統計を活用した「方法」には，まだ研究の余地が十分あるというものだ。成熟期から衰退期へ向かうことを回避して再びイノベーションを目指すためにも，これまで経験したことのない分野をも視野に入れた将来予測が必要であると考える。

第4章 永続的な発展に向けて

企業経営者の中で，自社の発展を願わない者はいない。ある程度規模が大きくなった段階で他の企業へ売却して利益を得ようとする経営者も中にはいるが，それは稀で，多くは自社の永続的発展に向けて経営基盤をより強固にすべく知恵を絞り心血を注ぐ。

経営者は，皆，「どのような企業になりたいか」理想像を描いている。ある者は，同業他社の追随を許さない地域ナンバーワンの企業をめざして大きく成長しようと考える。またある者は，得た利益を，できるだけ多く，家族や従業員や株主に分配して共に豊かな人生を送りたいと考える。さらに，余裕があれば，社会へ還元することで，多くの称賛と名誉も得たいと考える。しかし，これらの理想像を実現することは容易ではなく，多くの困難を乗り越えなければならず，一般的には，競合他社との競争に勝ち，利益を上げ続ける企業であることが求められる。

企業の永続的な発展のための条件や経営者の条件とは何かについては，多くの研究者や実務者が，研究論文やハウツー本を出して自説を展開している。しかし，それぞれに特徴を有しており参考になるものの，そのまま自社に当てはまることは凡そない。

本章は，経営者の中でも特に先代から事業承継した後継者（事業承継者）を中心として実相を（体験的に）見たときに，どのような自覚が必要で，求められる資質と役割，そして，後継者として取り組むべきことがらはなにかについて考察するものである。したがって，第1節「期待される後継者像」は，一般的にいわれている成功条件や持続的成長の条件を単に羅列するのではなく，あくまでも「体験的」に，私自身の体験を通して感じたことを中心に述べている。第2節「補論—老舗に学ぶ長寿同族企業の特徴」は，首都大学東京大学院博士前期課程で取り組んだテーマ「建設業における高業績同族企業の研究」から，その経営特性（定量，定性）を挙げたものである。対象建設企業は今日ではいずれも大手・準大手ゼネコンへと大きく成長を遂げているが，その成長要因を考察することは中小建設企業が永続的な発展を図る上で参考になるものと考え取り上げたものである。

第1節　期待される後継者像

企業が永続的に発展するために後継者・事業承継者にかかる責任は重い。企業の盛衰がその一身にかかる。周囲が寄せる期待は次第に増幅していく。規模が小さく，社会との関わりも少なく影響力の小さかった時代に求められた期待と，その後の成長過程の中で求められる期待とは質的にも量的にも変わっていく。

後継者には長期的な展望をもった大局的な判断が求められる。環境の変化を的確に予測し，正しい評価と迅速な対応，企業全体から現状を分析し，将来を予測して，意思決定しなければならない。判断に迷いがあっても，言い訳できないのが最終意思決定者の宿命である。とりわけ，先代経営者が築き上げてきたものの中から継承すべきものと変えていかなければならないものを取捨選択する作業には苦渋の決断が伴う。

以下，後継者が先代経営者から，経営を引き継ぐにあたり，留意すべき点をいくつかまとめてみた。

1. 後継者としての自覚

(1) 公的存在としての自覚

企業はもともと，物やサービスを生産販売・提供して利益を得ることによって存立する経済活動の単位であり，資本主義経済体制の下において，多くは私企業として運営されている。そして，私企業である以上，利益を追求することは当然であり，この利益追求のための自由な競争によって社会の調和が保たれている，というのが古典的な自由市場の考え方である。したがって企業経営者にとっては，この自由市場においていかに利益を最大化するか，いかにして企業の持続的発展を図るかが最大の関心事となる。しかし，自由競争は適者生存・優勝劣敗という厳しい現実を突きつけてくる。そのまま放任すればやがて国民生活は疲弊に陥ることが予想されることから，競争原理に何らかの調整を加える必要が生じる。私的独占禁止に関する法律が一方で競争原理を謳いながら，その行き過ぎによる不公正性を調整するために，企業の「自由」な行動に制約を規定するのはこのためである。すなわち，企業は，経済活動の自由の下で最大限の利益を追求することが許される一方で社会的利益にも配慮しなければならないという，双方の利益を調整する「公的存在」（公器）としての機能を求められるようになったのである。

この機能がどの程度まで履践されるべきか，妥当性の問題は残るが，企業活動を行う以上，個人であれ組織であれ，頭に入れておかなければならない要請である。企業規模が，小規模の場合には社会との接点も薄く，その存在はそれほど大きなものではないが，企業活動の分野が広くなり，規模的にも大きくなるにしたがって，社会的認知度も高まり，多かれ少なかれ公的色彩を帯びてくる。特に地場に密着して成長してきた中小建設企業にあっては，地域経済の主要な担い手として，生活基盤の整備，雇用の創出と維持，防災，減災対応など社会的役割を有することから，一層公的色彩は濃さを増してゆく。

後継者に求められるのは，私的利益の追求を進めながら，並行して地域社会に及ぼす公器としての存在であることを常に自覚することである。永続的発展のためにはこの公器としての自覚が重要である。

(2) 企業家としての自覚

企業の生成・発展の過程は，経営の承継の過程でもある。企業が永続的に発展するためにはこの経営の承継が円滑に行われることが重要である。しかし，事業承継者が，オーナー経営者と同じ程度の企業家としての意識をもつことは容易なことではない。

押しなべてオーナー経営者は，自ら起業した「個人企業」が原点であり，規模も小さく資本と経営が一体化されている場合が多い。「企業はすべて創業者によって始められるのであって，起業家としてのオーナー経営者の特徴は，自らの内発的動機によって経営者になるという点にある」。つまり，強い意志のもとで事業が展開されていくのであって，「功成り名を遂げた創業者には「旺盛な企業家精神」が必ず認められると言ってよい」[89]。

これに対して，いわゆるサラリーマン経営者が後継者となる場合には，資本と経営が分離する場合もあり，とりわけ「意思決定」の段階で，両者の勘所に微妙な変化を見ることがある。意思決定は，自らの責任において判断しなければならない究極の役割であり，企業の盛衰につながるだけに，慎重にならざるを得ないのは当然であろう。

特に同族企業の場合には，将来への明確なビジョンや財産管理なしでは，三世代にわたって承継することは極めて困難であると言われている。中国の諺に“三代目は先祖の水田に戻って野良仕事”とか，アイルランドの有名な諺に“三世代にわたってシャツの袖から袖へ”というぐあいに，

89　大沢武志『経営者の条件』16頁（岩波新書，2004年）。

富のはかなさを表す格言は，世界のあらゆる場所で見受けられる。

これら格言には，企業家としての自覚のないまま経営をしていたのでは，いずれ，第一の創造段階から第二のステータスの停滞・維持段階を経て，第三の散財段階へと進むことになるという戒めが込められている[90]。

それを回避するためには，事業承継者は限りなく創業者の企業家精神に近づくよう日々研鑽を重ねることが大事ということなる。

それでは，事業承継者に求められる「企業家としての自覚」とは何であろうか。私は，「安定性の原則」を最も重視して経営戦略を立て，企業を運営することであると考えている。自らの経営を永続的に発展させていくためには，なによりも土台がしっかりしていることが重要である。わずかな環境の変化や景気の変動に翻弄されてしまうようでは，次の成長戦略を描くことができないからである。ただ，「安定性の原則」と言っても，単に企業経営の安定を願って旧態依然の保守的経営に徹することではない。最終意思決定者としてトップに求められる「企業家としての自覚」は，創業者に似た起業家精神に近いものであると考える。

ことに，建設企業の経営においては，業態の特殊性，すなわち需要自体の個別性及び受注生産という生産形態から，受注の平準化を維持することはむずかしく，経営計画を立てるにあたっては，付加価値中心の態度と対策が求められてくる。完成工事高を増やし設備投資を行うことで利潤も比例して増えるという期待は避けなければならないし，予測できない利益を重点的に追求することは危険である。より安定した方向へ経営の舵を取りながら一方で改革を意識しなければならない。保守と改革の調和，その比率の妥当性は，綿密な企業データに基づいた分析によって裏付けられなければならない。

後継者は，安定性の原則の他にも，永続性の原則，発展性の原則，革新

90　ジェームズ・E・ヒューズJR著，山田加奈・東あきら共訳『〔改訂版〕ファミリーウエルス：三代でつぶさないファミリー経営学』26頁（文園社，2007年）。

の原則，マンパワーの原則などの視点を持つことも重要である。これらの視点は，裏返えせば「経営者の条件」や「経営者の役割」ということでもあり，多くの研究者や実務者がそれぞれに持論を展開されている。いずれも傾聴に値するものであるが，それを承知の上での安定化の実現ということが最も重要であると考える。

安定化の実現において留意すべきは以下の諸点である。

a）利益に結びつかない設備や建設資機材，資金，人員，スペース等については思い切った処置を断行する。利益に結びつく投資・費用支出等には思い切った決断を下す。

b）利益については，完工高利益，総資本利益，営業利益，経常利益，純利益の5利益にわたって厳しい責任体制を確立し，利益中心主義の考え方を全社的に徹底する。身の回りの無駄をなくし，全員が原価意識を持つ。

c）利益は，社員一人当たり，数量当たり，時間当たり等，単位当たりの利益を指標とする。そのための計数管理を強力に進める。

d）自己資本をいたずらに増やすのではなく，内部留保によって自己資本率を高める。

e）利益率とともに回転率も重視する。

f）損益分岐点と限界利益率を重視する。

(3) 経営モラルの自覚

品質不正にかかわる問題は忘れた頃に繰り返しやってくる。最近では神戸製鋼所や日産自動車，川崎重工業といった日本を代表するメーカーで発覚したデータ改竄問題がある。日本の製造業の中核をなす企業の不祥事だけにその社会的影響は甚大である。現場主義はいつしか無管理，放任状態が恒常的になっていることを推測させるものである。

日本の品質基準は厳しいということで，仮にその基準を満たしていない製品であっても実害はないという見解もあるが，ルールとして定められた以上は，その基準を順守するのが企業経営を行う上での最低のモラルである。問題が起こるたびに経営トップは再発防止を誓い，メディアの前で深々と頭を下げて陳謝するが，それもリスクマネジメントの定型的な謝罪方法の一コマとみれば，特別の感慨もないまま虚しさだけが残る。経営トップが自ら現場に足を踏み入れ疲弊する現場の声を聞いて立て直しをしなければ，世界に誇った「日本品質」が地に落ちていく日もそう遠くないようで憂慮する。

こうした不祥事は，建設業においても同様である。平成27年（2015）10月，横浜市都筑区のマンションで強固な地盤に杭が届いておらず建物が傾く問題が発覚した。事業主である三井不動産レジデンシャルは，施工主の三井住友建設と1次下請けの日立ハイテクノロジーズ，2次下請けの旭化成建材の3社を相手取り，計459億円の損害賠償を求める訴えを東京地裁に起こした。459億円の請求内容は，傾いている1棟を含む全4棟の建て替え費用や工事期間中の住民の仮住いにかかる費用を含むものである。施工品質計画に基づいて基本に忠実に従って施工を進めれば，こうした不祥事は未然に防げたのであるが，後追いの代償は高いものになる。

原因の一つは，2次下請けの旭化成建材が基礎工事の杭打ちで他の杭の記録を転用するなどのデータ改竄である。本来するべきことを故意に怠ったのである。気づかなければ良いという組織の緩み，そうした文化が知らず知らずのうちに出来上がったとすれば寂しい限りである。これに遡ること約10年前，平成17年（2005）には，千葉県にあった建築設計事務所が，地震に対する安全性の計算を記した構造計算書を偽装し，強度不足のマンションが建築・販売され，大きな社会問題になったばかりであった。にもかかわらず，このときの反省と教訓はまったく活かされなかったのである。

企業の規模が大きくなれば，人事管理が末端にまで行き届かないことはやむを得ないとしても中間組織のデザインによってその把握は可能である。一方，個人企業においては経営モラルが直截的に反映されるから，その重さは法人企業の比ではない。

利益追求，利己心の追求は社会的利益をもたらすと論じたアダム・スミスでさえ競争原理を説きながらも，一面では人間の社会道徳の働きを社会行為の基準としたのである。これらの事件は自由競争が過度に助長された結果，この社会的基準が機能しなくなったことを意味する。それはとりもなおさず，経営者のモラルの低下に起因したもので事態は深刻である。

後継者は，先代が歩んできた経営の在り方から，経営モラルがどうあるべきかを学び，企業を永続的に発展させるために守らなければならない点，反省すべき点を謙虚に受け止め，独自の経営に活かす途を探し求めていかなければならない。

(4) 企業の社会的責任と役割の自覚

企業の社会的責任（corporate social responsibility，略称：CSR）とは，企業が倫理的観点から事業活動を通じて，自主的に社会に貢献する責任のことである（ウイキペディア）。

わが国では1970年代から使われだした言葉であるが，遡ること昭和31年（1956）11月の経済同友会第9回全国大会で「経営者の社会的責任の自覚と実践」が提案されている。厳密には，企業の社会的責任という言葉ではなく，経営者の社会的責任ではあるが，その底流には通じるものがある。そこでは次のように提案がなされている。

「そもそも企業は，今日においては，単純素朴な私有の域を脱して，社会諸制度の有力な一環をなし，その経営もただに資本の提供者から委ねられておるのみではなく，それを含めた全社会から信託されるものとなっている。と同時に，個別企業の利益が，そのまま社会のそれと調和した時代は過ぎ，現在においては，経営者が進んでその調節に努力しなければ，国民経済の繁栄はもちろんのこと，企業の発展をはかることはできなくなるに至っている。換言すれば，現代の経営者は倫理的にも，実際的にも単に自己の企業の利益のみを追うことは許されず，経済，社会との調和において，生産諸要素を最も有効に結合し，安価かつ良質な商品を生産し，サービスを提供するという立場に立たなくてはならない。そして，このような形の企業経営こそ，まさに近代的というに値するものであり，経営者の社会的責任とは，これを遂行することに外ならぬ。‥‥もし経営者がこの責任を果たさないとすれば，国家権力の介入によって企業の自主性は失われ，経済の発展も不可能となる惧れも少くない」（経済同友会第九回全国大会：主な意見書から）。

私的には，従来わが国において企業の社会的責任という場合は，比較的社会的に影響力のある企業に求められてきた責任であると記憶している。中小企業，中小建設企業が社会的責任を問われることは稀であった。社会的責任の内容も，企業収益が実現した後の余力をもってする社会的貢献や企業イメージの向上を図る慈善活動のように考えられてきた。

「CRSは，企業が利益を追求するだけでなく，組織活動が社会へ与える影響に責任をもち，あらゆるステークホルダー（利害関係者：消費者，投資家等，及び社会全体）からの要求に対して適切な意思決定をする責任を指す。CRSは，企業経営の根幹において企業の自発的活動として，企業自らの永続性を実現し，また，持続可能な未来の社会とともに築いていく活動である」（ウィキペディアより）。したがって，その内容はステークホルダーとのの関係において，あるいは時代の要請とともに拡大する傾向にある。

これまでは,「社会に対する利益還元」として「商品・サービスの提供」,「地球環境の保護」など，商品や環境に対する事項が挙げられることが多かったが，近年では，企業統治の実現や法令順守によって企業の不祥事を未然に防止することもCRSの文脈で語られることが多く，なかには「従業員が起こした問題は企業の責任」という考えから「従業員のあり方（資質，技術，能力）」も含めて「従業員自体の品質向上」まで視野に入れて取り組んでいる企業まで現れている。

しかし，これら多岐にわたる内容に取り組むためには，それなりの資力をはじめ経営資源に余力がないと実現は不可能である。なぜなら，多くの企業経営者，それも中小企業経営者にとっては，企業活動においていかにして利益を実現できるかが最大の関心事であって，CRSはその後の課題だからである。わが国の企業において圧倒的多数を占める中小企業経営者に，日々の経営と並行してCRSを自覚した経営を期待することには無理があり，その意識変化には時間がかかるものと思われる。

ここで建設業において社会的責任論がクローズアップされた主な背景を2つ挙げてみた。

第1は，公害（環境保全の問題）がある。建設現場における騒音や振動や臭気が生活の平穏を脅かす，あるいは産業廃棄物が大気や水などの自然環境を汚染するということで，主として地域住民からのクレームにより，それが世論の支持によって社会問題化したことである。第2は，生活インフラ整備としての道路や鉄道の敷設工事，超高層建造物の建築に関連して自然環境の破壊と生活が脅かされること（風害，日照権，眺望阻害など）で環境バランスが崩れ，それが大きな災害につながるという問題提起に発展したことである。近年では，建築現場における安全管理についてまで社会的責任論の文脈で語られることが多くなった。この傾向はさらに拡大していくものと思われる。

次に建設企業の役割の自覚について述べる。詳しい役割の内容については，第1章第2節で既述したとおりであるが，総じて建設産業は，社会資本の整備と充実という重要な使命を帯びている。企業の社会的責任と役割の自覚は，相似たものがあり，役割を果たす過程において実は社会的責任を果しているという重なる部分が多い。そのうえで，後継者は，建設活動はきわめて公共性が高いものであるところから開発規制や技術規制が強力になされていること，請負という営業形態や下請関係等の産業構造の特殊性に見合った独自の経営法規による規制ならびに助成措置があること，を十分に知り尽くしたうえで（公正で自由かつ秩序ある競争を通して）その役割を果していかなければならない。

本題に戻れば，後継者は，これまでは自社に関係がないと思っていた事柄が企業の社会的責任として求められることも想定されることから，経営活動で果たす役割にも変化が生まれてきていることを意識しなければならない。そしてその環境変化に対応できるようシステムを構築しておくことが重要であると考える。

2. 後継者に求められる資質と役割

後継者に求められる資質と役割とは，いいかえれば，後継者の経営者としての資質や能力あるいは経営者の条件ということになろう。これらについては，既述したように，多くの研究者や成功した実務者があらゆる視点から提示している。例示すれば，以下に説明する未来志向の経営センスや進取の気性，社内統率力とリーダーシップにとどまらず，パイオニア精神，無限の向上心，壮大なる大望，先見性，柔軟な行動力，折衝力，実行力，即断力，職務知識，技術力，応用力，プレゼンテーション力，牽引力，コミュニケーション力，責任感，忍耐力，人間的な魅力，親分肌，心身の健康維持など挙げるときりがないし，企業によって求められる能力は多岐にわたる。また，創業経営者と後継経営者ではそれぞれに重み付けも異なるし，企業の成長段階によっても違ってくるのが自然である。

さらに，高い建設に関する専門知識と技術力を有し，頭脳明晰にして知性の高い人物が必ずしも優れた後継者になるとはかぎらない。

こうした中から，私は体験的に特に重要なものとして，(1) 未来志向のセンスと進取の気性と (2) リーダーシップと統率力を取り上げた。

以下，それぞれについて説明する。

(1) 未来志向のセンスと進取の気性

企業経営は，過去，現在，将来，未来と，時の流れに沿って運営されていく。経営者にとって，時の流れはどのような現象として映るのであろうか。

「過去」は記憶としてとらえられ，企業にとっては経営実績である。「現在」は，われわれが直面している直観であり，企業にとっては経営評価である。「将来」は，過去の経験と現在の体験の評価から自ら進むべき事業展開の方向性を予測することで，企業にとっては長期経営計画あるいは中期経営計画として設定される。そして，「未来」は，経営者のこうありたいという願望と期待であり，経営者の哲学，高次への欲求願望，経営ビジョンということになろう。

聖アウグスティヌスは1600年以上前に，時と現象と経営の相関関係の中で，「未来は現在の期待である」と名言している。このことは建設業に携わる後継者が，いま何を期待しているかによって，企業の未来が決定づけられることを意味し，期待が大きければ大きいほど未来もまた大きくなることを意味する。

後継者は，事業承継当初は先代経営者の経営のあり方に拘束されがちである。特に企業の業績が向上している過程では，先代の経営のやり方をそのまま踏襲する方が，楽であるし，万一，業績が悪化しても，強く責任を追及されることもない。また，ベテラン社員ほど，過去の成功例を引き合いに出し，同じやり方でいけば成功すると思い込む傾向がある。確かに成功事例は有効かもしれないが，その意思決定のプロセスにまったく同じ条件はなく，その都度相手も違えば置かれている立場も異なることを見失いがちである。私自身，現時点では最適（ベストプラクティス）であったものが，後に行き詰まり，時代のニーズに合わなくなってしまった経験が何度かある。

過去の成功例に執着するあまり，目の前にある現実の観察と分析を怠っては本末転倒である。後継者が真の成長や企業の永続的発展を望むのであれば，むしろ，これまでの経営のやり方から解放されて，「未体験なことに挑む」ことこそがベストなやり方だと考える。

後継者に求められる未来志向のセンスと進取の気性は，その意味するところに重なり合う部分があるが，私は，未来志向のセンスと進取の気性は，経営ビジョンと戦略に対応するものであり，前者は願望と期待を描く後継者の想像力（imagination）であり，後者はより大局的かつ積極的に挑戦する中長期経営計画を立案する創造力（creation）であると考えている。

また，未来志向のセンスと進取の気性は，当社の現社長が好んで使う格言「不易流行」に繋がるものがあると考える。時間軸の中で変化していく条件を見定め，継承すべきものと変えていくべきものを仕分ける繊細な感覚と大胆さに相通じるものがあるからである。

そして，この経営ビジョンと戦略が後継者によって示される（コミットメント）と，社員は安心して日々の業務に専念できるし，自身の将来設計を描くことができ，より，高い報酬を求めて企業の発展に貢献しようという気持ちになる。結果，社員のモチベーションは向上して勤労意欲は高まり，労働生産性が向上し，目標が達成されるという好循環を生み出していくのである。

(2) リーダーシップと統率力

次に後継者に求められる資質と役割の一つに，リーダーシップと統率力を挙げたい。英訳ではいずれもleadershipであるが，日本人の感覚からすれば微妙な違いがある。

リーダーシップとは何かという定義についても百人百様で，定説はない。ただ，対人的な影響関係をとらえるためには不可欠な概念である。一般的には組織の指導者・リーダーが組織を構成する個々人に働きかけて，組織目標の達成に個々人が貢献するように統率していく組織的力量あるいは指導力または資質のことをリーダーシップという（『基本経営学用語辞典〔四訂版〕』同文舘出版，2006年）。

統率力とは何かについても明確な定義を見出すことはできない。一般的には，組織やチームを一つにまとめる力，あるいはチームを率いて目標を達成するために行動する力をいう。リーダーシップとの違いは，リーダーに求められる要素（例えば，統率力，マネジメント能力，コミュニケーション能力，課題解決能力，人望など）の中でも大きなウエイトを占めており，リーダーには必要不可欠な能力ということである。結論からいうと，「統率力」は，リーダーシップの中の1つの要素でしかないということになる。

以下は，統率力を含めたリーダーシップについて，それも中小建設企業の後継者（二代目）に求められるリーダーシップを念頭におきながら，持論を述べたいと思う。

通常，後継者が陥りやすいことに，従前のリーダーシップのスタイルを踏襲することである。とりわけ，先代経営者が創業者である場合には，その持つ特性との間にあまりにも違いがきわだつ場合が多い。にもかかわらず，それにこだわることの危険性である。むやみに踏襲すれば，ただ無用な反感を招くだけに注意が必要である。

先代経営者で創業者には，いわゆるカリスマ的リーダーといわれる人がいる。それも一代で功成り名遂げた企業の創業者にはカリスマ性を持った経営者が多いようである。

ハウスとバエツ（House and Baetz［1979］）によれば，フォロワーに対して深く尋常でない影響を及ぼすことのできる個人的な資質をもったリーダーである。自らの行動や姿勢に自信があふれ，確信をもってフォロワーが達成すべき目標を示し，それにいたる道筋を提示するリーダーである。そうしたリーダーは，自己犠牲を厭わず，進んでリスクを背負い，既存の秩序を超えたところに，新たなビジョンを打ち立て，人々をそれに向けて動員できるような改革者である。当社の会長もその一人と思われるし世評も同様である。一見，強引とも受け取られるような方針を打ち立て，個人零細建設企業を，より優良な中小建設企業へ，さらに中堅建設企業へ近づけるために，TQCを導入し，それまでのマネジメントシステム（主に品質保証システム）に改革をもたらしたのである。カリスマは現実と期待のギャップが大きいほど現れやすいだけに，時には，外部の冷笑を跳ね返すぐらいの自信と大望と無神経さが必要であると感じてきた。

しかし，このカリスマ性は，必ずしも，その人に潜在する特異な資質にすべて起因するのではなく，企業が大きく成長していく過程で，成功体験が積み重なるにつれて次第に形成されていく一面があると感じている。私は，企業の成長サイクルに照らし合わせると，成長前期から成長後期にかけて企業が存亡の賭けにでるときに，その特異性が発揮されるのではないかと思っている。

しかし，後継者がカリスマ性をもったリーダーシップを所望しても，先代経営者と同様にフォロワーに受入れられるとは限らない。フォロワーは，それまでの会社への貢献度をチェックし，先代と比較評価して実現可能な構想を提示できる先進的でかつ現実主義者であるかどうかを見極めようとしているからである。

私は，後継者が実践すべきリーダーシップスタイルは，次に述べる民主的スタイルを中心にした混合スタイルが最も相応しいと考えている。

リーダーシップのスタイルについては一般的には放任的，専制的及び民主的の3つが対比的に議論されているが，企業の成長段階に応じて混合されたスタイルが採用されていくものと思われる。仮に現在，それなりの成長を納めている企業であれば，社員の自主性に任せて民主的な統治スタイルが相応しいように思う。なぜなら，社員が何を考え，何を期待しているかを共に考えながら集団が形成されていくもので，理想的な牽引スタイルだからである。そこには，「従業員相互に生じる緊張やストレスを和らげ解消し，人間関係を有効的に保つように働きかけるような「配慮」（consideration）があり，さらに，従業員の様々な関心や行動を，企業目標の達成に向けてひとつの方向に向けて動員し，効果的に統合するような「体制づくり」(initiating structure)」に適うスタイルだからである[91]。

カリスマ的リーダーは専制的スタイルに分類される特性を有する場合が多いであろう。しかし，当社の現社長（後継者）が目指すのは，バーンズ(Burns［1978］）やティシーとディバナ（Tichy and Devanna［1986］）などが唱える「カリスマ的リーダーシップとは近似しているが，‥‥フォロワーと相互依存的は関係を重視することで，むしろ，積極的にフォロワーの信念やニーズ，価値をリーダーが望む方向へ入れ換える」変革的(transformational）リーダーシップが相応しいと考える[92]。

この変革的リーダーシップは，学習や訓練によって習得できるものではなく，それをしたいと欲求し，またできるような個人的な資質によるところが大きいと言われている。そうであるならば，未来志向の経営センスをもって継承すべきものと改革すべきものを峻別できるような，系統的に社会的，対人的な環境を組み立てることのできる人物であり，安定したパーソナリティーを有する当社の後継者にマッチするスタイルといえるからである。

さて，後継者が自身のスタイルを確立して，効率的にリーダーシップを発揮するためには，目標達成のために組織やチームのメンバーをまとめて率いる統率力が求められる。統率力を身につける方法も千差万別であるが，社内イベントを企画しその場を仕切るなどの経験だけでなく，むしろ，職場集団のダイナミクス（集団力学，集団の凝集力）が高まるような仕組みづくりや，社員が後継者の意向に沿って力を発揮するような動機づけが重要であると考える。これらについては，後述の3.（4）2）人材管理，3）意思決定，4）報酬制度の中で詳しく触れたいと思う。

91　桑田耕太郎・田尾雅夫『組織論』232頁（有斐閣，1998年）。
92　前掲書『組織論』238頁。

3. 後継者の取り組むべきことがら

「不易流行」という格言は，既述のとおり当社の社長が事あるごとに社員に説く，自身の行動規範であり心構えである。「不易」とは変えてはいけないもの，「流行」とは変えなければならないものを意味する。正しい見識で，「不易流行」を見極め，実践することが企業を永続的発展へと導くという考えである。以下，不易流行を実践するために取り組むべきことがらについてまとめた。

(1) 自社の経営実態の把握

1) 自社の歩みと業績把握

後継者が最初に取り組むことは，自社の歴史を正しく把握することである。最近の業績内容は過去数年間の決算報告書からも，さらに経営事項審査の結果からも知ることはできる。だが，大事なことは，業績の浮き沈みとその要因だけでなく，その時代の背景も踏まえて自社が辿った歴史を知ることである。

企業の創業期，成長期，成熟期及び現在と時代を区分してそれぞれの特徴を捉える。それぞれの期に先代経営者がご苦労されたこと，成功した事例，企業が注力した商品・サービス，製品の研究開発，独自の工法改善(特許や実用新案の申請件数)，商圏の拡大・縮小，業態変化の有無，システムのイノベーション，大きな企業イベント，コンクール参加，受賞履歴，建設業界団体役職就任，業績の推移（中堅建設会社で言えば，完成工事高，完成工事総利益金額，受注金額，営業利益金額（営業利益率），経常利益金額（経常利益率），当期純利益額（純利益率），資本金，利益剰余金，純資産額，自己資本比率，総資産額，従業員数（男，女），平均年齢（男，女），平均給与（男，女），1人当たりの工事高，民間工事と官公庁工事の比率等）等がある。

しかし，多くの中小企業が会社創業期から，細かい数値を記録してあることは稀であり，せいぜい資本金，売上高，完成工事高，従業員数ぐらいのものである。創業当初から会社経歴書を制作するためには，資金力もさることながら，創業者の未来を見据えた大いなる夢がなければできないことである。しばらくして企業にも先行きが見えはじめると経歴書を作り出す企業も増えてくる。初期の経歴書には，創業者や発起人等のプロフィールがより詳しく記載されていることが特徴的である。どんな人物が創業に関わったかを知る意味で興味深い。企業の歩みが周年毎（例えば，10周年，30周年，50周年等）にまとめてあればそれを辿ることでより詳しく流れを掴むことができる。巻頭言を読むと当時の経営者が何を語っているか，その思いと将来へ向けた事業展開の方向性を知ることができる。

2）現有経営資源の把握

次に後継者は，現在，当社の経営資源の内容と程度を把握することが大事である。適正に評価されているかどうか，過大評価や過少評価がされていないか，他人任せにせずに直接把握することが必要である。そして，必要な経営資源に不足が生じている場合にはその獲得に努めなければならない。

経営資源は，一般にヒト・モノ・カネといわれる人的資源，物的資源及び貨幣資源からなる。そして昭和50年代に入り，情報化社会の進展に伴い情報を第4の経営資源に加える傾向がしっかり定着した。企業が持続的に成長するためには，これらの経営資源を合理的に結合させることが必要である。後継者は自社の強みと弱みを分析することにより，必要とする経営資源の獲得強化に努めなければならない。

① 自社の強みと弱み

企業の事業展開の方向性を定め戦略策定や事業計画を導き出すための有名な分析のフレームワークにSWOT分析がある。SWOT分析は，企業の強みと弱みを引き出すために有効で，企業の成功要因を導き出す強力なビジネスフレームワークである。SはStrength（強み），WはWeakness（弱み），OはOpportunity（機会），TはThreat（脅威）を意味する。

分析のやり方については，大雑把に言えば外部環境の分析（O，T）から始め，自社を取り巻く環境の変化を分析して，その変化が自社に与える影響について内部分析（S，W）する。自社の強みと弱みは，競合他社との相対評価として客観的に分析（必ず事実・データに基づいて）しなければならない。そして分析結果から企業としてとるべき戦略を選択する。単に分析結果を羅列するだけでは意味をなさず，必ず具体的な戦略に結びつけることが重要である。

例えば，○○区における完工高の競合他社との相対的評価においては，競合他社との過去3年間の業績推移，一件当たりの完工高，規模別物件数，地政学的な集中と偏在などについて事実・データを収集して分析する。そして，次期の1件当たりの平均受注金額を○○億円とする，あるいは，地政学的に弱い○○地区の比率を○○％まで高めるというふうに戦略オプションを絞り込む。

SWOT分析は，企業内でいくつかのワーキングチームを作り，社員に分析させるのがよい。それぞれに強みと弱みに対して異なった見解が示され，自社を多方面から分析することができるからである。また，後継者自身も単独で分析してみる。自社の置かれている環境に対して間違ったメッセージを受け取って評価が固定化していることがあるからである。単に思いつきで羅列するのではなく，事実・データに基づいて戦略オプションを選択することの重要さを体験することが重要である。

② 経営資源の獲得と維持保全

まず第1に，情報の収集方法について考えてみよう。私たちの周りには企業経営に関する情報が大量に溢れている。それをどの程度情報と感じるかは，まさに後継者の感性である。先代経営者が存命であれば，後継者にそれが，自社にとって価値ある情報なのか，何の脈絡のない価値のない情報なのかその仕分け方を（経験と勘を踏まえて）伝授しなければならない。情報には企業の存立を揺るがす情報（建築施工に関する新たな法制化の動き，市場の変化等）もあれば，企業の社会的地位を向上させる情報（新製品開発，建設業界の災害時に果たす地域社会への貢献，叙勲・受賞等）もある。

情報収集方法には，その情報源から，ⅰ）業界団体：業界の事情に詳しく，これらの団体が定期的に発行している調査報告書，会社年鑑，情報図書などには，その業界ならではの情報が満載されているからである。ⅱ）官公庁・地方自治体：政府や地方自治体，特殊法人，公立図書館などは豊富な情報を保有している。官報，所轄の官公庁の掲示板，白書，世論調査の結果も役に立つ。ⅲ）マスコミ：新聞は速報，雑誌は詳報を知るのに便利である。出版書籍，ラジオ，テレビ（地上波），衛星放送，文字放送からの情報等，溢れるほどに情報が流れ，受け手が必要なものを選択しなければ情報に埋もれしまう危険さえある。ⅳ）外部文書：外部からの文書や投書は本音をうかがえる貴重な情報である。製品・サービスに対するクレーム，その他企業の信用を貶める情報は世間に誤解を与える恐れがあるため迅速な対応を求められる緊急情報である。社内文書でも権限を逸脱した文書は社員へ誤解を与えるおそれがあるので，そうした文書が出回っていないかチェックする必要がある。ⅴ）会議：外部で開催される会議をはじめ社内会議でも会議の性格を正しくつかんで情報として活用できるか判断する。言葉で伝達される情報は速いし伝達の過程で変形する危険性を孕んでいるが参考程度に押さえておくといい。ⅵ）会話：人と会ってその会話の中から得られる情報は一番早く入手でき貴重である。その信頼性は，対話者の日頃の信用度に対応する。

以上は，従来の情報源による分類であるが，今日ではインターネットの普及により，必要なワードを検索することで詳細な情報を迅速に収集することが可能になった。そのため，紙の書籍や文書の必要性は薄れたという人もいるが，依然としてその有用性は高い。

必要とする情報は企業によって千差万別である。建設関連情報を取り上げても際限がない。例えば，いわゆる「担い手3法」と言われる公共工事品質確保促進法，入札契約適正化法，建設業法の改正内容がそれである。入札契約方式が大幅に変わり，建設産業も大転換期を迎えようとしているからである。それに関連して建設市場の動向，震災復興状況，災害協定，メンテナンスへの対応，人手不足への対応，外国人労働者の受け入れ問題，建築・土木業界ランキング等枚挙に暇がない。

こうした情報は，一般的な情報源から入手可能であるが，それらの情報が生み出される背景やそれにまつわる裏（秘密）情報となれば，企業が独自にどのような収集方法を有しているかにかかってくる。学生時代の交友関係，趣味同好会，ゴルフ仲間，スポーツクラブ，父兄会，勉強会，経営者二世の会等，個人的ネットワークの量と質が大きく影響する。

先代経営者は，後継者に対して情報感性を磨くための心構えを教えていかなければならない。例えば，手初めに，自社の業種に関する新聞記事から5本のキーワードを探し出す。そして，それをキーワードにして新聞や雑誌を読む，テレビを見る，客と話す。面白いと感じたことをメモする。その習慣を数ヶ月続けてみる。メモの山ができ貴重な情報に変化していることを発見する。情報が前後の脈絡から必然的に形成されてくる過程を実感すれば情報感性は磨かれる。結果，役立つ情報とそうでない情報の仕分けができるようになる。

第2は，ヒト。ここで，ヒトとは，企業を構成する社員（中心に据え）とその利害関係者を意味する。また，ヒトは人脈を意味する。ヒトは4つの経営資源の中で最も重要な資源である。事業展開の方向性を見定め，戦略や戦術を担うのはヒトである。企業によって必要とするヒトは多様である。それゆえに経営者は独自の人脈の構築を惜しんではならない。ヒトは感情を持つ不安定な存在であるから，ともすれば企業の決まり事から逸脱した行動を起こすことも考えられる。後継者はヒトの結果に最終的に責任を負う立場であるから，ヒトの感情と理性に働きかけてその行動が後継者の思いの方向へ向かうよう教育育成する責務がある。

ヒトの採用・獲得方法については，この二十数年の間に大きく変化した。かつて，中小企業においては，無料で利用できる公共のハローワークが中心であったが，今ではメディアも多様化し，対象者の範囲も全国レベルから地区のレベルまで自在に選択できるようになった。

自社で雇用せずに，派遣社員の活用や業務の一部をアウトソーシングするスタイルも珍しくなくなった。このように，利便性が高まっても企業の求めるヒトとなると相変わらず中小企業には厳しい現実がある。育成については，中小企業庁が刊行している「中小企業施策利用ガイドブック」に多くのメニューが紹介されているので参考されたい。

その他，後継社長が業務以外にどのような分野に興味・特異の才能を有しているか，改めて，整理し分析してみると面白い。将来的にドメイン（生存領域）の変更は十分にあり得るからである。また，環境変化に柔軟に適応するために，事業展開の方向性を修正しなければならない事態も起こり得る。将来本業に手詰まり感が生じたときにその才能が救世主となって本業を補完できるかもしれないからである。

現経営者は，自身の経営能力を基準に後継者の力量を測りがちである。基本的にはそれで良いのだが，後継者の才能を（自社において）最も活かせる分野がどこかを把握しつつ後継者教育にあたるのが賢明である。新たな視点からの経営改革の可能性を残しておけば経営にも幅が生まれるというものである。

第3は，モノ。モノは商品や製品を作り出す材料，原料，部品，資機材，設備等を意味するほか，社屋や土地などの物的資源も含むと考える。これらのモノを自社ですべて取り揃えることは現実には無理であるから，関係者による円滑な流通が欠かせない。かつては所有が原則であったが，今日ではリースの利用も増えた。後継者は自社で資機材を抱えるのが良いかそれともリース等を利用するのが得策か，常に考慮して判断する「癖」を身につける必要がある。コンピューターの利用により高度な計算も可能となり売買・購買価格の予想も各段に精度が向上しており，購買部門の社員にはリアルタイムな情報を読み取る能力が求められている。

当社においても建設資機材を保管するセンターを所有しているが，自社の資機材を利用するかリースの利用率を高めるか，その最適化は数年来の課題である。

最後は，カネ。資金を意味する。商品の仕入れ，事務所の賃借，社員への給与の支払いなどすべてにカネが必要になる。自社の資産状況は決算書等を見ればわかる。資金が潤沢であれば不要な資金の借り入れは必要ないが，資金に不足が生じる場合は取引金融機関からの資金調達が必要となる。後継者の資質が，取引金融機関の融資の決定に作用するというデータ[93]もあるから，後継者は日頃から取引金融機関とは良好な関係を保っておく必要がある。

3）競合他社の動向把握

競合他社の動向を把握することは，自社の事業展開の方向性を探り，現状のままでよいか，それとも修正すべきかの判断に有用である。競合他社（主に地元とその隣接する地域）については，経営トップの動向を含め，その経営戦略・営業戦略，当年度の完工高目標と達成状況等について，日頃から接触する機会も多く，かなりリアルタイムな情報を入手できる。

しかし，より広い範囲での競業他社についての動向はなかなか把握できないのが現状である。気になる他社が上場企業であれば，当該会社の株主になる手も有効であるし，提出が義務づけられている有価証券報告書や専門誌（紙）からも予測できる。当社の場合であれば，東京建設業協会理事

93　中小企業庁委託「中小企業の資金調達に関する調査」（2015年12月，みずほ総合研究所㈱）によれば金融機関が評価している項目（n=3,010）のうちで，「代表者の経営能力や人間性」は76.9％で，「財務内容」99.0％，「事業の安定性，成長性」94.1％に次いで，第3番にランクされている。

の立場から他社の理事との交流の中でその動向を探ることも可能である。例えば，近年中小ゼネコンの中には業態の変更を模索する動き[94]も見られるなど，環境の変化は本業にも影響してくることから，自社の事業展開の方向性を見定めるうえで貴重な情報源となる。

また，自社の戦略が地元志向なのか，より広域志向（例えば，東京都とその隣接区なのか首都圏全域なのか）かによっては必要とする情報も違ってくる。

先代経営者は，後継者に対して，単に競合するライバル企業に対して競争優位に立つことだけではなく，業界及び競業・競合他社の動きについて，その情報入手方法，入手した情報の分析及びその利用方法について教育することが重要である。他社を知り己を知ることが大事である。

(2) 継承すべきもの

経営路線の継承：現在の経営スタイルは，長い年月をかけて築き上げてきた取引先はじめ，多くのステークホルダーとの信頼の上に成り立っている。持てる経営資源を分析し，その時々の最適化を目指す取り組みの中から試行錯誤を繰り返しながらたどり着いた予定調和のスタイルである。

企業が永続的に発展するということは，時代を越えて事業承継が次の経営者に間断なく引き継がれていくことを意味する。それを実現するために後継者が第一に踏襲すべきは，これまで築き上げてきた先代経営者の経営スタイルである。

経営スタイルは，それを特徴づける経営志向や複数の行動類型からなる

94　近年，助成金等の支援措置を利用して，建設業から新分野（並存）へ進出する例が見られるようになった。例えば，青森県にあるゼンコンは地域において建設業以外に雇用の受け皿がない状況に鑑み，地域活性化のために青森ヒバの魅力を活用した商品開発に成功し，化粧品工場を建設して地域雇用の受け皿となっている。また，山口県にあるゼネコンは，介護用住宅の改修を手掛ける傍ら，福祉用具の販売・レンタル事業に着手した。その他，農業会社やバイオマスエネルギーの研究など，従来の建設産業の仕組みに囚われない業態変更への挑戦には興味深いものがある。

集合形態であり，企業ごとに独自性を有し組織文化の重要な要素を形成している。

以下の1）～3）は，当社を特徴づける経営志向及び行動類型であり，今後とも後継者が継承すべきものと思われるものである。

1）お客様第一主義

一般的には「顧客第一主義」といわれているが，当社では，平成24年，新社長に経営がバトンタッチされたことを契機に「お客様第一主義」に修正されている。「顧客」から受ける取引当事者としての固い関係性をより馴染みやすい言葉に置き換えたもので，その対象は「顧客」よりも広く多様である。

当社の歩みをみると，当初は「施工主」という言葉を使用している。初期の当社の経歴書「特異性」の説明の中で，「会社は，第一，施工主の立場になって優秀は仕事をやる」と明言している。当時経営者の頭の中には，だれのために仕事をするのかは「施工主」しかなく，単刀直入で非常にわかりやすいものであった。

わが国において「顧客」という表現が使われるようになったのは，1980年代以降，顧客の満足度を指標するCS（Customer Satisfaction）経営が取り上げられて以降である。突如として，どの企業もお題目を唱えるように「顧客志向」や「顧客第一志向」を使用するようになった。当社においても例外ではなく，TQC導入の頃からあらゆる場面で使われるようになった。長期経営方針は「全社員営業体制を確立し，営業企画・設計・施工・アフターサービス一貫システムの充実により，特命工事の受注を拡大する」と前文で謳いあげ，続いて顧客志向を前面に押し出している。「1.顧客から信頼され安心して仕事をまかせてもらう，2.各部門が役割を果たし，全社総合力を結集し顧客の満足を得られる建築物を造り込む，3.顧客の要求に対応する生産原価を追求し適正利益を保つ」という具合である。また，TQC推進基本方針は「顧客の満足を持続させる品質経営基盤の確立」であるし，その他「品質保証体系に基づく顧客要求品質の把握････」,「顧客満足度評価による設計品質の向上」等々枚挙に暇がない。

顧客志向は，文字通り顧客を知り，顧客を大事にすることであるが，社内教育ではプロダクトアウトと対をなすマーケットインと同義と教わった。当社が（勝手に）良いと考える製品を市場へ提供するのではなく，顧客の立場に立って，顧客が必要とする製品を提供することが重要であるという教えである。この考え方は基本的には今も変わらない。しかし，顧客の声（要求事項，ニーズ等）を情報源として活用することは有効であっても，当社の強みを発揮すべき企画設計施工のありかたを顧客に全面的に委ねることには疑問がある。結局，どちらが正しいかということではなく，二つの志向の調和が求められているのであり，プロセスにおいて顧客の声が反映されていることが大事だと考える。

当社においては，営業部，リニューアル部及び関連会社の内野ホームテックが定期的に顧客満足度調査を長年に渡って調査し続けてきている。例えば，営業部の顧客満足度調査の結果は，竣工6ヵ月後の物件の満足度の方が，竣工1年半後のそれより高い傾向がある。前者の方が建物引渡しから時間が経っておらず，建築主（顧客）の高揚感が続いていると想定するとその結果は当然である。ただ，マネジメントレビューでは分析結果を鵜呑みにすることなく，継続してその後の動向にも留意し見守っている。

新社長の下で,「顧客」は「お客様」に修正された。新社長は，機会を見ては社員の前で「お客様」が，数あるステークホルダーの中で最も源流に位置していること，そこから生みだされた利益が，われわれの生活を支え，さらには人生そのものを潤していることを力説される。

2）品質重視の業務管理

日本のメーカーの企業統治のあり方が再び問われ出した。日産自動車が国内工場での排ガスデータを改竄し，国がメーカーに任せていた完成検査の制度を骨抜きにしていたことが平成30年（2018）7月9日，新たに発覚した。完成検査を巡っては検査員の資格をもたない従業員が手掛けていた問題が昨年9月発覚し，謝罪し，再発防止策をしっかり講ずると約束したばかりである。今回の不正で，先例の反省がまったく活かされないまま，排ガスの成分量を書き換えるような行為が企業全体で常態化していたことがわかった。

この背景について，長田 洋 文教大学教授が，平成29年11月29日日本経済新聞「経済教室」で述べられている。一部を紹介すると以下のとおりである。

「背景には検査工程にも製造工程と同様にコストダウンの要求が強まり，また，資格者の数にも制限があり，人手不足から非資格者に検査を任せた‥‥。本来ならば検査工程で不適合を問題として確定後に，品質管理手法などを活用し，科学的に品質改善すべきだった‥‥。

ISOで義務づけられている監査対象部門から独立した専門家による内部監査がまったく機能されていなかったことである」。

「企業の製造現場での「QC（品質管理）サークル」活動は，2000年以降に大幅に減少し，現場での改善力の低下につながっている。‥‥ものづくりの現場ではIT（情報技術）やAI（人工知能）を活用した高度な品質基準が期待されている。だが，品質管理の担い手であった多くの専門家が定年退職し，継続性が懸念されており，新たな品質管理の専門家の育成が急務となっている」。

持論では，行き着くところは経営トップの経営倫理感の欠如である。いわゆるファミリー企業，同族企業では，一度の不正が致命的であるから経営者は現場の隅々まで厳しく目を光らせる。これに対し，サラリーマン経営者は頭でわかっていても実践がむずかしく，安易に人任せにしてしまう盲点が伏在する（利益優先型の経営へ傾斜していく）と考える。

ここで，当社の品質への取り組み姿勢を改めて見てみよう。

当社の今ある品質保証体系は，TQC（全社的品質管理），QCサークル活動から始まりISO認証取得に至る過程で作られたものである。それはトップの意向が深く反映されたものである。その底流には当初から変わらぬ「部門間連携を図り，顧客に応える品質重視の業務管理」がある。手元に平成5年度（1993）の社長方針の中でQ（品質）に触れた説明があるので紹介する。会社全体に少し品質管理活動に緩みが生まれてきたときに，改めてその重要性を説いたもので，その内容はシンプルで，当たり前のことが記されている。

〈顧客指向の業務管理〉

「仕事には必ず「前工程」と「後工程」がある。一つの部門においても，様々な作業があり，複数の人たちが携わる。同じように会社全体でみると，営業，設計，見積，工事‥‥といった各部門が連動して仕事を処理していくことになる。従って仕事をスムーズに処理するには，前後の工程を考えて連携し合ってミスのない仕事をすることが生産性の向上につながる。各部門間にセクショナリズムや対抗意識，又は自部門自身のニーズという次元でものを考える傾向を排除し，各工程段階であらゆる人々の間に円滑なコミュニケーション作りを行い，後工程に決して不良を流さない，又は後工程のニーズに注意を払うといった「後工程はお客様」の考え方に徹底し，顧客指向の業務管理を行うことが最終顧客（建築主）から信頼され，安心して仕事をまかせてもらえるものと確信する」。

〈顧客要求品質の造り込み〉

「環境変化の激しい現在は顧客のニーズも多種多様であり，そのニーズに応えるには，各部門，全社員がアンテナを高くし，あらゆる情報を収集，管理し，共有化して活用しなければならない。これには部門間の連携強化，報・連・相の定着化，又，各人の創造力を十分に発揮させることである。会社の使命は，顧客の満足する品質を提供することである」。

さらに，当社では，「品質に対する役割は，各部門で異なり，企画，設計の源流段階では「責めの品質」（顧客の要求が充足されていること）が，施工段階では「出来映えの品質」(企画，設計のねらい通りの施工品質が確保されていること）が，建物引渡し後は「維持の品質」(建物引渡し後その機能を充分に発揮できるよう，アフターメンテナンスが充実していること）があり，この3つの品質が保証されてはじめて「真の品質保証」が可能となる」。ことを教わった。

以上の考え方は，次に述べる「方針管理と日常管理」に展開されている。

3）方針管理と日常管理

一般的に，企業は経営理念→長期経営方針→年度社長方針の順で，毎年度，経営トップがその年度方針を出される。この社長年度方針は，経営者がその年度に実現したい会社の目標が示すもので，各部門が展開すべき部門方針及び重点実施項目に方向性を与えるものである。

方針管理と日常管理は，TQC導入により初めて採用した管理方法であるが，以後，デミング賞実施賞中小企業賞受賞，社名変更，ISO認証取得と当社を取り巻く環境が変化していくなかで不変の行動原理として当社(社員）に定着している。

手元に，当社が内野建設株式会社に名称変更する前の，株式会社内野工務店の最後の年度となる平成6年度（1994）の年度方針書があるので，その中から一部抜粋して紹介したいと思う。

社長方針は，QCDSM（品質，原価，工期，安全，モラール）の順に分かれて出されるのであるが，この年度は，順序が入れ替わってQDCMSの順に7方針が打ち出されている。経営者のその時の思いが微妙に変化していることがわかる。以下に5方針を例示する。

Q：部門間協議を図り顧客の要求に即応する品質，原価重視の業務管理
　目標：顧客信頼度　75点以上

D1：環境に即応する，創造的企画を立案し，計画受注を必達
　目標：受注金額　182億円，Aランク金額　100億円

D2：創意と発想転換した業務計画にて既存工期の短縮

目標：完成工事金額　165億円，工期短縮　25日

C：創造的，発想転換にて，効率的業務管理を実践し原価を追求

目標：受注時利益率　10%，営業利益率　6.5%

M：部下の能力を活かし，人財の育成

目標：月度評価点　70点以上

そして，項目ごとに，社長方針として取り上げた理由を細かく説明している。経営者の達成への意欲伝わってくる。

これを受けて，各部門長は部門方針を立て，部員を交えて協議し，重点実施項目（管理項目・目標値）を定める。重点実施項目は，4月から翌年3月までの期間を四半期に分け実施内容・中間目標及び責任者を明記する。これらの方針書は全社員に配付され，手元において常に確認するよう意識づけられる。

当時は，この方針管理の達成状況を確認するために毎月，社長出席の下，部門方針実情報告会が開かれていた。開催日時が近づくと報告書の作成に神経を使い，特に目標が未達成の月は緊張したことを覚えている。

以上が，方針管理のありかたと実践についてであるが，全社員には「各部門長より指示された重点実施項目を日常業務（担当する仕事）にて，その目標値を目的通りに達成するための日常業務管理のしくみ」B4判横（図表4-1）が配付された。

なお，実際に方針管理と日常管理を進めていく上でその境界線は嘆かわしいことであった。それは，企業の特質や部門のおかれた立場によってもかなり変わってくるからである。今，抱えている項目が方針の管理対象なのか，それとも日常の管理対象なのか。例えば，受注目標はすでに達成しており，本年度は従来の延長線上でよいと判断すれば，日常管理で十分であろうし，さらに高い受注目標をねらうのであれば，方針として取り上げ，その対策が必要となってくる。いずれにしてもPDCAのサイクルを回し管理しなくてはならないことは同じであり，その判断は部門長の現状

認識に依るところに落ち着いた。

図表4-1　日常業務管理のしくみ

A.処置	P.計画
1. 差異に対して解析，処置をする（応急処置） 2. 処置の効果を確認し，再発防止，実施方法を標準化する 3. 次の計画に結び付け活かす	1. 日常業務の目的を明確にし，その目標値を決める 2. 目的を達成する方法（標準書，作業手順書）を決める 3. 日常業務の目的達成の尺度としての管理項目を明確にする
C.確認	**D.実施**
1. 実施段階（プロセス）の要因をチェックする 2. 業務の目的に対して結果でチェックする（目標値に対する日常業務計画実績差異確認） 問題点を把握し改善する	1. 上司は部下を教育指導する 2. 決めた方法で実施し，チェックする

以上が方針管理と日常管理の説明である。かつてほどに厳格に運用されていないが，方針管理については，月度の定例役員会でレビューが行われている。また，建築部作業所の施工管理状況については竣工現場が数現場まとまった時点で実情報告会が行われている。日常管理については四半期毎に実施される成果評価表の中で，自己評価と部門長評価によってその是非が確認されている。

これらは，いずれも，当社がこれからも継承していくべき経営スタイルの一つである。

これ以外にも，経営スタイルあるいは経営者を戒める経営規範と呼べるものとして，本業（建築）以外の事業（金融業とか不動産取引業等）に手を出さないこと，株式に手を出さないこと，商圏をむやみに拡大しないこと，地域・地区の人たちとのコミュニケーションを重視すること，催事に積極的に参加・協賛することなど，多数にのぼる

(3) 強化すべきことがら

後継者が，企業の永続的発展を図るために強化すべきことがらは多数におよぶ。簡単に「強力な企業体質をつくる」といっても，企業毎に盤石な部分と脆弱な部分がある。そして，脆弱な部分を補強するにしても予算，時間，難易度，優先度で簡単には結論に至らないことが多い。当社において，私は，以下の諸点を中心に強化すべきと考えている。

1) マネジメントシステム

アメリカの経営学者PF.ドラッカー[95]は，その著書の中で，「マネジメント」を「組織に成果をあげるための道具，機能，機関」と定義している。伊藤俊幸 金沢工業大学教授は，「マネジメント」とは，ルールや制度といった組織運営に関する規則により，集団をコントロールする方法論である（「産経新聞」平成30年7月23日朝刊7頁）等，とらえ方もそれぞれである。実際に運用に当たる一人としては，ISO9000：2015の，「方針及び目標を定め，その目標を達成するために，組織を指揮し，管理するための調整された活動」が符合しているように思う。そして，文脈によっては，「運営管理」が実態に合うであろう。「システム」にもいろいろの定義があるが，「複数の要素が有機的に関係し合い，全体としてまとまった機能を発揮している集合体」とすれば足りよう。

このように，企業（組織）の機能等を網羅的に定義することは難しいが，企業が個人と社会の関係性の中で，より質の高い仕事を遂行するために，ある一定のシステムが有効であることを我々は経験的に知っている。「個人と企業」の関係は，個人は働きを通して自己実現をはかるのに対し

---

95 PF. Drucker（1909-2005）日本の企業家や経営学者に大きな影響を与えたアメリカの経営学者。マネジメントの概念を生み出した人と言われている。著書に（邦訳『現代の経営』自由国民社，1954年），（邦訳『創造する経営者』ダイヤモンド社，1964年），等多数。

て，企業は個人に機会と対価・地位を与える関係にある。また，「企業と社会」の関係は，企業は提供する製品・サービスによって社会に貢献し，そうすることで存続や発展の可能性を見込める共栄の関係にある。

しかし，これらのマネジメントシステムは，個々の企業でその持てる経営資源により，また成長段階によって異なることから，その時の状況に応じた構築が必要となる。

当社には，マネジメントシステムと言えるものに，品質：Q，原価管理：C，工程管理：D，安全管理：Sなど，主に製品の製造（建築物の建築施工）過程に関わるシステムがある。なかでも創業経営者が最も関心を以て取り組んできたのが品質マネジメントシステムである。加えて持続的成長の観点から後継者が特に注意しているのがリスクマネジメントシステム（財務マネジメント含む）の強化である。以下，品質マネジメントシステムとリスクマネジメントシステムについて概観する。

① 品質マネジメントシステム

既に，第3章第3節（4）品質管理の実施状況の中で，当社の品質マネジメントのさきがけとなった品質保証体系図（図表3-5）を紹介した。今からおよそ40数年前に地域に根差した一中小建設企業の当社が，マネジメントシステムとして品質を保証する重要性を全社的に推進し実施したことの意義は大きかった。なぜなら，当時，建築物竣工後の一定期間，建築主に対して責任をもって施工責任・製造責任を約束することは容易ではなかったからである。

当時，品質保証は“quality assurance”と訳され，JIS Z8101（品質管理用語）では，“消費者の要求する品質が十分に満たされていることを保証するために，生産者が行う体系的活動”と定義され，品質マネジメント活動全体を示す用語であったし，当社でもそのように理解し使用していた。

一方，ISOの規格では「品質マネジメントシステムとは，品質に関して組織を指揮し，管理するために行われる活動の要素の集まりである。言い換えれば，品質を達成するための仕組み，業務のやり方を規定する要素である。要素には，組織，手順，プロセス，資源が含まれる。例えば，作業標準などの業務手順を定めた文書類，業務を実施する人，業務で使われる設備・道具，それらをマネジメントする活動，組織構造などである」，そして，「品質マネジメントは，品質方針及び品質目標を設定し，それを達成するために品質計画，品質管理，品質保証及び品質改善という4つの活動を行うことである」とする[96]。

図表4-2は，現在の当社の品質マネジメントシステムとそのプロセスの関連を表したものである。

旧品質保証体系図との大きな変更点は，プロセスをマネジメントシステムの重要な構成要素としたことである。「プロセスとは，インプットをアウトプットに変換することを可能にするために，資源を使って運営管理される活動の集合体である。マネジメントシステムには，プロセスでの変換方法を規定する手順書などの規定類や，プロセスを構成する要素である人，設備などの経営資源が含まれる」[97]。現在，品質マネジメントシステムの運用は，品質管理責任者を中心にISO推進事務局がフォローしながら進めている。

主たる活動は，トップによるマネジメントレビューと年2回から3回実施される内部監査である。そこでシステムが有効に機能しているかどうかを検証するのである。

近年，システムの不適合や観察事項など指摘事項は減少傾向にある。監査する側並びに監査される側双方がその要領を得てきたことが大きい理由であるが，小さい改善点が見落とされたままになっていることが懸念される。また，プロセスアプローチの考え方がよく理解されないまま，言葉だけ一人歩きしており，全社員に浸透するにはまだまだ時間がかかるように

96　中條武志・棟近雅彦・山田秀『要求事項の解説』96頁（日本規格協会，2015年）。
97　前掲書『要求事項の解説』97頁。

感じている。

② リスクマネジメントシステム

企業を取り巻くリスクはあまりにも広範である。リスクマネジメントの基本の第1はリスクを予知して，適切な緊急対応を行うことであるが，中小建設企業にとってどのようなリスクがあるか，また，それらのリスクはどのような性質をもっているかについて明確にしておく必要がある。

リスクは性質によって，物に関するリスク（会社の資産など），人に関するリスク（経営者，社員など），経営に関するリスク（事業悪化，債務保証，製造物責任など）及び情報に関するリスク（悪意または意図的なデマ，中傷など）に分類される。また，リスクには突発的に発生して予知できないもの（天災，事故，事件，消費者からのクレーム，内部告発など）と比較的予知可能なもの（競合他社の攻勢，関係法規の改廃，債権の損失など）に分類できる。

リスクマネジメントの基本の第2は，企業のどのような面がリスク発生の背景となって，リスク要因となるか認識することである。リスク発生の背景となる企業活動と社会との関係はますます複雑となって多様であり，また時代とともに変化しつつある。リスクとして意識していなかった新しいタイプのリスクも生まれてくる。

リスクの背景をみても，社会環境の変化（消費者ニーズの多様化，公害や環境問題に対する高まりなど），企業活動の複雑化（コンピュータ・ウイルスの侵入，製造物責任など），社員の意識と雇用形態の変化（会社に対する忠誠心の形骸化，内部告発についての意識の変化など）がある。

これらの発生の可能性のある緊急事態に対処する専門部門のある中小企業であれば安心であるが，当社を含め，中小建設企業において，専門部門を置く企業はほとんどなく，多くは，リスクの内容に応じて，総務部，営業部，建築部が担当しているのが通常である。できれば，一部門の職責に任せるのではなく，企業全体の課題として全社的対策を執行できる総務部

図表4-2　品質マネジメントシステム・プロセス関連図

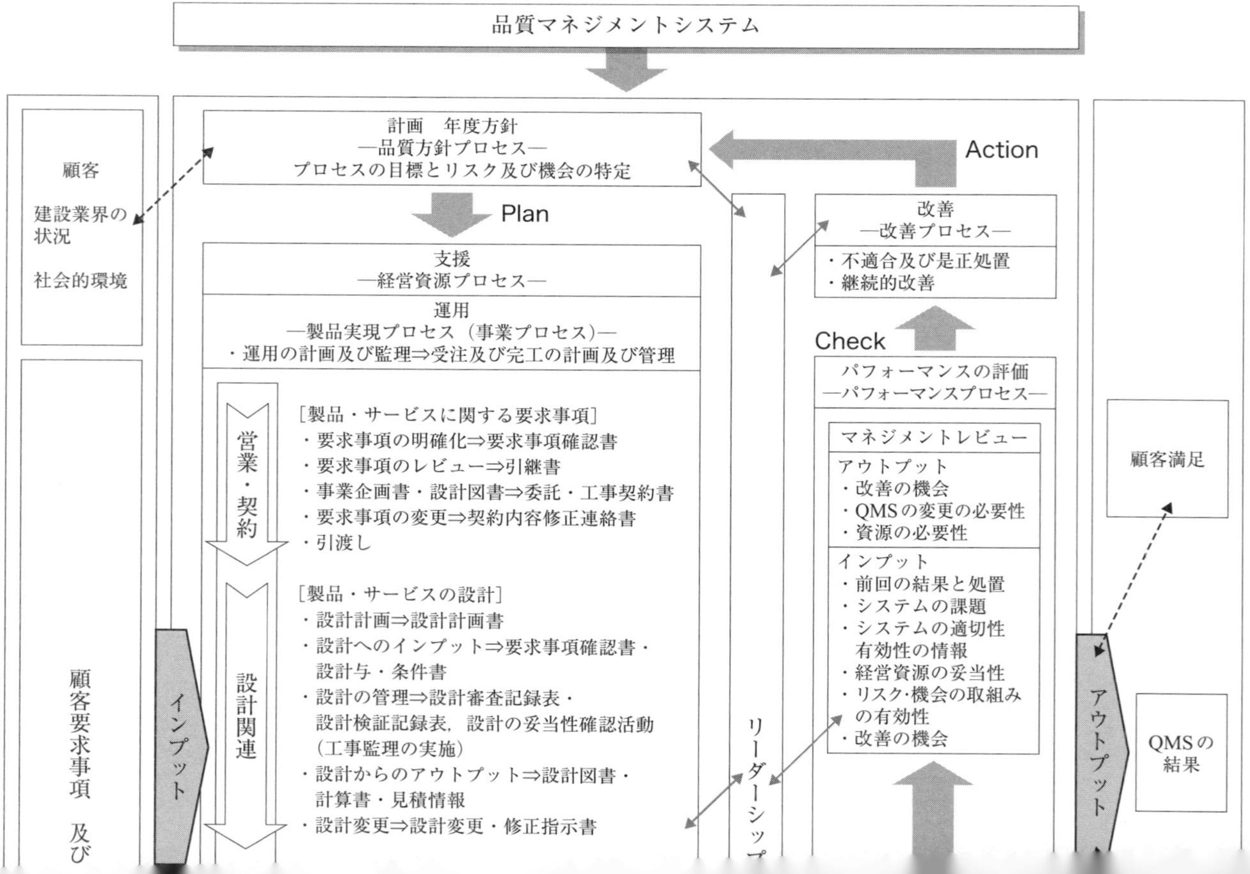

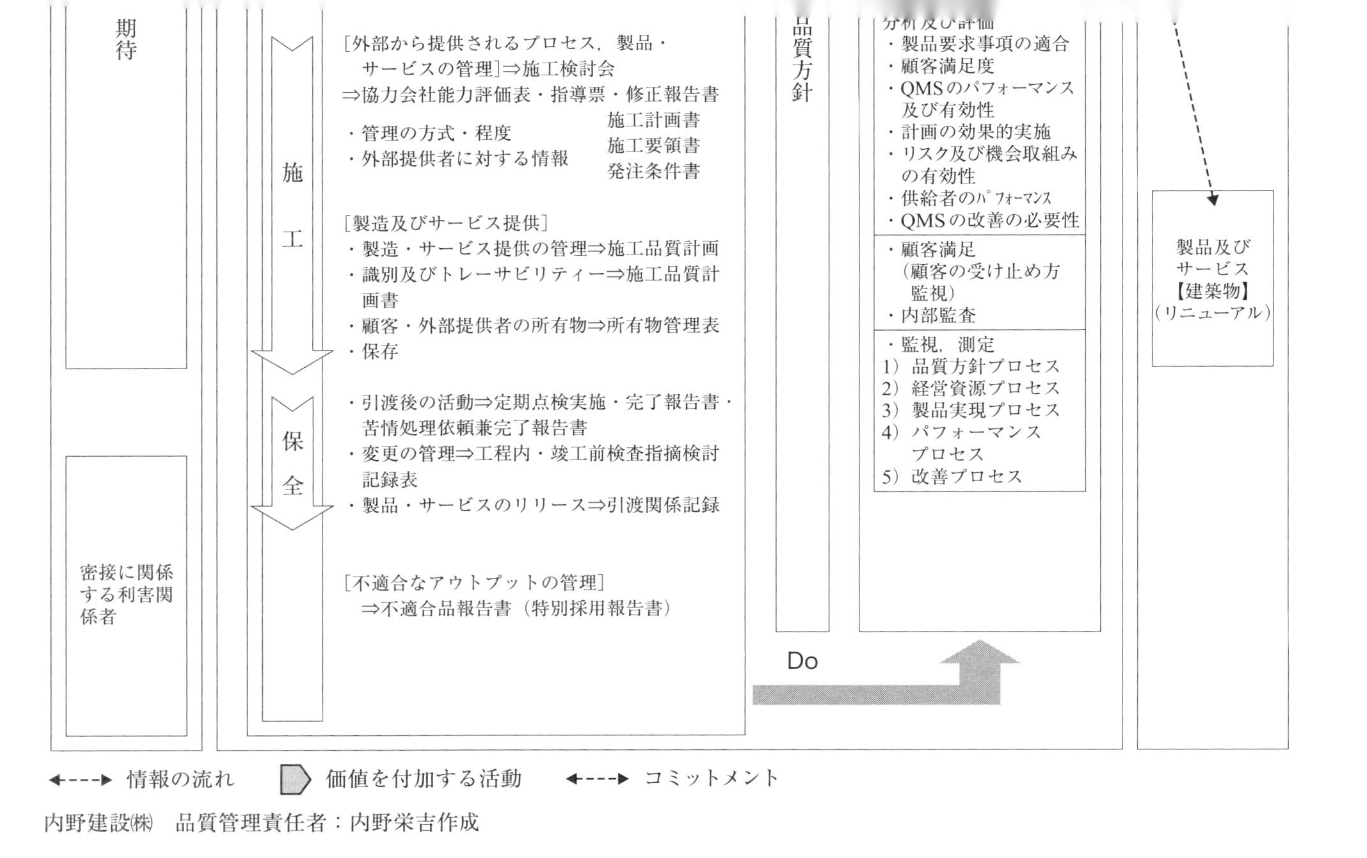

内野建設㈱　品質管理責任者：内野栄吉作成

長が実質的リスクマネジャーとしての責務を遂行するのが望ましいと考える。

緊急事態の発生時に初期対応を誤ると，その損失は拡大し収拾がつかなくなることからその企業の特性に応じてあらかじめリスクマネジメントのマニュアルを作成し，それにあわせて定期的にリハーサルを実施しておくと安心である。

a）一般的なリスク対応

マニュアルの基本は，緊急事態発生時に対応者の役割分担を明確にする，現場での初期対応の重要性を認識する，具体的事例を用いてマニュアルを作成する，マスコミ対策の重要性を認識するなどである。そして緊急事態対応の手順（例えば，第一報と同時に事実の確認，情報収集，トップへの連絡，緊急対策本部の設置，解決作業開始，事態発表と安全対策などの資料の作成，緊急記者会見，謝罪表明，補償対策の決定，再発防止策発表，責任者の処分に至るまでの手順）を明確しておくことである。

リスクマネジメントの巧拙を分けるのは，素早い適切な対応である。対応を誤ると謝罪会見でいくら長い時間，頭を下げても許されないことがある。対応に躊躇は禁物である。そのためにも，想定された事例に沿ったリハーサルの実施が必要である。

例えば，緊急事態の事実確認と原因究明（事態発生現場を秘密裡に処理しない，情報連絡網を整備しておくなど），対外発表準備（統一見解に基づいてQ&Aを作成する，再発防止策は迅速に，誠実な内容を表明する，責任と補償については，その結果ではなく考え方を表明するなど），社員への連絡（緊急事態の内容と会社の見解を通達する，マスコミの取材には個々の社員から答えないように指示するなど），関係先への対応（所管官公庁等への対応について方針を決定する，取引先に対して事態の内容，補償の有無とその内容を説明する，被災者とその家族への迅速な情報供与を行うなど），マスコミ対応（記者会見の実施の要否を決定する，会社側のスポークスマンを決定する，日時や場所を設定すること，記者会見では謝罪表明，事実関係，原因説明，再発防止策表明，責任表明を誠実に行うなど），その他のリスク対応（社員の不祥事発生時の対応，製品クレームへの対応など），緊急事態の収拾（企業イメージの修復のための広報，再発防止策の実施，補償措置，関係先への謝罪訪問など）を手際よくまとめ実施することがなによりも重要である。

姑息な手段でその場を逃げ切ることに執着することなく，真実を報告し，真摯に責めを負うことの潔さがリスク収拾の最短・最良の方法であることに気づくことが肝要である。

b）工事代金の債権保全

中小建設企業にとって，工事請負は「発注者からの発注にもとづいて施工，引渡しを行い」，「その代価として発注者から出来高にしたがって工事代金を回収する」という2つの機能が基本となっている。

建築施工は一般に長期にわたるうえに金額も大きいことから，工事代金を完全に回収するためには「払えないところからは受注しない」というのが大原則となる。しかし，市場性の強い商品を独占的に扱えるならまだしも，現実には同種同様の建築物の受注競争に鎬を削っているのであるから，きれいごとでは済まされないこともある。時には訳ありの物件をつかまされることもあるかもしれない。そうしたときに代金不払いリスクにどのように対応するかが問われることになる。

ここ数年，当社が受注する物件の発注先に変化が生じている。かつては地元の地主さんが建築主となる賃貸マンションの建築施工が主流であったが，近年は大手デベロッパーが発注者となる分譲マンションや，その他中小のデベロッパーが手掛ける投資用ワンルームマンションの比率が高くなった。住宅金融公庫（現 独立行政法人住宅金融支援機構）からの建築資金の融資が主であった時代には，工事代金の回収も，竣工後一定期間内に公庫から融資実行された時点で（それも着手金及び中間資金を受領せずに）全額回収すれば足りた。しかし，今，こうした工事着工から竣工後のある期間まで，まったく工事代金を回収せずに発注者の都合を優先することは，リスクマネジメント面からあまりにも危険な賭けとなっている。

工事請負の最終目的は，商品（建築物）の資本化であり，それはまた再投資のための原動力ともなるから，完全回収は必須条件といわなければならない。

当社は，これまで工事代金回収の大幅な遅滞から，経営に支障を来すような事態は経験していない。しかし，先行き不透明な今後を想定すれば，改めてリスクマネジメントとして，回避策を定めておくことが重要である。幸い，当社には原価管理課，経理課，総務課の専門職スタッフが，長短期の予測をシミュレーションし，発注元の分類とその特性（大手デベロッパー物件，中小デベロッパー投資用物件，従来型の賃貸マンション・施設物件，官公庁施設物件など）を分析し，損益分岐点と売上比率モデルを算出するなど，不良債権発生防止に精力的に取組んでいる。したがって杞憂にも思えるが，命題は，“企業の永続的発展を図るため”であるから念には念を入れよという態勢は必要である。

四半期毎に開催される経営会議（トップ，専務取締役，担当取締役など，限られた関係者から成る）は，月度の定例役員会とは異なり，「信用リスクに関する保全」（exposure：リスクにさらされている投資や信用供与）等について，より専門的な報告が行われるなど経営者が将来展望を描くうえで有効な会議となっている。

もっとも，これらのことが有効であるためには，日々の活動，物件毎の工事代金債権の保全策を講じていることが前提である。

ここで改めて，工事代金回収の主たる留意点を整理しておくと，概ね次のとおりである。

〈完全回収策〉

・契約どおりの工事代金が回収されること。

契約どおりの条件で工事が進行したときは，契約どおりの請負金額を回収する。ただし，設計変更，仕様変更，部材調達，工程遅延，クレームなど，当社及び相手方の事情から，請負金額が変更する場合でも，一定の利益の確保，決められた限度内で行われるべきこと。

・現金化までの期間が許容期間内であること。

〈不良債権防止策〉

① 支払期日の延期や内払を承諾するとき

・未収金が無利息であるため支払が安易になるので利息を定めておく。

・残高確認を得て支払誓約書を書いてもらうか，金銭消費貸借に更改して契約書をとる。

・先方の収入時にあわせて支払やすい方法にする。

② 手形の書き換えを求められたとき

・原則として，手形の書き換えを拒絶する。

・手形の書き換えに応じる場合には，担保，保証人など債権保全をする。

〈裁判所が関係しない回収法〉

① 代位弁済

・保証人から。

・担保物件の提供者から（債務者以外の人から提供のとき）。

・第2，第3番目の抵当権者があるときは後順位のものから。

② 代物弁済

・契約締結のとき「弁済期に元利金の支払のないときには，担保物件を債権者の所有としてよい」という認諾をとっておく。

③ 請負工事代金を金銭消費貸借に切り替える

・金銭消費貸借により借用証書を作成させることにより立証が容易になり，また，保証人，担保，利息支払などの話し合いが容易になる（強制執行認諾付にしておくとよい)。

〈裁判所が関係する回収方法〉

・支払命令や即決和解の申立てなどが考えられる。

いずれにしても，債権保全を行う場合には，担当部門（担当者）の独断に陥ることなく，顧問弁護士や司法書士あるいは税理士など専門職の意見を聞き，チェックを受けながら手続きを進めることが肝要である。

ここで，当社の一般的な工事代金の回収方法，債権保全策を示せば次のとおりである。

当社の特徴，強みの一つに建築請負代金の受取方法がある。前払い，中間での部分払いを求めないことから，工事完成引渡後一括払いで受け取っている。

① 請負代金の支払いは，完成引渡後3ヶ月とする。

② 受注者が発注者に「工事完了引渡証明書」を発行する時に，発注者は受注者に「約束手形（手形決済日　平成○年○月○日)」を振出すものとする。

③ 完成引渡し後，発注者は区分所有分の表示登記済証を受注者に預けるものとする。

④ 区分所有分の戸別決裁，引渡しを行う場合，発注者は受注者にA，B，Cタイプ1戸あたり○○○円，Dタイプ1戸あたり○○○円（部屋別タイプは後記明細表によるものとする）の請負代金を支払うものとし，受注者は当該分の表示登記済証を発注者へ返還するものとする。

⑤ 本契約書に定めない事項及び変更については，発注者と受注者は協議の上，解決する。

なお，工事請負契約書に合わせて，通常は，民間（旧四会）連合協定工事請負契約約款委員会が発行する（最新では平成29年（2017）12月改正版)「民間（旧四会）連合協定工事請負契約約款」を添付している。

c）事業継続計画（BCP）

事業継続計画（BCP：Business Continuity Plan）とは，企業が自然災害，事故，テロ等の予期せぬ緊急事態に遭遇した場合に，重要業務に対する被害を最小限にとどめ，最低限の事業活動の継続，早期復旧を行うために事前に策定する行動計画である。

当社においては，平成23年（2011）6月，関東地方整備局が発した「建設会社における災害時の事業継続力認定の申請に向けた準備書」に沿って，平成25年（2013）4月，事業継続計画（簡易版）を制定している。計画は主に地震を想定したものである。

事業継続計画は，4部構成全25頁からなり，全社員に配付して意識づけを行っている。

第1部「事業継続計画の基本方針・運用体制」では，大地震等が発生した場合には，第1に社員の安否確認と生命・身体の安全を確保することを優先し，続いて地域の建設企業として，できる限り地域の救助，復旧活動にあたること，事業継続計画の策定体制・運用体制，各職位の役割等について定めている。

第2部「緊急対応と事業継続のための計画」では，重要業務ごとに復旧目標時間を定め，災害対策本部の立ち上げ，指揮命令系統図，緊急対応・事業継続の全体手順，避難・誘導，安否確認（フェイスブックと伝言ダイヤル操作方法）等について詳しく定めている。

第3部「事前対策の実施計画」では，重要な情報のバックアップ（データ，重要文書・図面など）について，現在のバックアップ方法や実施すべき対応について定めている。

第4部「平常時の訓練，維持管理及び改善」では，定期的に安否確認訓練や避難訓練の実施を行うことなどが定められている。

この他に，長期休暇中（夏休みや冬休み）の緊急連絡体制は，社長を筆頭として各部門長に連絡が正確迅速につくよう整備されているし，建築作業所においても同様に，作業所代理人が責任者となって事故や災害等が発生した場合の対応は整備されている。

この事業継続計画は，近い将来起こりうる南海トラフ巨大地震や首都直下型の大地震を想定して関東地方整備局[98]が発した上記準備書に沿って作成したものである。しかし，事業継続計画ができ上って数年，大きな災害もなく過ぎていくと，次第に緊張感が薄れていくものである。そんな矢先に襲来したのが台風12号（平成30年7月28日）であった。

この台風は東から西へ進む異例の進路をとった。7月初めに豪雨による甚大な被害が出たばかりの西日本各地にも容赦なかった。「これまでの経験が役に立たない台風」ということで進路にあたる住民には早めの避難が呼びかけられた。

自然災害は，ときに人間の文明と科学の予見をあざ笑うかのように襲来する。人間は本来自然の中に生かさせていること，微力であることを忘れがちである。そうした心の隙間を見透かしたように襲来する。

こうしたことを踏まえて，今，改めて，自然災害時に事業継続計画が機能するように，会社の年間スケジュール表に予め訓練等の実施日を定めること，いざという時にパニック状態に陥らないためにも，全体の手順を定期的に確認しておくことなど，責任部門として深く反省した次第である。

図表4-3は，大地震が発生した場合の当社の行動フロー（全体像）である。

98　東京建設業協会は，関東地方整備局との間に「災害時における関東地方整備局の災害応急対策業務及び建設資材調達に関する協定書」を締結しており，当社もその一環として協力要請に応ずべき体制をとっている。

図表4-3　大地震等が発生した場合の行動フロー

(1) 大地震等が発生したら，まずは安全確認などの初動対応を行います。
(2) 初動対応を経た後，顧客や取引先などと，ともに連携・連絡をとりながら，事業の継続・再開対応を実施します。
(3) 地域への貢献活動も実施していきます。

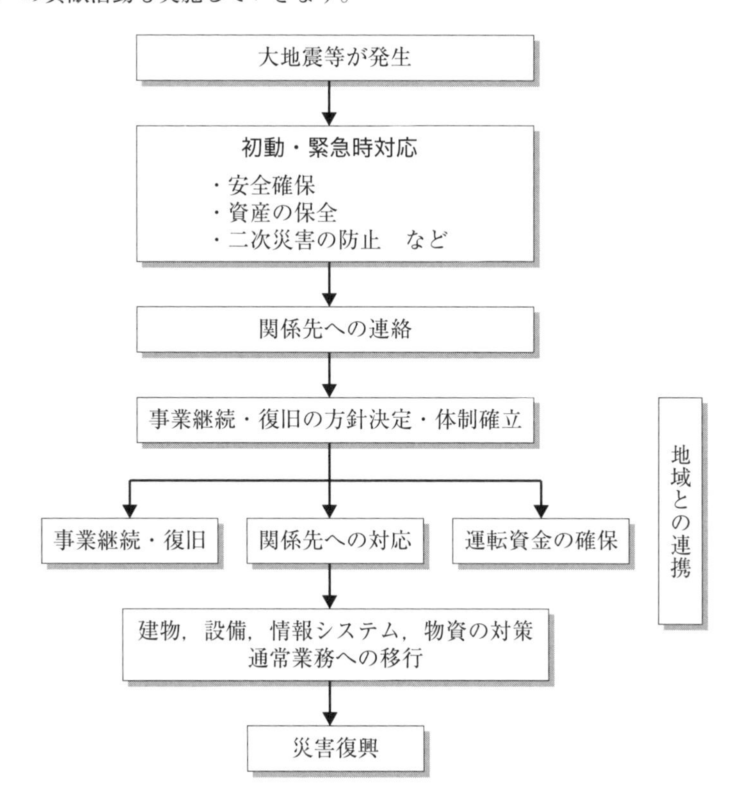

2) 経営計画の立て方

建設企業の経営計画は，その内容から受注高計画，完工高計画，利益計画，回収計画，労務計画，資金計画，工程計画など複数の計画から構成されている。また，期間別には単年度計画，短期計画（3年程度），中期計画（5年から7年程度），長期計画（5年超から10年程度）に分かれる。

経営者がどの計画に重点をおいて策定するか，また，期間をどうするかは，それぞれの企業の事情によって異なってくる。例えば，数年中に地域随一の売上をめざすのであれば中期受注計画を策定するであろうし，不採算性の物件をできるだけ排除して良質な物件に特化しかつ労働生産性の高い安定した企業をめざすのであれば利益計画に重点をおくことになるであろう。実際の企業経営では単独の計画だけでは目標の実現はむずかしく，他の計画もあわせて策定し並行して管理することが重要となる。

① 利益志向

企業が永続的に発展するためには，その土台がしっかりとしていることが大事である。そのためには，財務的に安定していることが望ましく，おのずから経営計画も利益志向，すなわち利益中心主義の態度と対策が重要になってくる。ただ単に，売上高を伸ばし，完工高を増やしていけば，利益もそれに伴って増えていくという期待は禁物である。

戦後の高度経済成長期の時代は，需要があるのにモノが不足し，しかも，生活用品等あらゆる分野において技術革新による新製品が誕生し旧製品におき代わるということもあり，企業も設備投資を惜しまず，拡大政策を展開してきた。

建設産業においても，戦後の復興が本格的に始まると，国民の建築・住宅に対する需要は高まり，多くの建設企業は量産体制に入った。復興が一段落した後も建設需要は増加を続け，建設投資額も，昭和55年度（1980），初めて50兆円（民間30兆円，政府20兆円）を超えると，その勢いは止まらず平成4年度（1992）には約84兆円（民間52兆円，政府32兆円）までに増加した。しかし，その後建築不況から平成22年度（2010）には，約42兆円（民間24兆円，政府18兆円）にまで落ち込んでいる。

今また，建築業界は，平成32年（2020）東京オリンピック開催を目前にして活況を呈しているが，中小建設企業はこの一過性の景気に踊らされることなく，前述第1節1.（2）安定化のための留意点と重複するが，①

完工高利益，総資本利益，営業利益，経常利益，純利益の5利益にわたって厳しい責任体制を確立し，利益中心主義の考え方を全社的に徹底する。②身の回りの無駄をなくし，全員が原価意識を持つ。③利益に結びつかない設備や建設資機材，資金，人員，スペース等については思い切った処置を断行し，利益に結びつく投資・費用支出等には思い切った決断を下す。④自己資本をいたずらに増やすのではなく，内部留保によって自己資本率を高める。⑤損益分岐点と限界利益率を重視する,等を基本にした利益志向の年度計画を策定すべきと考える。

ここで，当社の例をみると，年度末の2月から3月にかけて翌年度の事業計画（受注金額，完成工事高，完成工事利益の目標値）が示される。これと時を同じくして翌年度の社長方針が打ち出されるので，各部門長はこの目標達成に向けて部門方針ならびに重点実施項目を定め，部員に指示を出す。それによって，社員はその年度（あるいは2～3年内）になにをすべきかはっきり自覚することになる。かつては，中長期計画を立てることもあったが，経済変動の激しい事情を勘案してこの十数年は単年度あるいは長くて2～3年程度の短期計画に落ち着いている。

経営計画の立て方の特徴は，平成19年（2007）から，それまでの売上高志向，完成工事高志向から，利益志向に転換したことである。つまり，経営計画の重点は利益計画であり，最初から必要な利益を盛り込んで，年間の目標完成工事高を計画するという，利益目標額（率）を前提とした考え方に改めたのである。算式は以下のとおりである。

〈簡易な年間完工高目標の算式〉

年間完工高目標＝(年間目標純利益＋人件費＋工事経費＋その他の費用)
÷目標総利益率　で表される

平成18年までは，工事費－経費＝利益

平成19年からは，必要利益＋必要経費（固定費＋変動費）＝目標工事高ここで，注意すべき点は，現会長（先代経営者）は，目標値の設定を単なる「願望」や根拠のない「見込み」で設定しなかったことである。科学的管理手法（TQCで体得した解析方法など）に基づいて過去の実績や現状を正確に把握したうえでの設定であった。

自社の発注者の質と量は適正か，業界における地位はどうか，工事代金の回収は滞りなくされているかなど事実をよく調べ，また，数年間の経営分析値の趨勢から自社の経営体質の変化を知り，どうしてそういう事実になったのか（良い場合も悪い場合も），それは一時的な問題なのか，将来的にも起こりうる問題なのかなど事実を分析した。そして，これらの事実と分析から得た結果をそのまま計画に移すのではなく，さらに，利益をより上げる方法はないか，無駄な経費がないか，より安心できる発注者を開拓する方法はないか，来期の景況の見通しはどうか，などを年度末の3月ぎりぎりまで何度も熟慮を重ねたうえで最終的に受注高計画，完工高計画，労務計画，資金計画，工程計画等を策定していた。

最後に重要なことは，個々の計画がばらばらにならないように総合化することである。それによってはじめて利益計画は完成した。

さて，経営計画（利益計画）は，作られただけではなんら意味を持たない。それを実現するためには，全社一丸となって努力しなければならない。ただ，計画には将来の予測事項が含まれているから，場合によっては計画自体を修正せざるを得ないこともある。

一方，「経営計画の目標は利益の確保」であるから，万一，完工高計画や工程計画等に狂いが生じた場合には，まずは，これらの個別計画を修正して，最終の利益が確保できるよう努力を続けなければならない。例えば，完工高が不足する事態では経営者みずからが不足を補うために新規受注物件の獲得に努力しなければならない，建設技術者に不足が生じると予想される場合には早めに臨時増員（定年退職社員の再雇用など）を含めて雇用計画を修正する，工期が遅延している作業所には事務方で現場経験のある社員を一時的に応援に出す，費用対効果の高い経費の使い方を研究し，優先順位を変更する，など利益を確保するための臨機応変な対策が必要になる。最後に社員一人ひとりが，身の回りに無駄がないかを見直し，一般管理費の節減に努めなければならないのは当然である。

経営計画は，単なる期待や願望を表明したものではなく経営者のなすべき事項の決意を表明したものである。それゆえ簡単にあきらめることは禁物である。経営者の信頼を失うからである。

後継者は，早晩，独自の経営スタイルを作り上げるのであるが，利益計画を中心にその他の計画にも配慮したバランス経営が求められる。

② 量的確保から質への転換

作れば売れる時代は遠い過去のことである。戦後の高度経済成長時代は，それまでの絶対的モノ不足も手伝って，多少品質に難があっても消費者には「ないよりはまし」という意識の下で，「持つことの欲望」は満たされた。この現象は，建設産業においても同様で，材料不足の中では，粗悪品を使用した多少欠陥がある建物でも，大量に住宅を供給することが急務で，質へのこだわりは二の次とされた。また，その風潮は社会的にも許された。

しかし，時代は変わり，国民の住宅・建築物への欲求は質的にも高いレベルを求めるようになった。そうした中で中小建設企業においては，量的拡大をねらうよりも質的に保証できる建築物を追い求める“質の競争で利益を生み出す計画”を心がけるべきと考える。

得意とする建築物に特化する，あるいは，不採算建築物（例えば，小規模の建築物，あるいは商業店舗付き住宅など企業によっては不得手とする物件は異なる）から撤退する，資産を圧縮するなどである。資本金が大きいこと，社員数が多いこと，売上高が高いことは，見た目には心地よくても，内容が貧弱では企業を持続的成長に導くことは困難である。それよりも一人当たりの利益額，一人当たりの付加価値，売上高に対する利益率の高さ，総資本の回転スピードの早さなどに誇りをもてる経営をめざして計画を策定することが肝要である。無謀な拡大政策からコンパクトな中身のある質的競争にシフトして企業の安定化を一層堅固にすべきである。

当社においては，①で既述したように，平成19年に利益志向にシフトした時点から質的競争をそれまで以上に加速させたが，遡れば，昭和56年にTQC導入宣言をした時点からその萌芽があったということであろう。

③ 適正規模の堅持

すべての中小建設企業が，将来大手建設企業になることを目標にして経営しているわけではない。仮に小規模かつ少額な建築物を請負う建設会社が存在しなくなれば，国民の生活は成り立たなくなってしまうであろう。企業にはその企業に見合った適正規模というのがあって，その調和のなかで，バランスがとれていると考えている。もちろん，その企業が大企業になる素地をもち，実際にそれに見合う業績を上げているにもかかわらず中小建設企業に留まっているのはムダであるかもしれないが，企業経営が長続きする秘訣は，身の丈にあった経営であると考える。

外見的には大きな社屋で規模も中規模を超える実績があったとしても，経営者自身の経営能力，その企業のドメインや建設業界におけるポジションや地域の特性から，中規模を堅持することの方が，着実に成長を続けることが可能な場合には，当面は変化を求めない選択も良策である。

当社についてみれば，かつては店頭公開や二部上場を真剣に考えた時期もあるが，社内体制が伴わないままに外部資本を流入することは資本調達の利便よりも創業者独自の建築物へのこだわりを捨てることを意味し，そうした外部，とりわけ金融機関からの勧誘を取り止めた経緯がある。結果，その選択は正解であったと思う。現在の規模（完工高にして80億円から120億円前後，社員数80名から120名前後）が適正であると考えている。表面的な装いよりも内的充実が肝要である。

(4) 変わりゆくもの

「不易流行」の「流行」に相当するものである。「不易」は変えてはならないもの，一般的には経営理念等があてはまるが，それも「流行」との相対的なものであるから，絶対的なものではない。一方，「流行」は，時代や環境によって柔軟に対応を必要とするもの，変えていかなければならない（変えた方がよい）ものである。その対象は，組織デザイン全般におよぶが，ここでは，その中から，次の事柄について述べたいと思う。

1）組織構造

① 機能別組織と事業部制組織

組織構造は，実際の経営環境や戦略に合わせて決定されるが，当社の場合，基本的には会社設立当初から機能別組織を採用してきた。トップダウンで，指揮命令がしやすく，それぞれの部門の役割分担もはっきりしているため，無駄な作業が発生しにくく統治しやすいからである。

しかし，昭和55年（1975）の組織表をみると工事部が3課に分かれて，同程度のキャリアを有する課長クラスを競わせていることがわかる。企業規模が大きくなったこと，人材にもゆとりが出てきたこと，同レベルの技術管理職の能力を競わせることでさらなる業績向上を図ろうとした意図がみえてくる。事業部制［地域別］を部分的に取り入れた組織であったと思われる。この組織構造は，事業部門ごとの競争が社員のモチベーションアップに繋がるメリットがある反面，過剰な競争が部門間の軋轢を生むというデメリットがあるため，わずか数年で廃止になり，施工管理部の中に吸収されていった。

その後，平成12年（2000）に，リニューアルという新規市場へ参入するためにリフォーム課（現在のリニューアル部）を新設したのは，部分的に事業部制［顧客別］を復活させたものといえる。当社の現在の組織図は，図表4-4に示すとおりである。新築工事を担当する建築部と，リ

図表4-4　現在の組織図

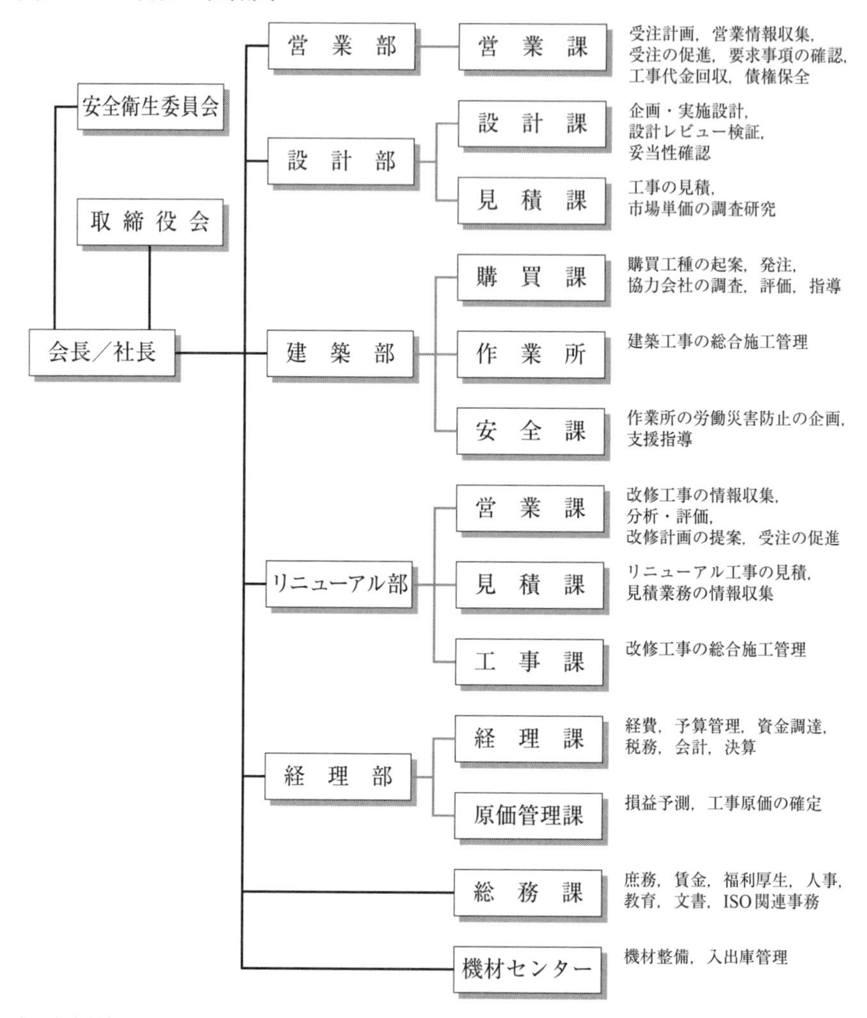

（関連会社）

㈱内野住宅センター　　テナント募集入居管理、契約更新

㈱内野ホームテック　　竣工建築物保全（定期点検・巡回点検）
リフォーム施工

2018.4.1現在

ニューアル工事を担当するリニューアル部からなる。リニューアル部内に営業課，見積課，工事課を擁していることからもそのことを伺うことができる。

今後，リニューアル市場がさらに成長することは確実である。昭和50年代に竣工したマンション群が老朽化や利便性の悪さから建て替えや大規模修繕時期を迎えている。当社においても，その潜在的需要は魅力的であり，リニューアル工事の拡大はトップの経営戦略の一つとなっている。

問題は，事業部制のメリットを生かすのであれば，より分権化を明確にすることにより，部門長に大きな権限を委譲し，意思決定できる範囲（幅）と責任を明確にすることである。

そのうえで，問題が発生した場合には問題解決のための対応を迅速の行えるように支援体制を整えることである。

事業部制は，メリットがある反面，他部門と協働が取りづらく，人事交流も少なくなり，組織が硬直化するというデメリットがある。また，新築工事を扱う建築部との間で経営資源の配分がしにくく，経営資源をめぐって取り合いが発生することも懸念される（余剰人員の一時的な応援要請）。したがって，トップにはこれらのデメリットを緩和する意味から建築部との間に公正・公平な調整機能（とりわけ業績評価にあたって）が求められる。

② 組織再編

組織は，時代や環境に応じて見直しが必要である。定期的に職務分掌規程を見直して各部門が担う業務内容を確認し，責任と権限を明確にしておくことが必要である。人間はともすれば今の仕事に安住しマンネリ化に陥る傾向がある。特に管理者の変革意欲が低くなると組織力は衰え，機能不全となることがある。定期的に人事異動や適性配置が必要なのはこれらの弊害を未然に防止する意味で有効である。

組織再編は，組織がその力を最大限に発揮できるように体制を強化することであるから単なる組織図を見直しすることを意味しない。

当社は，今，トップの意向を受けて平成31年（2019）4月を目途に組織の一部を統合する予定である。図表4-4の，経理部（経理課，原価管理課）と総務課を統合して（仮称）「経営管理部」の創設を考えている。その理由は，第1節3.（3）2）①に述べた経営計画の立て方で原価管理という源流から利益志向を強く押し進めるには，現在の分離した体制では，迅速な意思決定がなされないこと，また，この2，3年の間に若い人材が育ってきたことで，財務戦略が立てやすくなったこととマネジメント能力が備わってきたことが大きい。

今回の統合計画に似た組織は，過去にもあった。昭和55年に当社がTQCを導入するにあたり，本社管理部門の強化を図るべく，管理部の傘下に労務課，庶務課（以上，現在の総務課に相当），管理課（現在の原価管理課に相当），経理課及び電算課があった。企業そのものが若かったこともあり，管理部長には若干40代の社員が就いた。その後，意思決定の迅速化を図るためにフラットな組織にし，階層数を減らした時期があったが，スパン・オブ・コントロールの観点から階層数を戻した経緯がある。そして，今に至っている。

現在計画中の（仮称）「経営管理部」の創設は，昭和55年当時と状況が異なっていることから，その機能に大きな期待が寄せられている。当時は電算課という部門を作り，企業の事務及ぶ管理業務を電算処理する魁となったが，今日では，独立した部門として組み込むまでもなく。中小クラスの建設企業では，どの部門も概ね，プログラミングやシステム開発ができるまでにITレベルは向上している。つまり，IT技術の普及やネットワーク化によって，電子メール等を使用した情報の共有や電子ファイルシステムでの情報管理が容易になってきており，利益志向を支える原価情報の早期発信など，当時に比べ迅速かつ正確に利益管理まで見越して予想が立つようになっている。

その他，会議体のあり方も問われそうである。TQC導入に伴い，部門間連携と情報収集を図り，横のつながりを強化するために各種会議体が設置され，昭和58年にはその数は16に及んだ。ただ，少ない社員が会議体をいくつも掛け持ちすることの負担や時間的ロスも指摘されるようになって，平成に入ってからは開催されないまま自然消滅したものも多い。会議体の意味を理解しないままに，議論の進行を硬直化させたことも遠因である。

システムは立ち上げた時点で，形骸化へと進行することはよくある。中小建設企業のみならず，中小企業においては即応できないシステムは短期間に淘汰されていく。当社においても例外でなく，それまで業務推進会議という会議体（平成18年4月制定）があった。各部門相互間における連絡調整，問題解決その他業務遂行に必要な措置について提案，審議，決定することにより，業務の効率化及び業務の推進を図ることを目的に設置された。

しかし，次第に議題に事欠き消滅した。

平成29年4月，会議体が機能していないことを憂いた中堅・若手社員が先頭に立って「10年後を見据えた組織体系の立案」，「トップダウンの経営システムから離脱し，ボトムアップで衆知が集まる経路を創出」するという設立趣旨のもと，新生部門間連絡協議会を立ち上げた。定期的に会議を開催し多くの提案がなされている。

このように，会議体のあり方についても再考を要する時期に来ている。

③ドメイン

企業が何をするか，当社は今後どのようなドメイン（組織としての守備範囲）を選択するか，改めて決定する時期に来ているように思う。トンプソン（Thompson［1967］）によれば，どのようなドメインを選択するかによって，どのような組織になるかの枠組みが決められる。ドメインが変更されれば，その組織のシステムは変更されることになる。

しかし，現在のドメインが安定してそこに資源が集中して既得の権限がゆるぎないものであると，新しいドメインへの移行は難しく，新規事業は一歩も進まないようなこともある[99]。

改めて，当社のドメインは何かいうと，中高層建築物（主に民間の賃貸マンション，商業ビル，大手デベロッパーから発注された分譲マンション）の企画，設計，施工，官公庁施設の施工，リニューアル工事の施工を行う総合建設業である。その商圏は地元を中心にした首都圏一帯に及ぶ。

平成12年のリニューアル工事への新規参入は，ドメインが変更されたことを意味し，それによって部分的に事業部制組織を機能別組織の中に並存させるという組織の枠組みが変更されている。今，新たなドメインの変更は考えられないが，若手社員の中からは「概算見積手法の確立を足掛かりに，研究開発の余地が十分にある，とその可能性を期待する意見も出ている。

以下では，当初，不動産開発に手を出しながらも，後に撤退し，現在ではその対象から外れた当社の事例を紹介する。将来のドメインの再考にあたり，考慮すべき事柄である。

【過去に学ぶ―1　分譲マンション開発への参入と撤退】

「温故知新」，「故（ふる）きを温（たず）ねて新しきを知る」。これは何も為政に限られたことではなく，すべての事柄に通じていえることである。人間はともすれば，同じ過ち・誤りを繰り返しがちである。過去の経験が活かされず同じ陥穽にはまり苦悩する。この故事は，まさにこうした過ちや誤りを繰り返さないために，過去の事実を研究し，そこから新しい知識や見解をひらくことを意味する。経営者はこの過去の経験と評価から自社に相応しい未来志向経営を実現できるようにデザインすることが重要であると考える。

当社の歴史から学ぶことの一つに，不動産開発（主に分譲マンションの

99　桑田耕太郎・田尾雅夫『組織論』164頁（有斐閣，1998年）。

開発）への参入と撤退がある。元来，建築物の施工を本業として成長してきたのであるが，昭和47年（1972）前後から，分譲マンションの開発・販売に手を染めるようになった。土地の仕入れから始まり建築物の販売に至るまで工程が長ければ長いほど，利得が膨らむことの魅力にひかれたのであろう。この参入が，当社の発展，急激な成長の基を築いたことは確かである。

その象徴たる分譲マンションが，昭和47年竣工の「富士見台ファミリーマンション」（練馬区富士見台）で，その威風堂々たる姿は今なお存在感を有している。これを起爆剤に昭和49年までに4棟の分譲マンションを建築施工している。地元のみならず，埼玉県川口市まで範囲を広げている（昭和49年1月には，川口市に埼玉営業所を構えたことからも伺い知ることができる）。そして同時期に分譲マンションの管理のために専門の会社（㈱ファミリー管理）まで設立している。しかし，資金力に乏しい中小建設企業にとってはリスクと背中合わせの事業である。そのうえ，建物の管理，管理組合との折衝は思いのほかに負担を強いられたようで（建築よりも竣工した後の管理の方が重荷）ストレスは相当なものであったと会長からお聞きしたことがある。これに懲りて不動産開発から手を引き，再び本業の建築施工にシフトした。

ところが，その後20年余りが過ぎると，「羹に懲りて膾を吹く」苦い体験はいつしか忘れ去られ，再び分譲マンション開発に手を出すようになった。平成4年（1992）頃から平成8年頃にかけての時期である。当時，当社には，不動産の開発を手掛ける専門の部門やプロはおらず，社員の中から不動産取引に関心のある社員を担当させるだけで，絶対的力量に欠ける有様であった。

それなのになぜ，あえて過去の失敗に懲りずに再び分譲マンション開発に手を出したかであるが，それには2つの理由が推測される。

1つは，平成6年度の社長方針の説明にあるように，「長期に渡る不況が続く中，政治・経済・自然・社会と様々な面で，平常時とは異なる出来事が多く見受けられる昨年，もはや低成長時代から今や混迷する時代へと環境が激変しております。リストラ（事業の再構築）を敢行し，企業の体力を削がないように体質改善，人員削減へと踏み切り，スリム化を実施する傾向が見られるなか，････自社独自の企画を工夫して立案することで攻めの営業へと転じて，その持てるすべてのノウハウを発揮しなければならない････」。という守りの姿勢を戒め，閉塞状態からの突破口として分譲マンションの建築があったと推測する。

もう1つは，昭和60年にデミング賞を受賞した後も，売上高は漸増していたが，経常利益率では4％台から8％台を推移していた。10％を突破することが経営目標に挙げられていて，そのためには分譲マンションによる利益確保が有効と考えたと推測する。それが奏功してか，平成4年度には10.4％，平成5年度には10.2％，平成6年度には11.6％を達成している。

しかし，会長の心の中には，これらのことは，あくまでも一時的な弥縫策であり，「同じ轍は踏まない」と，意を決しての早期撤退であったと思われる。その後，今日に至るまで分譲マンションの開発には手を出していない。

2）人材管理

中小建設企業の多くは，少ない人材のなかで，個のパワーアップ，少数精鋭主義，多能工化をめざす。人材の獲得は容易でなく，とりわけ新卒理工系の学生の採用は狭き門である。中小建設企業の魅力をどのようにプレゼンし大手・中堅建設企業との差別化を図るか，創意工夫を凝らす。ようやく採用にこぎつけても安心はできない。定着し自社の戦力になるまでには長期間目が離せず，一緒になってスキルアップする態勢が求められる。そうした中で，ここでは以下の4点について述べる。

① 人事考課

人事考課は，社員数の多少にかかわらず制度として実施している企業が多い。当社においても同様であるが，ここ10数年，業績評価のみが重要視され，職務遂行上求められる知識の向上や努力など社員の総合的評価がなされていない。人事考課のあり方については後述の4）報酬制度 と多少重複するが，人事考課の有用性を高めるには，その必要性と問題点を明示し，目指す役割を明確にしなければならない。

人事考課は，本来社員間に差をつけるために実施するのが目的ではなく，部門長あるいは企業が期待する目標に到達するための努力や可能性を評価すべきものである。したがって，企業に役立つ人事考課は，企業独自の具体的なニーズに基づいた評価基準と，日常の管理活動に支えられたものであることが望ましい。

人事考課は，職務との関係のもとに，性格・適性（知識，技術，技能等），将来性（成長度，努力等）や成果（業績貢献度，業務態度等）を一定の基準に照らして評価することによって，適材適所，異動，教育，能力開発，昇給，賞与，昇格に反映させるのがその目的である。したがって，昇給や賞与に差をつけることは，副次的目的であったとしても主たる目的となってはならないことに留意すべきである。社員一人ひとりの能力向上により質的に総合力が高まることで，企業の業績向上，企業の体質改善の強化につなげようとするのが人事考課のねらいである。

当社の現在の成果評価表による人事考課は，これらのねらいの一端に応えるものであるが，業績に偏重していることは否めない。ただ，「部門長コメントと評価」によって，部門長が部下に「期待する姿」を明確にしている点は評価できる。もちろん，上司は評価することで自らも評価されていることを忘れずに自己啓発に努めるのは当然である。

② 人材育成

人事考課の目的の一つに，社員の能力開発，能力向上があげられる。人材の育成は，一朝一夕に成るものでなく，長期にわたる教育計画の下で，その目的を明確にして行われなければならない。同業他社がやっているから，自社もそれに倣うやり方は，ニーズに沿ったものとはいえないから長続きしないおそれがある。つまり，こうありたい，こうあってほしいという期待像や基準に照らして，自社の現状はどうか，具体的には社員一人ひとりの力量を確認して必要度を決めなければならない。そして，もっとも大事なことは，教育のやりっ放しではなく，この効果を何らかの形で把握することで，次に活かす手立てを準備しておくことである。

当社の例では，建築部では，一人前の建築技術者に仕立てるまでの10年計画があり，それに沿った教育訓練がなされている。新規学卒者が入社後8年から10年で一つのプロジェクトを任されるまでに建築技術と施工管理を習得できるよう教育プログラムを組んでいる。入社以来のキャリアは建築部長の下で管理され，本人の属性に合わせて配置異動して当社が求める力量を有する建築技術者に育成しようとしている。この育成期間を長いとみるか短いとみるかは人によって意見が異なる。少なくとも20年前までは平均28歳前後で一人前として現場作業所を張ったものであるが，今日では30歳代前半になってようやく現場の作業所代理人になっている。独り立ちする準備期間が長くなっている。人手不足が，部下の教育・育成まで手が回らないという現実でもある。

他部門においても独自のカリキュラムを計画して実施しているが，全社的に職位別のマネジメント教育が近年行われおらず，当社の企業文化，組織文化の形成のためにも，ぜひ復活させなければならないと痛感している。

③ 適材適所

企業は，多様な能力を備えた人材から成り立っている。経営者は，社員の能力資質に配慮しながら最大限活かせるよう人事配置をしなければならない。適所に適材が配置されれば，働く意欲が湧き，企業の業績に貢献することが期待できるからである。人事管理の過程は，採用から配置，研修，昇進昇格にいたるまで基本的には適材適所が望ましい。

社歴が長い企業は，創業時からの組織図が残っていれば，一度，現在の組織図と比較してみると面白い。その時々の経営者が目指していた事業展開の方向性がわかり，どの部門に力点を置き，どのような人材を求めていたかがわかる。

また，人事考課の仕方についても過去と現在を比較してみると，どのような能力資質を社員に求めていたか知ることができる。組織のライフサイクルとも関連するが，発展期にある企業は，加点主義の人事考課が適合するであろうし，成熟期に入ると減点主義が相応しいかもしれない。

能力にあった人事配置をする場合に注意することの一つに，その者の業績を重視するのかそれとも潜在能力を重視するのか，これも企業の経営管理の重点の置きどころによって異なってくる。挑戦的な事業展開を目指す場合には，既成概念に囚われない潜在能力を有する者を配置させることが成果を生み出すかもしれない。企業の中には，適材適所を探るために定期的に自己申告（希望部署）を行う企業もある。社員自身の意思を尊重しながら，希望する部署と企業の配属計画がマッチングすればモチベーションは上がり組織の活性化が期待できるからである。

通常，企業の規模が大きくなるにつれて，経営者と社員との接点は少なくなっていく。社員の声を直接聞くことができ，経営者も自身の思いを伝えることのできる一つの方法として社長による個人面談は有効である。定期的（例えば3年毎に）に実施すると効果的である。

④ 職場の人間関係

企業が掲げる目標の達成には社員間の協調と競争が欠かせない。いかに有能な人であっても単独で企業の目標を達成するには無理がある。また，仕事のできる人が必ずしも信望が厚く，好意をもたれる人とは限らない。職場関係とりわけ人間関係は複雑で，多くの利害得失の絡み合いの中で，接近と離合を繰り返し流動している。

経営者（後継者）に求められることの一つは，社内で流動的に変化している人間関係に関心を持つことの重要性である。すなわち，社員個人と集団の関係，集団としてのまとまり，集団における人々の相互作用から集団が作り出すグループ・ダイナミクス（group dynamics），すなわち集団力学を把握することの重要性である。なぜなら，社内における社員の相互関係，すなわち人間関係の親疎を把握すれば，人事異動（適材適所）やプロジェクトを立ち上げる際のメンバーの人選等に非常に有効的だからである。

社員の親疎は，同じプロジェクトの選抜チームの一員に選ばれたとか，職位が同じであるとか，業務遂行上の共通点が連結点となる場合が普通であるが，むしろ，業務以外の私生活での共通点（例えば，大学時代の先輩・後輩，出身地，利用通勤路線，趣味，同じスポールクラブに通っている，就学前の幼児がいる，就学年齢の子育てや親御さんの介護などの悩みなど）が連結点となる場合もあり，非定型である点に特徴がある。

一方，社員の親疎を探索するには，アプローチの仕方によってはプライバシーを侵害する恐れがあるので細心の注意を必要とする。その上で大事なことは，人事管理をはじめ企業の目標実現のために有効に活かされるという，利用の意図が明瞭で，決して，私的目的のために不正あるいは恣意的に利用してはならないことである。

3）意思決定

意思決定には無数のバリエーションがある。企業がいつ，だれが，どのような意思決定をするのか，確立されていたはずの意思決定プロセスも，いつの間にか変わっていることがある。

① 意思決定方法

意思決定にも様々な側面があり，トップダウンかボトムアップか，その間には無数のバリエーションがあり，すべてトップダウンで意思決定されることはないし，すべてボトムアップで決まるということもない。決定されるべき事項の大きさや性質によっても異なるし，一方に偏重することは対応の迅速性を損なう恐れもあり現実的でない。また，ボトムアップといっても，各部門長が起案者となって関係部門に回議してトップの判断を仰ぐ場合もあれば，会議体の会議に議案として上程してその決議をトップにあげて承認を得る場合もある。さらには，事前承認を原則としながら，緊急を要する場合には事後承認も例外的に認める場合ある。まさに，意思決定のプロセスは公正であることを旨としながらも臨機応変に対応することが可能なプロセスでなければならない。もちろん，重大な取引行為（不動産売買の可否，売買価格，多額の借財・貸付け等）は，企業の将来の事業展開に大きな影響を及ぼすことから決められたルールに従い慎重に意思決定すべきであるが，日常業務をはじめルーチンに伴う決裁は合理的妥当性があれば，それぞれの権限の範囲で意思決定できると判断すべきである。経営は時間との勝負であり，旬を外しては，莫大な損失も免れないのであるから，法定事項を遵守する場合とは様相が異なっていたとしても具体的妥当性があれば「よし」とすべきであろう。

当社の場合（また，多くの企業でもそうであろうが），比較的細かな事項まで，稟議事項が定められている（稟議規定：昭和59年7月制定）。したがって，規定に明記されてない場合や疑義がある場合には個別に判断を仰ぐことなる。

一般的に，意思決定が公正に行われたかはそのプロセスが，その意思決定に関わった構成員に「公正」だと感じられることが大事である。では，構成員が「公正」と感じるプロセスとはどのようなプロセスであろうか，以下の要件が備わっていれば妥当であろう。

- 検討が比較的開放的で自分の意見を述べる機会が与えられていること。
- 意思決定を行うために必要な情報が事前に示されていること。
- 最終決定の論理的根拠が示され，（経営的視点から）理解できること。
- 意思決定者の責任と権限が定められているときは，その範囲内で決定されていること（権限委譲がされていること）。

なお，責任と権限の明確化については，次の②で，詳しく説明する。

最後に，意思決定プロセスが公正であることは経営上重要なことであるが，それ以上に求められているのは，決められたことを，決められたとおりに守ることの重大さである。

いかに，意思決定プロセスが公正になされても，その決定を軽視してあいまいにしては企業の信頼を失う恐れがあるからである。今日，コンプライアンス，企業ガバナンスの意義が声高に叫ばれているが，それを怠ったり曖昧にした企業はたちまち信頼を失っている。

今，この原稿を執筆中にも新たなニュースが流れてきた。スズキ，マツダ及びヤマハ発動機の3社が，新車の出荷前の品質管理検査でルールを逸脱して，不適切な検査をしていたというのである。言い訳がまた「判定基準の理解不十分」とか「検査員の技量に頼った」というもので，各社の品質に対する甘さ，いい加減さを露呈している。

建設産業ではよく，手抜き工事ということが忘れた頃に持ち上がる。その度に社会から手厳しく糾弾されるが，いつの間にか忘れ去られていく。決められたルールを曖昧にすることなく，「検査には妥協を許さず基準を守る」ことを最優先して臨まなければならない，と痛感させられるニュースである。

② 責任と権限の明確化

意思決定と責任と権限の明確化は直接的に関係がないようにも見えるが，実は，責任と権限が明確化（例えば規定に明文化）していると，意思決定が迅速に行えるという利点がある。稟議事項や，職務権限事項などは，日々の業務に直結するだけに，予め明文化しておくと意思決定事項の判断に大いに役立つ。

一般的には，最初に手掛けるべきは，職務基準あるいは業務分掌規定を作り，責任の所在を明らかにすることである。中小企業の中には責任と権限を明確にしなくても日常の業務は円滑に行われるし，文書に明記することで，セクショナリズムが発生し，かえって組織活動の柔軟性が損なわれると危惧する経営者もいる。たしかに零細企業においては，経営者がすべての責任者であるから事が足りる場合もあろう。しかし，規模が大きくなり，公的存在として社会的にも認知されるようになると，経営者に全ての責任を負わせるのは現実的でないし，責任と権限の基準を曖昧にしたままでは，かえって業務が円滑に遂行されない危険が生じうる。文書により明文化することのメリットは大きい。

当社においては，昭和56年のTQC活動が規定・標準類の整備の端緒となっている。

例えば，意思決定の種類として，①取締役会決議事項，②TQC推進委員会等委員会決議事項，③検討会・着工会議等決定事項，④稟議規定に基づく決定事項，⑤職務権限規定に基づく決定事項，の5種類を明記している（職務権限規定第4条）。そして，「権限は，これを決定権と承認を伴う決定権に区分し，後者は原則として直属上位者が当該決定内容について同意または不同意を示すことをいい，同意を与えた決定事項につき効力を発する」（職務権限規定第5条2項）。「上位職位者は下位職位者の権限行使に関して，必要に応じて適切な指示を与え，これを監督するとともに権限を行使した結果又は経過の報告を受けなければならない」（第6条4項）として，権限行使にあたり放任することのないようチェック機能を持たせている。また，稟議規程では，稟議事項と基準を定めており（稟議規定第6条），稟議事項一覧表（別表）には，「稟議区分」，「稟議内容」，「金額及び基準」，「稟議者」，「起案者」，「回議者」を定めている。「稟議は，稟議者である各部課長が起案審査，事前合議，稟議申請，実施，報告業務の一切の責任と権限を有する」（第5条）。このようなルールがあることから，権限を逸脱することは自制され，効率よく業務運営ができるようになっている。

これらの規定・標準類は，社則集として全社員に配付された。「はしがき」には，「各部門の役割や各職位の役割，権限は一見，固定的様相を呈しながら，実は時代の変化に作用され，短時日のうちに変容しているものである。‥‥部門の役割はなにか，分掌業務は遂行されているか，各職位はその役割を認識し，職務権限を適正に行使しているか，将来，権限委譲を円滑に実施するためには，現在の権限範囲でよいか，‥‥。なお，実際に活用する段において不確実な点，不適格な点，‥‥疑義がある場合は，その箇所に印を付け，補充，訂正，削除して活用していただければ幸いである」と述べている。

また，品質マネジメントシステムの運用上の責任と権限については，ISO認証取得を契機に，品質マニュアル（ISO 9001：2015）に「組織の役割，責任及び権限」を規定している。「社長は，品質に関わる責任及び権限並びに相互関係を，付表「品質マネジメントシステム・プロセス及び組織分担表」（略）に定めた関連する役割に対して，責任と権限を「職務基準」に割り当て，全社員に伝達し，理解されることを確実にする（5.3）。

社長は，管理者の中から管理責任者を任命する。管理責任者は，与えられている他の責任とかかわりなく，次の責任及び権限を持つ（略）（5.3 a)～e))。

以来，責任と権限の基準は定期的に見直されて今日に至っている。

4）報酬制度

① 貢献と報酬

インセンティブ効果の最も高いものとして，社員に対する報酬が挙げられよう。しかし，最も留意すべき点は，社員が企業に貢献したことをいかに公正に評価できるかである。

公正な評価を実現するためには，客観的な評価基準の作成（何をどのように評価するかは，企業が必要としている資源及び企業が達成しようとしている目標によって異なる）とそれを実際に評価する評価者の評価能力が求められる。

評価基準の作成では，企業のライフサイクルに合わせて改訂していくことが望ましい。

評価者の評価能力の向上には評価訓練が必要であり，その結果を検証する仕組み，すなわち社員に対して不公平感のない適正に評価する仕組みが保証されていることが望ましい。

② 成果主義の功罪

かつて当社が貢献と報酬の基準として取り入れ，廃止した成果主義について紹介しその制度のどこに問題があったのか，なぜ受け入れられなかったのか功罪を振り返る。

【過去に学ぶ―2　人事考課における成果主義の失敗】

当社の歴史から学ぶことの一つは，人事考課における成果主義の失敗である。人事考課はいつの時代にあっても，やっかいな代物である。評価の尺度は，評価項目が増えれば増えるほど客観性が増したように見える。しかし，主観的要素が加わると，限りなくあいまいになる傾向がある。中小企業においては社員数も少なく，経営者にとって，社員一人ひとりの顔やさらには家庭の事情まで見えるため，建前と本音が交錯して，余計にこの傾向が強いように思える。差をつけたいが，それができないのが現状である。

わが国の人事評価制度を特徴づけるものに年功序列主義がある。この制度は，年齢や入社年・勤続年数に応じて給与，昇格，昇進を決定するものであり，終身雇用制度と相まって多くの企業に受け入れられてきた。働く社員にとっては雇用が約束され，一定の収入が保証されるため，安心して人生設計を立てやすいメリットがある。他方，使用者にとっては，社員のモチベーションを維持して生産性の向上を図ることができるメリットがあり，双方にとって有用な制度であったからである。

しかし，バブル経済が崩壊すると，これらの制度のデメリットが指摘されるようになってきた。つまり，年功序列主義は，成果を上げた社員も成果を上げられなかった社員も同等に扱うために，成果を上げた若手社員からは処遇の不満が出るようになった。一方，コスト削減を図りたい使用者としても，就業年数が長いというだけで成果を上げた社員と同様に利益配分することは，コスト削減にならないと考えるようになった。

これに対して，成果主義とは，年齢や勤続年数に関わらず，個人の業績を給与，昇格，昇進の判断基準とする人事制度である。成果主義の導入は，企業のリストラと並行して1990年代に全国的にブームとなった。

当社は平成16年（2004）4月から成果主義を導入した。平成14年に西東京営業所を開設し，リフォーム課をリニューアル部に昇格させるなど，全体に上がり基調なうえ，世間の成果主義ブームも手伝って社員には意外とすんなり受け入れられた。むしろ，導入が遅すぎるとさえ感じさせたくらいである。

成果主義の導入にあたり，平成15年の暮れから部門主導で部門別評価基準づくりが始まった。社内では「技術成果主義」と呼び，概ね「1.評価項目，2.目標値，3.評価方法，4.評価期間，5.成果配分決定」について基準づくりが行われた。例えば，「評価項目」では，営業部は「受注金額」・「受注時利益金額」，建築部は「竣工検査評価点」・「実行予算差異率」・「計画工程」「安全衛生評価点」，見積課は「見積面積（量）」・「精度：見積原価と実行予算金額との差異」という具合である。

「成果配分」は，評価項目の成果によって，各自が算定し申告するのであるが，すんなりと基準から導き出せない場合には部門長が裁定することとした。その結果により，次期の給与が「最低保証給与」「計画達成給与」及び「成果実現給与」のいずれかに決まった。例えば，営業部の「成果実現給与」では，「受注金額」と「受注時利益金額」がともに基準を上回った場合には，配分額＝（見積受注金額－目標受注金額）×1.5％＋（累積受注時利益－目標受注時利益）×3％が，支給された。

しかし，この成果主義は長続きしなかった。いくつか要因があるが，各部門，個人が協調と競争を標榜しながら，情報を囲い込み，情報の共有化が図られなくなったからである。そのため，顧客の要求に対してきめ細かな対応ができなくなるということが生じた。

さらに，「成果」をどう捉えるかについても意見が分かれるようになった。導入当初は仕事の「結果」と漠然と捉えていたのであるが，次第に，それだけでは結果に至る努力が評価されていないとか，結果に至るまでに長期間を要する場合には，不平等が生じるというものであった。

実際，営業部門のように「受注金額」・「受注時利益金額」というように仕事のアウトプットを評価の対象とできる部門はまだよいが，そうでない間接部門の評価は成果を導きだすことが容易でなく，その支援業務の評価をどうするのか，その潜在能力をどう評価するのかという不満の声が聞こえるようになった。こうしたことから，「成果」には，結果とプロセスの両方を含むべきだという意見が大勢を占めるようになった。

確かに，個人を結果だけに基づいて評価すれば，結果に対しての動機づけは高まるが，一方でチームとしての成果が期待できなくなる。そのうえ，結果がよければすべてよしの風潮が生まれ，仕事のプロセスが軽視される可能性がでてくる。

また，「結果とプロセス」に基づいて評価するとなると，仕事のプロセスを重視しようという行動は強まるが，一方で，成果に対する意識が薄れ，結果がでなくても努力したのだからよしという風潮が生まれ，結果と結びつかない可能性がでてくる。

人事制度の目的が社員の動機づけであるならば，一般的には，管理職以上は，部下を指導育成し，その能力を活用したうえでの仕事の結果で評価し，中間管理職以下の社員については仕事の結果と仕事のプロセスの両方で評価することが望ましいと考える。

結局，当社の「技術成果主義」は2年ほど実施されたが，定着しないまま廃止となった。ただ，その後も結果とプロセスの両方を重視する基本的な考え方は引き継がれ，社員は，四半期毎に各自の「成果評価表」を部門長へ提出し評価（コメント）を得ている。

5）その他

① 情報システム

情報及び情報システムは，企業の動きやパフォーマンスを可視化する。オフィスコンピューターが導入され，計算速度が速まり，事務の合理化・省人化のツールとして利用価値を高めた時代は過去のものとなっている。今日，IT（情報技術）は，戦略的に活用して競争優位の源泉を確立するための総合的ツールとして位置づけられている。また，意思の伝達方法にしてもインターネット利用者の急増（インターネットの利用状況は，企業及び個人の普及率はほぼ100％に近い状況にある）によりHPやブログの利用，その他メールやスマートフォンなどの急速な普及により多様化している。

当社においても，大型電算機が導入された昭和50年代の頃は，給与計算に始まり，原価管理資料など主要指標を出力するのにもっぱら活用され，専門の技術者が常時監視する態勢にあった。しかし，今日，パソコンが普及し，社員が複数台，利用するケースも珍しくなく，さらにはプログラミングが容易になったことから，活用範囲は急激に広がっている。社内では経営判断資料をリアルタイムに出力できるまでに進歩してきている。広範囲にわたるインプット情報からはじき出されたアウトプット情報の精度は向上している。

社内情報ネットワーク化も，総務課と経理部（原価管理課，経理課）の主導で，これまで以上に緊密なものになっている。作業所間，本社と作業所間の情報はリアルタイムに掌握され，不適切な事項は即座にこれを是正し，予防処置が取られるようになっている。

今後は，こうした活用は当然として，B to B（Business to Business：企業対企業取引）に広く活用することが課題であると考える。「電子商取引を活用している中小企業は，活用していない中小企業に比べて利益率が高いことが見てとれる」[100]ことからも，電子商取引を活用した取引コストの削減や新規取引業者の開拓など取り組むべき課題は多い。

情報システムの究極のねらいは，このシステムを活用して競争優位のビジネスモデルを確立することにある。競争優位を獲得するには事業の仕組みの設計を見直すことが必要であり，根底に流れる事業コンセプト自体が価値創造の源泉につながることを理解しなければならない[101]。当社が，来春（平成31年4月），総務課と経理部の両部門を統合して（仮称）「経営管理部」を構想する背景には，この「アーキテクチャ」の構築がある。この新生部門には，高い情報リテラシ―を有する若い有能な社員が就くのが理想的である。

② 業務の見直し―新設，変更，廃止

これまで必要と思っていた業務が，改めて見直してみると，ムダだったということがある。重複する業務が他の部門でも行われていたということもある。時間をかけて処理していた業務が，電算化することでより効率的，効果的にできることがわかるということもある。意思の伝達方法もインターネットの普及により，今日では対話形式（電話など）による方法がむしろ少なくなっており，対象者が多数の場合で，即時に通したい場合には一斉に伝達できる方法が選択される。また，人事が硬直化し部門異動が少なくなると，特定の人の偏った目でしか見ない弱点が生まれる。仕事を変革しようと思えば，多少の労力が要る。従前どおりに仕事を進める方が無難で大きなミスもないとなれば人間は楽な方を選択する。改革は次期の担当者，責任者に受け継げば足りると考える。

こうした体質は，特に成熟期にある中小企業に起こりえることで，管理

100　中小企業庁編『中小企業白書2009年版』87頁。
101　高田亮爾・上野紘・村社隆・前田啓一編著『現代中小企業論［増補版］』215頁（同友館，2011年）。

職の年齢も次第に高齢化してくるから，保守的傾向になるのは否めない。

当社においても，部門においては，業務の見直しが必要な時期に来ている。今，若手・中堅社員が中心になって，事務部門の業務改革に取り組み始めた。現場作業所の慢性的人手不足を本社部門が支援し，より効率的にしようという試みである。

建設産業では，作業現場が分散しているため，管理の目が届きにくい。作業所代理人が責任者として職務の内容や責任分担を明確にしてマネジメントしていることはわかる。しかし，それぞれの固有技術が優先して，必ずしも会社としての財産として蓄積されていくような状態で仕事が行われていないことがある。個人の技術が一人歩きしている状態である。このことは，ともすれば，手違いや問題発生の温床になる。標準化は企業の財産であるにもかかわらず，敬遠されていく。

こうした弊害を予防するために，改めて本社部門の管理部門・事務部門を含めた全社的職務分析が必要だとする声が上がっている。

職務分析は，各担当者が「何を，いつ，どこで，どのようにしているか。それはなぜやるのか。誰とどのような関係があるのか。それをするための資格（能力）要件は何か」等を事実に基づいて正しく把握する手法である。本人のムダや仕事以外に費やしている時間を事細かく分析して，その非生産性を糾弾することが目的ではない。

職務分析の結果は，責任分担の明確化，組織管理等に利用されるほか，採用，配置異動，能力開発，賃金管理等にも利用することができる。中小企業は少数精鋭をめざす。そのためには職務分析は有意義である。

当社においては，昭和50年代に，マネジメントの専門家に委託して厳格に実施したことがある。現状のムダを省き，仕事の効率を上げることが命題であった。しかし，この専門家による職務分析は失敗に終わった。職務分析の結果が社員の荒探しになり，本人のモチベーションを低下させる一因となったからである。

今，新しく後継者が経営者となり，二代目の経営スタイルが形を成してきたこの時期に，改めて職務分析は必要と考えている。その方法も堅苦しくない方法で，各人に自分のやっている仕事を書き出させて整理し，これをもとにして質問または観察によって，また，グル―プ検討会や部門連絡協議会で不十分な点や必要な点を補完していくなど，比較的簡単にできる方法でよいと考える。整理検討の過程でできるだけ関係者に参画させ，自分たちのやっている仕事の内容ややり方について考えされ，意見を述べる機会を与えることで，問題意識は高まり，実際的効果が期待できると思うからである。

職務分析の結果により，これまで必要としていた業務が必要でないと判断すれば，勇気をもって廃止すべきであるし，修正して継続すべき場合は施行時期を明示して早期に実施に移すべきである。また，新たな業務が必要な場合も同様であるが，その結論に至った理由，予測効果がどうかを丁寧に説明すれば現場が混乱することもなく受け入れられると思う。

(5) 生産性向上に向けた取り組み

建設分野で生産性の向上を目的としたICT（Information and Communication Tech-nology：情報通信技術）を活用する動きが本格的になってきた。国土交通省が推進する「アイ・コンストラクション：i-Construction」がそれである。熟練建築労働者が高齢化等で不足する建設現場が抱える問題点をICTの力を借りて克服し，生産性を向上させようとするものである。

また，建設産業に限らず，「働き方改革」への取り組みも求められて来ている。ワーク・ライフ・バランス（仕事と生活の調和）の実現を図るため，これまでの働き方，休み方を見直し，効率的な働き方を進めようというものである。

いずれも，豊かな人生を標榜するものであるが，多くの中小建設企業の経営者にとっては頭の痛い難問である。

前述の（4）変わりゆくもの1）～5）が既成のテクノロジーや固定観念

を前提とするものであるとすれば，1）i-Construction，や2）働き方改革は，既成のテクノロジーや固定観念からの解放をめざすものであり，硬直化した思考に変革を求めるものである。

1) i-Constructionの導入

i-Constructionは，調査・測量から設計，施工，検査，維持管理，更新に至るまで，すべての建設プロセスにICTを活用するものである。そのねらいは，建設や土木工事の現場の作業効率を向上させて省人化を進め，結果として建設現場の生産性を向上させようとするものである。これまで，建設分野では，一品受注生産，現地屋外生産，労働集約型生産という建設現場の特性からICT化になじまないとされてきた。

ところが，目前に迫った労働力不足が認識を一変させた。日本全体の生産年齢人口が減少する中，10年後には団塊世代の熟練労働者の大量離職が見込まれる一方，建設産業離れの若者が増え，若手の補充が思うように進まず，その持続可能性が危惧されていた。日本建設業連合会のまとめた推計によると，平成37年度（2025）には，平成26年度（2014）の約6割に減少する。この目前に迫った超労働力不足を克服する方法は，生産性を向上させ，建設産業の魅力を伝え，若者が目を向けるような環境づくりが急務と考えたのである。

さらにi-Constructionの推進の背景には，わが国のインターネット等を利用した情報通信技術の著しい進歩と普及率の高さがある。AI：Artificial Intelligence（人工知能）による分析や各種シミュレーションから最適な方法を選択することが可能であることや，IoT[102]による情報のやり取りをすることでモノのデータ化（近年，設計データなど3次元データの活用が著しい）や自動化等により新たな付加価値を生み出すことが期待され

102　Intenet of Thingsの訳。自動車，家電，ロボット，施設などあらゆるモノがインタ―ネットにつながり，情報のやり取りをすることで，モノのデータ化やそれに基づく自動化等を推進し，新たな付加価値を生み出す。

るようになったからである。

国土交通省は，i-Constructionの導入によりこれまでより少ない人数，少ない工事日数で同じ工事量を実施するとして建設現場の生産性を平成37年度（2025）までに2割向上をめざしている。例えば，土地の測量ではUAV（ドローン等）による3次元測量，施工ではICT建機（作業ロボット等）による施工，検査では計測結果を書類で確認していたものを3次元データをパソコンで確認するなどによる検査日数・書類の削減などである。

さらに，本年度2018年度をi-Constructionの深化の年と位置づけ，積算基準の改定やIoT技術等を活用した書類の簡素化を掲げている。

この他にi-Constructionは，以下の副次的効果をもめざしている。

・賃金水準の向上

生産性向上や仕事量の安定等により，企業の経営環境を改善し，賃金水準向上と安定的な仕事量確保を実現

・十分な休暇の取得

建設工事の効率化，施工時期の平準化等により，安定した休暇取得が可能

・安全性の向上

重機周りの作業や高所作業の減少等により，安全性向上の実現

・多様な人材の活用

女性や高齢者等の活躍できる社会の実現

・希望がもてる新たな建築現場の実現

「給与，休暇，希望」を実現する新たな建設現場

翻って，当社の置かれている立場，その取り組みはどうであろうか。中小建設企業に共通していえることは，どれだけの設備投資が必要なのか予測がつかないことである。単独でi-Construction対応の機器[103]やソフト開

103　国土交通省が，今後，建設産業において活用が期待される要素技術を例示してい

発ができればよいが多くの中小建設企業にはそれだけの資力も人材もなく不可能である。今後，測量機器メーカーや建設CAD（コンピューターによる設計）ソフト開発ベンダーなど，幅広い分野の企業が参入して，購入可能な価格帯までリーズナブルにならなければ実現は厳しいと考える。競合他社の動向に注視しながら段階的にできるものから導入する手順を踏むことになろう。現在の経営を圧迫してまで導入は控えるからである。

加えて，i-Constructionの本格的導入には，機器やソフトを操作できる人材が新たに必要となる。そのための人材の育成，教育も求められる。例えば，ドローン操作検定講習など既に始まっていると聞くが，現時点で，それらを見越しての動きはしていない。

i-Constructionの普及，発展には，当社を含めた中小建設企業の取り組みが重要な役割を担うことになろう。その前段として国土交通省と大手・準大手ゼネコンが牽引役となって，このイノベーションが中堅，中小建設企業にまで浸透するような新たな支援制度の制定が待たれるところである。

2) 働き方改革―時間外労働規制，週休2日制の実現

働き方改革として，時間外労働規制と週休2日制について取り上げる。i-Constructionが副次的にめざす効果のひとつである。項を分けたのは，当社においても人材の確保，熟練労働者の高齢化と相俟って，避けては通れない問題だからである。また，工夫次第では，取り組みが可能で，実現性が比較的高いと考えたからである。

平成30年6月29日成立（平成31年4月1日施行）の改正労働基準法は，

る。①携帯端末：スマートフォンやタブレット端末等を活用して遠隔地から現場の状況をリアルタイムに確認，②アシストスーツ：技能者等の作業負荷を大幅に軽減，③ウエアラブル端末（眼鏡型・時計型）：現場でのマニュアル・手順書を見ながらの作業の効率化，④センサー類：小型・省電力のセンサーにより建設構造物の劣化状況等の情報を収集し，システムに蓄積，⑤VR：技能労働者の教育訓練に活用，⑥ビッグデータによる分析。

政府の「働き方改革実行計画」の中で，残業規制の適用対象外となっている建設業について，施行から5年間の猶予期間を経て，罰則付き上限規制（一般則）を適用することとした。

ただし，災害からの復旧・復興については被災者の生活再建を優先するため，2～6ヶ月の平均でいずれも80時間以内（休日出勤を含む），単月100時間未満（休日出勤を含む）の残業規制を適用しないことにした（法第139条1項，2項）。

この改正を受けて，建設業の働き方改革に関する関係省庁連絡会議は平成30年7月2日に「建設工事における適正な工期設定等のためのガイドライン」の改訂を行っている。このガイドラインは，猶予期間中においても，受注者，発注者が相互の理解と協力の下で取り組むべき事項を指針として策定したものである。

ここでガイドラインの内容の詳細は省略するが，基本的な考え方として，受注者の役割は，「建設工事従事者の長時間労働を前提とした不当に短い工期とならないよう，適正な工期で請負契約を締結」すること，発注者の役割は，「施工条件の明確化を図り，適正な工期で請負契約を締結」するというものである。

これらと並行して，日本建設業連合会は平成29年，働き方改革4点セットを策定し，その中で，時間外労働の適正化に向けた自主規制の試行として，平成31年（2019）から平成33年度（2021）：年960時間以内，平成34年（2022）から平成35年度（2023）：年840時間以内とすること。「週休2日実現行動計画」試案を策定し，本年度（2018）から試案に沿った活動を本格的に実施し，5年程度で週休2日を定着させる方針である。

さて，これらの試みは将来の建設産業が持続的に成長・発展するためにいずれ通らなければならないもので，望ましいことである。しかし，中小建設企業においてもすんなり受け入れられるかははなはだ疑問である。それは，中小建設企業は受注物件を主導的に選択できないという弱い立場にあるということ，換言すれば，発注者の意向に従わざるをえないという制約があることである。この力関係が歴然としている状況の中で，これらの要求事項が満たされることは容易ではない。

ここで，当社の実情を見ると，時間外労働は午後5時から算定され，少ない月は60時間程度で多い月は80時間に及ぶ。これを年に換算すれば年平均840時間となり，日本建設業連合会が出している試行目標を既に達していることになる。確かにこの数年の傾向は最大限80時間を超える場合は，疾病の罹患率が高まるということから監視を強化し制限してきている。一方，週休2日制は隔週2日土休制度を実施しており，第2及び第4土曜日を原則休暇としているが完全週休2日制の実現には至っていない。これを妨げる要因の一つが，適正工期の設定の仕方である。受注を確実にし，発注者から好意的印象を得ようとすれば，発注者の要求する工期を飲まざるを得ない。多少無理しても受け入れることになる。日々の残業を規制すれば休日出勤をせざるを得ない。そうしたジレンマの中で週休2日制の実現は遠のいていく。

私は，週休2日制の実現，年間休日数を増やすためには，むしろ，日本建設業連合会が提案の「統一土曜閉所運動」（平成30年4月～）をさらに積極的にアピールすることが効果的だと考えている。そして，有給休暇の取得率を高める気運を盛り上げることの方が，ワーク・ライフ・バランス（仕事と生活の調和）の実現に適うものと考えている。

ここで改めて有給休暇制度についてその内容を確認してみよう。労働基準法第39条は次のとおり定める。

付与日数は，6ヶ月以上継続して勤務し，その間の全労働日の8割以上出勤した労働者に対して最低10日付与される。その後は1年毎に一定数を加算した日数となる。例えば，1.5年で11日，2.5年で12日，3.5年で14日，4.5年で16日という具合である。

有給休暇は，原則として，労働者が請求した時季に与えなければならない。ただし，繁忙期等，業務に支障が出る場合には，企業側は時季を変更することができる。

年次有給休暇の請求は，2年で時効となる。したがって2年以内に消化しないと，繰越しができず，消滅することになる。

有給休暇を取得した労働者に対し，賃金や評価などで不利益な扱いをしてはならない。

以上が概略であるが，現実には，有給休暇を規定どおりに消化できる労働者は皆無に近く，その有給休暇消化率は先進諸国の中でも低水準にとどまっている。

なぜ有給休暇が取得できないかについては，企業によって異なると思うが，①多くの企業では限られた人員で業務をこなしているため，有給休暇を取得すると業務に支障を来すため，②万が一のために取っておきたいため，③職場の人間関係や人事考課に影響を与えるためなどの理由が推測される。当社の場合でも，①限られた人数で業務を行っているため余裕がなく，休みを取っても担当業務は減らず業務が累積していくだけ，②万が一病気にかかった場合のために残して置くという社員が多数いる。

厚生労働省の平成27年「就労条件総合調査」によれば，常用労働者30人以上の民営企業の中から6,302企業を抽出し4,432企業から有効回答を得た結果は，労働者1人平均付与日数は18.5日で平均取得日数は8.8日でその取得率は47.3％である。また，年次有給休暇の時間単位取得制度がある企業割合は11.0％である。

しかし，この数値には違和感がある。そもそも調査対象を常用労働者30人以上の民営企業としていることが，わが国の中小企業の実態に即していないきらいがある。なぜなら30人未満の中小企業が大多数を占めているからである。当社の例でいえば，関連会社を含む約130名から成る企業であるが，労働者1人平均付与日数は30.9日，平均取得日数は3.7日でその取得率は11.8％である。この結果は「就労条件総合調査」の結果とはあまりにもかけ離れている。建設業界が特別に低いのか危ぶまれるが，それでも競合他社や地区の企業と比べると，まだ有給休暇を採りやすい環境にあるのが実態である。

有給休暇を消化する取組み，有給休暇を取りやすい企業づくりは今後の課題であり，多くの労働者の希望である。当社は一つのプロジェクトを終えるとリフレッシュ休暇をまとめて取得するよう奨励しているが，プロジェクト進行中でも，一人の予備要員を本社扱いで配置することで期間内に計画的に有給休暇を取りやすくなると考えている。働き方改革の中で，実現が比較的可能な方策と思うのだがどうであろうか。

第2節　補論—老舗に学ぶ長寿同族企業の特徴

以下は，私が首都大学東京大学院で取り上げた修士論文「建設業における高業績同族企業の研究」から一部抜粋（一部補正）したものである。対象は大手建設企業であるが，これらの企業は長期にわたり持続的成長を遂げてきていること，同族企業に高業績の傾向が見られることから，同族企業の多い中小建設企業が永続的な発展を図るための要因を考える際に何らかの示唆を与えるものと考えている。

1. 定量データからみた経営特性

はじめに，付表1～4の連結経営指標データを使って，同族企業と非同族企業間，高業績同族企業と低業績同族企業間における定量データからみた経営特性を明らかにする。

(1) 同族企業と非同族企業

同族企業と非同族企業との間で，どのような指標に違いがあるかT検定を使い分析したのが図表4-5である。

図表4-5同族企業と非同族企業間のT検定による分析結果

グループ統計量

			N	平均値	標準偏差	平均値の標準誤差
A	1株当たりの純資産（円）	同　族	17社	953.4176	914.54248	221.80913
		非同族	23社	210.8722	277.91030	57.94830
B	自己資本比率（%）	同　族	17	23.824	10.5108	2.5492
		非同族	23	13.091	10.0252	2.0904
C	自己資本利益率（%）	同　族	17	3.553	6.2140	1.5071
		非同族	23	−11.226	24.1273	5.0309
D	有利子負債月商倍（月）	同　族	17	2.3418	1.60589	.38949
		非同族	23	3.8939	1.98310	.41350

（著者作成）

独立サンプルの検定

		等分散性のためのLevene検定		2つの母平均の差検定			
		F値	有意確率	t値	自由度	有意確率	平均値の差
A	等分散を仮定する	12.111	.001	3.690	38	.001	743.5455
	等分散を仮定しない			3.243	18.197	.004	743.5455
B	等分散を仮定する	.605	.442	3.279	38	.002	10.732
	等分散を仮定しない			3.255	33.677	.003	10.732
C	等分散を仮定する	16.466	.000	2.458	38	.019	14.779
	等分散を仮定しない			2.814	25.840	.009	14.779
D	等分散を仮定する	.000	.991	-2.646	38	.012	−1.5521
	等分散を仮定しない			-2.732	37.628	.010	−1.5521

（著者作成）

その結果は，4つの指標で両者には有意差が出ており同族企業の方の数値が高くなっていることがわかる。

以上から，建設産業において同族企業が非同族企業に比較して，相対的に業績パフォーマンスが高く，その背景には，a）1株当たりの純資産額が高いこと，b）自己資本比率が高いこと，c）自己資本利益率が高いこと，そしてd）有利子負債月商倍率が低いこと，という経営特性があることが明らかになった。このことから，同族企業は非同族企業に比べより安定性重視の財務戦略を選択し堅実経営をしていることが推測される。

(2) 高業績同族企業と低業績同族企業

高業績同族企業と低業績同族企業との間で，どのような指標に違いがあるか（1）と同様に，T検定分析を試みた。その結果は，そもそも「高業績企業」の選別基準に売上高経常利益率を置いた結果，有意差は「経常利益」などの収益性の指標について高業績同族企業の側に出た。これは両者の経営特性を導き出すのにはむしろ不十分なことから次に主成分分析を試みたのが図表4-6，7である。

主成分分析は，当初キャッシュフローに関する指標を除外して試みた。しかし，両者に明確な経営特性を示す結果は出なかった。その原因を推測するに比較する指標の多くが収益（主成分）に強く関係しすぎているためと考えられた。そこで，次にキャッシュフローに関する指標を加えることを試みた。

ここから推測されることは，高業績同族企業は，利益志向であると同時に成長志向である（v5，v25群）が，相対的に利益志向である（v7，v14，v24，v18群）。なぜなら，投資活動に慎重であり利益を犠牲にしてまで成長を追及しているとは思えない（v19）ことと，より堅実な財務活動が営まれている（v20）と考えられるからである。

また，高績同族企業は，既存の資産をより有効に活用していると推測される（v25）[104]。

高業績同族企業が，長寿企業として現在まで持続的成長を成し遂げている背景には，この「成長性より利益性」を志向する経営者像があるのではないか。これは，英国のファミリー企業とも符合する。つまり，とりわけ

---

104 『Harvard Business Review』2007年12月号，クリスチャン・スタドラーは「グレートカンパニーの条件」の第1の原則「新たな何かを求める前に既存のものを活用せよ」で，既存の資産をどれぐらい活用しているかの評価尺度としてROE（株主資本利益率），ROS（売上高利益率）およびROI（投資収益率）を挙げている。つまり，グレート・カンパニーはすべて，その歴史を通じて新たな資産を探し求めるよりも，既存の資産や能力の活用を重視しているとする。44-45頁。

図表4-6　高業績同族企業　成分プロット

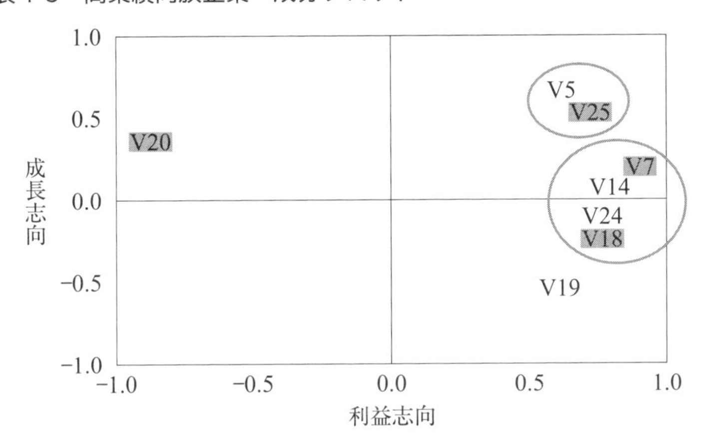

v5：成長率，v7：売上高経常利益率，v14：自己資本比率，v18：営業CF，v19：投資CF
v20：財務CF，v24：有利子負債月商倍率，v25：ROE（株主資本利益率）

網掛けなし：成長志向指標，　　　　：利益志向指標

（著者作成）

図表4-7　低業績同族企業　成分プロット

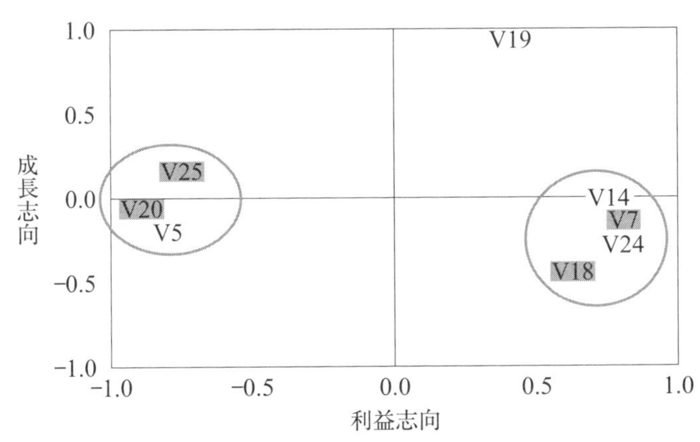

v5：成長率，v7：売上高経常利益率，v14：自己資本比率，v18：営業CF，v19：投資CF
v20：財務CF，v24：有利子負債月商倍率，v25：ROE（株主資本利益率）

網掛けなし：成長志向指標，　　　　：利益志向指標

（著者作成）

高業績を上げている老舗建設企業は，より長期的視点で安全性重視の財務戦略をとり，「企業を持続的に成長させ次世代に引き継ぐ」ことを優先する。売上げを伸ばすチャンスを多少逃しても，急成長はあまり求めず，リスクを抑えて利益を残そうとする経営姿勢である[105]。

一方，低業績同族企業も利益志向及び成長志向の両方を追及しながらも（v14，v7，v24，v18群）も，利益を犠牲にしても成長を選ぶ。相対的に成長志向であることが伺える（v25，v20，v5群）。そのことは，投資活動により積極的である（v19）ことからも推測できる。

以上のことから，高業績同族企業は低業績同族企業に比較して，次のような経営特性を有することが推測される。

1成長志向よりもむしろ利益志向経営である。

2急進的な改革よりもむしろ既存の資産をより有効に活用[106]している。すなわち，高業績同族企業は，堅実経営を通じて，「イノベーションを継続するよりも既存の資産を活用し続けたほうが有利であるという結論から…急進的な改革はほとんどなく，計画とその実行はきわめて慎重である」ことが伺える[107]。

しかし，これらの結論をもってしても，推測の域をでないという問題があり，一般的理論として妥当性を見るには，定性データについても分析を行い，そこから経営特性を導き出す必要性がある。

そこで，次に，同じく同族企業でありながら高業績をあげている企業とそうでない企業の違いを2社の事例からその定性データを読み取り経営特

105　業容は異なるが，足立（1993『シニセの経営』）は，創業年数100数十年と長い割には年商に大きな変化がなく，それでいて永々と着実に家業を引き継いできた老舗中堅・中小企業を多く紹介している。その経営姿勢は，本文の経営特性に加え，「その企業を率いるトップに先見の明と，進取の気性や勇気ある決断を要する」と説いている。

106　『Harvard Business Review』2007年12月号46頁。グレート・カンパニーは，成長を目的としてイノベーションに取り組むのではなく，既存のイノベーションの可能性を余すところなく効率的に活用することで成長を遂げているとしている。

107　『Harvard Business Review』2007年12月号43頁。

性としてまとめてみた。

なお，以下の比較は，あくまでも，平成19年（2007）時点での業績比較から二分したものであることをお断りしておきたい。

前者の代表企業としてA建設を，後者の代表企業としてB組を取り上げる。

2. 定性データからみた経営特性

A建設が高業績であることの経営特性を，両企業の経営施策を中心に「6つの強み」[108]の分類・分析から明らかにしたのが図表4-8である。

図表4-8　両企業の経営施策等の比較

A建設	B組
1. 長期視点経営	
・中期経営計画を策定し，毎期ローリング方式により業績目標（3年後）を示し施策を展開 ・選択と集中による事業基盤の再構築と強化 ・品質管理の徹底，信頼維持・向上の取り組み強化 ・コーポレート・ガバナンスへの積極的な取り組み，コンプライアンスの強化，コーポレートブランドの確立，経営の透明性，健全性，内部統制システムの整備 ・建設資材の効率的な納入システムなど，種類別セグメント間（建設，不動産，ファイナンスなどその他事業）の協調	・「良質な受注と収益の確保」を最重点施策・コーポレート・ガバナンスへの積極的な取り組み ・コンプライアンスの徹底（競争入札妨害事件）→「企業行動規範」，「コンプライアンス宣言」に基づく法令遵守 ・「環境経営方針」を制定し，事業活動における環境負荷の低減と地球環境保全に向けた取り組みを推進

108　日本経済大学の後藤俊夫教授は，日本の老舗企業研究の中で，創業100年を超えるような長寿企業は，ほぼ例外なく同族企業で，それらの企業に共通する強みを6つ挙げている（日経ベンチャー 2007）。

2.永続への強い執念・意志	
・創業者一族の株式保有率が高い(13.44%), 役員14名の所有株式数に占める率は99.7%と高くほぼ独占 ・ソリューション・カンパニーとしての強みを発揮して「利益ある成長」を確保 ・品質重視と顧客満足度の向上 ・取締役会(10名)の意思決定・業務執行の監督機能および経営効率の向上を図るための執行役員制度の導入 ・創業者一族の支配力がきわめて強い。2003年に初めて第三者が社長に就任	・創業者一族が経営支配している(未だ第三者が社長に就任していない)。創業者一族の株式保有率は2.28%, 役員13名の所有株式数に占める率は90.9% ・伝統である「誠実と堅実な事業活動」により企業価値の向上を図り, ステークホルダーからの信頼を得る ・取締役9名からなる取締役会と執行役員制度を採用
3.安定財務戦略	
・海外調達などの購買機能の強化→効果的な原価低減 ・リスク発生の回避と発生した場合の対策(仕入価格の変動, 製品の欠陥, 重大事故の発生) ・「工事完成基準」[109]によるより正確な損益算定 ・大型工事の工事の完成に伴う工事代金の回収による有利子負債の積極的削減→実質無借金経営 ・有効活用の観点からの事業用資産の見直し, 売却 ・高い特命受注の比率(47%) ・「棚卸資産の評価に関する会計基準」の早期適用	・低採算工事受注の排除 ・品質・安全の確保による信用力の向上によるコストダウンの実現 ・機動的な組織の実現による間接経費の縮減 ・設備投資は控え目(近年, 重要な設備の新設及び除却の計画なし) ・高い競争受注の比率(60%)
4.関係性重視	
・顧客志向の徹底→顧客ニーズを先取りした「つくり込み営業」によって, 良好かつ長期にわたるパートナー関係を構築 ・企業の社会的責任(CSR)の推進→気象庁の緊急地震速報を利用した情報配信システムの展開 ・株主に対する安定的, 継続的配当の実施(06年度の1株あたりの配当額は7円)	・高い従業員持株会(3.44%), 自社株投資会(2.68%)の株式保有率 ・株主に対する利益還元が経営の最重要政策。ただし, 06年度は低配当。1株当たりの配当額2.5円 ・子会社4社, 関連会社2社との連携強化 ・協力会社従業員への環境保全教育の実施

・子会社20社，関連会社7社との連携強化	・「現場見学会」により地域社会との積極的なコミュニケーションづくり
5.差別化	
・投資型案件（PFI事業[110]など）など，建設周辺分野における取り組みの強化 ・「生産施設」「医療分野」「教育分野」「超高層建築物」「エネルギー関連事業」「都市再生関連事業」を重点分野とする。前3分野で建設受注の53％。→独自のビジネスモデルの構築 ・幅広い研究開発活動：テーマ別の「研究開発プロジェクト」，同業他社等との共同開発（環境関連技術，免震・制震技術など）。研究開発費約2,345百万円（売上高研究開発比率0.5％） ・技術提携（エネルギー地下貯蔵技術，放射性廃棄物処分技術）	・非マンション分野への注力 ・医療福祉関連，環境，都市再生，PFI，リニューアル事業への取り組み強化 ・土木部門の受注強化 ・企画・技術提案力の向上 ・構築物の耐震補強や地盤の液状化対策などの防災技術。研究開発費は272百万円（売上高研究開発比率0.12％） ・数値目標を掲げた環境保全事業への取り組み：再生資源の有効利用，廃棄物のリサイクル率の向上→環境エンジニアリング
6.創造的社風	
・社員の士気向上のための技術伝承，意欲・能力を最大限に引き出す施策 ・社員の75％が「職員組合」に加入しているが会社とは友好的→インフォーマルで深いコミュニケーションのネットワークを構築 ・新技術の開発に積極的	・安定的な労使関係 ・新提案を受け入れる環境

以上からわかることは，高業績同族企業のA建設も低業績にあえぐB組も，大なり小なり似たような施策を実施している。このことは，同族，非同族を問わずその他の建設業各社においても同様である。そうした中であえて業績パフォーマンスに影響を与えていると思われる点について補足説明すると次のとおりである。

---

109 「工事進行基準」を採用した場合に比べ完成工事高の季節的変動の影響を受けやすいが，見積もりによる収益計上ではなく損益の確定を待っての収益計上であるので，より正確な損益を算定できる。

110 PFI（Private Finance Initiative）事業とは，公共施設等の建設，維持管理，運営等を民間の資金，経営能力及び技術的能力を活用して行う事業手法をいう。イギリスで生まれた行財政改革の手法である。官のリスクコストを削減し，民間の利益を生み

(1) 長期視点経営

A建設は，3ヵ年計画をローリングし，中長期的な経営課題に取り組んでいる。過去数回の中期経営計画はいずれも最終年を待たずに2年毎(2002年5月，2004年5月及び2006年5月）に策定の見直しを実施している。これにより業績目標（受注高，売上高，経常利益）及び主要施策が展開されるようになっている。一方，B組は，「創環境産業」を掲げて毎年環境報告書を発表している。その内容は環境負荷の低減と地球環境保全に向けた取り組みを，分野毎（オフィス部門，建築部門，土木部門及び技術研究部門）に目的及び目標値で示している。しかし，環境関連目標が前面に出て，建設本業の経営計画が後退している印象を受ける。A建設のように業績目標を3点に絞り，全社に訴求させる展開方法とは明らかに異なる施策である。

(2) 永続への強い執念・意志

A建設，B組ともに創業者一族が強い支配力を有している。特に，A建設にあっては，2003年はじめて代表取締役を創業者一族以外の第三者から輩出したが，大株主として全社株式の13.44%という極めて高い株式を保有し，厳然たる会社経営支配を可能にしている。この点，B組は，依然として創業者一族から経営者を出しているものの大株主としては，現社長の2.28%が最高である。さらにA建設は，ソリューション・カンパニーとして「利益ある成長」の確保を掲げ，利益あっての成長であること，換言すれば利益志向であることを鮮明にしている。

出すことで官民がWin-Winの関係を構築することが目的の一つである。日本では1999年7月に法制化されている。

(3) 安定的財務戦略

A建設は，特命受注比率（47%）のバランスがよい。B組の特命受注比率は25.3%である。一般に主要ゼネコンの特命受注比率はここ数年伸び悩んでいる（2006年度55.7%）。それは，ゼネコンの多くが目標の利益を確保するため，競争入札を避けて相対での受注に持ち込む戦略に注力しているが，内部統制の強化やステークホルダーに対する説明責任などから，施工者選定を競争入札に切り替える建築主が増加しているためである。これに反して，設計施工一括受注比率が上昇しているのは，ゼネコンが競争回避のために川上営業を強化していること，建築主側からは，施工者選定の手間が省け，短工期の要求とコスト圧縮が可能になるからである。それは，体力の弱い建設企業にとっては，原価割れの受注をも覚悟しなければならない選択を迫られるものである。それゆえB組の競争受注比率60%は，きわめて高くバランスがよいとは必ずしもいえない。

A建設は，実質無借金経営をしている。大型工事の完成に伴う工事代金の回収により有利子負債の圧縮を積極的に進めている。

A建設は，正確な損益算定をするために，「工事完成基準」を採用している。これに対して，B組は「工事進行基準」にこだわる。工事進行基準は，収益の算定を見積もりで行うため，実績が計画と乖離した場合，迅速な対応に遅れがでる可能性がある。

さらに，A建設は，原価低減を効果的に進めるために海外調達で購買機能の強化を図っている。この点，B組は「低採算工事受注の排除」を掲げているが，前者が低採算工事でも高採算工事に持ち込める可能性を有するのに対し，後者の姿勢は消極的な印象を与える。

(4) 関係性重視

B組の従業員持株比率は3.44%と高い。この数値は，有価証券報告書の大株主欄に掲載された比率である。ステークホルダーとして従業員を大事に扱うことは労働生産性を高めるためには必要な施策であるが，A建設の従業員持株会比率を大株主欄に見い出すことはできない。つまり，従業員持株会の位置づけは相対的にB組の方が高いことがわかる。高業績同族企業の従業員持株比率は平均1.59％（T工務店の10.34％を除く）であるのに対し，低業績同族企業のそれは，2.81％である。従業員持株会が大株主として有価証券報告書の記載欄に載っていない企業は，高業績同族企業のTコーポレーションとA建設のわずか2社である（Z組は不明）。

つぎに，株主への配当政策においても両社には微妙な姿勢の違いが見て取れる。A建設が「安定的，継続的配当の実施」を掲げているのに対し，B組は「株主に対する利益還元が経営の最重要政策」であるとする。しかし，理想と配当金実績には開きがあり，2006年度の1株あたり配当金はA建設が7円，B組は2.5円である。

また，A建設が顧客志向を徹底しているのに対し，B組はその関係性をさらに広め，地域社会とのコミュニケーションづくりにまで積極的に進めていることがわかる。

(5) 差別化

PFI事業や非マンション分野など，建設周辺分野へ新規開拓を図ろうとしている点では共通している。また，重点分野を明確にしてコア・コンピタンスに集中しようとしている点でも共通している。その中でA建設が「生産施設」「医療分野」及び「教育分野」で建設受注の53％を占めている点際立った強みを発揮している。一方，B組は土木部門の受注強化を掲げているが，これが低業績の一因となっている可能性が高い。従来ゼネコンの収益構造は，「土木で利益を稼ぎ，建築で売り上げをつくる」というものであった。しかし，粗利益率の推移をみれば「土木」の利幅は猛烈な勢いで低下していることがわかる。みずほコーポレート銀行産業調査部作成によれば，土木の粗利益率は2003年度約13.5％だったものが2007年度中間期で約8％まで落ちている。公共工事が大半の土木の世界は，売上高に占める比率は低いものの，15％～20％の粗利益を確保できる市場であったが一気に熾烈な競争市場に変わったのである[111]。現にB組の2006年度の土木工事売上高は前年度比4.9％減少している。以上から両企業を見ると市場環境のとらえ方に違いがあり，それが選択と集中の違いに現れているといえる。

つぎに，研究開発活動を見ると，売上高研究開発比率はA建設0.5％，B組が0.12％で約4.2倍の開きがある。A建設が幅広く，かつ同業他社とも連携しながら免震・制震技術など実用的な研究の傍ら，エネルギー地下貯蔵技術など近未来的研究をバランスよく組み込んでいるが，B組は，どちらかというと実用的研究に比重を置いているように見える。その一方で，「環境エンジニアリング」をめざしている研究姿勢は，建設業としての本業の位置づけにおいて両企業の微妙な違いを読みとることができる。

(6) 創造的社風

（1）から（5）までの違いがA，Bそれぞれの社風ということになる。労使関係の協調性，インフォーマルなネットワーク，企業への帰属性は，高い組合加入率[112]で首肯できる。組織文化については，クリスチャン・スタドラーは，「我々は，たとえば差別化の要因として企業文化があると確信していた。企業の価値観こそ業績を左右するカギであると論じる文献が山ほどあるからだ。しかし，詳細にデータを分析した結果，強力な企業文化はたしかに必要条件であるが，優良企業とグルート・カンパニーの違いを決定づける要因ではなかった」[113]。しかし，組織の長期適応と発展過程から組織文化のダイナミズムをみれば，その発展成長段階に応じて「柔軟

111『週刊ダイヤモンド2007.12.1号』32-34頁。

112　厚生労働省の2007年6月の「労働組合基礎調査」によれば，日本の労働者の労働組合加入率は18.1％で，31年間連続して低下しているという。これに比較してA建設の職員組合加入率75％はきわめて高く，企業との一体感を示すものといえる。B組については不明であるが，およそ同率と推測される。

113　『Harvard Business Review』2007年12月号43頁。

な」組織文化が求められることは高業績を持続的に維持するための大きな要因であると考える[114]。

以上，A建設とB組の経営施策等の比較分析から，高業績のための経営特性を導き出すと以下のとおりである。

a）中期経営計画を環境の変化に応じて柔軟にローリングしている。

b）創業者一族が強い意志をもってその方向性（利益志向）を明示している。

c）原価低減策に独自のビジネスモデルを持っている。

d）受注内容のバランスがよい。

e）可能な限り他人資本に依存していない。

f）顧客志向に徹底している。

g）従業員，株主とは長期的良好関係の構築を心掛け短期利益志向で対応していない。

h）高収益分野を確立している。

i）コア・コンピタンスの選択と集中が，環境の変化に適応している。

j）改革に急でなく，既存の資源を有効に活用している。

k）研究開発活動は，共同開発も含め，実用性と近未来性の両面から進めている。

l）労使関係が安定している。

以上，これらの経営特性は高業績同族企業に特有のものであるとは一概に断定できないが，創業者あるいは創業者一族による同族経営であるがゆえに強力に推し進めることができる項目でもあり興味深い。高業績同族企業は，押しなべて「バランス感覚」に優れており，それが高業績の達成に向けた「ハーモナイゼーション」を形成しているのではないかと思う。

114　桑田耕太郎・田尾雅夫『組織論』190頁（有斐閣，1998年）。

3. まとめ

『同族企業はなぜ強いのか』の著者ダニー・ミラーは，戦略の原動力となるプライオリティを「4つのC」という切り口で捉え，高業績プロセスの解明に取り組み一定の成果をあげたにもかかわらず，本人をして「本書はあくまで探求段階の論考であり，実証にいたっていない。」と言わしめた[115]。また後藤教授の「6つの強み」にしても，それぞれを証明する過程が明確に示されているわけでない。にもかかわらず，経営指標に見る同族企業と非同族企業の業績格差は歴然とした事実である。

本研究では，最初に，建設業における同族企業と非同族企業の経営指標別業績比較を行った。その結果は，予測したとおりに一部の指標を除き同族企業が勝っていた。また，同族企業間でも高業績企業と低業績企業では想定した以上に格差があることが判明した。また，これらの定量データから同族企業では，より安定性重視の財務戦略をとり堅実経営がされていること，高業績同族企業では，成長志向よりもむしろ利益志向経営をしていること，急進的な改革よりもむしろ既存の経営資源を有効に活用していることが推測できた。このことから，日本の同族企業，とりわけ高業績企業は，短期の売上高やその成長率に一喜一憂するのではなく長期的視点に立って持続的成長を望んでいる姿が見えた。株主の利益を優先するアメリカ型経営ではなく，息長く，次世代に引き継ぐことを重視するイギリス型経営により似たものである。

しかし，以上の結論が，一般的に妥当性を得るには，さらに定性データによる経営分析を行い補完する必要性があった。

そこで，次に，高業績同族企業の経営特性を導き出すために事例研究を行った。高業績同族企業の代表としてA建設を，低業績同族企業の代表

115　斉藤裕一訳『同族経営はなぜ強いのか』399頁（ランダムハウス講談社，2005年）。

としてB組を取り上げた。過去8期の売上高経常利益率に顕著な差があったこと，創業年数がほぼ同時であることから規模の違いを超えて選定した。定性データから高業績企業の経営特性を導き出すことは恣意的判断も介入して容易ではない。そこで「6つの強み」の分類にしたがって両企業の主要な経営施策等を仕分け，その特徴を引き出した。その結果導き出された経営特性が前述のa）～l）の12項目であった。

これらの結果は，意外なほどありふれたものであった。経営者の強力なリーダーシップのもとで営まれる「バランス経営」であり，その本流には長期経営志向に立った，革新的というよりはむしろ慎重な保守的経営姿勢であった。

総括すれば，建設業に携わる経営トップ（後継者）がその持続的成長，次世代につながる経営を望むならば，バランス感覚を持った，堅実で，短期的成長・利益志向に走らず，より長期的視点に立った経営が重要であると結論づけるものであった。

あとがき―100年企業への挑戦

企業とはなにか。代を重ねる企業のつながりは，過去へ向かえば創業者をはじめ先駆者に対する“感謝の気持ち”となり，未来へ向かえば，社員や株主を大切に“育てる覚悟”となる。企業は運命共同体である。企業を構成する者同士は，お互いに協調と競争のなかでさらなる企業の成長を誓いあうことを忘れてはならない。その誓いがあれば100年企業も現実のものとして捉えることができるからである。

団塊世代のアンカーとして

本書を書き始めた当初は，果たして書き終えることができるか不安であったが，いざ心に決めると，今書き留めておかなければならないことが次から次と湧いてきて驚いた。

「問題を抱えていない部署は仕事をしていない証拠だ」と，かつて会長に何度もお叱りを受けたものである。晩年に至り，そうした叱責も辛口な意見も聞くことが少なくなった。省みればその頃が一番懐かしく思い出される。長時間の会議は非効率だというマネジメントの先生方の助言や巷の声には「有能な経営者で，社員が皆優秀な社員ばかりならいざ知らず，中小の実態を知らない先生方になにがわかる。ならば，自らが経営者になってひな形を見せてほしい。我々中小は，あうでもない，こうでもないと意見を交わすうちにアイデアも生まれるのである。会社の規模が違えば，経営のありかたも皆違う。」と，一顧だにしなかった。

昭和60年にデミング賞実施賞中小企業賞を受賞するまでは，会議と言えば，仕事を終えた午後7時頃から始まり，西武池袋線の終電車に間に合うぎりぎりの午後12時頃まで延々と続くのが常態だった。午後10時頃に帰れる日は本当にうれしかった。家族から「うちのお父さんはセブンイレブンだね」と言われたと社員が苦笑していたのを思い出す。成長期から成熟期に向かう会社が他社との競争に打ち勝ち，優位に立とうと思えば，一度目標を決めたら，決して迷わず，なにがなんでも実行し達成する強烈なリーダーシップが必要だったのである。

晩年の会長は好々爺にして，その姿から当時の強烈な個性と勢いを見出すことはできないが，体験者である我々（薫陶を受けた古参社員）はその情熱を引き継ぐ責務があると思っている。そして，今，私の使命は，長年この会長の側にいてその人となりを見てきた者として，建設業界への貢献はもちろん，国民の住環境の向上に寄与した働きぶりを，多くの人々に伝えることである。自身は常に控えめながらも，内に秘めたる大望は地域ナンバーワンのゼネコンを目指し，それを実現した人物がいたことを‥‥。

「団塊世代」の私も，まもなく高齢者の仲間入りをして，社会の第一線から退くことになるが，サミエル・ウルマンの「青春の詩」の一節のように，「青春とは人生のある期間を言うのではなく心の様相を言うのだ。‥‥年を重ねただけでは人は老いない。理想を失う時に初めて老いがくる。‥‥」を心の奥に秘めて団塊世代のアンカーでありたいと思っている。

付表1　連結経営指標比較（2000年3月～2007年3月）
対象40企業平均業績比較

会社名	区分	創業	売上高（百万円）	成長率（%）	経常利益（百万円）	売上高経常利益率（%）	当期純利益（百万円）	純資産額（百万円）	総資産額（百万円）	総資産経常利益率（%）	1株当たり純資産額（円）	1株当たり当期純利益（円）
鹿島建設	1	167	1,818,606	1.98	41,009	2.27	7,493	229,991	2,101,714	1.95	225.83	6.85
大成建設	0	134	1,709,244	0.80	47,745	2.79	2,952	249,669	1,969,853	2.42	242.53	2.39
清水建設	0	203	1,574,837	0.59	40,876	2.59	5,604	276,057	1,884,594	2.17	349.53	7.09
大林組	1	115	1,373,171	2.06	39,387	2.84	6,213	380,690	1,994,959	1.97	522.03	8.66
竹中工務店	1	397	1,189,954	1.45	25,917	2.12	3,342	345,913	1,253,849	2.07	3,679.71	41.97
戸田建設	1	126	540,532	−3.87	15,047	2.70	928	209,727	667,127	2.26	655.91	2.83
前田建設	1	88	467,597	0.03	6,946	1.49	−428	173,739	615,185	1.13	1,038.67	−2.83
西松建設	0	133	493,950	−1.68	13,139	2.62	936	187,236	736,929	1.78	674.17	3.32
三井住友	0	120	544,616	−2.24	7,820	1.44	−31,268	−38,202	487,126	1.61	−320.75	546.49
熊谷組	0	109	521,331	−11.97	3,950	1.05	−723	−8,086	683,205	0.58	−0.21	220.75
フジタ	0	97	303,782	13.11	4,912	1.52	−10,000	−7,845	302,723	1.62	−168.66	−60.37
ハザマ（間）	0	118	208,337	21.92	4,772	2.34	1,608	29,245	175,536	2.72	180.63	14.35
飛島建設	0	124	240,940	−6.48	3,183	1.42	−9,732	8,963	258,232	1.23	−55.81	−48.95
長谷工コーポ	0	70	506,852	8.20	29,000	5.19	9,821	18,065	581,290	4.99	−146.41	10.04
東急建設	0	61	273,518	21.06	7,181	2.76	−6,487	30,582	200,232	3.59	79.46	−5.33
安藤建設	0	134	235,517	0.91	3,070	1.30	−21	28,830	190,640	1.61	342.66	−0.17
鴻池組	1	136	350,246	−5.10	10,938	3.14	−3,860	18,569	364,789	3.00	59.48	−19.59
奥村組	1	100	250,255	−1.21	4,785	1.88	1,511	165,041	431,840	1.11	769.90	7.44
鉄建	0	63	207,982	−3.57	3,961	1.87	−847	36,723	227,698	1.74	237.58	−5.45
錢高組	1	120	197,511	−4.47	4,116	2.02	−1,284	38,304	236,989	1.74	526.48	−17.27
淺沼組	1	115	218,943	−0.41	2,196	1.01	−2,096	32,499	217,974	1.01	414.92	−25.04
高松建設	1	90	135,109	23.89	8,419	6.15	6,579	46,310	127,088	6.62	2,081.66	336.99
福田組	1	105	195,036	−1.80	4,844	2.49	−707	52,108	180,572	2.68	1,143.58	−16.28
大本組	1	100	120,421	−0.04	3,379	2.79	22	53,903	128,252	2.63	1,734.62	0.31
五洋建設	0	101	385,746	−4.78	7,405	1.91	−2,630	49,398	448,640	1.65	123.88	−7.04
東亜建設	0	99	238,729	−3.27	5,333	2.11	−263	48,122	272,711	1.96	236.60	−1.42
東洋建設	0	78	194,276	−5.06	3,317	1.79	−3,267	17,341	214,434	1.55	66.27	−16.56
若築建設	0	117	105,615	−6.89	2,777	2.58	−1,498	36,924	142,041	1.96	301.10	−11.08
太平工業	0	61	180,095	−2.84	3,729	2.20	−255	20,390	161,017	2.32	258.22	−3.27
東鉄工業	0	64	89,688	3.54	2,975	3.21	1,571	22,298	73,649	4.04	622.07	43.35
小田急建設	0	138	88,243	−0.69	1,430	1.62	91	7,320	76,439	1.87	331.57	3.79
大豊建設	1	83	151,734	0.58	2,353	1.55	−114	27,704	150,076	1.57	426.43	−1.52
オリエンタル	0	55	76,770	−1.86	1,638	1.95	282	24,886	69,070	2.37	918.62	9.09
大末建設	0	70	99,661	−2.90	305	0.27	−893	5,535	82,200	0.37	49.46	−6.56
みらい建設	0	62	77,649	11.40	572	0.75	−824	6,825	72,276	0.79	229.95	−23.96
東建コーポ	1	31	84,462	18.27	5,937	6.93	3,014	14,899	57,106	10.40	1,702.96	318.31
矢作建設	1	58	90,259	−0.64	2,448	2.73	−12	19,961	99,475	2.46	471.30	−1.23
日特建設	0	54	95,595	−6.74	2,612	2.51	−3,640	12,490	91,852	2.84	297.60	−88.88
真柄建設	1	100	83,944	−1.28	899	1.07	−2,571	7,639	80,520	1.12	71.53	−58.16
松井建設	1	421	82,775	1.11	1,542	1.86	335	20,028	69,302	2.23	700.09	10.74
計		4617	15,803,528	51.11	381,864	92.83	−31,118	2,899,791	18,179,204	93.71	21,075.16	1173.80
40社平均		115	395,088	1.28	9,547	2.32	−778	72,495	454,480	2.34	526.88	29.35
												(−6.91)

区分1：同族企業，0：非同族企業。（　　）は，異常値を除いた平均値を表す。

（網掛け）：異常値

自己資本比率（%）	自己資本利益率（%）	株価収益率（倍）	配当性向（%）	営業CF（百万円）	投資CF（百万円）	財務CF（百万円）	現金・同等（百万円）	従業員数（人）	有利子負債（百万円）	有利子月商倍率（月）	ROE（%）	ROA（%）
11.1	5.4	21.6	44.6	49,938	8,187	−53,617	120,604	16,893	587,615	3.88	1.8	0.4
12.6	5.4	17.7	48.6	66,960	30,076	−103,851	141,206	17,563	646,864	4.56	−1.4	0.6
14.8	4.9	25.8	48.4	54,153	27,752	−82,784	169,219	13,222	450,006	3.42	0.9	0.3
19.0	4.1	23.5	48.1	40,763	23,527	−60,384	104,712	13,339	405,278	3.65	0.5	0.4
27.5	2.9	−	173.2	12,825	−8,885	−8,903	96,574	10,717	87,862	0.88	−	−
31.5	1.7	62.5	223.5	7,461	−1,994	−10,716	76,196	4,987	78,043	1.71	0.1	0.1
28.3	−0.3	64.4	52.1	4,036	−5,955	−1,571	48,724	4,678	104,081	2.68	−0.4	0.1
25.4	1.8	15.2	38.4	5,252	−1,189	−3,234	82,329	4,389	106,882	2.64	0.5	0.0
−6.3	−36.4	1.2	0.0	−1,201	5,833	−5,729	33,966	5,208	184,698	4.03	173.8	−0.7
2.0	6.6	4.4	1.1	−1,632	10,803	−9,985	64,862	5,590	385,535	7.11	114.8	6.7
−3.0	−67.5	15.7	1.2	14,643	4,441	−17,345	30,383	3,207	110,517	4.94	81.7	−1.4
16.7	6.0	23.1	10.5	3,069	1,058	−2,810	22,448	2,469	27,124	1.69	6.3	1.1
4.6	−57.3	4.5	0.0	2,504	5,061	−9,824	33,001	2,388	88,592	4.14	−49.2	−3.3
5.0	14.8	3.9	0.0	31,635	3,420	−36,959	49,860	3,373	362,161	9.65	569.1	0.0
15.4	−64.3	34.8	7.7	6,288	3,369	−9,911	17,071	2,651	21,723	1.08	13.2	2.1
15.1	2.5	13.1	45.0	3,789	−708	−4,280	21,513	1,969	53,495	2.75	0.0	0.0
6.1	−0.2	−	20.4	5,093	7,635	−14,098	9,463	1,431	135,674	4.60	−	−
38.4	0.9	20.3	37.5	−195	6,206	−4,150	50,601	2,794	17,275	0.83	0.6	0.4
16.5	−2.0	16.2	31.1	4,818	689	−8,215	33,456	2,335	74,659	4.23	0.8	0.3
16.3	−4.1	23.1	42.2	4,057	2,036	−4,936	29,633	1,571	60,925	3.70	−4.3	−0.4
15.0	−1.3	17.5	69.5	−2,645	466	−2,435	45,927	2,040	49,041	2.69	−6.5	−1.1
36.9	16.1	2.7	54.7	5,094	3,961	−5,381	34,030	1,963	9,817	1.06	14.2	4.5
28.9	2.4	11.1	74.4	4,143	−582	−3,893	15,351	2,654	42,863	2.67	−3.2	−0.9
42.3	1.8	17.6	34.0	−3,610	1,069	−748	24,118	1,241	43	0.00	−0.2	−0.1
11.3	−5.4	14.9	15.7	15,963	458	−15,887	53,747	3,906	178,642	5.54	−7.4	−0.3
17.9	−0.5	149.0	149.6	1,729	−1,389	−2,837	29,978	2,520	76,327	3.91	−0.9	−0.2
8.4	−22.6	68.5	8.7	9,004	1,778	−10,592	17,100	2,445	80,317	4.65	−37.2	−1.5
26.3	−3.9	11.0	74.6	−1,030	722	−1,044	11,233	1,193	38,721	4.55	−5.0	−1.3
12.7	11.6	17.8	105.3	7,033	−1,166	−7,738	10,596	6,512	62,997	4.14	−11.3	0.3
30.5	6.8	13.0	38.4	2,801	−856	−2,955	5,533	1,519	16,456	2.30	6.4	2.3
9.6	−0.7	18.9	30.3	1,144	123	−1,690	10,902	1,027	25,182	3.44	−0.8	0.1
18.7	−0.5	7.7	80.6	616	43	−1,246	20,368	1,774	22,394	1.78	−0.6	−0.3
36.4	1.1	23.7	81.1	327	−964	−758	9,875	1,399	642	0.09	1.0	0.3
7.4	−14.3	8.1	0.0	1	2,209	−1,636	6,683	946	29,983	3.42	−17.6	−1.1
9.6	−15.5	63.4	68.0	−1,065	250	102	10,271	1,134	14,352	2.21	−44.2	−1.6
26.8	20.8	10.8	18.3	8,658	−5,893	−368	18,585	3,308	374	0.09	13.9	4.1
20.2	0.9	13.7	21.1	2,074	722	−2,660	12,592	1,152	38,306	5.09	0.3	0.5
12.2	−29.3	11.6	13.3	5,070	327	−6,285	9,551	1,343	41,625	5.07	−22.7	−4.7
9.1	6.6	8.1	8.4	1,654	565	−2,433	4,575	740	27,243	3.83	−71.7	−3.7
28.9	3.2	16.8	55.1	−35	−229	−950	12,815	807	4,217	0.67	1.4	0.4
706.1	−197.8	896.9	1874.7	371,182	122,976	−524,736	1,599,651	160,397	4,748,551	129.37	716.7	2.4
17.7	−4.9	23.6	46.9	9,280	3,074	−13,118	39,991	4,010	121,758	3.32	18.9	0.1
											(−3.8)	

付表2　連結経営指標比較（2000年3月～2007年3月）
同族，非同族企業間・業績比較

会社名	区分	創業	売上高（百万円）	成長率（%）	経常利益（百万円）	売上高経常利益率（%）	当期純利益（百万円）	純資産額（百万円）	総資産額（百万円）	総資産経常利益率（%）	1株当たり純資産額（円）	1株当たり当期純利益（円）
東建コーポ	1	31	84,462	18.27	5,937	6.93	3,014	14,899	57,106	10.40	1,702.96	318.31
高松建設	1	90	135,109	23.89	8,419	6.15	6,579	46,310	127,088	6.62	2,081.66	336.99
鴻池組	1	136	350,246	−5.10	10,938	3.14	−3,860	18,569	364,789	3.00	59.48	−19.59
大林組	1	115	1,373,171	2.06	39,387	2.84	6,213	380,690	1,994,959	1.97	522.03	8.66
大本組	1	100	120,421	−0.04	3,379	2.79	22	53,903	128,252	2.63	1,734.62	0.31
矢作建設	1	58	90,259	−0.64	2,448	2.73	−12	19,961	99,475	2.46	471.30	−1.23
戸田建設	1	126	540,532	−3.87	15,047	2.70	928	209,727	667,127	2.26	655.91	2.83
福田組	1	105	195,036	−1.80	4,844	2.49	−707	52,108	180,572	2.68	1,143.58	−16.28
鹿島建設	1	167	1,818,606	1.98	41,009	2.27	7,493	229,991	2,101,714	1.95	225.83	6.85
竹中工務店	1	397	1,189,954	1.45	25,917	2.12	3,342	345,913	1,253,849	2.07	3,679.71	41.97
銭高組	1	120	197,511	−4.47	4,116	2.02	−1,284	38,304	236,989	1.74	526.48	−17.27
奥村組	1	100	250,255	−1.21	4,785	1.88	1,511	165,041	431,840	1.11	769.90	7.44
松井建設	1	421	82,775	1.11	1,542	1.86	335	20,028	69,302	2.23	700.09	10.74
大豊建設	1	83	151,734	0.58	2,353	1.55	−114	27,704	150,076	1.57	426.43	−1.52
前田建設	1	88	467,597	0.03	6,946	1.49	−428	173,739	615,185	1.13	1,038.67	−2.83
真柄建設	1	100	83,944	−1.28	899	1.07	−2,571	7,639	80,520	1.12	71.53	−58.16
淺沼組	1	115	218,943	−0.41	2,196	1.01	−2,096	32,499	217,974	1.01	414.92	−25.04
計		2352	7,350,555	30.55	180,162	45.04	18,365	1,837,025	8,776,817	45.94	16,225.10	592.18
同族平均		138	432,386	1.80	10,598	2.65	1,080	108,060	516,283	2.70	954.42	34.83
												(−4.20)
長谷工コーポ	0	70	506,852	8.20	29,000	5.19	9,821	18,065	581,290	4.99	−146.41	10.04
東鉄工業	0	64	89,688	3.54	2,975	3.21	1,571	22,298	73,649	4.04	622.07	43.35
大成建設	0	134	1,709,244	0.80	47,745	2.79	2,952	249,669	1,969,853	2.42	242.53	2.39
東急建設	0	61	273,518	21.06	7,181	2.76	−6,487	30,582	200,232	3.59	79.46	−5.33
西松建設	0	133	493,950	−1.68	13,139	2.62	936	187,236	736,929	1.78	674.17	3.32
清水建設	0	203	1,574,837	0.59	40,876	2.59	5,604	276,057	1,884,594	2.17	349.53	7.09
若築建設	0	117	105,615	−6.89	2,777	2.58	−1,498	36,924	142,041	1.96	301.10	−11.08
日特建設	0	54	95,595	−6.74	2,612	2.51	−3,640	12,490	91,852	2.84	297.60	−88.88
ハザマ（間）	0	118	208,337	21.92	4,772	2.34	1,608	29,245	175,536	2.72	180.63	14.35
太平工業	0	61	180,095	−2.84	3,729	2.20	−255	20,390	161,017	2.32	258.22	−3.27
東亜建設	0	99	238,729	−3.27	5,333	2.11	−263	48,122	272,711	1.96	236.60	−1.42
オリエンタル	0	55	76,770	−1.86	1,638	1.95	282	24,886	69,070	2.37	918.62	9.09
五洋建設	0	101	385,746	−4.78	7,405	1.91	−2,630	49,398	448,640	1.65	123.88	−7.04
鉄建	0	63	207,982	−3.57	3,961	1.87	−847	36,723	227,698	1.74	237.58	−5.45
東洋建設	0	78	194,276	−5.06	3,317	1.79	−3,267	17,341	214,434	1.55	66.27	−16.56
小田急建設	0	138	88,243	−0.69	1,430	1.62	91	7,320	76,439	1.87	331.57	3.79
フジタ	0	97	303,782	13.11	4,912	1.52	−10,000	−7,845	302,723	1.62	−168.66	−60.37
三井住友	0	120	544,616	−2.24	7,820	1.44	−31,268	−38,202	487,126	1.61	−320.75	546.49
飛島建設	0	124	240,940	−6.48	3,183	1.42	−9,732	8,963	258,232	1.23	−55.81	−48.95
安藤建設	0	134	235,517	0.91	3,070	1.30	−21	28,830	190,640	1.61	342.66	−0.17
熊谷組	0	109	521,331	−11.97	3,950	1.05	−723	−8,086	683,205	0.58	−0.21	220.75
みらい建設	0	62	77,649	11.40	572	0.75	−824	6,825	72,276	0.79	229.95	−23.96
大末建設	0	70	99,661	−2.90	305	0.27	−893	5,535	82,200	0.37	49.46	−6.56
計		2265	8,452,973	20.56	201,702	47.79	−49,483	1,062,766	9,402,387	47.77	4,850.06	581.62
非同族平均		98	367,521	0.89	8,770	2.08	−2,151	46,207	408,799	2.08	210.87	25.29
												(−8.83)

（　　）は，異常値を除いた平均値を表す。

自己資本比率（%）	自己資本利益率（%）	株価収益率（倍）	配当性向（%）	営業CF（百万円）	投資CF（百万円）	財務CF（百万円）	現金・同等（百万円）	従業員数（人）	有利子負債（百万円）	有利子月商倍率（月）	ROE（%）	ROA（%）
26.8	20.8	10.8	18.3	8,658	−5,893	−368	18,585	3,308	374	0.09	13.9	4.1
36.9	16.1	2.7	54.7	5,094	3,961	−5,381	34,030	1,963	9,817	1.06	14.2	4.5
6.1	−0.2	−	20.4	5,093	7,635	−14,098	9,463	1,431	135,674	4.60	−	−
19.0	4.1	23.5	48.1	40,763	23,527	−60,384	104,712	13,339	405,278	3.65	0.5	0.4
42.3	1.8	17.6	34.0	−3,610	1,069	−748	24,118	1,241	43	0.00	−0.2	−0.1
20.2	0.9	13.7	21.1	2,074	722	−2,660	12,592	1,152	38,306	5.09	0.3	0.5
31.5	1.7	62.5	223.5	7,461	−1,994	−10,716	76,196	4,987	78,043	1.71	0.1	0.1
28.9	2.4	11.1	74.4	4,143	−582	−3,893	15,351	2,654	42,863	2.67	−3.2	−0.9
11.1	5.4	21.6	44.6	49,938	8,187	−53,617	120,604	16,893	587,615	3.88	1.8	0.4
27.5	2.9	−	173.2	12,825	−8,885	−8,903	96,574	10,717	87,862	0.88	−	−
16.3	−4.1	23.1	42.2	4,057	2,036	−4,936	29,633	1,571	60,925	3.70	−4.3	−0.4
38.4	0.9	20.3	37.5	−195	6,206	−4,150	50,601	2,794	17,275	0.83	0.6	0.4
28.9	3.2	16.8	55.1	−35	−229	−950	12,815	807	4,217	0.67	1.4	0.4
18.7	−0.5	7.7	80.6	616	43	−1,246	20,368	1,774	22,394	1.78	−0.6	−0.3
28.3	−0.3	64.4	52.1	4,036	−5,955	−1,571	48,724	4,678	104,081	2.68	−0.4	0.1
9.1	6.6	8.1	8.4	1,654	565	−2,433	4,575	740	27,243	3.83	−71.7	−3.7
15.0	−1.3	17.5	69.5	−2,645	466	−2,435	45,927	2,040	49,041	2.69	−6.5	−1.1
405.0	60.4	321.4	1057.7	139,927	30,879	−178,489	724,868	72,089	1,671,051	39.81	−54.1	4.4
23.8	3.6	21.4	62.2	8,231	1,816	−10,499	42,639	4,241	104,441	2.34	−3.6	0.3
5.0	14.8	3.9	0.0	31,635	3,420	−36,959	49,860	3,373	362,161	9.65	569.1	0.0
30.5	6.8	13.0	38.4	2,801	−856	−2,955	5,533	1,519	16,456	2.30	6.4	2.3
12.6	5.4	17.7	48.6	66,960	30,076	−103,851	141,206	17,563	646,864	4.56	−1.4	0.6
15.4	−64.3	34.8	7.7	6,288	3,369	−9,911	17,071	2,651	21,723	1.08	13.2	2.1
25.4	1.8	15.2	38.4	5,252	−1,189	−3,234	82,329	4,389	106,882	2.64	0.5	0.0
14.8	4.9	25.8	48.4	54,153	27,752	−82,784	169,219	13,222	450,006	3.42	0.9	0.3
26.3	−3.9	11.0	74.6	−1,030	722	−1,044	11,233	1,193	38,721	4.55	−5.0	−1.3
12.2	−29.3	11.6	13.3	5,070	327	−6,285	9,551	1,343	41,625	5.07	−22.7	−4.7
16.7	6.0	23.1	10.5	3,069	1,058	−2,810	22,448	2,469	27,124	1.69	6.3	1.1
12.7	11.6	17.8	105.3	7,033	−1,166	−7,738	10,596	6,512	62,997	4.14	−11.3	0.3
17.9	−0.5	149.0	149.6	1,729	−1,389	−2,837	29,978	2,520	76,327	3.91	−0.9	−0.2
36.4	1.1	23.7	81.1	327	−964	−758	9,875	1,399	642	0.09	1.0	0.3
11.3	−5.4	14.9	15.7	15,963	458	−15,887	53,747	3,906	178,642	5.54	−7.4	−0.3
16.5	−2.0	16.2	31.1	4,818	689	−8,215	33,456	2,335	74,659	4.23	0.8	0.3
8.4	−22.6	68.5	8.7	9,004	1,778	−10,592	17,100	2,445	80,317	4.65	−37.2	−1.5
9.6	−0.7	18.9	30.3	1,144	123	−1,690	10,902	1,027	25,182	3.44	−0.8	0.1
−3.0	−67.5	15.7	1.2	14,643	4,441	−17,345	30,383	3,207	110,517	4.94	81.7	−1.4
−6.3	−36.4	1.2	0.0	−1,201	5,833	−5,729	33,966	5,208	184,698	4.03	173.8	−0.7
4.6	−57.3	4.5	0.0	2,504	5,061	−9,824	33,001	2,388	88,592	4.14	−49.2	−3.3
15.1	2.5	13.1	45.0	3,789	−708	−4,280	21,513	1,969	53,495	2.75	0.0	0.0
2.0	6.6	4.4	1.1	−1,632	10,803	−9,985	64,862	5,590	385,535	7.11	114.8	6.7
9.6	−15.5	63.4	68.0	−1,065	250	102	10,271	1,134	14,352	2.21	−44.2	−1.6
7.4	−14.3	8.1	0.0	1	2,209	−1,636	6,683	946	29,983	3.42	−17.6	−1.1
301.1	−258.2	575.5	817.0	231,255	92,097	−346,247	874,783	88,308	3,077,500	89.56	770.8	−2.0
13.1	−11.2	25.0	35.5	10,055	4,004	−15,054	38,034	3,839	133,804	3.89	33.5	−0.1
											(−4.3)	

付表3　連結経営指標比較（2000年3月～2007年3月）
同族企業間・業績比較

会社名	区分	創業	売上高（百万円）	成長率（%）	経常利益（百万円）	売上高経常利益率（%）	当期純利益（百万円）	純資産額（百万円）	総資産額（百万円）	総資産経常利益率（%）	1株当たり純資産額（円）	1株当たり当期純利益（円）
〈高業績〉												
東建コーポ	1	31	84,462	18.27	5,937	6.93	3,014	14,899	57,106	10.40	1,702.96	318.31
高松建設	1	90	135,109	23.89	8,419	6.15	6,579	46,310	127,088	6.62	2,081.66	336.99
鴻池組	1	136	350,246	−5.10	10,938	3.14	−3,860	18,569	364,789	3.00	59.48	−19.59
大林組	1	115	1,373,171	2.06	39,387	2.84	6,213	380,690	1,994,959	1.97	522.03	8.66
大本組	1	100	120,421	−0.04	3,379	2.79	22	53,903	128,252	2.63	1,734.62	0.31
矢作建設	1	58	90,259	−0.64	2,448	2.73	−12	19,961	99,475	2.46	471.30	−1.23
戸田建設	1	126	540,532	−3.87	15,047	2.70	928	209,727	667,127	2.26	655.91	2.83
福田組	1	105	195,036	−1.80	4,844	2.49	−707	52,108	180,572	2.68	1,143.58	−16.28
鹿島建設	1	167	1,818,606	1.98	41,009	2.27	7,493	229,991	2,101,714	1.95	225.83	6.85
竹中工務店	1	397	1,189,954	1.45	25,917	2.12	3,342	345,913	1,253,849	2.07	3,679.71	41.97
計		1325	5,897,796	36.20	157,325	34.16	23,012	1,372,071	6,974,931	36.05	12,277.08	678.82
平均		133	589,780	3.62	15,733	3.42	2,301	137,207	697,493	3.60	1,227.71	67.88
												(2.35)

〈低業績〉

会社名	区分	創業	売上高（百万円）	成長率（%）	経常利益（百万円）	売上高経常利益率（%）	当期純利益（百万円）	純資産額（百万円）	総資産額（百万円）	総資産経常利益率（%）	1株当たり純資産額（円）	1株当たり当期純利益（円）
錢高組	1	120	197,511	−4.47	4,116	2.02	−1,284	38,304	236,989	1.74	526.48	−17.27
奥村組	1	100	250,255	−1.21	4,785	1.88	1,511	165,041	431,840	1.11	769.90	7.44
松井建設	1	421	82,775	1.11	1,542	1.86	335	20,028	69,302	2.23	700.09	10.74
大豊建設	1	83	151,734	0.58	2,353	1.55	−114	27,704	150,076	1.57	426.43	−1.52
前田建設	1	88	467,597	0.03	6,946	1.49	−428	173,739	615,185	1.13	1,038.67	−2.83
真柄建設	1	100	83,944	−1.28	899	1.07	−2,571	7,639	80,520	1.12	71.53	−58.16
淺沼組	1	115	218,943	−0.41	2,196	1.01	−2,096	32,499	217,974	1.01	414.92	−25.04
計		1027	1,452,759	−5.65	22,837	10.88	−4,647	464,954	1,801,886	9.89	3,948.02	−86.64
平均		147	207,537	−0.81	3,262	1.55	−664	66,422	257,412	1.41	564.00	−12.38

(　　)は，異常値を除いた平均値を表す。

自己資本比率（%）	自己資本利益率（%）	株価収益率（倍）	配当性向（%）	営業CF（百万円）	投資CF（百万円）	財務CF（百万円）	現金・同等（百万円）	従業員数（人）	有利子負債（百万円）	有利子月商倍率（月）	ROE（%）	ROA（%）
26.8	20.8	10.8	18.3	8,658	−5,893	−368	18,585	3,308	374	0.09	13.9	4.1
36.9	16.1	2.7	54.7	5,094	3,961	−5,381	34,030	1,963	9,817	1.06	14.2	4.5
6.1	−0.2	−	20.4	5,093	7,635	−14,098	9,463	1,431	135,674	4.60	−	−
19.0	4.1	23.5	48.1	40,763	23,527	−60,384	104,712	13,339	405,278	3.65	0.5	0.4
42.3	1.8	17.6	34.0	−3,610	1,069	−748	24,118	1,241	43	0.00	−0.2	−0.1
20.2	0.9	13.7	21.1	2,074	722	−2,660	12,592	1,152	38,306	5.09	0.3	0.5
31.5	1.7	62.5	223.5	7,461	−1,994	−10,716	76,196	4,987	78,043	1.71	0.1	0.1
28.9	2.4	11.1	74.4	4,143	−582	−3,893	15,351	2,654	42,863	2.67	−3.2	−0.9
11.1	5.4	21.6	44.6	49,938	8,187	−53,617	120,604	16,893	587,615	3.88	1.8	0.4
27.5	2.9	−	173.2	12,825	−8,885	−8,903	96,574	10,717	87,862	0.88	−	−
250.3	55.9	163.5	712.3	132,439	27,747	−160,768	512,225	57,685	1,385,875	23.63	27.4	9.0
25.0	5.6	20.4	71.2	13,244	2,775	−16,077	51,223	5,769	153,986	2.63	3.4	1.1

自己資本比率（%）	自己資本利益率（%）	株価収益率（倍）	配当性向（%）	営業CF（百万円）	投資CF（百万円）	財務CF（百万円）	現金・同等（百万円）	従業員数（人）	有利子負債（百万円）	有利子月商倍率（月）	ROE（%）	ROA（%）
16.3	−4.1	23.1	42.2	4,057	2,036	−4,936	29,633	1,571	60,925	3.70	−4.3	−0.4
38.4	0.9	20.3	37.5	−195	6,206	−4,150	50,601	2,794	17,275	0.83	0.6	0.4
28.9	3.2	16.8	55.1	−35	−229	−950	12,815	807	4,217	0.67	1.4	0.4
18.7	−0.5	7.7	80.6	616	43	−1,246	20,368	1,774	22,394	1.78	−0.6	−0.3
28.3	−0.3	64.4	52.1	4,036	−5,955	−1,571	48,724	4,678	104,081	2.68	−0.4	0.1
9.1	6.6	8.1	8.4	1,654	565	−2,433	4,575	740	27,243	3.83	−71.7	−3.7
15.0	−1.3	17.5	69.5	−2,645	466	−2,435	45,927	2,040	49,041	2.69	−6.5	−1.1
154.7	4.5	157.9	345.4	7,488	3,132	−17,721	212,643	14,404	285,176	16.18	−81.5	−4.6
22.1	0.6	22.6	49.3	1,070	447	−2,532	30,378	2,058	40,739	2.31	−11.6	−0.7

付表4　連結経営指標比較（2000年3月〜2007年3月）
非同族企業間・業績比較

会社名	区分	創業	売上高（百万円）	成長率（%）	経常利益（百万円）	売上高経常利益率（%）	当期純利益（百万円）	純資産額（百万円）	総資産額（百万円）	総資産経常利益率（%）	1株当たり純資産額（円）	1株当たり当期純利益（円）
〈高業績〉												
長谷工コーポ	0	70	506,852	8.20	29,000	5.19	9,821	18,065	581,290	4.99	−146.41	10.04
東鉄工業	0	64	89,688	3.54	2,975	3.21	1,571	22,298	73,649	4.04	622.07	43.35
大成建設	0	134	1,709,244	0.80	47,745	2.79	2,952	249,669	1,969,853	2.42	242.53	2.39
東急建設	0	61	273,518	21.06	7,181	2.76	−6,487	30,582	200,232	3.59	79.46	−5.33
西松建設	0	133	493,950	−1.68	13,139	2.62	936	187,236	736,929	1.78	674.17	3.32
清水建設	0	203	1,574,837	0.59	40,876	2.59	5,604	276,057	1,884,594	2.17	349.53	7.09
若築建設	0	117	105,615	−6.89	2,777	2.58	−1,498	36,924	142,041	1.96	301.10	−11.08
日特建設	0	54	95,595	−6.74	2,612	2.51	−3,640	12,490	91,852	2.84	297.60	−88.88
ハザマ（間）	0	118	208,337	21.92	4,772	2.34	1,608	29,245	175,536	2.72	180.63	14.35
太平工業	0	61	180,095	−2.84	3,729	2.20	−255	20,390	161,017	2.32	258.22	−3.27
東亜建設	0	99	238,729	−3.27	5,333	2.11	−263	48,122	272,711	1.96	236.60	−1.42
計		1114	5,476,460	34.69	160,139	30.90	10,349	931,078	6,289,704	30.78	3,095.50	−29.44
平均		101	497,860	3.15	14,558	2.81	941	84,643	571,791	2.80	281.41	−2.68

〈低業績〉

会社名	区分	創業	売上高（百万円）	成長率（%）	経常利益（百万円）	売上高経常利益率（%）	当期純利益（百万円）	純資産額（百万円）	総資産額（百万円）	総資産経常利益率（%）	1株当たり純資産額（円）	1株当たり当期純利益（円）
オリエンタル	0	55	76,770	−1.86	1,638	1.95	282	24,886	69,070	2.37	918.62	9.09
五洋建設	0	101	385,746	−4.78	7,405	1.91	−2,630	49,398	448,640	1.65	123.88	−7.04
鉄建	0	63	207,982	−3.57	3,961	1.87	−847	36,723	227,698	1.74	237.58	−5.45
東洋建設	0	78	194,276	−5.06	3,317	1.79	−3,267	17,341	214,434	1.55	66.27	−16.56
小田急建設	0	138	88,243	−0.69	1,430	1.62	91	7,320	76,439	1.87	331.57	3.79
フジタ	0	97	303,782	13.11	4,912	1.52	−10,000	−7,845	302,723	1.62	−168.66	−60.37
三井住友	0	120	544,616	−2.24	7,820	1.44	−31,268	−38,202	487,126	1.61	−320.75	546.49
飛島建設	0	124	240,940	−6.48	3,183	1.42	−9,732	8,963	258,232	1.23	−55.81	−48.95
安藤建設	0	134	235,517	0.91	3,070	1.30	−21	28,830	190,640	1.61	342.66	−0.17
熊谷組	0	109	521,331	−11.97	3,950	1.05	−723	−8,086	683,205	0.58	−0.21	220.75
みらい建設	0	62	77,649	11.40	572	0.75	−824	6,825	72,276	0.79	229.95	−23.96
大末建設	0	70	99,661	−2.90	305	0.27	−893	5,535	82,200	0.37	49.46	−6.56
計		1151	2,976,513	−14.13	41,563	16.89	−59,832	131,688	3,112,683	16.99	1,754.56	611.06
平均		96	248,043	−1.18	3,464	1.41	−4,986	10,974	259,390	1.42	146.21	50.92
												(−15.61)

（　　）は，異常値を除いた平均値を表す。

自己資本比率（%）	自己資本利益率（%）	株価収益率（倍）	配当性向（%）	営業CF（百万円）	投資CF（百万円）	財務CF（百万円）	現金・同等（百万円）	従業員数（人）	有利子負債（百万円）	有利子月商倍率（月）	ROE（%）	ROA（%）
5.0	14.8	3.9	0.0	31,635	3,420	−36,959	49,860	3,373	362,161	9.65	569.1	0.0
30.5	6.8	13.0	38.4	2,801	−856	−2,955	5,533	1,519	16,456	2.30	6.4	2.3
12.6	5.4	17.7	48.6	66,960	30,076	−103,851	141,206	17,563	646,864	4.56	−1.4	0.6
15.4	−64.3	34.8	7.7	6,288	3,369	−9,911	17,071	2,651	21,723	1.08	13.2	2.1
25.4	1.8	15.2	38.4	5,252	−1,189	−3,234	82,329	4,389	106,882	2.64	0.5	0.0
14.8	4.9	25.8	48.4	54,153	27,752	−82,784	169,219	13,222	450,006	3.42	0.9	0.3
26.3	−3.9	11.0	74.6	−1,030	722	−1,044	11,233	1,193	38,721	4.55	−5.0	−1.3
12.2	−29.3	11.6	13.3	5,070	327	−6,285	9,551	1,343	41,625	5.07	−22.7	−4.7
16.7	6.0	23.1	10.5	3,069	1,058	−2,810	22,448	2,469	27,124	1.69	6.3	1.1
12.7	11.6	17.8	105.3	7,033	−1,166	−7,738	10,596	6,512	62,997	4.14	−11.3	0.3
17.9	−0.5	149.0	149.6	1,729	−1,389	−2,837	29,978	2,520	76,327	3.91	−0.9	−0.2
189.5	−46.7	322.9	534.8	182,960	62,124	−260,408	549,024	56,754	1,850,886	43.01	555.1	0.5
17.2	−4.2	29.4	48.6	16,633	5,648	−23,673	49,911	5,159	168,262	3.91	50.5	0.0
											(−1.4)	

自己資本比率（%）	自己資本利益率（%）	株価収益率（倍）	配当性向（%）	営業CF（百万円）	投資CF（百万円）	財務CF（百万円）	現金・同等（百万円）	従業員数（人）	有利子負債（百万円）	有利子月商倍率（月）	ROE（%）	ROA（%）
36.4	1.1	23.7	81.1	327	−964	−758	9,875	1,399	642	0.09	1.0	0.3
11.3	−5.4	14.9	15.7	15,963	458	−15,887	53,747	3,906	178,642	5.54	−7.4	−0.3
16.5	−2.0	16.2	31.1	4,818	689	−8,215	33,456	2,335	74,659	4.23	0.8	0.3
8.4	−22.6	68.5	8.7	9,004	1,778	−10,592	17,100	2,445	80,317	4.65	−37.2	−1.5
9.6	−0.7	18.9	30.3	1,144	123	−1,690	10,902	1,027	25,182	3.44	−0.8	0.1
−3.0	−67.5	15.7	1.2	14,643	4,441	−17,345	30,383	3,207	110,517	4.94	81.7	−1.4
−6.3	−36.4	1.2	0.0	−1,201	5,833	−5,729	33,966	5,208	184,698	4.03	173.8	−0.7
4.6	−57.3	4.5	0.0	2,504	5,061	−9,824	33,001	2,388	88,592	4.14	−49.2	−3.3
15.1	2.5	13.1	45.0	3,789	−708	−4,280	21,513	1,969	53,495	2.75	0.0	0.0
2.0	6.6	4.4	1.1	−1,632	10,803	−9,985	64,862	5,590	385,535	7.11	114.8	6.7
9.6	−15.5	63.4	68.0	−1,065	250	102	10,271	1,134	14,352	2.21	−44.2	−1.6
7.4	−14.3	8.1	0.0	1	2,209	−1,636	6,683	946	29,983	3.42	−17.6	−1.1
111.6	−211.5	252.6	282.2	48,295	29,973	−85,839	325,759	31,554	1,226,614	46.55	215.7	−2.5
9.3	−17.6	21.1	23.5	4,025	2,498	−7,153	27,147	2,630	102,218	3.88	18.0	−0.2
											(−7.3)	

参考文献（順不同）

（1）英訳著書

ダニー・ミラー＝イザベル・ル・ブレトンミラー（斉藤裕一訳）『同族経営はなぜ強いか』（ランダムハウス講談社，2005年）
デビッド・S・ランデス（中谷和男訳）『ダイナスティ』（PHP研究所，2007年）
ジェームズ・C・コリンズ＝ジェリー・I・ポラス（山岡洋一訳）『ビジョナリー―カンパニー』（日経BP出版センター，1995年）
デニス・ケニョン・ルヴィネ＝ジョン・L・ウォード（秋葉洋子訳＝富樫直記監訳）『ファミリービジネス永続の戦略』（ダイヤモンド社，2007年）
ジェームズ・E・ヒューズJR（山田加奈＝東あきら共訳）『FAMILY WEALTH』（文園社，2007年）
トム・ピーターズ＝ロバート・ウオーターマン（大前研一訳）『エクセレント・カンパニー』（英治出版，2003年）
ピーターF・ドラッカー（上田惇生訳）『経営者の条件』（ダイヤモンド社，2006年）
ピーターF・ドラッカー（上田惇生・佐々木実智男・田代正美訳）『未来企業：生き残る組織の条件』（ダイヤモンド社，1992年）
C・I・バーナード（山本安次郎・田杉競・飯野春樹訳）『新訳 経営者の役割』（ダイヤモンド社，2005年）
ジャック・ウエルチ＝スージー・ウエルチ（斎藤聖美訳）『ウイニング 勝利の経営』（日本経済新聞社，2005年）
H・I・アンゾフ（中村元一訳）『戦略経営論』（産業能率大学出版部，1980年）
M・E・ポーター（土岐坤・中辻萬治・小野寺武夫訳）『競争優位の戦略』（ダイヤモンド社，2006年）
A・D・チャンドラーJr（有賀裕子訳）『組織は戦略に従う』（ダイヤモンド社，2004年）
E・H・シャイン（清水紀彦・浜田幸雄訳）『組織文化とリーダーシップ』（ダイヤモンド社，1989年）
フィリップ・セルズニック（北野利信訳）『組織とリーダーシップ』（ダイヤモンド社，1965年）
ジェームズ・E・ヒューズJr（山田加奈・東あきら）『ファミリーウェルス：三代でつぶさないファミリー経営学』（文園社，2007年）
ルース・ベネディクト（長谷川松治訳）『菊と刀』（講談社，2005年）

チャールズ・A・オライリー＝ジェフリー・フェファー（長谷川喜一郎監修・廣田里子・有賀裕子訳）『隠れた人材価値：好業績を続ける組織の秘密』（翔泳社，2004年）
デレク・ローントリー（加納悟訳）『新・涙なしの統計学』（新世社，2001年）
ロバート・ローレンス・クーン（熊沢孝・石原滋・大坪秀人訳・清成忠男監訳）『中堅企業の時代―創造的マネジメントとは何か』（TBSブリタニカ，1987年）
クレイトン・クリステンセン（玉田俊平太監修・伊豆原弓訳）『イノベーションのジレンマ〔増補 改訂版〕』（翔泳社，2005年）

(2) 日本語・著書

清成忠男『中小企業読本』（東洋経済新報社，1980年）
髙田亮爾・上野紘・村社隆・前田啓一編著『現代中小企業論〔増補版〕』（同友館，2011年）
松井敏邇『中小企業論〔増補版〕』（晃洋書房，2009年）
清成忠男・田中利見・港徹雄『中小企業論』（有斐閣，2004年）
宮内義彦『私の中小企業論』（日経BP社，2017年）
西山忠範『脱資本主義分析』（文眞堂，1983年）
日本中小企業学会論集
―『多様化する社会と中小企業の果たす役割』（同友館，2015年）
―『地域社会に果たす中小企業の役割』（同友館，2016年）
―『「地域創生」と中小企業―地域企業の役割と自治体行政の役割』（同友館，2017年）
―『新時代の中小企業経営』（同友館，2018年）
中小企業庁編『中小企業白書』（中小企業庁，2004年版～2017年版）
長門昇『よくわかる建設業界』（日本実業出版社，2006年）
東京建設業協会『建設業のために六十五年これからも―先達に訊く』（2013年）
建設労務安全研究会『建設業 労務安全必携』（全国建設業協会，2018年）
竹山正憲『中小企業の経営計画のつくり方と実例』（日本法令，1980年）
松尾政和『建設業の経営分析』（清文社，1984年）
東京建設業協会『東京建設年表』（1998年）
建設人社『建設業団体史』（1997年）
戸田建設株式会社『戸田建設百二十年史』（2001年）
日刊建設通信新聞社『建設人ハンドブック』2004年版～2018年版
高木敦『建設』（日本経済新聞社，2006年）

桑田耕太郎・田尾雅夫『組織論』（有斐閣，1998年）
金井壽宏『経営組織』（日経文庫，1999年）
加護野忠男『経営組織の環境適応』（白桃書房，1980年）
加護野忠男『組織認識論：企業における創造と革新の研究』（千倉書房，1988年）
沼上幹・軽部大・加藤俊彦・田中一弘・島本実『組織の〈重さ〉』（日本経済新聞社，2007年）
佐藤郁哉・山田真茂留『制度と文化：組織を動かす見えない力』（日本経済新聞社，2004年）
堺屋太一『組織の盛衰』（PHP研究所，1996年）
上野一郎『マネジメント思想の発展系譜』（日本能率協会，1978年）
伊丹敬之『経営戦略の論理』（日本経済新聞社，2003年）
三品和広『戦略不全の論理』（東洋経済新報社，2004年）
大沢武志『経営者の条件』（岩波書店，2004年）
新原浩朗『日本の優秀企業研究―企業経営の原点6つの条件』（日本経済新聞社，2003年）
内藤克人『退き際の研究―企業内権力の移転構造』（日本経済新聞社，1989年）
江口克彦『成功する経営 失敗する経営』（PHP研究所，2001年）
上田泰『集団意思決定研究』（文眞堂，1996年）
倉科敏材『ファミリー企業の経営学』（東洋経済新報社，2003年）
末廣昭『ファミリービジネス論』（名古屋大学出版会，2006年）
足立政男『「シニセ」の経営：永続と繁栄の道に学ぶ』（学校法人広池学園出版部，1993年）
吉村典久『日本の企業統治―神話と実態』（NTT出版，2007年）
小林敏男編著『ガバナンス経営』（PHP研究所，2007年）
佐高信『新版 会社は誰のものか』（角川文庫，2005年）
朝香鐵一編『新版 建設業のTQC』（日本規格協会，1986年）
高須久『方針管理の進め方』（日本規格協会，2001年）
鐵健司『品質管理のための―統計的手法入門』（日本科学技術連盟，2000年）
石原勝吉・広瀬一夫・細谷克也・吉間英宣『やさしいQC7つ道具』（日本規格協会，1989年）
新QC七つ道具研究会編『新QC七つ道具の企業への展開』（日科技連，1981年）
中條武志・棟近雅彦・山田秀『要求事項の解説』（日本規格協会，2015年）
谷津進『統計的推定・検定』（日本規格協会，1983年）
石村貞夫『SPSSによる多変量データ解析の手順〔第3版〕』（東京図書，2007年）

石村貞夫『SPSSによる分散分析と多重比較の手順〔第3版〕』(東京図書，2007年
鈴木竹雄『新版 会社法〔全訂第5版〕』(弘文堂，1994年)
神田秀樹『会社法・第9版』法律学講座双書（弘文堂，2007年)
宮島司『新会社法エッセンス〔第3版補正版〕』(弘文堂，2010年)
大野正道『企業承継法の理論Ⅰ 総論・学説』(第一法規，2011年)
大野正道『企業承継法の理論Ⅱ 判例・立法』(第一法規，2011年)
大野正道『企業承継法の理論Ⅲ 独逸法』(第一法規，2011年)
大野正道『非公開会社と準組合法理 総論・各論』(第一法規，2012年)
大野正道＝松嶋隆広＝大島一徳『入門企業承継の法務と税務』(システムファイブ，2006年)
今川嘉文『事業承継法の理論と実際』(信山社，2009年)
鯖田豊則『事業承継講義―ヒトとモノを引き継ぐ』(税務経理協会，2014年)
牧口晴一＝齋藤孝一『中小企業の事業承継4訂版』(清文社，2011年)
原田國夫『会社法174条』(同友館，2014年)
大野正道編『中小企業のための事業承継の実務』(中央経済社，2017年)
建設経営研究会『建設二世 腕の見せどころ：先代・二世・幹部のための事業承継のポイント』(日刊建設通信新聞社，1991年)
全国中小企業団体中央会編『会社法 中小企業モデル定款〔増補改訂版〕』(第一法規，2011年)
上西左大信・全国中小企業団体中央会監修『中小企業のための事業承継Q&A』(第一法規，2009年)
橘木俊詔・安田武彦編著『企業の一生の経済学―中小企業のライフサイクルと日本企業の活性化』(ナカニシヤ出版，2006年)
大津広一『企業価値を創造する会計指標入門』(ダイヤモンド社，2005年)
井手正介・高橋文郎『経営財務入門〔第3版〕』(日本経済新聞社，2006年)
砂川伸幸『コーポレート・ファイナンス入門』(日本経済新聞社，2004年)
土井秀生『DCF企業分析と価値評価〔第2版〕』(東洋経済新報社，2003年)
『商事法務』『株式等鑑定評価マニュアルの解説』(『別冊商事法務』161号，1994年)

(3) 雑誌・論文等

クリスチャン・スタドラー「グレートカンパニーの条件―長期志向の経営」『Harvard Business Review』2007年12月号，40-55頁
小野田鶴「データが証明！ ファミリー企業は強い」『日経ベンチャー』2007年4月

号，20-27頁
倉科敏材・古我知史・二条彪「ファミリー企業の強さの研究」『MiT』SMBCコンサルティング 2007年5月号，6-15頁
大西康之・小路夏子「知られざる善の経営」『日経ビジネス』2007年1月15日号，26-44頁
今野浩一郎「日本企業における経営者の構成とキャリア」『学習院大学経済経営研究所年報』（2001年）85頁
淺沼健一・中島正弘・東海幹夫「社会資本整備を担う建設産業の構造改革」『建設業の経理』2007年秋季号，4-18頁
瀧澤菊太郎「『中小企業とは何か』に関する一考察」『商工金融』（1995年）
国土交通省土地建設産業局・株式会社アストジェイ「建設業の構造分析」（2015年）
国土交通省関東地方整備局建政部建設産業第一課「経営規模等評価申請・総合評定値請求の手引き（経営事項審査）」（2018年）
公正取引委員会事務総局「建設業におけるコンプライアンスの整備状況」（2007年）
社団法人 東京建設業協会「東建月報」
財団法人 建設業情報管理センター『建設業の経営分析（平成17年度）』（2007年）
財団法人 建設業情報管理センター『建設業の経営分析（平成27年度）』（2017年）
中嶋順一郎・富田頌子・久野貴也「ゼネコン絶頂の裏側」『週刊東洋経済』2018年2月17日号，20-49頁
藤森徹「復興バブルで浮かぶゼネコン沈むゼネコン」『週刊ダイヤモンド』2012年1月28号，58-69頁
須賀彩子・田中久夫・内村敬「ゼネコン自滅―泥沼化するダンピング合戦」『週刊ダイヤモンド』2007年1月20日号，30-63頁
田中久夫・内村敬「ゼネコンの経営危険度」『週刊ダイヤモンド』2005年1月22日号，100-114頁
田中久夫・前原利行・内村敬「建設地獄」『週刊ダイヤモンド』2000年1月15日号，30-77頁
大野正道「第三者による企業承継者の決定―受遺者の選定の委任」『民商法雑誌』93巻44号，490頁（1986年）
大野正道「企業承継における制限的承継条項」『現代企業と法』19頁（1991年）
岡田悟「中小企業の事業承継問題・親族内承継の現状と円滑化に向けた問題」『調査と情報』第601号（2007年）
中小企業基盤整備機構経営支援情報センター「事業承継に関する研究―親族内承継における後継者の事業承継の円滑化の条件」（2007年）

中小企業基盤整備機構経営支援情報センター「事業承継に係る親族外承継に関する研究―親族外承継と事業承継に係るM&Aの実態」(2008年)
福田敏浩「社会的市場経済の理論的源流」『彦根論叢』第325号，5頁
村上義昭「企業規模別にみた事業承継の課題」『調査月報』23号，4頁（2010年）
中小企業基盤整備機構「事業承継実態調査報告書」(2011年)
平野敦士「相続人等に対する株式の売渡しの請求の問題点」『立命館経営学』第47巻第5号，93頁（2009年）
松本真＝清水毅「譲渡制限株式の相続人等に対する売渡請求（上）（下）」『登記情報』543･544号（2007年）
田中宏志「相続株式の売渡請求規定の導入効果と留意点」『税理』2006年9月号，184頁
伊藤靖史「第5款 相続人等に対する売渡しの請求」『逐条解説会社法第2巻株式･1』457頁（中央経済社，2008年）
伊藤雄司「第5款 相続人等に対する売渡しの請求」山下友信編『会社法コンメンタール4―株式（4)』118頁（2009年）
『商事法務』「譲渡制限株式売渡請求に係る売買価格決定申立事件抗告審決定」資料版『商事法務』285号，146頁（2007年）
松尾健一「会社法176条1項ただし書にいう「相続その他の一般承継があったことを知った日」の意義」『商事法務』1931号，98頁（2011年）
杉山一紀「自己株式の取得と事業承継への活用」『税理』2007年5月号，176頁(2007年)
河本一郎他「座談会･非公開株式の評価をめぐる問題」『別冊商事法務』101号7頁(1988年)
生田治郎「非公開株式の株価算定に関する判例分析（上）（下)」『商事法務』1128号2頁，1130号，8頁（1987年）
宍戸善一「紛争解決局面における非公開株式の評価」岩原紳作編 竹内昭夫先生還暦記念『現代企業法の展開』423頁（有斐閣，1990年）
江頭憲治郎「譲渡制限株式の評価」『別冊ジュリスト』180号，42頁（2006年）
弥永真生「譲渡制限付株式の売買価格決定―純資産方式を適用した事例」『ジュリスト』896号，108頁（1987年）
中小企業庁「経営承継法における非上場株式等評価ガイドライン」(2009年)
弥永真生「譲渡制限株式の価格決定」『ジュリスト』1386号，68頁（2009年）
柴田和史「非上場株式の評価」『ジュリスト増刊 会社法の争点』60頁（2009年）
藤原正則「事業承継と遺留分」『ジュリスト』1342号，23頁（2007年）

前田雅弘「従業員持株制度と退職従業員の株式譲渡義務」『別冊ジュリスト』180号，46頁（2006年）
瀧田節「株主の議決権の排除」『法学論叢』64巻3号，43頁（1958年）
浜田道代「株式・持分の買取請求権」『商事法務』1093号，2頁（1986年）
伊藤雄司「合資会社社員の退社に伴う払戻持分の評価」『ジュリスト』1147号，125頁（1998年）
上柳克郎「中小企業等協同組合法に基づく協同組合の脱退組合員に対する持分払戻と持分計算の基礎となる組合財産の評価方法」『民商法雑誌』63巻6号，144頁（1971年）
山村忠平「中小企業等協同組合法に基づく企業組合の脱退組合員に対する払戻持分の計算の基礎となるべき組合の純資産の算定において算定時における役員・従業員の退職給与額の負債としての計上の可否」『金判』589号，50頁（1980年）
後藤元「カネボウ株式買取価格決定申立事件の検討〔上〕」『商事法務』1837号，4頁（2008年）
東洋経済新報社『会社四季報』
東京経済新報社『会社四季報 未上場会社版』
日本経済新聞社「戸田利兵衛」『私の履歴書：経済人20』2004年6月1日，5-88頁
山崎豊子『華麗なる一族 上，中，下巻』（新潮社，1980年）
常岡一郎『流轉』（中心社，1978年）
NHKスペシャル「長寿企業大国にっぽん～1400年続く長寿企業の秘密」2007.6.18放送
FEP=Family Enterprise Publishers http://www.efamilybusiness.com
http://www.usasbe.org/
日本経済新聞その他一般紙記事
日刊建設通信新聞その他業界紙記事

(4) 概説書等（外国語）

Penrose, E. “The Theory of the Growth of the Firm (3rd ed.)”, Oxford Univ. Press Inc. New York. (1995)
Ivan Lansberg, Succeeding Generations-Realizing the Dream of Families in Business, Harvard Business School Press Boston, Massachusetts. (1999)
Kelin E. Gersick，John A. Davis, Marion McCollm Hampton, Ivan Lansberg, Generation to Generation-Life Cycles of the Family Business, Harvard Business School Press Boston, Massachusetts. (1997)

Panikkos Zata Poutziouris, Kosmas X. Smyrnios, Sabine B. Klein, -Handbook of Research on Family Business. (Edward Elgar. 2006)

James J. Chrisman and Jess H. Chua and Pramodita Sharma "Current Trends and Future Directions In Family Business Management Studies: Toward a Theory of The Family Firm", Coleman White Paper series. (2003)

Gordon Donaldson, Jay W. Lorsch "Decision Making at the Top: The Shaping of Strategic Direction", Basic Books, Inc., Publishers in USA. (1983) pp.15-31

【執筆者略歴】

原田　國夫（はらだ くにお）

1949年生
・法政大学法学部卒業
・首都大学東京大学院 社会科学研究科 博士前期課程　経営学専攻　修士
・筑波大学大学院 ビジネス科学研究科 博士後期課程単位取得退学
現在　内野建設株式会社（東京都練馬区）総務部長
日本中小企業学会会員
㈳池袋労働基準協会理事
東京都土木建築健康保険組合互選議員ほか

著書
『会社法174条』（同友館，2014年）：日本図書館協会選定図書
『中小企業のための事業承継の実務』（共著）（中央経済社，2017年）

主な論文
「建設業における高業績同族企業の研究」
「会社法174条の有用性と中小企業における企業承継」
「事業承継問題研究会報告書」（共同）（全国中小企業団体中央会，2015年）
　　ほか

2019年２月20日　初版第１刷発行

体験的中小企業論
―中小建設業の実相とより高みを求めた一ゼネコンの軌跡と展望から―

©著　者　原田國夫
発行者　脇坂康弘

〒113-0033 東京都文京区本郷 3-38-1
発行所　株式会社 同友館
TEL.03(3813)3966
FAX.03(3818)2774
https://www.doyukan.co.jp/

落丁・乱丁本はお取り替えいたします。
ISBN 978-4-496-05403-7
三美印刷／東京美術紙工
Printed in Japan